Grundlagen der Evolutionsbiologie und Formalen Genetik

Jürgen Tomiuk · Volker Loeschcke

Grundlagen der Evolutionsbiologie und Formalen Genetik

Springer Spektrum

Jürgen Tomiuk
Tübingen, Deutschland

Volker Loeschcke
Aarhus, Dänemark

ISBN 978-3-662-49684-8 ISBN 978-3-662-49685-5 (eBook)
DOI 10.1007/ 978-3-662-49685-5

Die Deutsche Nationalbibliothek verzeichnet diese Publikation in der Deutschen Nationalbibliografie; detaillierte bibliografische Daten sind im Internet über http://dnb.d-nb.de abrufbar.

Springer Spektrum

Planung: Stefanie Wolf

Gedruckt auf säurefreiem und chlorfrei gebleichtem Papier

Springer Spektrum ist Teil von Springer Nature
Die eingetragene Gesellschaft ist Springer-Verlag GmbH Berlin Heidelberg

Vorwort

Dieses Buch hat sich zwei Ziele gesetzt: Zum einen soll es Lesern ein Grundgerüst zum Verständnis von evolutionsbiologischen Vorgängen geben und elementare Arbeitsweisen zur genetischen Analyse von Familien und Populationen vorstellen. Zum anderen soll es all jene ansprechen, die zwar geringe biologische Vorkenntnisse haben, aber ihr Wissen über genetische Vorgänge etwas erweitern wollen oder sogar müssen, z. B. mit dem Nachweis von Grundkenntnissen über die Evolutionsbiologie im Lauf des Studiums.

Natürlich gibt es viele Lehrbücher zur Evolutionsbiologie und Genetik. Doch wer ein solches umfangreiche Werk einmal in der Hand hielt, weiß, dass es sich kaum als kurze Einführung in das Thema eignet. Im Rahmen der Vorlesungen „Evolutionsgenetik für Paläontologen" und „Humangenetik für Biologen" wurden wir oftmals nach einführender deutscher Literatur gefragt. Einige Studenten der Paläontologie hatten geringe biologische Kenntnisse und wollten für eine Semesterveranstaltung in ihrem Nebenfach natürlich nicht ein dickes Lehrbuch lesen. Manche Biologiestudenten hatten dagegen ihre liebe Not mit der formalen Seite der Genetik, dessen Verständnis jedoch für das Verstehen von Familien- und Populationsstudien notwendig ist. Beide Gruppen wünschten sich für ihren Einstieg in den neuen Themenkreis ein „kleines" deutschsprachiges Lehrbuch. Wir hoffen, dass dieser Wunsch mit diesem Buch in Erfüllung geht.

Nach dem einleitenden ► Kap. 1 mit der geschichtlichen Entwicklung der Evolutionsbiologie stellen wir in vier Teilen (Grundlagen, Evolutionsbiologie, Formale Genetik, Statistik) verschiedene Themenkreise mit einzelnen Kapiteln vor. Für die Kapitel wählten wir Themen, aus denen die Leser nach ihren Bedürfnissen eine Auswahl treffen können. Zum Beispiel mögen Paläontologen die Einleitung und die beiden ersten Teile lesen, und noch vorhandene Schulkenntnisse können mit den Kapiteln des ersten Abschnitts aufgefrischt werden. Biologen sollten über genetische Grundlagen verfügen, doch für manchen ist es hilfreich, nochmals die Bedeutung von Zufall und Selektion für die genetische Variabilität zu verinnerlichen (► Kap. 5 des Teils 1); ansonsten bieten sich für Biologen der zweite und dritte Teil des Buchs an. Schließlich haben wir für die ganz Wissbegierigen noch einen letzten Teil angehängt, der sich mit der elementaren statistischen Gedankenwelt und Beispielen aus der Genetik auseinandersetzt. Sicherlich bietet das Buch mit seinen evolutionsbiologischen und humangenetischen Aspekten auch Grundlagen für mögliche Projektarbeiten in der gymnasialen Oberstufe.

Damit die komplexen Themen auch wirklich verständlich bleiben, erklären wir die Sachverhalte möglichst einfach. Das heißt, wir stellen die Zusammenhänge ohne viele Beispiele und ohne ein umfangreiches Literaturquellenverzeichnis vor. Doch die Einfachheit wollen wir nicht zum Preis der Ungenauigkeit gewinnen. Sie soll vielmehr dazu dienen, den Lernstoff auf einen übersichtlichen Umfang zu beschränken. Die Kapitel sind so gestaltet, dass jedes an einem Tag gelesen werden kann. Pfeile mit nachfolgenden Begriffen oder einem „G" verweisen auf das Glossar.

Zu diesem Buch haben zwei Freunde und ehemalige Kollegen mit ihrem Wissen beigetragen: Jost Kömpf entwarf eine Gliederung für das ► Kap. 14 (Genetik von Stoffwechselkrankheiten und multifaktoriellen Erkrankungen), und Wolfgang Köhler unterstützte uns mit seinen umfassenden Entwürfen für die ► Kap. 16–18 (Statistik). ► Kap. 11 (Umwelt, Stress und Genetik) ist ein Beitrag von Volker Loeschcke. Mit Ausnahme des ► Kap. 11 schrieb Jürgen Tomiuk die erste Buchversion, die anschließend von beiden Autoren gemeinsam überarbeitet und ergänzt wurde.

Für das kritische Korrekturlesen möchten wir Markus Ball, Nikolaus Blin, Dirk Fabricius, Christel Geiger, Kai Finster, Klaus Fischer, Felix Knoke, Doris Kloor, Wolfgang Köhler, Carsten Pusch, Hans Siegismund, Wolfgang Winter, Klaus Wöhrmann und Ulrike Zentgraf herzlich danken.

Dankbar sind wir natürlich auch für jede Rückmeldung von unseren Lesern.

Jürgen Tomiuk und Volker Loeschcke

Inhaltsverzeichnis

In Kürze die geschichtliche Entwicklung der Evolutionsforschung

Jürgen Tomiuk, Volker Loeschcke

J. Tomiuk, V. Loeschcke, *Grundlagen der Evolutionsbiologie und Formalen Genetik*,
DOI 10.1007/978-3-662-49685-5_1, © Springer-Verlag Berlin Heidelberg 2017

Bereits vor mehr als 2000 Jahren hinterfragten Philosophen, wie sich Ähnlichkeiten bei verwandten Organismen und deren Fortpflanzung erklären. Die griechischen Gelehrten Hippokrates (460–370 v. Chr.) und Aristoteles (384–322 v. Chr.) stellten Theorien auf, die lange Zeit nachhaltig unsere Vorstellungen von der Weitergabe von Merkmalen von einer zur nächsten Generation beeinflussten (◘ Abb. 1.1). Für Hippokrates bestimmten die Eigenschaften des gesamten Körpers das erbliche Material, und Aristoteles postulierte, dass allein der männliche Samen Ursache für die Ausbildung eines Nachkommen im weiblichen Körper sei. Darüber hinaus betrachtete man die Individuen einer Art als unveränderliche Einheiten. Eine systematische Veränderung ihres Bauplans wurde daher nicht in Erwägung gezogen. Bis in das 18. Jahrhundert hinein wurden diese Ideen nicht angezweifelt.

1.1 Der Beginn naturwissenschaftlicher Arbeitsweisen

Dieser lange Stillstand beim Erkenntniszugewinn biologischer Zusammenhänge änderte sich mit dem zunehmenden Interesse an der Vielfalt des Pflanzen- und Tierreichs. Mit dem Bestreben, ein Ordnungssystem für die verschiedenen Arten zu finden (**Taxonomie**), verfolgten Wissenschaftler auch neue, moderne Denkansätze zur Erblichkeit von Merkmalen und zur Entwicklung der Arten. Wenn wir im Folgenden einige wichtige Forscher und ihre Ansätze und Ergebnisse präsentieren, dann muss uns stets bewusst sein, dass viele weitere, hier ungenannte Wissenschaftler an der Entwicklung der Genetik mitgewirkt und damit unser heutiges Wissen über biologische Vorgänge erst ermöglicht haben. Daher kann dieses Kapitel nur als kurzer Abriss der Geschichte der Genetik gelten und ist weit von jeder Vollständigkeit entfernt.

Der schwedische Naturforscher Carolus Linnaeus (1707–1778; bekannt als Carl von Linné, ◘ Abb. 1.2) stellte im Jahr 1735 mit seinem Werk „Systema Naturae" eine einfache Nomenklatur zur Einteilung und Gruppierung von Arten vor. Sein Ordnungssystem umfasste fünf Kategorien: Arten mit gleichen charakteristischen Merkmalen wurden zunächst in einer **Klasse** zusammengefasst. Die Arten einer Klasse wurden dann mithilfe weiterer Merkmale verschiedenen Gruppen, den **Ordnungen**, zugeteilt. Schließlich folgte das **Genus** mit den auffällig ähnlichen (engverwandten) Arten und deren Varietäten (**Rassen**). Die heutigen Klassifizierungsmethoden basieren ebenfalls auf diesem hierarchischen Ordnungssystem. Doch die Entwicklung neuer Untersuchungsmethoden führte naheliegenderweise zu einer feineren Einteilung mit vielen zusätzlichen Kategorien.

1.1.1 Wissenschaftlich begründete Evolutionstheorien

Im 18. Jahrhundert begannen Pflanzenzüchter wie der deutsche Botaniker Josef G. Koelreuter (1733–1806) mit Kreuzungsexperimenten. Sie erkannten schon damals, dass elterliche Merkmale unterschiedlich stark bei ihren Nachkommen ausgeprägt werden oder dass die Nachkommen zweier Eltern, die verschiedenen Arten zugehören, ihre Fortpflanzungsfähigkeit verlieren können (▶ Hybridensterilität). Der französische Botaniker Augustin Sageret (1763–1851) beobachtete in seinen Kreuzungsexperimenten mit Pflanzen, dass bestimmte Merkmale eines Elternteils in deren Nachkommenschaft auftreten, doch andere elterliche Merkmale erst wieder in der Enkelgeneration beobachtet werden (▶ Dominanz und ▶ Rezessivität). Die Arbeiten und Erkenntnisse von Linné und seinen Zeitgenossen bildeten die Grundlagen für die Entwicklung der modernen Evolutionsbiologie und der Genetik. Der französische Biologe Jean-Baptiste de Lamarck (1744–1829; ◘ Abb. 1.3 links) veröffentlichte 1809 seine Ansichten über das Entstehen von Arten in seiner „Philosophiae Naturalis Principia Mathematica" und gilt mit diesem Werk als der Begründer der modernen Abstammungslehre (▶ Deszendenztheorie). Viele seiner Ausführungen haben durchaus auch heute noch Gültigkeit. Doch seine These über die Erblichkeit von Merkmalseigenschaften, die sich während der Lebenszeit eines Organismus als vorteilhaft erweisen, wird heute oftmals eher belächelt (▶ Lamarckismus). Entsprechend dieser Theorie sollte der Nutzen von erworbenen Eigenschaften Veränderungen in den Erbanlagen eines

■ **Abb. 1.1** Hippokrates (*links*) und Aristoteles (*rechts*)

Individuums nach sich ziehen. Die langen Hälse der Giraffen müssen häufig als Beispiel für einen Evolutionsprozess im Sinn von Lamarck herhalten: In einer ursprünglichen Population von Giraffen gab es Tiere, die damit anfingen, das Laub von Bäumen zu fressen. Um die neue Nahrungsquelle besser nutzen zu können, streckten diese Giraffen die Hälse und vererbten die vorteilhafte Eigenschaft eines verlängerten Halses an ihre Nachkommen. Durch neuere Entdeckungen in der molekularen Genetik kann man Lamarcks Erkenntnisse allerdings nicht mehr einfach zur Seite schieben. Heute wissen wir, dass Erbanlagen von Eltern durch Umwelteinflüsse aktiviert und inaktiviert werden können, ohne dass die inhaltliche Information des Erbguts abgeändert wird. Auf diese Art und Weise kann neben Erbanlagen auch deren umweltbedingter Aktivitätsstatus an die Nachkommenschaft weitergegeben werden. Ein veränderter Aktivitätsstatus liefert uns allerdings keine Erklärung für die genetischen Veränderungen bei den Vorfahren der Giraffenpopulationen.

Die Begründer der Zelltheorie, Matthias J. Schleiden (1804–1881) und Theodor Schwann (1810–1882), legten 1839 den Grundstein für unser Verständnis von Zellteilungsvorgängen und der Entwicklung von Organismen. Beide Forscher entdeckten, dass ein Organismus eine komplexe Einheit ist und sich aus vielen einzelnen Zellen zusammensetzt. Infolge ihrer Erkenntnisse entwickelte sich die Zytologie als neue biologische Forschungsrichtung. Der Schweizer Botaniker Karl W. von Nägeli (1817–1891) erkannte bald nach Schleiden und Schwann auch Strukturen innerhalb von Pflanzenzellen.

Fünfzig Jahre nach Lamarck veröffentlichte im Jahr 1859 der britische Naturforscher Charles R. Darwin (1809–1882; ■ Abb. 1.3 Mitte) seine Theorie über den Ursprung von Arten („On the Origin of Species by Means of Natural Selection“). Zeitgleich mit seinem Kollegen Alfred R. Wallace (1823–1913) entwarf Darwin das Konzept einer steten Entwicklung der Arten durch natürliche Selektion. Nicht durch sprunghafte Evolution, sondern aus vielen kleinen Veränderungen sollten sich ausgehend von einer ursprünglichen Art fortwährend neue Arten entwickeln.

■ **Abb. 1.2** Carl von Linné

Kehren wir nochmals zu unserem Beispiel mit den Giraffen zurück. Die Theorie von Darwin unterscheidet sich hier grundsätzlich von der Lamarcks. Nach Darwins Verständnis gab es in einer Urpopulation Giraffen mit der erblichen Veranlagung für lange und kurze Hälse. Höherliegende Nahrungsquellen begünstigten Tiere mit langen Hälsen, die dadurch einen Vorteil im Überlebenskampf hatten. Am Ende des Selektions- und Evolutionsprozesses war schließlich nur noch die erbliche Veranlagung für lange Hälse in der Giraffenpopulation vorhanden.

Anders als Lamarck erkannte Darwin, dass auch der Mensch ein Teil des großen Evolutionsspiels ist. Die Veröffentlichung seines Buchs „The Descent of Man, and Selection in Relation to Sex“ im Jahr 1871 rief heftige Kritik hervor, da es den religiösen Vorstellungen seiner Zeit widersprach. Darwins Theorie der natürlichen Auslese war jedoch nicht nur Grundlage und der Beginn moderner Evolutionsforschung. Sie war leider auch Argumentationshilfe

Abb. 1.3 Jean-Baptiste de Lamarck, Charles R. Darwin und Gregor Mendel (von *links* nach *rechts*)

für eine gezielte Auslese beim Menschen: „Negative" erbliche Eigenschaften sollten hiernach aus der Bevölkerung gezielt entfernt oder deren Weitergabe an die nächste Generation verhindert werden (▶ Eugenik). Ebenfalls wurde die Ausbildung von sozialen Bevölkerungsstrukturen mit dem Prozess der natürlichen Auslese begründet – gab diese Theorie doch eine einfache Erklärung für die Daseinsberechtigung der erfolgreichen Mitglieder einer Gesellschaft (▶ Sozialdarwinismus).

Der österreichische Augustinermönch Gregor J. Mendel (1822–1884; Abb. 1.3 rechts) kannte wohl Darwins Theorie und wollte mit seinen Untersuchungen auch eine Grundlage zum Verständnis von Erb- und Evolutionsprozessen schaffen. In seinem Klostergarten in Brünn (dem heutigen Brno in Tschechien) experimentierte er mit der Gartenerbse (*Pisum sativum*). Er untersuchte u.a. die Samenform (glatt oder runzlig), die Samenfarbe (gelb oder grün), die Hülsenform (gebläht oder geschnürt), die Hülsenfarbe bei unreifen Früchten (grün oder hellgelb), die Blütenstellung (achs- oder endständig) und die Stiellänge (lang oder kurz). Wir wissen heute, dass derartige Merkmale bei Pflanzen mit sexueller Fortpflanzung keinen einfachen Erbgang zeigen und innerhalb einer Nachkommenschaft eine große Variationsbreite aufweisen können. Doch Mendels Idee, den Erbgang bei reinen Linien der Gartenerbse zu erforschen, führte ihn zum Erfolg. Erbsen bestäuben sich bis auf wenige Ausnahmen selbst. Die Folge hiervon ist, dass innerhalb einer Pflanzenlinie schon nach wenigen Generationen an allen möglichen Merkmalen fast keine Variation zwischen Geschwistern und Eltern beobachtet wird. So tragen z.B. rotblühende Pflanzen nur die Erbinformation für rote Blüten und andere weißblühende Pflanzen nur die Erbanlagen für weiße Blüten. Mendel nutzte diese Eigenschaft, indem er die Selbstbestäubung unterband (durch rechtzeitiges Entfernen der Staubgefäße) und die Pflanzen von seinen reinen Linien künstlich befruchtete. Bei seinen Kreuzungsversuchen erkannte Mendel, dass bei Nachkommen von Eltern mit unterschiedlichen Merkmalsausprägungen nicht beide elterlichen Eigenschaften sichtbar werden; z.B. war die rote Blütenfarbe dominant über weiß: Die Nachkommen aus Kreuzungen von rotblühenden und weißblühenden Pflanzen, die beide aus reinen Linien stammten, trugen alle rote Blüten (▶ Dominanz und Rezessivität).

1866 publizierte Mendel in seinem Aufsatz „Versuche über Pflanzenhybriden" die Ergebnisse seiner Kreuzungsexperimente. Mit den von ihm bezeichneten „Faktoren" hatte er grundlegende Eigenschaften der Erbinformation erkannt. Seinem Werk wurde jedoch von anderen Wissenschaftlern seiner Zeit keine Bedeutung zugemessen. In Darwins Nachlass fand man in der Tat einen ungeöffneten Brief von Mendel, in dem dieser seine Beobachtungen darlegte. Mendels so wichtige Entdeckung geriet für die nächsten 35 Jahre in Vergessenheit. Er postulierte drei Regeln:

1. Die **Uniformitätsregel** besagt, dass die Nachkommen (erste Filialgeneration, F_1) zweier reiner Linien (Parentalgeneration, P) alle die gleichen

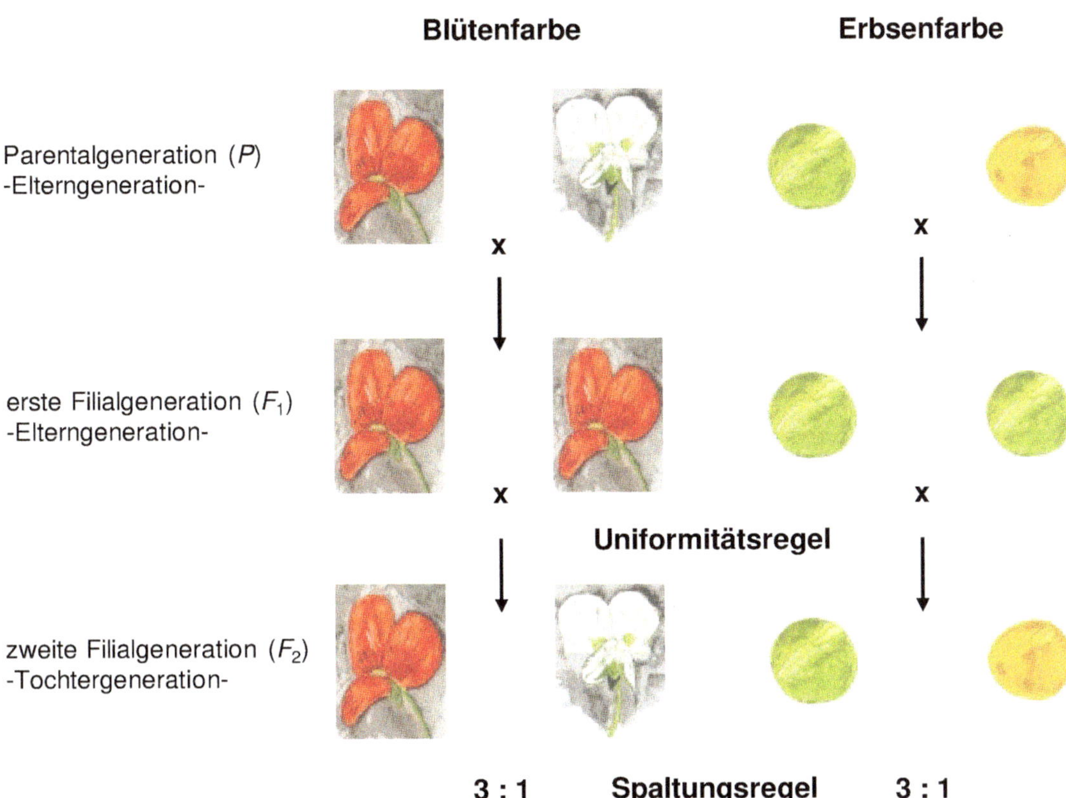

Abb. 1.4 Mendels Uniformitäts- und Spaltungsregel am Beispiel der Gartenerbse *Pisum sativum*

Merkmalsausprägungen zeigen (Abb. 1.4). In unserem Beispiel haben alle Pflanzen eine rote Blüte, und die Erbsenfarbe ist Grün.

2. Die **Spaltungsregel** postuliert, dass Nachkommen (zweite Filialgeneration, F_2) aus der Kreuzung zweier F_1-Pflanzen in einem bestimmten Verhältnis die Merkmale der Eltern (P) ausprägen (Abb. 1.4).
3. Die **Regel der freien Kombinierbarkeit** beschreibt, dass die Kombination verschiedener Merkmalsausprägungen ebenfalls der ersten und zweiten Regel folgt (Abb. 1.5).

Der englische Statistiker und Genetiker Ronald A. Fisher (1936) warf 70 Jahre nach Mendels Veröffentlichung die Frage auf, ob bei der Auswertung der Experimente alles mit rechten Dingen zugegangen sei. Seine Schlussfolgerung war, dass die Ergebnisse zu genau die theoretischen Erwartungen trafen und somit nur eine sehr kleine Wahrscheinlichkeit bestand, dass Mendel seine Zähldaten mit der beschriebenen Präzision beobachtet hatte. Außerdem wissen wir heute, dass einige der von Mendel untersuchten Merkmale nicht vollständig unabhängig voneinander vererbt werden und damit eigentlich Widersprüche zur dritten Regel zu erwarten wären. Trotz dieser kleinen Ungereimtheiten müssen wir Mendels Versuchsplanung großen Respekt zollen und seine Verdienste für die Genetik würdigen.

1.1.2 Beginn der modernen Evolutionsbiologie

In der zweiten Hälfte des 19. Jahrhunderts nahm unser Wissenszugewinn über biologische Vorgänge an Fahrt auf. Immer mehr Details biologischer Mechanismen wurden entdeckt, wodurch sich auch die Tür zu unserem heutigen Verständnis von Genetik und Evolutionsbiologie stetig weiter öffnete. In den Räumen des Tübinger Schlosses isolierte 1869 Johannes F. Miescher (1844–1895) die Nukleinsäuren aus Eiterzellen und belegte diese färbbare Substanz

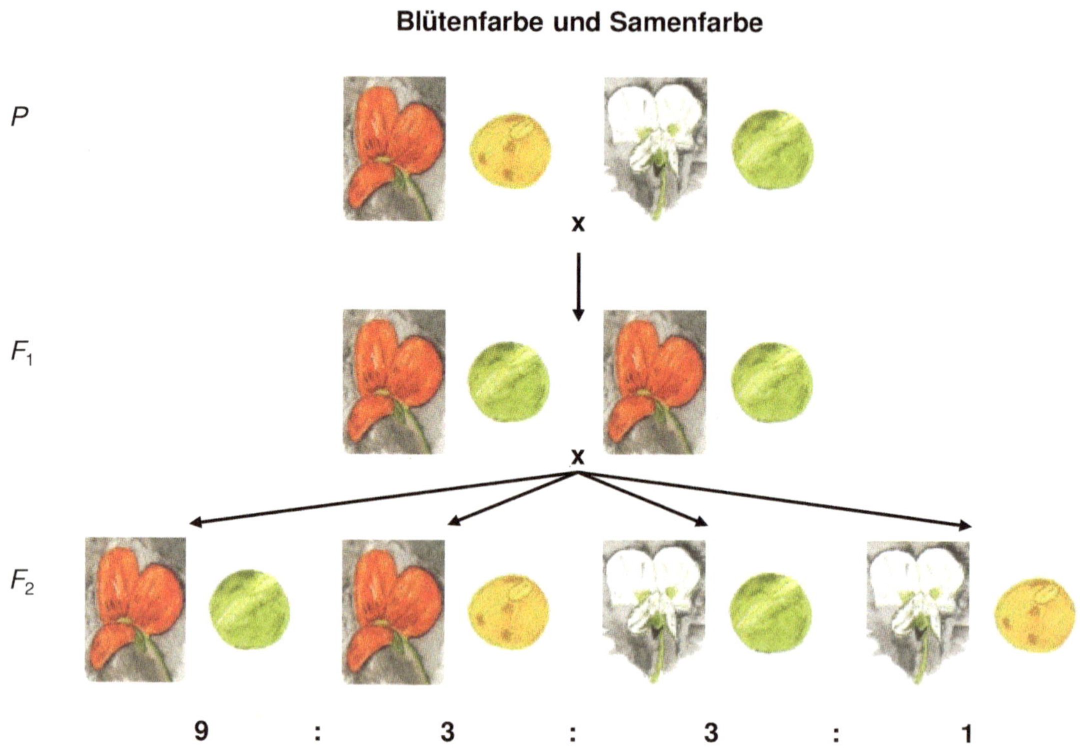

Blütenfarbe und Samenfarbe

P

F_1

F_2

9 : 3 : 3 : 1

Abb. 1.5 Mendels Unabhängigkeitsregel am Beispiel von Blüten- und Samenfarbe der Gartenerbse *Pisum sativum*

mit dem Namen **Chromatin**. Walther Flemming (1843–1905) beschrieb 1882 den Teilungsprozess von Zellen. In immer kürzer werdenden Intervallen ging es weiter mit neuen Entdeckungen und Erkenntnissen. Friedrich L.A. Weismann (1834–1914) erkannte, dass das erbliche Material bei höheren Organismen im Zellkern lokalisiert sein muss und sprach 1885 zum ersten Mal von der **Keimbahn**, aus der sich Ei- bzw. Samenzellen entwickeln. In seinen Übersichtsarbeiten prägte Heinrich W.G. Waldeyer die neuen Begriffe **Chromosom** (▶ G) für die färbbaren Körperchen in Zellkernen und **Mitose** (▶ G) für die Zellteilung. Um 1900 wurden von den Botanikern Carl E.J.F. Correns (1864–1933), Erich Tschermak (1871–1962) und Hugo M. de Vries (1848–1935) die Mendelschen Regeln wiederentdeckt. Nun wurde die Leistung Mendels voll anerkannt, doch erst mit Beginn der 20er-Jahre des letzten Jahrhunderts offenbarte sich die volle Bedeutung seiner drei Regeln für die Evolutionsbiologie.

Es war dem Wiener Arzt Karl Landsteiner (1868–1943) vorbehalten, die menschlichen Blutgruppen zu entdecken. 1901 stellte er fest, dass oftmals nach dem Vermengen von Blut verschiedener Menschen sich dieses verklumpte. Landsteiner beschrieb die drei Blutgruppen A, B sowie 0. Für die Entdeckung der Blutgruppen erhielt Landsteiner 1930 den Nobelpreis für Medizin. Die Häufigkeitsverteilung der Blutgruppen in der menschlichen Bevölkerung, die mehr oder weniger über Generationen hinweg gleich blieb, weckte schon bald das Interesse der Mathematiker. Felix Bernstein (1878–1956) klärte 1924 den Erbgang der AB0-Blutgruppen mithilfe seiner statistischen Analysen auf.

Der britische Arzt Archibald E. Garrod (1857–1936) erkannte 1902, dass Stoffwechselstörungen erblich sein können („inborn errors of metabolism"). Er beschrieb im Fall des Harnstoffwechsels die Problematik und machte klar, dass für den Abbau eines Stoffwechselprodukts bestimmte Proteine verantwortlich sind, deren Fehlfunktionen vererbt werden. Garrod legte mit seinen Erkenntnissen den Grundstein für die biochemische Genetik. Das Konzept zur Erklärung familiärer Stoffwechseldefekte blieb allerdings jahrzehntelang unbeachtet. Die damaligen experimentellen Genetiker hielten Garrods These für nicht überprüfbar, und die Mediziner in dieser Zeit vertraten die Meinung, dass alle Menschen vor ihrer Krankheit gleich sind. Die Wiederentdeckung von Garrods Erkenntnissen begann erst fünf Jahre nach seinem Tod.

Um die gesamten anfänglichen Entwicklungen in der Genetik in ihrer Bedeutung würdigen zu können, sollten wir bedenken, dass die damals gewonnenen Erkenntnisse theoretische Schlussfolgerungen aus experimentellen Beobachtungen waren. Mendels Erbfaktoren waren noch abstrakte Eigenschaften, die jedoch bald den Chromosomen zugesprochen wurden. Die These, dass Chromosomen Träger der Erbinformation sind, folgte aus mikroskopischen Beobachtungen von Zellen während der Zellteilung (**Mitose**) und der Reifeteilung (**Meiose**: Bildung von Ei- und Samenzellen), in denen die Chromosomen in einem geordneten Prozess aufgeteilt werden. Mit ihren Arbeiten begründeten 1902 Walter S. Sutton (1877–1916) und Theodor H. Boveri (1862–1915) die Chromosomentheorie der Vererbung und legten damit die Grundlage für die Entwicklung von theoretischen Modellen, die die Verteilung von Erbfaktoren in einer Population beschreiben. Zeitgleich, 1908, beschrieben der Brite Godfrey H. Hardy (1877–1947) und der Deutsche Wilhelm Weinberg (1862–1937) eine Verteilungsfunktion für erbliche Merkmale in Populationen. Das sog. **Hardy-Weinberg-Gleichgewicht** setzt sehr ideale Bedingungen in einer sich sexuell reproduzierenden Population voraus (s. ▶ Kap. 5). Trotz seiner strengen und zum Teil unrealistischen Annahmen hat das Hardy-Weinberg-Gleichgewicht nach wie vor eine große Bedeutung bei der Bewertung genetischer Strukturen von Populationen.

Die Fachrichtung, die sich die Erforschung erblicher Vorgänge zur Aufgabe gestellt hatte, wurde 1906 von William Bateson (1861–1926) zum ersten Mal als **Genetik** bezeichnet. Bisher haben wir es weitgehend vermieden, den Begriff **Gen** zu erwähnen, da erst 1909 der Däne Wilhelm L. Johannsen (1857–1927) in einer Vorlesung und in seinem Buch „Elemente der Exakten Erblichkeitslehre" (Gustav Fischer, Jena) das Gen als Einheit der Vererbung bezeichnete. Zehn Jahre nach Johannsen schuf Hans K. A. Winckler (1877–1945) für die Gesamtheit der genetischen Information einer Zelle den Begriff **Genom** (▶ G). Thomas H. Morgan (1866–1945) kam 1910 zum Schluss, dass Chromosomen die Träger der Gene sind. Im Jahr 1913 erkannte dann Alfred H. Sturtevant (1891–1970), dass Gene auf Chromosomen in einer linearen Abfolge angeordnet sind. Dass die Anordnung der Gene auf Chromosomen nicht unveränderlich ist, wurde mit der Beobachtung des Crossing-overs (▶ G) erst 20 Jahre später offensichtlich. Und 1951 beschrieb Barbara McClintock (1902–1992) **springende Gene** im Mais (▶ Transposon) – diese Gene „springen" von einer zur anderen Stelle im Genom. Ihre Arbeit wurde anfangs von ihren Kollegen belächelt. Erst 30 Jahre später wurde McClintock dann doch noch mit dem Nobelpreis für Medizin geehrt.

Die erste numerische, jedoch falsche Beschreibung des menschlichen Chromosomensatzes befindet sich 1912 in einem Aufsatz von Hans von Winiwarder (1875–1949) – dem männlichen Geschlecht werden 47 und dem weiblichen 48 Chromosomen zugesprochen. Neun Jahre später korrigierte Theophilus S. Painter (1889–1969) diese Beobachtung und behauptete ebenfalls fälschlich, dass beide Geschlechter 48 Chromosomen besitzen. Die korrekte Beschreibung der Anzahl menschlicher Chromosomen in einer Körperzelle ($n = 46$) ließ noch 35 Jahre auf sich warten. Doch bereits 1928 konnte John B.S. Haldane (1892–1964) ohne Kenntnisse der richtigen Struktur des menschlichen Chromosomensatzes mithilfe von Familienanalysen die geschlechtsgekoppelte Vererbung einer Form der Rotgrünblindheit (▶ G) des Menschen nachweisen.

1.2 Populationsgenetik

Zwischen 1920 und 1930 wurden die genetischen Erkenntnisse in ein enormes theoretisches Gebäude eingebunden. Das Gen wurde nicht nur als **Einheit der Vererbung** betrachtet, sondern auch als **Einheit der Selektion**. Basierend auf den damaligen Kenntnissen in der Genetik schufen Sir Ronald A. Fisher (1890–1962), J.B.S. Haldane und Sewall G. Wright (1889–1988) Modellvorstellungen, die noch heute gültig sind. Mit ihren theoretischen Überlegungen zur Bedeutung von Paarungssystemen, Selektion, aber auch Zufall und Inzucht (▶ G) für

Abb. 1.6 Lyssenkos Traum (Zeichnung von Heike Fink)

die genetische Struktur von Populationen legten die drei Forscher wesentliche Grundlagen für unser Verständnis von genetischen Veränderungen in Populationen. Eine Grundvoraussetzung in ihren Modellen war, dass sich elterliche Gene für ein und dasselbe Merkmal unterscheiden können (▶ Allel, allelische Variation). In einer sich sexuell vermehrenden Population können so die elterlichen allelischen Varianten in unterschiedlichen Kombinationen (▶ Genotypen) in der Folgegeneration auftreten – entweder sind die elterlichen Gene eines Nachkommen gleich (▶ homozygot, Homozygotie) oder sie unterscheiden sich (▶ heterozygot, Heterozygotie). Selektion, aber auch Zufall bestimmen von Generation zu Generation das Schicksal der Genotypen und damit auch das von Allelen. In diesem Zusammenhang erkannte Sergej S. Chetverikov (1880–1959), dass Evolutionsprozesse nur sinnvoll sind, wenn genetische Strukturen von Populationen und nicht nur von einzelnen Individuen betrachtet werden. Die neue Disziplin **Populationsgenetik** war geboren. Trotz seiner wissenschaftlichen Verdienste musste Chetverikov seinem Konkurrenten Trofim D. Lyssenko (1898–1976) bald weichen. Lysenko war Verfechter einer Variante der Lamarckschen Evolutionstheorie – Vererbung zur Lebenszeit erworbener vorteilhafter Eigenschaften an die Nachkommen – und fand zur damaligen Zeit volle politische Unterstützung in der UdSSR. Naheliegenderweise bot diese Evolutionstheorie dem stalinistischen Russland eine gute Argumentationsgrundlage zur Sozialisation des Menschen. Allerdings lähmte sie über viele Jahre die genetische Forschung in der UdSSR.

Mit dem Ziel, das Anbaugebiet des Weizens zu vergrößern und damit auch die Ernährungssituation im Land zu verbessern, pflanzte Lyssenko mit seinen Schülern jahrzehntelang Weizen in Sibirien an. Seine Hoffnung war, dass eine neue Varietät entsteht, die auch in nördlicheren Breiten als dem bisherigen Anbaugebiet kultiviert werden kann (Abb. 1.6). Erst nach 1950 verlor sich sein Einfluss auf die genetische Forschung in Russland – die Politik setzte nun mehr auf die klassische Pflanzengenetik, um die Weizenerträge zu verbessern.

Doch kehren wir wieder zurück in die 1930er-Jahre. Hermann J. Muller (1890–1967) ist mit seinen Mutationsexperimenten der Gründervater der Mutationsforschung. Physikalische Veränderungen in Genen wurden als Mutationen bezeichnet und das Gen als **Einheit für Veränderungen** erkannt. Die damaligen Wissenschaftler waren von dieser Erkenntnis fasziniert. Sie dachten, dass nun ein wirkungsvolles Mittel zur Verfügung stand, um genetische Vielfalt zum Nutzen der Menschheit zu erzeugen. Pflanzen und Samen wurden radioaktiv bestrahlt oder mit Chemikalien behandelt, um Mutanten mit neuen Eigenschaften zu erzeugen. Der anfänglichen Euphorie folgte aber bald Ernüchterung, weil mit dieser Technik nützliche Varianten nicht gezielt und nicht in großer Zahl hergestellt werden konnten.

Die neu gewonnenen genetischen Erkenntnisse in den 20er- und 30er-Jahren führten zu einer Neubewertung von Darwins Evolutionstheorie. Man war bestrebt, Evolutionsvorgänge anhand genetischer Veränderungen zu erklären. Selektionsmechanismen, aber auch Zufallsereignisse wurden als treibende Kraft der Evolution gesehen. Dieser sog. **Neodarwinismus** ist eine Synthese von Darwins ursprünglicher Evolutionstheorie und dem Gedankengebäude der Populationsgenetik.

1.3 Molekulare Genetik

Die Untersuchungen von George W. Beadle (1903–1989) und Edward L. Tatum (1909–1975) gaben nach 30 Jahren der Idee von Garrod (1909) zur Erblichkeit von Stoffwechselerkrankungen eine molekulare Grundlage. Die radioaktive Bestrahlung des Schimmelpilzes *Neurospora crassa* führte zu genetischen

Veränderungen, die sich auch im Stoffwechsel des Pilzes bemerkbar machten. So war bereits in dieser Zeit bekannt, dass die einzelnen Stoffwechselprozesse von Enzymen kontrolliert werden. Mit ihrer Arbeit entdeckten Beadle und Tatum, dass Mutationen zu einem Aktivitätsverlust von Enzymen und damit zu Veränderungen im Stoffwechsel eines Organismus führen können. Im Jahr 1941 publizierten sie ihre Ergebnisse und erhielten für ihre Hypothese „Ein-Gen-ein-Enzym“ 1958 den Nobelpreis für Medizin – später wurde diese Hypothese noch weiter präzisiert: „Ein-Cistron-eine-Polypeptidkette“ wurde zu einem zentralen Dogma der biochemischen Genetik (▶ Cistron, ▶ Polypeptid). Das Gen war nicht mehr nur die Einheit der Vererbung und Veränderung, sondern nun auch eine **Funktionseinheit**.

1944 isolierten Oswald T. Avery (1877–1955) und Colin M. MacLeod (1909–1972) Desoxyribonukleinsäuren (DNA) und schlugen diese als das eigentliche genetische Material vor (▶ Nukleinsäure, ▶ DNA). Erst Alfred D. Hershey (1908–1997) und Martha Chase (1928–2003) beseitigten 1952 alle Zweifel (Proteine galten damals auch noch als potenzielle Träger von Erbinformation!). Das Zeitalter der Molekulargenetik begann im Jahr 1953 mit der Beschreibung des DNA-Doppelhelixmodells durch James D. Watson (*1928) und Francis H.C. Crick (1916–2004). Die beiden Nobelpreisträger von 1962 sowie Rosalind E. Franklin (1920–1958) ebneten den Weg zum tieferen Verständnis von molekulargenetischen Mechanismen wie der Vervielfältigung von genetischer Information (Replikation) und deren Veränderungen (Mutation). Der genetische Code wurde 1961 entschlüsselt. Man erkannte, dass Dreiergruppen von Bausteinen der Nukleinsäuren (Tripletts bzw. Codons) die Informationseinheiten für die Produktion von Proteinen sind. Ende des Jahrzehnts gelang Jonathan R. Beckwith (*1935) zum ersten Mal die Isolierung eines einzelnen Gens aus dem Bakterium *Escherichia coli*. In den nachfolgenden Jahren bekamen genetische Untersuchungen des Menschen immer mehr Bedeutung.

Bevor wir noch weitere Meilensteine in der Humangenetik vorstellen, müssen wir kurz auf einen fundamentalen Streit über die Ursachen und die Bedeutung der genetischen Vielfalt in Populationen hinweisen. Obwohl Wright bereits in den 20er-Jahren die Bedeutung von Zufallseffekten für die genetische Vielfalt einer Art beschrieb, dominierte bis in die 60er-Jahre des 20. Jahrhunderts die Vorstellung, dass vorwiegend Selektionsprozesse das Ausmaß genetischer Variabilität bestimmen. Der Populationsgenetiker Theodosius G. Dobzhansky (1900–1975) war ein überzeugter Verteidiger der Selektionslehre, und viele seiner Schüler vertraten bis zu seinem Tod seine Ansichten. Mit den theoretischen Arbeiten des Japaners Motoo Kimura (1924–1994) entbrannte dann ein Streit über die Ursache und Bedeutung von Variabilität auf molekularer Ebene. Kimura veröffentlichte 1955 mit seinem Doktorvater James F. Crow (1916–2012) seine **Neutralitätstheorie der molekularen Evolution**. Ihre Überlegungen zeigten, dass allein die Endlichkeit einer Population und eine gewisse Mutationsrate genügen, um die Variation auf molekulargenetischer Ebene in natürlichen Populationen zu erklären (s. ▶ Kap. 5). Im Jahr 1966 analysierte der Engländer Harry Harris die Variabilität von Proteinen in menschlichen Populationen. Zeitgleich erforschten die Amerikaner Richard C. Lewontin (*1929) und John L. Hubby (1932–1996) die genetische Variabilität in Populationen der Fruchtfliege (Drosophila). Beide Untersuchungen zeigten, dass in natürlichen Populationen eine unerwartet hohe genetische Vielfalt existiert, die nicht ausschließlich mit Selektionskräften erklärt werden kann. Ein Argument gegen die alleinige Wirkung der Selektion auf molekulare Strukturen war, dass durch die Auslese benachteiligter Individuen auch immer eine Belastung für die gesamte Population einhergeht (▶ genetische Bürde). Wollte man nun jede genetische Variation mit Selektion erklären, wäre die Negativauswahl benachteiligter Individuen eine solch ungeheure Belastung für jede Population, dass diese nicht überlebensfähig wäre (▶ Eugenik). Im Streit um die Rolle von Selektion und Zufall sollten wir beachten, dass Selektion vorwiegend auf Merkmalsausprägungen wirkt und nicht auf die genetischen Strukturen, aber auch, dass die Neutralitätstheorie Selektionsprozesse nicht vollständig ausschließt.

1.3.1 Das menschliche Kerngenom

Erst 1956 gelang Joe H. Tijo (1916–2001) und Johan A. Levan (1905–1998) die korrekte Beschrei-

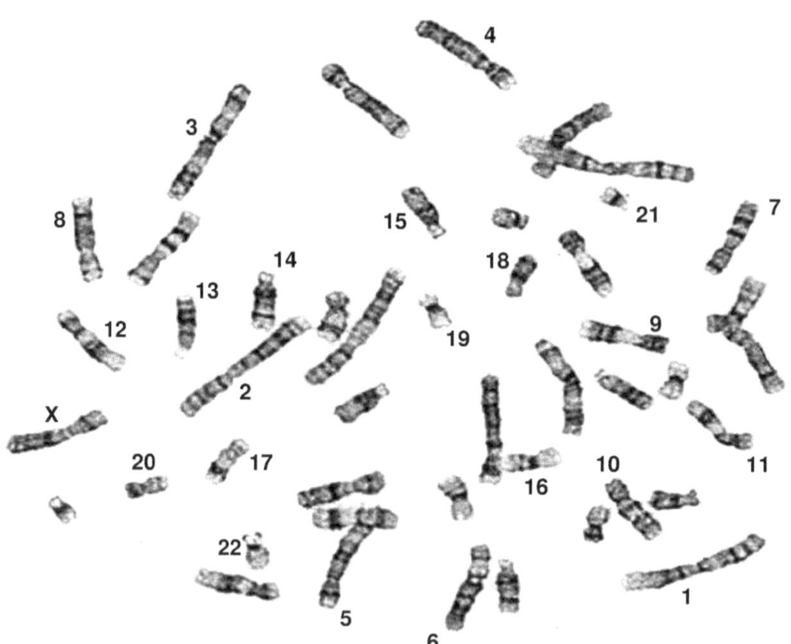

Abb. 1.7 Karyogramm eines weiblichen menschlichen Chromosomensatzes, 46 XX. Die Trypsin-Giemsa-Färbetechnik färbt die elterlichen homologen Chromosomen mit einem spezifischen Bandenmuster. Jedes elterliche Chromosom ist entsprechend der internationalen Chromosomennomenklatur (ISCN) mit einer Ziffer versehen

bung des menschlichen Chromosomensatzes mit 46 Chromosomen (▶ Karyotyp). Die mikroskopische Darstellung der Chromosomen gestattete in jener Zeit noch nicht die Identifizierung aller einzelnen Chromosomen; sie ermöglichte jedoch eine Gruppierung der Chromosomen nach Größe und Grobstruktur. Auf einer Konferenz in Denver (USA) wurde 1960 eine internationale Nomenklatur für die menschlichen Chromosomen festgelegt. Nachdem in den 1960er-Jahren spezielle Färbetechniken entwickelt wurden, wurde nach 10 Jahren die Beschreibung menschlicher Chromosomen verfeinert. Dank dieser Techniken konnten nunmehr einzelne Chromosomen nicht nur aufgrund ihrer Größe und Form gruppiert, sondern sogar einzelne Chromosomenabschnitte mithilfe ihrer Farbstrukturen eindeutig dargestellt werden. Auf einer internationalen Konferenz in Paris wurde 1971 eine erweiterte internationale Nomenklatur für die menschlichen Chromosomen erarbeitet und seither ständig an die neuesten Entwicklungen angepasst (Abb. 1.7). Die letzte Konferenz zur Nomenklatur der menschlichen Chromosomen fand 2013 statt (ISCN 2013; „**I**nternational **S**ystem for Human **C**ytogenetic **N**omenclature").

Die neue Nachweistechnik, mit der strukturelle Veränderungen an menschlichen Chromosomen erfasst werden konnten, war Voraussetzung für die erste erfolgreiche Zuordnung eines Gens zu einem autosomomalen Chromosom (▶ Autosom). Donahue et al. (1968) ermittelten mithilfe von Familienanalysen das größte Chromosom mit der Nummer 1 als Träger des Gens für die Blutgruppe Duffy, da einige Familienmitglieder eine strukturelle Variante dieses Chromosoms trugen. Aber auch eine Manipulation von Mauszellen gestattete es, proteincodierende Gene des Menschen auf einzelnen Chromosomenabschnitten zu identifizieren. Bei diesem Verfahren wird ein menschliches Chromosom mit mikroskopisch erkennbaren strukturellen Veränderungen in eine intakte Mauszelle eingeschleust. Die derart manipulierte Mauszelle produziert sowohl die Proteinvarianten der Maus als auch die menschliche Variante, deren genetische Information auf dem eingeschleusten Chromosom liegt. Fehlt allerdings ein Chromosomenabschnitt und damit verbunden ein Protein, dann können wir mit einem Vergleich verschiedener Zelllinien dem fehlenden Chromosomenabschnitt das Gen für das jeweilige Protein zuweisen. Mit der Identifizierung von Chromosomenabschnitten, die Gene enthalten (▶ Gen, Genort ▶ Locus), begann die Kartierung von Genomen.

Grundsätzlich ist das menschliche Genom so strukturiert: Von jedem Elternteil erhalten wir 23 Chromosomen – ein geschlechtsbestimmendes Chromosom (**Gonosom**) und 22 Autosomen. Säugetiere haben die Geschlechtschromosomen X und Y – weibliche Individuen haben zwei X und männliche je ein X- und Y-Chromosom. So trägt jede Körperzelle eines Individuums zwei Gonosomen sowie 22 Paare von Autosomen, wobei das väterliche Chromosom und das weibliche Pendant jedes Autosomenpaars sich unter dem Mikroskop in ihrer Struktur gleichen. Je nachdem, welches Gonosom das männliche Samenpaket enthält, wird das Kind ein Junge (XY) oder ein Mädchen (XX). Können wir die Chromosomen eines Individuums, mit Ausnahme der unterschiedlichen Geschlechtschromosomen, in Paare strukturell gleicher Chromosomen (▶ homologe Chromosomen) ordnen, sprechen wir von einem **diploiden Chromosomensatz** (▶ G). Im Jahr 1959 beschrieb Jérôme Lejeune (1926–1994) zum ersten Mal die zahlenmäßige Veränderung eines menschlichen Chromosomensatzes (▶ Chromosomenaberration). Bei einer Person mit Down-Syndrom (nach dem englischen Arzt John Langdon-Down) fand er ein zusätzliches kleines Chromosom, das Chromosom 21. Eine Fehlverteilung der Chromosomen führt dazu, dass von einem Elternteil nicht nur ein, sondern zwei gleiche Chromosomen vorhanden sind. Infolgedessen gibt es Zellen mit drei homologen Chromosomen, die Trisomie 21.

1.4 Moderne Genetik

Frederick Sanger (1918–2013) stellte 1977seine Didesoxy-Kettenabbruch-Methode vor, die es fortan ermöglichte, den genetischen Code einzelner DNA-Abschnitte relativ einfach zu bestimmen. Für diese in der Genetik so bedeutende Methode erhielt er 1980 den Nobelpreis für Chemie. Eine weitere Methode, die die genetischen Untersuchungen revolutionierte, war die Entwicklung der **Polymerasekettenreaktion** („polymerase chain reaction", PCR). Kary B. Mullis (*1944) erkannte 1983, dass eine hitzebeständige DNA-Polymerase, die sog. *Taq*-Polymerase des thermophilen Bakteriums *Thermus aquaticus* zur technischen Vervielfältigung von DNA-Fragmenten genutzt werden kann. Diese Entdeckung des späteren Nobelpreisträgers für Chemie (1993) öffnete das Tor zur heutigen Erforschung ganzer Genome. Die Arbeitsgruppen von Francis S. Collins (*1950), Lap-Chee Tsui (*1950) und John R. Riordan (*1943) konnten 1989 die genaue Struktur des gesamten menschlichen Gens beschreiben, dessen Varianten zur zystischen Fibrose (Mukoviszidose) führen können. Im Jahr 1997 wurde das erste Genom eines höheren Organismus, das der Bäckerhefe (*Saccharomyces cerevisiae*), vollständig bestimmt, und 2004 verkündete das internationale Sequenzierkonsortium des „Human Genome Project", dass die Struktur des menschlichen Genoms zu 99 % aufgedeckt sei.

Neue Techniken erlauben uns heute in relativ kurzer Zeit, ganze Genome verschiedener Organismen zu analysieren. Und jedes Jahr nimmt der anfänglich erhebliche finanzielle Aufwand für diese Analysen nimmt ab. Die Entwicklung von Hochleistungsrechnern hat schließlich seit den 1990er-Jahren die Möglichkeiten der genetischen Analysen vorangetrieben.

Ein wichtiger Fortschritt stellte die molekularbiologische Chip-Technologie dar. Auf einem Chip oder **Microarray** (kleines Plättchen) werden Substanzen aufgebracht, um bestimmte Nukleinsäuresequenzen oder auch Proteine im Untersuchungsmaterial zu erkennen und zu untersuchen. Diese Technik erlaubt z. B. die Untersuchung einer enormen Anzahl von Loci eines Individuums innerhalb eines Experiments. So können mit der Microarray-Technologie charakteristische genetische Strukturen von Individuen einfach aufgedeckt werden. Weitere neue Verfahren gestatten die Bestimmung der Aktivität eines oder auch mehrerer Gene. Mit dieser Methode können wir heute Gene und ihre Funktion bis hin zu Eigenschaften ihrer Endprodukte untersuchen. Anwendung finden diese Methoden bei der Identifizierung von Genen, die an komplexen Erkrankungen beteiligt sind – Gene werden identifiziert, deren Aktivität unterdrückt oder erhöht ist. Diese Verfahren führen jedoch auch zu großen Datenmengen und so werden Statistiker und Bioinformatiker immer wieder aufs Neue zur Entwicklung von Analyse- und Auswertungsverfahren herausgefordert.

Schließlich sind neue Sequenziertechniken („**n**ext **g**eneration **s**equencing", NGS) kurz zu erwähnen, die es ermöglichen, Genome in relativ kurzer Zeit vollständig zu sequenzieren. Die Schwierigkeiten, die sich bei der Sequenzierung sehr langer DNA-Abschnitte ergeben, werden dadurch umgangen, dass die gesamte DNA einer Probe in kleine Stücke mit definiertem Anfang und Ende zerschnitten wird. Anschließend werden alle kleinen DNA-Stückchen sequenziert, wobei Hochleistungsrechner helfen, das Puzzle optimal zu lösen. Dazu sucht ein Computerprogramm nach strukturellen Übereinstimmungen am Anfang und Ende der DNA-Schnipsel und fügt das Puzzle zu einer Gesamtsequenz zusammen. Das Verfahren wird vereinfacht, wenn eine ähnliche Sequenz (▶ Referenzsequenz) bereits bekannt ist. In diesem Fall kann die Analysesoftware nach den bestmöglichen Übereinstimmungen zwischen Abschnitten der Referenzsequenz und den vielen DNA-Stückchen suchen. Da in unserer ursprünglichen DNA-Probe mehrere gleiche Sequenzen vorhanden sind, können wir diese Redundanz der genetischen Information nutzen, um die Verlässlichkeit des Ergebnisses nachzuprüfen (eine DNA-Probe stammt von vielen Zellen, die alle dasselbe Kerngenom und dieselben Mitochondrien haben!).

Die allgemeinen technischen Entwicklungen gehen rasant weiter und geben uns immer wieder neue methodische Ansätze, um biologische Vorgänge genauer zu untersuchen. Jüngste Erkenntnisse weisen darauf hin, dass nicht nur einzelne strukturelle genetische Veränderungen, sondern die Umwelt und das gesamte Erscheinungsbild eines Organismus von evolutionärer Bedeutung sind.

Glossar

Allel Erbinformation an einer bestimmten Stelle des Genoms (▶ Genom)– z. B. gibt es beim Menschen den Genort (▶ G) für die Hauptblutgruppe AB0. Dieser Genort kann entweder die Erbinformation A, B oder 0 tragen. Eltern geben entweder Allel A, Allel B oder Allel 0 weiter. Existieren in einer Population mehrere Zustandsformen (Allele) für einen Chromosomenabschnitt(▶ G), dann sprechen wir von allelischer Variation.

Aminosäure Grundbaustein von Eiweiß (Protein). Die lineare Verbindung von Aminosäuren oder auch Peptiden ergibt eine Polypeptid- oder Aminosäurekette.

Autosom Chromosom (▶ G), das nicht hauptsächlich an der Ausprägung der primären Geschlechtsmerkmale von höheren Lebewesen beteiligt ist (durchaus können aber einzelne Erbinformationen auf Autosomen liegen, die mit geschlechtsspezifischen Funktionen verbunden sind!).

Chromosom Ein Riesenmolekül, das die Erbinformation trägt.

Chromosomenaberration Die Chromosomenzahl oder -struktur weicht vom artspezifischen numerischen oder strukturellen Muster ab (Beispiel ist die Trisomie 21 beim Menschen: Zellen haben neben den beiden elterlichen Chromosomen 21 noch ein weiteres Chromosom 21).

Chromosomensatz Zellen von höheren Lebewesen enthalten eine für die Art charakteristische Anzahl von Chromosomen (▶ G), den Chromosomensatz. Bei geschlechtlicher Vermehrung erhält ein Lebewesen von beiden Elternteilen die gleiche Anzahl von Chromosomen. In jeder Zelle finden wir Paare elterlicher Chromosomen, die sich in ihrer mikroskopischen Struktur gleichen (▶ homologe Chromosomen). Doch können sich die mütterlichen und väterlichen Erbanlagen auf den Chromosomen unterscheiden. Es gibt auch Organismen, die mehr als zwei Kopien eines Chromosoms tragen (triploid, tetraploid, …, polyploid).

Cistron Kleinste Einheit eines Gens (▶ G), das für eine Aminosäurekette codiert (▶ Aminosäure).

Codon Es besteht aus drei Nukleotiden, den elementaren Bausteinen der Erbinformation, die in Nukleinsäuren (▶ G) niedergelegt ist. Ein solches Dreierpaket, ein Triplett, codiert für eine Aminosäure (▶ G), für den Anfang oder das Ende eines Gens (▶ G).

Crossing-over Brüche zweier elterlicher homologer Chromosomen (▶ G) können während der Bildung von Keimzellen falsch verknüpft werden. Auf diese Weise entstehen Chromosomen, bei denen Abschnitte beider elterlichen Chromosomen kombiniert sind. Dieser Vorgang wird als Rekombination bezeichnet. Unter dem Mikroskop sehen wir eine Überkreuzung der Chromosomen (Crossing-over).

Darwinismus Evolutionstheorie, die auf Darwins Erkenntnissen beruht und die belebte wie unbelebte Natur als Selektionskraft akzeptiert. Die natürliche Selektion optimiert das Reproduktionsvermögen einer Population und ist damit die treibende Kraft der Evolution.

DNA Abkürzung von „**d**eoxyribo**n**ucleic **a**cid". Ein Riesenmolekül, das aus einer langen Kette von einzelnen molekularen Bausteinen (▶ Nukleotide) besteht. Chromosomen (▶ G) sind extrem stark kondensierte DNA-Moleküle (deutsch: **D**esoxyribo**n**uklein**s**äure, DNS).

Deszendenztheorie Theorie über die Abstammung von Arten.

Dominanz Vollständige Dominanz: Nur eine elterliche Erbanlage (► Gen) bestimmt die Merkmalsausprägung, während die andere nicht zum Tragen kommen – letztere ist rezessiv. Die Erbanlage für die rote Blütenfarbe der Gartenerbse ist dominant über der (rezessiven) Erbanlage für weiße Blütenfarbe.
Unvollständige oder partielle Dominanz: Beide elterliche Erbanlagen tragen zur Merkmalsausprägung bei. Das Ausmaß der Dominanz der elterlichen Erbanlage bestimmt das Merkmal. So können alle möglichen intermediären Mischformen zur Ausprägung kommen. Im Fall, dass verschiedene elterliche Erbanlagen in gleicher Stärke zur Merkmalsbildung beitragen, sprechen wir von Kodominanz.

Eugenik Gezielter und fragwürdiger Eingriff bei Personen und damit in die Struktur der menschlichen Bevölkerung. Durch die Auswahl von Personen oder durch Eingriffe ins Genom wird die genetische Struktur von Populationen für ein subjektives Ziel verändert.

Eukaryot Pflanzen, Pilze und Tiere mit ihren höher entwickelten Zellstrukturen.

Gen, Genort Im Deutschen verknüpfen wir Gen mit einer Funktion (Protein oder Regulation der Proteinsynthese), d. h. der Chromosomenabschnitt (Genort), der das Gen enthält, ist für eine bestimmte Aufgabe verantwortlich. Die Überbegriffe von Genort und Gen sind Locus bzw. Allel und gelten für Chromosomenabschnitte, die nicht zwingend eine funktionelle Bedeutung haben müssen.

genetische Bürde Die Verminderung der Reproduktionsfähigkeit einer Population durch nachteilige Mutationen. Mutationen ändern zufällig Gene ab. Solche Veränderungen finden sich stets in allen Populationen und sind oftmals zum Nachteil für den Organismus.

Genom Die gesamte Erbinformation eines Individuums.

Genotyp Die Kombination von elterlichen Allelen (► G), die ein Individuum trägt. Hierbei kann die Kombination von einem oder mehreren Loci (mit oder ohne Funktion!) betrachtet werden.

heterozygot, Heterozygotie Die elterlichen Erbinformationen eines Individuums für ein bestimmtes Merkmal sind unterschiedlich.

homologe Chromosomen Chromosomen (► G) entsprechen sich in ihrer mikroskopischen Struktur, haben aber durchaus unterschiedliche genetische Informationen in einzelnen Abschnitten der homologen Chromosomen.

homozygot, Homozygotie Die elterlichen Erbinformationen eines Individuums für ein bestimmtes Merkmal sind gleich (► Locus).

Hybrid, Hybridensterilität Organismus, dessen Zellen genetische Information von Individuen verschiedener Arten oder Zuchtlinien tragen. Die Kombination genetischer Information über Artgrenzen hinweg kann wohl zu einem lebensfähigen Individuum führen (hybrider Organismus), doch kann dessen Reproduktionsfähigkeit in einigen Fällen auch verloren gehen (Sterilität).

Inzucht Je enger Eltern verwandt sind, desto größer wird die Wahrscheinlichkeit, dass ihre Nachkommen an Loci homozygot (► G) werden. Erst die Verbindung mit nachteiligen Erbanlagen erklärt die negativen Folgen in der Nachkommenschaft von verwandten Eltern.

Karyotyp Optische Darstellung des Chromosomensatzes (► G) eines Individuums.

Lamarckismus Evolutionstheorie, die über die erblichen elterlichen Anlagen hinaus auch Eigenschaften, die ein Individuum während seines Lebens erworben hat, in den Evolutionsprozess mit einbindet.

Locus ► Gen, Genort.

Mitose Teilung einer eukaryotischen Körperzelle in zwei genetisch identische Tochterzellen (► Eukaryot).

Nukleinsäure Die Bausteine dieser Riesenmoleküle sind Nukleotide, diese sind eine Verbindung der vier Basen Adenin, Cytosin, Guanin, Thymin (im Fall von DNA) oder Uracil (im Fall von RNA) mit einem Zucker und Phosphatrest.

Polypeptid ► Aminosäure.

Referenzsequenz Eine bekannte Folge von Elementen (hier Nukleotidbausteine), die zum Vergleich und zur Analyse anderer Elementfolgen dient.

Rezessivität ► Dominanz.

Rotgrünblindheit Sehschwäche. Individuen können die Farben rot und grün nicht oder nur unvollständig unterscheiden.

Sozialdarwinismus Übertragung von Darwins Selektionstheorie auf das menschliche Sozialwesen – die Macht des Einzelnen oder einer Gruppe wird natürlicher Selektionskraft gleichgesetzt.

Transposon Kleine DNA-Elemente, die ihre Position im Genom (► G) verändern können (springende Gene).

Triplett ► Codon.

Aufgaben

Aufgabe 1. Für seine Versuche wählte Mendel die Gartenerbse. Diese Wahl gestattete es ihm, Erbregeln sogar am Beispiel von Merkmalen mit einem sehr komplexen genetischen Hintergrund wie der Blütenfarbe aufzudecken. Welche Eigenschaften der Gartenerbse waren für seine Entdeckung entscheidend?

Aufgabe 2. Bereits früh stellten Züchter auch Pflanzenlinien mit sexueller Reproduktionsweise her, die in ihren Erbeigenschaften den reinen Linien von Selbstbestäubern entsprachen. Wie haben sie das gemacht?

Aufgabe 3. (Nur zu beantworten, falls genetische Grundlagen vorhanden sind!) Welche genetischen Erklärungen haben wir heute für die beobachteten Spaltungsverhältnisse in Mendels Kreuzungsexperimenten?

Aufgabe 4. Was unterscheidet hauptsächlich die Evolutionstheorien von Lamarck und Darwin?

Aufgabe 5. Identifiziere in ◘ Abb. 1.7 das zweite homologe elterliche Chromosom und versieh die Chromosomen mit den entsprechenden Nummern.

Literatur

Weiterführende Literatur

Darwin C (1876) Über die Entstehung der Arten durch natürliche Zuchtwahl. E. Schweizerbart'sche Verlagshandlung, Stuttgart

Donahue RP, Bias WB, Renwick JH, McKusick VA (1968) Probable assignment of the Duffy blood group locus to chromosome 1 in man. Proc Natl Acad Sci USA 61:949–955

Fisher RA (1936) Has Mendel's work been rediscovered? Annal Sciences 1:115–137

Garrod AE (1902) The incidence of alkaptonuria: A study in chemical individuality. Lancet 2:1616–1620

Garrod AE (1909) Inborn errors of metabolism. Frowde, Hodder u. Stoughton, London, England

Hardy GH (1908) Mendelian proportions in a mixed population. Science 28:49–50

Mendel G (1866) Versuche über Pflanzen-Hybriden. Verhandlungen des naturforschenden Vereines in Brünn Bd. IV., S 3–47

Sanger F, Nicklen S, Coulson AR (1977) DNA sequencing with chain-terminating inhibitors. Proc Natl Acad Sci USA 74:5463–5467

Weinberg W (1908) Über den Nachweis der Vererbung beim Menschen. Jahreshefte des Vereins für Vaterländische Naturkunde in Württemberg 64:369–382

Grundlagen

Lebensformen – DNA: Informationsspeicher, Bauvorschrift und Gebrauchsanweisung

Jürgen Tomiuk, Volker Loeschcke

J. Tomiuk, V. Loeschcke, *Grundlagen der Evolutionsbiologie und Formalen Genetik*,
DOI 10.1007/978-3-662-49685-5_2,

2.1 Lebensformen

2.1.1 Viren und Phagen

Viren oder Phagen als eigenständige Lebewesen zu bezeichnen, fällt schwer, da sie doch keinen eigenen Stoffwechsel besitzen und für ihre Vermehrung eine Wirtszelle benötigen. Ist diese Wirtszelle ein Bakterium, sprechen wir von Phagen. Pflanzliche oder tierische Zellen werden dagegen von Viren befallen.

Die viralen Partikel außerhalb einer Wirtszelle (Virion) tragen ihre Erbinformation in einer Proteinhülle (Kapsid), die das Erbgut (▶ Genom) schützt, um es dann in eine Wirtszelle zu integrieren und zugunsten der eigenen Vermehrung die Herrschaft über deren Stoffwechsel zu übernehmen (◘ Abb. 2.1). Besitzen Viren noch eine äußere Protein-Fett-Schicht (wasserabweisend), ordnen wir sie den **behüllten Viren** zu. Im anderen Falle werden Viren als unbehüllte oder **nackte Viren** bezeichnet.

2.1.2 Prokaryoten – Bakterien und Archaeen

Prokaryoten sind einzellige Organismen. Verschiedene Eigenschaften lassen eine Zweiteilung in **Bakterien** und **Archaeen** zu. Wir finden Archaeen u. a. in extremen Lebensräumen wie an heißen Tiefseeschloten, wo sie die Energie für ihren Stoffwechsel aus anorganischen Stoffen gewinnen. Bakterien bevorzugen dagegen gemäßigte Lebensräume und gewinnen ihre Energie aus organischen Stoffen.

Das Genom eines Prokaryoten besteht aus einem, bei wenigen Arten aus zwei geschlossenen ringförmigen Molekülen (Ringchromosomen) sowie kleinen Partikeln (▶ Plasmid), die ebenfalls Gene tragen und Bakterien eine Resistenz gegen Antibiotika verleihen können (◘ Abb. 2.2). Sowohl die ringförmigen Chromosomen (▶ Kernäquivalent) wie auch die Plasmide liegen frei in der Zellflüssigkeit (▶ Zytoplasma) – ein Charakteristikum, das Bakterien und Archaeen von Pflanzen, Pilzen und Tieren (**Eukaryot**) unterscheidet. Bei Prokaryoten folgt dem Zellwachstum normalerweise die Abkapselung eines Teils der Zelle (▶ Sprossung und ▶ Knospung). Bei einigen Prokaryotenarten ist allerdings auch mit der Sporenbildung eine Vermehrung der Erbinformation verbunden (▶ Spore). Bei jedem Vermehrungsprozess wird vor der Teilung die Erbinformation der Zelle dupliziert, um dann auf die Tochterzellen verteilt zu werden. So erhält am Ende des Teilungsprozesses jede Tochterzelle – bis auf die Fehler während des Kopierprozesses (▶ Mutation) – die gleiche genetische Information ihrer Mutterzelle (▶ Klon).

2.1.3 Eukaryoten – Pflanzen, Pilze und Tiere

Eine Zellmembran umschließt das Zytoplasma von eukaryotischen Zellen. Im Zytoplasma liegt der Zellkern, der einen Großteil der Erbinformation (▶ Kerngenom) trägt und von einer Membran umschlossen wird (◘ Abb. 2.3). Pflanzliche Zellen besitzen neben der Erbinformation im Zellkern noch genetische Information in kleinen Partikeln des Zytoplasmas, den **Plastiden** (▶ Mitochondrium, ▶ Chloroplast). Die Erbinformation der Plastiden ist ringförmig organisiert, dagegen liegt die Erbinformation des Kerngenoms auf langen riesigen Molekülen, den Chromosomen (▶ G; s. ▶ Kap. 1). Betrachten wir hier den Aufbau und die zellulären Prozesse von Plastiden, dann stellen wir fest, dass diese auffallend denen von Bakterien ähneln. Außerdem vermehren sich Mitochondrien wie Bakterien durch Knospung.

Ebenso wie Pflanzen haben tierische Zellen und Pilze ein Kerngenom mit Chromosomen und im Zytoplasma befinden sich ebenfalls Mitochondrien. Die Anzahl von Plastiden in Zellen verschiedener Gewebe von Tieren und Pilzen kann so wie bei Pflanzen sehr unterschiedlich sein.

▪ Ungeschlechtliche Vermehrung

Einige eukaryotische Einzeller wie Amöben vermehren sich durch eine einfache Zellteilung. Aber auch einzelne Körperzellen von komplexeren Organismen können das Potenzial haben, sich zu vermehren und zu einem selbständigen neuen Organismus heranzuwachsen. Ohne große Mühe können wir von manchen Pflanzen Ableger ziehen, die genetisch vollkommen der Stammpflanze entsprechen (▶ vegetative Vermehrung oder Reproduktion, ▶ Klon).

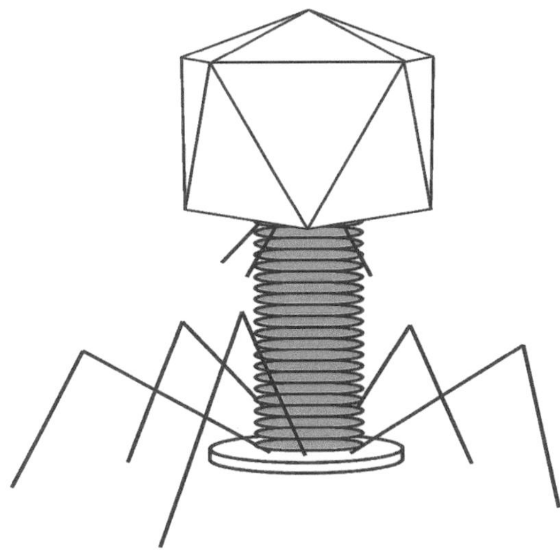

Abb. 2.1 Schematische Darstellung eines T-Phagen, der *Escherichia-coli*-Zellen befällt (das Bakterium *E. coli* ist u. a. ein lebenswichtiger Bewohner unseres Darmtrakts). Der „Kopf" (Kapsid) umhüllt die Erbinformation. Der „Hals" verbindet den Kopf mit den Schwanzfibern, an deren Ende die Spikes sind. Die Spikes dienen zum Anheften an eine Wirtszelle, um in diese die virale genetische Information zu injizieren

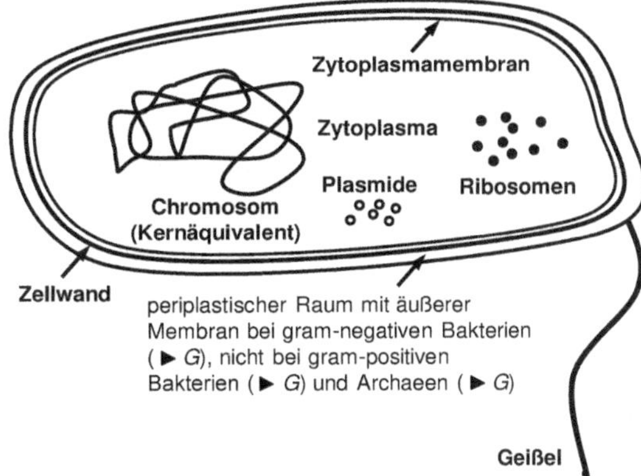

Abb. 2.2 Zellstrukturen eines Bakteriums. Die Erbinformation liegt frei in der Zellflüssigkeit und Zellorganellen sind normalerweise nicht von einer Membran umhüllt. Eine Geißel dient zur Fortbewegung. Manche Bakterien werden noch von einer Schleimschicht umhüllt. Diese ist allerdings nicht lebensnotwendig und daher nicht bei allen Bakterienarten vorhanden

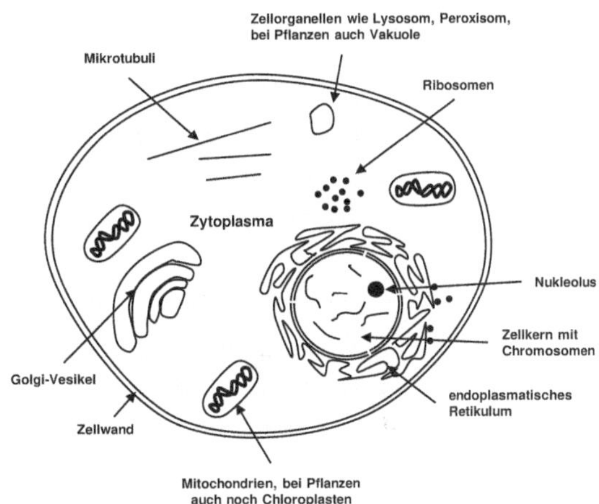

Abb. 2.3 Eukaryotische Zelle

Geschlechtliche Fortpflanzung

Beim überwiegenden Teil aller höher entwickelten Arten hat sich die sexuelle Vermehrungsweise im Lauf ihrer Entwicklung bewährt. Hierfür mussten sich zunächst Geschlechter entwickeln, die Ei- und Samenzellen (Spermien oder Pollen) bilden, aus deren Vereinigung (► Zygote) wieder ein neues Individuum entsteht. Die Natur hat hierfür eine Vielzahl von sexuellen Reproduktionsformen hervorgebracht. Bei manchen Arten kann jedes Individuum genau einem Geschlecht zugeordnet werden, bei anderen Arten tragen die Individuen sowohl weibliche wie männliche Fortpflanzungsorgane.

Im Pflanzenreich finden wir alle Formen der sexuellen Reproduktion. Tragen die einzelnen Individuen einer Art entweder nur weibliche oder männliche Blüten, dann sprechen wir von Zweihäusigkeit oder **Diözie** (z. B. die Pflanze Kiwi, *Actinidia deliciosa*). Im Fall von Einhäusigkeit finden wir männliche und weibliche Blüten in getrennten Blütenständen auf einem Individuum (**Monözie**; z. B. Mais) oder es besteht eine echte Zwittrigkeit, wobei die einzelnen Blüten sowohl weibliche wie männliche Fortpflanzungsorgane tragen (Fruchtblätter bzw. Staubblätter). Bilden Individuen beide Geschlechtsorgane aus, dann sprechen wir von **Hermaphrodismus**. Die zeitliche Ausbildung der Fortpflanzungsorgane kann hierbei variiert werden, um die Möglichkeit der Selbstbefruchtung auszuschließen oder zumindest zu reduzieren.

Geschlechtsmerkmale werden durch geschlechtsbestimmte Gene kontrolliert, aber auch Umweltbedingungen können während der Geschlechtsausprägung eine große Bedeutung haben. Bei einigen Arten finden wir Chromosomen, die die Ausbildung der primären Geschlechts-

◘ Abb. 2.4 Anemonen- oder Clownfische (Foto von Bilderdatenbank Fotolia)

merkmale bestimmen (Geschlechtschromosomen oder **Gonosomen**). Die klarste Trennung der Geschlechter erfolgte mit der Entwicklung von jeweils einem weiblichen und einem männlichen Geschlechtschromosom. Bei Säugern bezeichnen wir diese Chromosomen mit X und Y. Die paarweise Kombination der Geschlechtschromosomen X und Y bestimmen eindeutig das Geschlecht (XX: **homogametisch**, weiblich, symbolisch ♀; XY: **heterogametisch**, männlich, symbolisch ♂). Doch Vorsicht ist geboten! Bei Heterogamie können wir nicht sofort auf ein männliches Geschlecht schließen. Vögel haben mit heterogametischen Weibchen ZW und homogametischen Männchen ZZ einen alternativen Weg eingeschlagen. Und bei einigen Insektenarten bestimmt das Vorhandensein oder das Fehlen eines Gonosoms das Geschlecht (Beispiele sind Röhrenblattläuse und Heuschrecken: XX determiniert für weiblich und X0 für männlich). Die Vielfalt geschlechtsbestimmender Mechanismen schließen wir mit dem Dosiseffekt der X-Chromosomen bei der Fruchtfliege *Drosophila melanogaster*. Beim Dosiseffekt spielt das Y-Chromosom keine Rolle, sondern die Anzahl der X-Chromosomen im Verhältnis zu den anderen Chromosomen ist von Bedeutung, also deren „Dosis".

Natürlich gibt es auch Arten, bei denen sich die geschlechtsbestimmenden Gene auf verschiedene Chromosomen verteilen. In diesem Fall nehmen oftmals Umweltfaktoren Einfluss auf die Geschlechtsentwicklung: Zum Beispiel leben Anemonenfische (*Amphiprion species*) polyandrisch (ein dominantes Weibchen lebt mit vielen Männchen). Stirbt das Weibchen, wandelt sich das ranghöchste Männchen zum Weibchen. Anders bei Alligatoren: Bei ihnen ist die Nesttemperatur und damit auch die Lage der Eier im Nest entscheidend für die Ausbildung des Geschlechts, das dann lebenslang festgelegt ist.

▪ Parthenogenese

Bestehen Tierpopulationen aus Individuen, die ausschließlich weibliche Geschlechtsorgane besitzen und auch nur weibliche Nachkommen haben, dann liegt eine parthenogenetische Fortpflanzungsweise vor. Bei allen möglichen Formen der Parthenogenese bilden sich wohl Eizellen in der weiblichen Keimbahn, doch die Nachkommen entstehen ohne Befruchtung aus diesen Eizellen. In den meisten Fällen gleicht daher der Genotyp von Töchtern dem ihrer Mütter (▶ Klon).

In vielen Arten sind sexuelle und parthenogenetische Vermehrungsweisen strikt getrennt, doch wie so oft in der Biologie gibt es auch hier keine allgemein gültige Regel. Viele Blattlausarten in Mittel- und Nordeuropa passieren einen jährlichen Zyklus von parthenogenetischer und sexueller Vermehrung: Während der Vegetationsperiode im Frühjahr und Sommer vermehren sich die Tiere parthenogenetisch. Diese Vermehrungsweise erklärt das uns wohlbekannte explosionsartige Populationswachstum. Im Herbst induzieren Umweltfaktoren wie eine kurze Tageslänge und niedrige Temperaturen die parthenogenetischen Blattläuse zur Produktion von Männchen (X0) und sexuellen Weibchen (XX). Die befruchteten Weibchen legen Eier, die in der Lage sind, den Winter zu überstehen. Im Frühjahr schlüpfen aus den Eiern wieder parthenogenetische Weibchen und somit ist der Lebenszyklus der Blattläuse geschlossen. Weiterhin gibt es Arten, bei denen im gleichen Verbreitungsgebiet neben sexuell auch parthenogenetisch reproduzierende Individuen existieren. Bei den meisten Arten haben sich die verschiedenen Reproduktionstypen vollständig auseinanderentwickelt und können sogar als eigenständige Arten angesehen werden (▶ Schwesterarten). Doch gibt es auch überlebensnotwendige Formen der Koexistenz, bei denen die parthenogenetischen Weibchen zunächst von den Männchen der sexuellen Schwesterart begattet werden müssen, damit diese fruchtbar werden. Hierbei kommt es jedoch zu keiner Befruchtung der Eizellen. Der Begattungsvorgang ist allein für die Weiterentwicklung der parthenogenetischen Eier notwendig (z. B. Regenwurmarten, *Lumbricillus* species).

2.2 Grundlagen der Genetik

Leben und Fortpflanzung erfordern eine geordnete Weitergabe von Informationen über Baupläne, Bauvorschriften und Stoffwechselprozesse eines Organismus. Ein solches Informationspaket muss alle Anweisungen für die Konstruktion, den Erhalt, das Wachstum, die Funktionen und die Differenzierung/Spezialisierung von Zellen enthalten. Für die Bewahrung derart komplexer Vorgänge muss die Gebrauchsanleitung möglichst genau kopiert werden, um dann von Zelle zu Zelle oder von Generation zu Generation weitergegeben zu werden. Bei einer großen Informationsfülle treten natürlich immer wieder Kopierfehler auf (▶ Mutation), eine Unwägbarkeit, die wir bei genetischen Untersuchungen und Betrachtungen von Evolutionsvorgängen niemals ausschließen dürfen!

Wir müssen zwei Wege der genetischen Informationsverarbeitung betrachten:

- Die genetische Information einer Zelle dient als Matrize, von der Kopien bei Zellteilungen gemacht werden – die Erbinformation wird repliziert (▶ Replikation).
- Die Erbinformation ist auch Vorschrift für den Stoffwechsel eines Organismus. Das Umschreiben der Erbinformation in eine Botschaft für den Stoffwechsel von Zellen führt zur Herstellung von Proteinen (▶ Transkription und nachfolgend ▶ Translation). Bei der Proteinsynthese nimmt die Erbinformation auch Einfluss auf die Aktivität und Regulation von Genen.

Doch betrachten wir zunächst die Struktur von Proteinen, die alle biologischen Strukturen und Prozesse mitbestimmen: Einige transportieren andere Moleküle, bauen diese ab oder hängen sie an spezifische Bindungsstellen. Andere Proteine bilden Zellstrukturen, modifizieren Moleküle oder dienen als Energiespeicher. Jeder Auf- und Abbauprozess unseres Körpers, ja selbst die Weitergabe unserer genetischen Information wird mithilfe von Proteinen bewerkstelligt.

Aminosäuren (▶ G) sind die Grundbausteine aller Proteine. Insgesamt 22 Aminosäuren können bei Lebewesen mit der Proteinsynthese in Verbindung gebracht werden. Die beiden Aminosäuren ▶ Selenocystein und ▶ Pyrrolysin finden wir allerdings nicht bei allen Organismen. Pflanzen und Mikroorganismen können alle für ihren Stoffwechsel notwendigen Aminosäuren selbst synthetisieren; solche Arten werden **autotroph** genannt. Individuen vieler anderer Arten können allerdings nicht jede für sie erforderliche Aminosäure selbst herstellen. Für ihre Existenz ist es notwendig, dass die fehlenden Aminosäuren (essenzielle Aminosäure) ständig über die Nahrung aufgenommen werden (s. ▶ Kap. 14). Der Mensch benötigt z. B. 20 Aminosäuren, von denen acht über die Nahrung aufgenommen werden müssen (■ Tab. 2.1).

Aminosäuren sind in linearen Ketten miteinander verbunden (Aminosäurekette oder Polypeptid). Die Abfolge und die chemischen Eigenschaften der Aminosäuren geben der Kette eine erste räumliche Struktur. Entweder können schon einzelne Ketten ein funktionell aktives Protein ergeben (Monomer) oder mehrere Ketten müssen sich zusammenlagern (Dimere mit zwei Ketten, Trimere mit drei Ketten, Tetramere mit vier Ketten und schließlich Polymere mit mehreren Ketten).

Natürlich ist die Reihenfolge der Aminosäuren in einer Kette sehr charakteristisch und entscheidend für die Funktion des Proteins. Das klassische Beispiel ist die Sichelzellanämie (▶ G), bei der nur ein Austausch einer Aminosäure in den vier Aminosäureketten des Hämoglobins zu gesundheitlichen Problemen führt (s. ▶ Kap. 14).

Nach dem Experiment von Beadle und Tatum (1941), das zur Hypothese „Ein-Enzym-ein-Gen" (▶ G) führte, begann die intensive Suche nach den biochemischen Strukturen und den Mechanismen, die es Organismen und Zellen erlauben, ihre Erbinformation weiterzugeben.

Tab. 2.1 20 Aminosäuren, die für den Stoffwechsel des Menschen notwendig sind. Jede einzelne Aminosäure wird mit einem Kürzel von drei Buchstaben oder mit einem Buchstaben bezeichnet. Die für den Menschen essenziellen und nicht-essenziellen Aminosäuren sind aufgelistet. Semi-essenziell sind solche Aminosäuren, die bei bestimmten Bedingungen vermehrt notwendig sind und dann ergänzend über die Nahrung aufgenommen werden müssen

Aminosäure	Kürzel	Buchstabencode	Bemerkung
Alanin	Ala	A	Nicht-essenziell
Arginin	Arg	R	Semi-essenziell
Asparagin	Asn	N	Nicht-essenziell
Asparaginsäure	Asp	D	Nicht-essenziell
Cystein	Cys	C	Nicht-essenziell
Glutamin	Gln	Q	Nicht-essenziell
Glutaminsäure	Glu	E	Nicht-essenziell
Glycin	Gly	G	Nicht-essenziell
Histidin	His	H	Semi-essenziell
Isoleucin	Ile	I	Essenziell
Leucin	Leu	L	Essenziell
Lysin	Lys	K	Essenziell
Methionin	Met	M	Essenziell
Phenylalanin	Phe	F	Essenziell
Prolin	Pro	P	Nicht-essenziell
Serin	Ser	S	Nicht-essenziell
Threonin	Thr	T	Essenziell
Tryptophan	Trp	W	Essenziell
Tyrosin	Tyr	Y	Nicht-essenziell
Valin	Val	V	Essenziell

2.2.1 Genetische Informationsträger

Watson und Crick beschrieben 1953 die Struktur unserer Erbsubstanz, der **D**esoxyribo**n**ukleinsäure (DNS; DNA von „**d**eoxyribo**n**ucleic **a**cid"), und öffneten damit das Tor in das Zeitalter der modernen Molekulargenetik. Organismen speichern ihre Erbinformation in Riesenmolekülen, den Desoxyribonukleinsäuren und **R**ibo**n**uklein**s**äuren (RNS, RNA von „**r**ibo**n**ucleic **a**cid"). Mit Ausnahme einiger Viren, deren Erbsubstanz aus RNA besteht, ist der häufigste Informationsträger die DNA. Pflanzen, Pilze und Tiere sowie Bakterien und DNA-Viren nutzen die DNA als Informationsspeicher ihres Erbmaterials. Im Folgenden wollen wir kurz den biochemischen Aufbau dieses Informationsspeichers vorstellen.

Die wichtigsten Bausteine der Erbsubstanz sind die fünf Moleküle Adenin (A), Cytosin (C), Guanin (G), Thymin (T) und Uracil (U); aufgrund ihrer chemischen Eigenschaften sprechen wir von **Basen**. Wir unterscheiden zwei biochemische Klassen: Purine (Adenin, Guanin) und P**y**rimidine (C**y**tosin, Th**y**min, Uracil). Die Basen können mit einer Pentose, einem Zucker mit fünf Kohlenstoffatomen, eine Verbindung eingehen (Base + Zucker = **Nukleosid**). An diesen Zucker können dann Phosphatreste gebunden werden (Base + Zucker + Phosphatreste = **Nukleotide**). Es entstehen Nukleosidmonophosphat (ein Phosphatrest), -diphosphat (zwei Phosphatreste) und -triphosphat (drei Phosphatreste). Die DNA und RNA sind Ketten von Nukleotiden. Die Kettenglieder (Nukleoside) sind mit dem Phosphatrest des jeweiligen Nachbarn miteinander verbunden (bei der DNA ist es der Zucker Desoxyribose; bei der RNA ist es der Zucker Ribose; ◘ Abb. 2.5). Im Fall der DNA finden wir die vier Basen A, C, G und T, während bei der RNA das Thymin durch Uracil ersetzt ist. Die negative Ladung der Phosphatgruppe verleiht dem Riesenmolekül seine stets negative Ladung und bewirkt, dass jedes DNA- oder RNA-Fragment sich in einem elektrischen Feld zur positiv geladenen Seite bewegt (▶ Anode).

Besonders wichtig ist, dass an einer Seite des Moleküls ein Phosphat (P) und an der anderen Seite ein Zucker (Z), die Pentose, steht. Eine Vereinbarung der Chemiker besagt, dass die Kohlenstoffatome eines Zuckers im Uhrzeigersinn durchnummeriert werden. Der Phosphatrest ist mit dem 5′-Kohlenstoffatom der Pentose seines Nukleosids verbunden und mit dem 3′-Kohlenstoffatom des benachbarten Nukleosids. Diese Verbindungen legen die international vereinbarte Orientierung eines DNA- bzw. RNA-Moleküls fest – wir lesen den Inhalt eines Nukleotidfadens (▶ Chromatide) vom 5′-Ende in Richtung zum 3′-Ende.

Während das RNA-Molekül auch als einsträngiges Molekül vorliegen kann, besteht das vollständige DNA-Molekül aus zwei gegenläufigen Nukleotidfäden (▶ Schwesterchromatiden). In diesem gewundenen Molekül steht einer Base stets ein spezifischer Partner gegenüber (▶ Doppelhelix). Die Wasserstoffbrücken zwischen den Paaren Adenin/Thymin und Cytosin/Guanin halten die beiden Nukleotidfäden zusammen. Mit diesem Aufbau ist jeder Strang ein „Spiegelbild“ seines Partnerstrangs. Die Größe eines DNA- oder RNA-Moleküls wird durch seine Anzahl an Nukleotiden beschrieben. So wird ein Nukleotidpaar als ein Basenpaar bezeichnet (1 bp, „base pair“), und der Umfang von großen Genomen wird oftmals mit Einheiten wie Kilobasen (1000 bp = 1 kb) oder Megabasen (1.000.000 bp = 1 Mb) angegeben.

▪ Kopieren und Decodieren

Zwei Wege der genetischen Informationsverarbeitung müssen wir unterscheiden – die Replikation (Kopieren) und die Proteinsynthese (Decodieren).

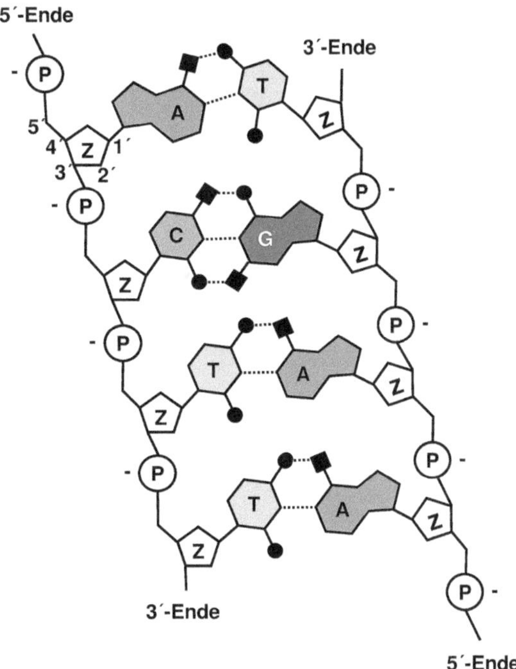

◘ **Abb. 2.5** DNA-Doppelhelix. • markante Sauerstoffmoleküle, ▪ NH_2-Gruppen, *A* Adenin, *T* Thymin, *G* Guanin, *C* Cytosin, *P* Phosphatgruppe (PO_4^-) und *Z* Zucker, *gestrichelte Linien* Wasserstoffbrücken, die beide Nukleotidfäden zusammenhalten

▪▪ Replikation

Die gesamte Erbinformation wird kopiert, damit sie von einer Zelle auf deren Tochterzellen übertragen werden kann, oder die Erbinformation wird von Eltern an ihre Nachkommen (Filialgeneration) weitergegeben. Für das Kopieren müssen sich die beiden Nukleotidfäden der DNA-Doppelhelix nach und nach trennen. Die freiwerdenden DNA-Abschnitte der beiden Einzelsequenzen werden erkannt, und jedes Nukleotid der Originalstränge wird mit seinem komplementären Partner ergänzt (◘ Abb. 2.6). Am Schluss der Replikation liegen uns zwei neue DNA-Doppelhelices vor, die jede einen Nukleotidfaden des Mutterstrangs erhalten (**semikonservative Vervielfältigung**/Replikation). Natürlich treten bei der Masse der Kopiervorgänge Fehler auf, die wir später als Mutationen erkennen (ungefähr ein Fehler pro 10^9 replizierter Basenpaare; beim Menschen etwa zwei Fehler pro Zellteilung). Der natürliche Prozess der DNA-Replikation wird heute im Labor imitiert, um DNA-Fragmente für

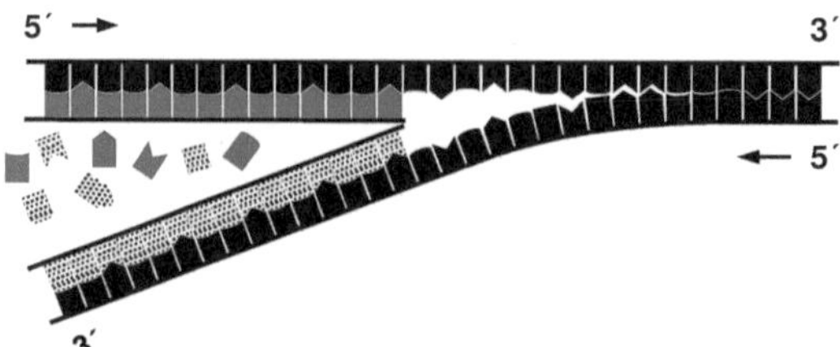

Abb. 2.6 Die beiden Nukleotidfäden eines DNA-Doppelstrangs werden kopiert und bilden zwei neue Kopien des DNA-Strangs. Jede Kopie besitzt einen Originalnukleotidfaden der ursprünglichen DNA. Der Kopiervorgang findet jeweils vom 5′- zum 3′-Ende statt

nachfolgende Analyseverfahren zu vervielfältigen (Polymerasekettenreaktion, PCR).

2.2.2 Der genetische Code

Die Entdeckung, dass unsere Erbinformation nur von vier molekularen Bausteinen bestimmt wird, warf sofort die Frage nach der Informationsverschlüsselung und dem Abbildungsprinzip der Nukleotidstrukturen in Proteinen auf. Etwa zehn Jahre nach der ersten Beschreibung der DNA-Doppelhelix begann Heinrich Matthaei im Labor von Marshall Nirenberg (1961, National Institutes of Health, Bethesda in Maryland, USA) den genetischen Code zu entschlüsseln. Schon fünf Jahre später war er vollständig geknackt. Matthaei erkannte, dass einer Folge von drei Basen (**Triplett**) eine bestimmte Bedeutung zukommt (**Codon**) – die meisten der Codons stehen für eine bestimmte Aminosäure, doch einige bestimmen das Ende des Lesevorgangs (Stop-Codon; Abb. 2.7). Auf diese Weise bestimmt die lineare Abfolge von Triplett-Päckchen eine Aminosäurekette und ihr wohldefiniertes Ende.

Die 20 verschiedenen Aminosäuren werden durch 61 von 64 möglichen Codons repräsentiert. Mit Ausnahme von Methionin und Tryptophan gibt es für jede Aminosäure mehr als ein Codon; für Leucin, Serin und Arginin sind es jeweils sechs verschiedene Codons. Insbesondere erscheint die dritte Base im Triplett nicht sehr spezifisch zu sein: der Code ist degeneriert (▶ Degeneration des genetischen Codes). Darüber hinaus ist der genetische Code nicht universell; z. B. gibt es kleine Unterschiede zwischen dem genetischen Code von Mitochondrium- und Kerngenom. Das Mitochondriumgenom der Säuger besitzen vier Stopcodons: AG(A oder G) codieren im Kerngenom für Arginin, und AG(C oder U) stehen für Serin; das UGA codiert im Kerngenom für Tryptophan, im Mitochondriumgenom ist es aber ein Stopcodon; schließlich steht AUA im Kerngenom für Methionin, im Mitochondriumgenom ist es jedoch ein Startcodon (Abb. 2.7).

2.2.3 Gene

Im deutschen Sprachgebrauch verbinden wir mit einem Gen immer auch eine Funktion in dem Sinn, dass ein Gen für eine Aminosäurekette (▶ Struktur-Gen) oder für eine regulatorische Aufgabe (▶ Regulator-Gen) steht. Ein DNA-Abschnitt (▶ Genort), der für eine Aminosäurekette codiert, muss wohldefiniert sein. Ein vorgeschaltetes DNA-Motiv (**Promotor**) verweist auf den Beginn des Gens (Startcodon), und so kann der nachfolgende DNA-Abschnitt abgelesen werden, bis ein Triplett den Abbruch des Vorgangs (Stopcodon) bewirkt. Oftmals wird nicht der gesamte DNA-Abschnitt eines Struktur-Gens, sondern es werden nur bestimmte DNA-Abschnitte in eine Aminosäurekette transformiert. Ein solches Gen besteht aus Abschnitten mit Tripletts, die für Aminosäuren codieren (**Exon**), und aus „nichtcodierenden" DNA-Segmenten (**Intron**).

In der anglophonen Welt kann der Begriff Gen für jeden beliebigen, aber genau definierten DNA-Abschnitt stehen, der nicht zwingend eine funktionelle Bedeutung haben muss.

2.2.4 Proteinsynthese

Die Information von proteincodierenden Genen wird abgerufen und in Aminosäureketten übersetzt. Aufgrund der Komplementarität der beiden Nukleotidstränge eines DNA-Moleküls muss nur die Information eines Strangs gelesen werden. Hierbei ist wichtig, dass der Matrizenstrang (Synonyme: codogener Strang, Minusstrang oder im Englischen „antisense strand") in 5′-3′-Richtung gelesen und in ein Boten-RNA-Molekül (▶ messenger-RNA, mRNA) umgeschrieben wird (▶ Transkription). Sein Pendant

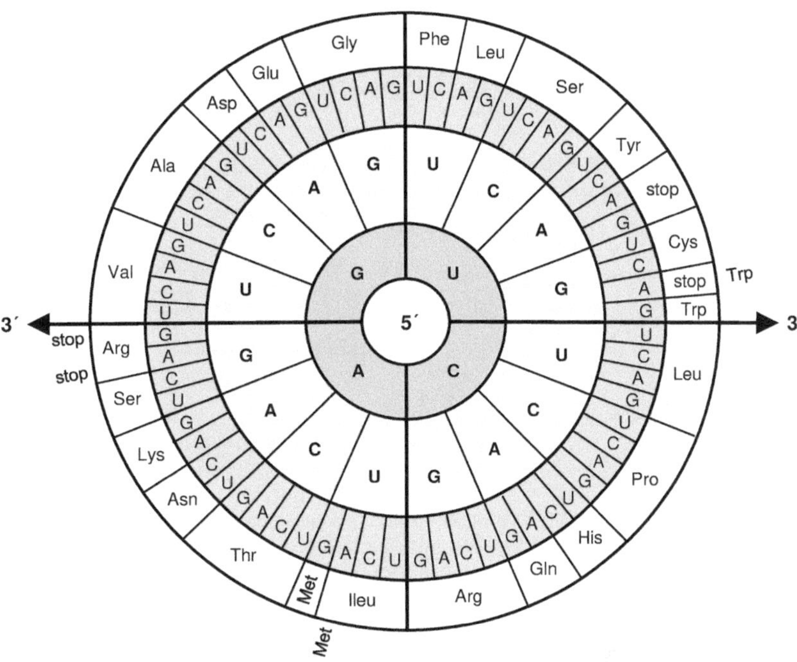

◘ Abb. 2.7 Die Nukleotidsonne: Die von innen nach außen gelesene Basenfolge ergibt ein Triplett, das für eine Aminosäure codiert (weiße Felder; die Abkürzungen für die Aminosäuren sind in der vorhergehenden Tabelle aufgelistet), den Entschlüsselungsvorgang abbricht (stop) oder ihn initiieren kann (Met, AUG). Die vorgestellte Codierung gilt für die Boten-RNA von Wirbeltieren (Vertebraten).

nennen wir codierenden Strang (Synonyme: Plus-, Sinnstrang oder „sense strand"), da die Boten-RNA bis auf ein paar kleine Unterschiede ein Spiegelbild des codierenden Strangs ist und die Botschaft der mRNA in einen Grundbaustein eines Proteins übersetzt wird (► Translation). Weil die Festlegung von Matrizenstrang und codierendem Strang für das gesamte Riesenmolekül nicht zwingend ist, verwenden wir besser die Bezeichnungen Matrizenstrang und codierender Strang nur für einzelne DNA-Abschnitte.

Natürlich gibt es auch bei einem solch komplexen Prozess Elemente, die regulierend eingreifen. Einige DNA-Abschnitte enthalten Gene für regulatorische Aufgaben. Solche DNA-Abschnitte werden in eine RNA umgeschrieben, doch es folgt keine Translation in eine Aminosäurekette. Die Produkte dieser Gene greifen regulierend in die Proteinsynthese ein, indem sie die Transkription und Translation von Struktur-Genen beeinflussen. Schließlich können Proteine auch mit Genen interagieren und so in den Syntheseweg von Aminosäureketten eingreifen. Aber auch nach der Translation folgen oftmals weitere Umstrukturierungen und vielfältige Modifikationen, bis das eigentliche Endprodukt, ein Protein, fertiggestellt ist.

Führen wir die beiden wichtigen Prozesse, die vom Gen zur Aminosäurekette führen, etwas mehr im Detail aus (◘ Abb. 2.8):

- Bei der **Transkription** wird die lineare Sequenz der Nukleotide des DNA-Matrizenstrangs, z. B. GATCGT, in die Sequenz CUAGCA der primären Boten-RNA umgeschrieben (Merke: In diesem Prozess wird Thymin durch Uracil ersetzt).
  Proteincodierende Gene werden im Zellkern mithilfe eines Enzyms (RNA-Polymerase) in ein RNA-Molekül umgeschrieben. Während der Transkription erfolgt die Methylierung des 5'-Endes (► Capping), danach werden an das 3'-Ende mehrere Adeninnukleotide angeheftet, der sog. PolyA-Schwanz (► Polyadenylierung). Mit dem Ausschneiden nichtcodierender Abschnitte aus dem mRNA-Molekül (► Splicing) entsteht die reife mRNA. Der PolyA-Schwanz und das Capping dienen u. a. der Stabilisierung der reifen mRNA auf ihrem Weg vom Zellkern in das Zytoplasma.
- Die **Translation** in die primäre Aminosäurekette findet in den Ribosomen des Zytoplasmas statt. Ribosomen sind große komplexe Moleküle und setzen sich aus RNA

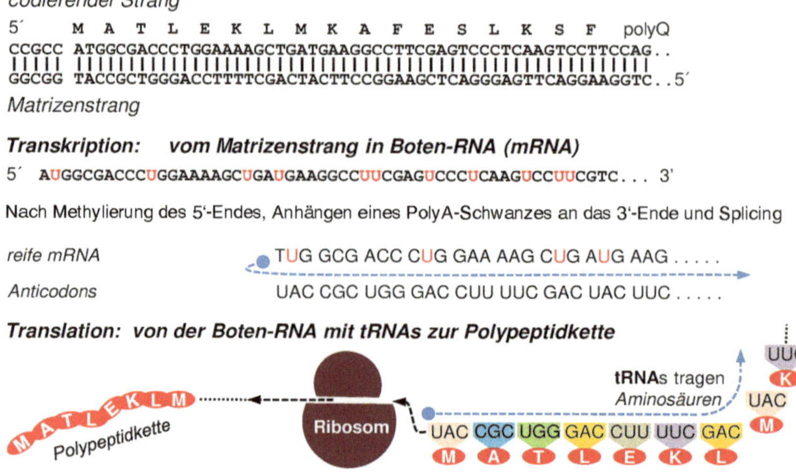

◻ Abb. 2.8 Transkription und Translation. Über dem codierenden Strang steht der Buchstabencode der zugehörigen Aminosäuren (◻ Tab. 2.1 und ◻ Abb. 2.6; polyQ entsteht aus einer vielfachen Wiederholung des DNA-Motivs CAG). Vom Matrizenstrang wird eine komplementäre Abschrift in mRNA hergestellt. Dieses Molekül wird weiter modifiziert, um seine Stabilität zu erhöhen und seinen Informationsgehalt festzulegen. So entsteht die „reife" mRNA, die zu den Ribosomen im Zytoplasma transportiert wird. Die einzelnen tRNA-Moleküle tragen bestimmte Aminosäuren und erkennen die zugehörigen Codons der mRNA. Im Ribosom löst sich die Aminosäure von der tRNA und wird in linearer Folge an die letzte Aminosäure angeheftet

(ribosomale RNA, rRNA) und Proteinen zusammen. Jetzt fehlen nur noch die Schlüssel zur Übersetzung des Triplettcodes von der reifen mRNA in die zugehörige Aminosäurekette: Kleine Moleküle (transfer-RNA, tRNA) tragen ebenfalls ein Triplettmotiv, das aber komplementär zum aminosäurecodierenden Triplett ist. An diese tRNA wird an eines der beiden Enden durch spezielle Enzyme die passende Aminosäure gebunden. Die Codons der mRNA werden nacheinander von den jeweiligen tRNA-Molekülen mit ihren Anticodons (komplementäres Motiv eines Codons) erkannt und die Aminosäuren werden im Ribosom wie an einer Perlenschnur aufgereiht; es entsteht eine wohldefinierte Abfolge von Aminosäuren. Die Synthese beginnt mit dem Startcodon (fast immer AUG) innerhalb einer spezifischen Erkennungssequenz und sie endet an einem Stopcodon. Die Primärsequenz des fertigen Polypeptids enthält alle „Informationen" für die räumliche Struktur des Proteins.

Die kleinen Unterschiede im genetischen Code von Kern- und Mitochondriumgenom machen eine eigene Proteinsynthesemaschinerie für beide Genome notwendig. Mitochondrien tragen Gene für ihre eigenen tRNAs und Aminosäureketten werden in eigenen mitochondrialen Ribosomen synthetisiert.

Die doppelsträngigen DNA-Moleküle von Bakterien und Mitochondrien (mtDNA) sind ringförmig geschlossen und vollgepackt mit genetischer Information. Die strukturellen und genetischen Ähnlichkeiten von Bakterien und Mitochondrien eukaryotischer Zellen werden mit der Kooperation zwischen einer eukaryotischen „Urzelle" und einem Bakterium erklärt. Das Bakterium ist in die „Urzelle" eingedrungen, und danach begann eine Arbeitsteilung mit dem Verlust der eigenen Unabhängigkeit (► Endosymbiontentheorie) – das bakterielle Genom übernahm wichtige Eigenschaften für den gesamten zellulären Energiestoffwechsel und das Genom der „Urzelle" lieferte die dafür notwendigen Bausteine.

2.3 Zellteilung

2.3.1 Chromosomenstrukturen von Eukaryoten

Die enorme genetische Informationsfülle des eukaryotischen Kerngenoms (◻ Tab. 2.2) setzt eine strukturelle Organisation der chromosomalen Riesenmoleküle voraus. In der Tat hat die DNA einer menschlichen Körperzelle eine Länge von etwa zwei Metern – und diese langen Schnüre sind zudem noch in jede unserer Zellen gepackt!

Die erste Verpackung erfolgt mit dem Aufspulen der DNA-Fäden (DNA-Doppelhelix) auf eine kleine „Fadenrolle". Die Rolle besteht aus acht Proteinen (► Histone) und bildet den Kern, um den sich der DNA-Faden etwa 1,7-mal windet. Schließlich bilden sich noch komplexere Spiralstrukturen, die zu einer starken Verdichtung der langen DNA-Moleküle führen.

Die zuverlässige Darstellung von Chromosomen gelang zunächst bei der Fruchtfliege, weil deren Chromosomen in den Speicheldrüsen (Riesenchromosomen) Pakete aus vielen gleichen DNA-Fäden bilden. Diese Riesenchromosomen (► Polytänchromosom) konnten bereits Anfang des letzten Jahrhunderts unter dem Mikroskop analysiert werden. Erst etwa 50 Jahre später wurden auch die viel kleineren menschlichen Chromosomen unter dem Mikroskop sichtbar gemacht. Heute werden die Strukturen von menschlichen Chromosomen mit verschiedenen Färbetechniken analysiert. Eine gängige Färbetechnik ist die Trypsin-Giemsa-Färbung, die Chromosomen ein charakteristisches, schwarzweißes Bänderungsmuster verleiht: Helle Bereiche repräsentieren genetisch aktive Chromosomenabschnitte, während dunkle Regionen eine geringe genetische Aktivität besitzen (► Euchromatin, ► Heterochromatin).

Die **F**luoreszenz-**i**n-**s**itu-**H**ybridisierung (FISH), eine Chromosomenfärbung, gestattete viel detailliertere Einblicke in die Chromosomenstruktur, als sie bis dahin mit Untersuchungen von Chromosomen während der Zellteilung möglich waren (Langer-Safer et al. 1982). Während jedes Zellstadiums können mit FISH kleinste Chromosomenstrukturen erfasst werden und so wird diese Methode heute bei Verdacht auf eine Veränderung der Chromosomenstruktur angewandt.

Eine Einschnürung teilt eukaryotische Chromosomen in zwei Arme (► Zentromer). Die Zentromerregion ist die „Identitätskarte" des Chromosoms und für die geordnete Weitergabe der genetischen Information während der Zellteilung von Bedeutung (s. Mitose und Meiose). Die Enden von Chromosomen werden als Telomere bezeichnet und haben eine eigene molekulare Struktur, die vor der Zellteilung ein verlässliches Kopieren der chromosomalen Endregionen ermöglicht.

Tab. 2.2 Genomgröße verschiedener Organismen (die Anzahl Basenpaare des haploiden Chromosomensatzes). Die Anzahl von Genen ist gerundet. Diese Zahlen sind in den meisten Fällen geschätzt und daher auf keinen Fall exakt

Organismus	Genomgröße	Gene
φX174 (Phage)	$5 \cdot 10^3$	11
Humanes Mitochondrium	$1{,}6 \cdot 10^4$	37
λ-Phage	$5 \cdot 10^4$	73
Epstein-Barr-Virus	$2 \cdot 10^5$	80
Syphilis-Bakterium, *Treponema pallidum*	$1 \cdot 10^6$	1039
Humanes Darmbakterium, *Escherichia coli*	$5 \cdot 10^6$	4400
Backhefe, *Saccharomyces cerevisiae*	$1 \cdot 10^7$	5770
Tau- oder Fruchtfliege, *Drosophila melanogaster*	$1 \cdot 10^8$	17.000
Fadenwurm, *Caenorhabditis elegans*	$1 \cdot 10^8$	21.733
Maus, *Mus mus*	$3 \cdot 10^9$	25.000
Mensch, *Homo sapiens*	$3 \cdot 10^9$	25.000
Ackerschmalwand, *Arabidopsis thaliana*	$1 \cdot 10^8$	28.000
Reis, *Oryza sativa*	$4 \cdot 10^8$	28.000
Kohlarten, *Brassica species*	$6–9 \cdot 10^8$	100.000

Die internationale Chromosomennomenklatur gibt uns genaue Vorschriften zur Beschreibung von Chromosomenstrukturen (Abb. 2.9): Chromosomen werden der Größe und ihrer Struktur nach geordnet, dabei zeigt der kurze Chromosomenarm (► G) stets nach oben.

Sexuell reproduzierende Individuen erhalten von jedem Elternteil eine wohldefinierte Anzahl von Chromosomen (► Ploidie). Bei einigen Arten unterscheiden wir hierbei zwischen geschlechts-

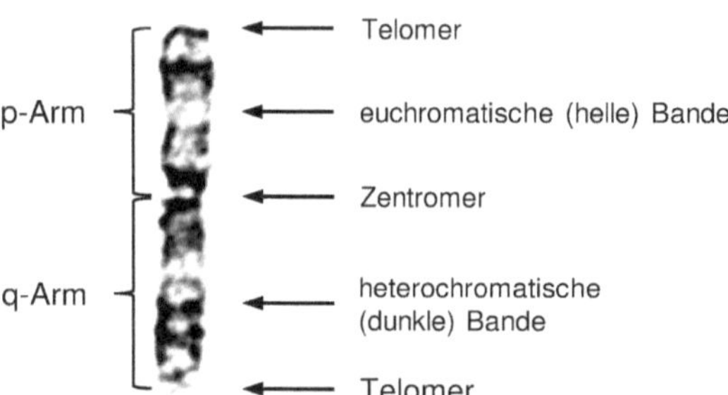

Abb. 2.9 Menschliches Chromosom 3 mit den charakteristischen Eigenschaften, die bei Trypsin-Giemsa-Färbung unter dem Mikroskop sichtbar sind

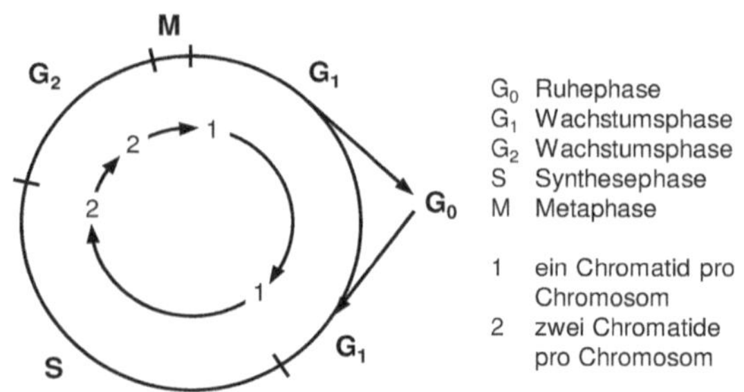

Abb. 2.10 Zellzyklus, den eine somatische Zelle (Körperzelle) durchlaufen kann

bestimmenden Chromosomen (Gonosomen) und den sog. Autosomen (▶ G). Mit Ausnahme der Geschlechtschromosomen werden von Mutter und Vater Chromosomen weitergegeben, die sich in ihrer Informationsfülle und Grobstruktur gleichen. Somit finden wir in Zellen also immer Paare elterlicher autosomaler Chromosomen, die sich lichtmikroskopisch in ihrer Struktur fast vollständig gleichen (▶ homologe Strukturen, ▶ homologe Chromosomen). Dagegen können sich die verschiedenen Geschlechtschromosomen erheblich in ihrer Struktur unterscheiden (▶ heterologe Chromosomen). Liegen Paare elterlicher Chromosomen vor, dann spricht man von einem diploiden Chromosomensatz (kurz: $2n$, n ist die Anzahl der verschiedenen Autosomen und eines möglichen Gonosoms). Während der Bildung von Keimzellen muss naheliegenderweise die doppelte Chromosomenzahl eines Individuums geordnet halbiert werden (haploider Chromosomensatz = n; Eizelle n sowie Samenzelle n). So kann nach der Verschmelzung von Ei- und Samenzelle wieder ein diploider Nachkomme entstehen ($n♀ + n♂$; ♀ = Herkunft vom weiblichen Geschlecht, ♂ = Herkunft vom männlichen Geschlecht). Die Anzahl der homologen Chromosomenpaare, aber auch die der möglichen Geschlechtschromosomen des Enkels, entspricht daher genau der seiner Eltern und Großeltern.

Anmerkung Beim Vergleich der beiden homologen elterlichen Chromosomen eines Menschen (oder auch von nichtverwandten Individuen, egal welcher ethnischen Herkunft) sehen wir unter dem Mikroskop fast keine strukturellen Unterschiede.

2.3.2 Zellzyklus von eukaryotischen Körperzellen

In mehrzelligen Organismen unterscheiden wir zwischen undifferenzierten und spezialisierten Zellen. Erstere haben das Potenzial, sich zu teilen und sich später in verschiedene Gewebezellen zu entwickeln (pluripotent). Die spezialisierten Zellen haben dagegen gewebespezifische Aufgaben übernommen und besitzen nur noch ein geringes Potenzial, die Spezialisierung wieder rückgängig zu machen. Eine sich teilende Zelle durchläuft einen Zellzyklus, der die Zelle durch eine Wachstums- und Synthesephase leitet und danach der Teilung zuführt (Abb. 2.10).

Nach der Teilung einer undifferenzierten Körperzelle beginnen deren Tochterzellen zu wachsen (G_1-Phase). Der Stoffwechsel wird aktiviert, um Zellstrukturen zu erweitern und die Vervielfältigung der genetischen Information vorzubereiten. Danach tritt die Zelle in die Synthese- oder Replikationsphase (S-Phase) ein und die einzelnen Chromatiden der Chromosomen werden dupliziert. Es schließt sich eine weitere Vorbereitungsphase für die Einleitung der Zellteilung an (G_2-Phase), auf die Mitose und Zellteilung folgen (M-Phase, *Metaphase*). Aus diesem fortwährenden Zyklus können einzelne Zellen aussteigen. Nach der G_1-Phase gehen sie in die sog. G_0-Phase über und das Genom wird auf spezielle Aufgaben abgestimmt, d. h. bestimmte Gene werden aktiviert und andere stillgelegt. In den meisten Fällen können nur einige dieser spezialisierten Zellen manipuliert und in den Zellzyklus zurückgeführt werden.

2.3.3 Weitergabe der genetischen Information

Bei Eukaryoten müssen wir zwei Zellteilungsprozesse unterscheiden:

- Die Körperzellen eines Organismus (somatische Zellen) vermehren sich durch Zellteilung, bei der das Kerngenom dupliziert und identisch an die beiden Tochterzellen weitergegeben wird (▶ Mitose). Die Plastiden einer Zelle vermehren sich durch Sprossung und werden bei der Zellteilung zufällig auf die Tochterzellen verteilt. Im Lauf der Entwicklung eines Organismus spezialisieren sich Zellen entsprechend ihrer gewebespezifischen Funktionen. Damit einhergehend wird auch die Anzahl von Mitochondrien an die Aufgaben der Zellen angepasst.
- Bei sexuell reproduzierenden Individuen führt die Spezialisierung einiger Zellen zur Keimbahn, die entweder Ei- oder Samenzellen (Spermien oder Pollen) produzieren. Dieser Zellteilungsmechanismus sorgt dafür, dass der Umfang der Erbinformation von Generation zu Generation möglichst stabil bleibt (▶ Meiose). Die Weitergabe von Plastiden (Mitochondrien, aber auch von Chloroplasten bei Pflanzen) erfolgt hierbei fast ausschließlich durch die Eizelle (▶ maternale Vererbung), damit die befruchtete Eizelle (▶ Zygote) eine möglichst große Selbstständigkeit zu Beginn der Embryonalentwicklung erhält.

Meiose und Mitose sind zwei Möglichkeiten der Informationsweitergabe. Die Meiose gewährleistet bei sexuell reproduzierenden Organismen, dass die Menge an Erbinformation über die Generationen hinweg weitestgehend erhalten bleibt. Die mitotische Teilung einer Zelle in zwei Tochterzellen führt dazu, dass jede Tochterzelle die gleiche Information wie die ursprüngliche Zelle trägt. Der Informationsumfang bleibt also von Zelle zu Zelle bis auf Mutationen gleich.

▪ Mitose

Während der Synthesephase einer Zelle liegen die Chromosomen in ihrer einfachsten Molekülstruktur vor, einem doppelsträngigen Riesenmolekül. Vor der Zellteilung wird die Doppelhelix kopiert und damit verdoppelt (▶ Replikation). In der Zentromerregion sind beide DNA-Stränge (▶ Schwesterchromatiden) miteinander verbunden.

Zu Beginn der Mitose löst sich die Kernmembran auf, die Chromosomen mit ihren Doppelstrukturen verdichten sich und ordnen sich auf einer Ebene an (▶ Äquatorialebene). Fasern (▶ Mikrotubuli) verbinden die Zellpole (zwei der Äquatorialebene gegenüberliegende Stellen der Zelle) mit den Kinetochoren (Anheftstellen in der Zentromerregion der Chromosomen). Die Gestalt dieses Konstrukts erinnert an die Form einer Spindel, daher sprechen wir hier von einem **Spindelapparat** und von den Spindelfasern (◘ Abb. 2.11). Mit der Verkürzung der Spindelfasern trennen sich die Schwesterchromatiden und die Zelle teilt sich. Beiden Tochterzellen steht nun die gesamte genetische Information der Mutterzelle zur Verfügung.

▪ Meiose

In sexuell reproduzierenden Organismen unterscheiden wir zwischen Körperzellen (Somazellen) und Zellen der Keimbahn, deren Aufgabe die Produktion von Ei- und Samenzellen (▶ Gamet) ist. Die Meiose ordnet und verteilt die genetische Information auf die Ei- oder Samenzellen eines Individuums, sodass bei der Verschmelzung von Ei- und Samenzelle (▶ Zygote) wieder die Informationsfülle des mütterlichen oder väterlichen Genoms hergestellt wird.

Die Meiose kombiniert die verschiedenen elterlichen Chromosomen zufällig. Darüber hinaus werden im ersten meiotischen Schritt Chromosomenabschnitte zwischen den homologen Chromosomen ausgetauscht (▶ Rekombination), sodass am Ende nicht nur die vollständigen elterlichen Chromosomen neu kombiniert werden, sondern auch die einzelnen Chromosomen ein heterogenes Muster aus väterlichen und mütterlichen Chromosomenabschnitten besitzen. In einer sexuell reproduzierenden Population wird in jeder Generation eine Vielzahl genetisch unterschiedlicher Individuen erzeugt, was eine hohe Anpassungsfähigkeit an sich verändernde Umweltbedingungen verspricht. Allerdings wird die genomische Struktur, die sich unter

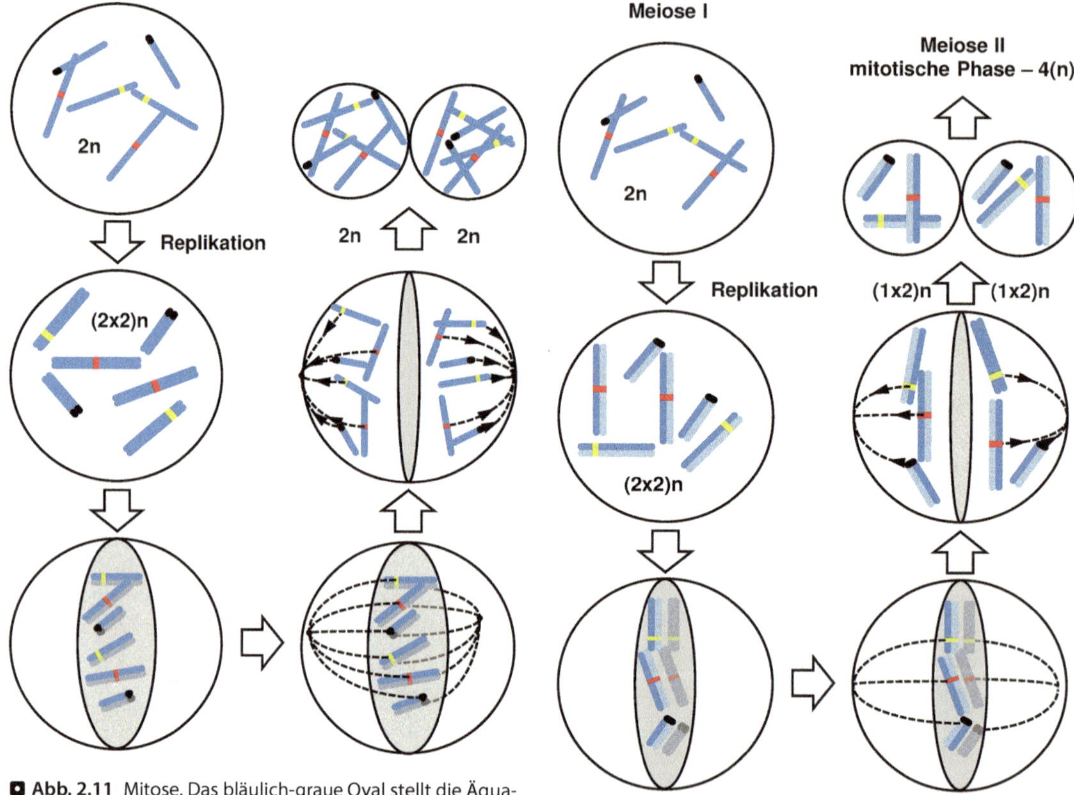

Abb. 2.11 Mitose. Das bläulich-graue Oval stellt die Äquatorialebene dar, an der sich die Chromosomen ausrichten. Es wird ein diploider Chromosomensatz mit drei Chromosomenpaaren betrachtet, deren Zentromere unterschiedlich farblich markiert sind: *rot* metazentrisch, *gelb* submetazentrisch, *schwarz* akrozentrisch

Abb. 2.12 Meiose. Das bläulich-graue Oval stellt die Äquatorialebene dar, an der sich die Chromosomen ausrichten. Es wird ein diploider Chromosomensatz mit drei homologen Chromosomenpaaren betrachtet, deren Zentromere unterschiedlich farblich markiert sind: *rot* metazentrisch, *gelb* submetazentrisch, *schwarz* akrozentrisch

bestimmten Umweltbedingungen als sehr geeignet erwiesen hat, durch die Meiose wieder zerstört. So macht der meiotische Prozess des Umstrukturierens elterlicher Chromosomen nur in einer sich ständig verändernden Umwelt Sinn.

Ebenso wie bei der Mitose verdoppeln sich die Chromatiden, bevor eine Zelle in die Meiose eintritt. In der ersten Phase (Meiose I) paaren sich die homologen Chromosomen (jedes Chromosom besteht aus zwei Chromatiden!) und orientieren sich gemeinsam an der Äquatorialebene (Abb. 2.12). Während dieses Vorgangs kann es zu Chromosomenbrüchen bei verschiedenen Chromosomen kommen. Diese Brüche werden aber nicht immer korrekt repariert, sondern Bruchstellen verschiedener Chromosomen werden miteinander verbunden (bei Drosophila kann man solche Austausche als chromosomale Kreuzungen (Crossing-over) unter dem Mikroskop erkennen). Nach der Ausrichtung der Chromosomen an der Äquatorialebene bildet sich ein Spindelapparat aus, und mit der Verkürzung der Spindelfasern trennen sich die homologen Chromosomen (diploid = $2n$). In jeder Teilzelle finden wir nur noch eines der zuvor homologen Chromosomen (haploid = n). Die Kombination der elterlichen Chromosomen in jedem Teilprodukt ist zufällig, und jedes der Chromosomen besteht immer noch aus zwei Schwesterchromatiden. Im zweiten Teil der Meiose (Meiose II) werden die beiden Schwesterchromatiden getrennt (s. Mitose). Wir erhalten vier Endprodukte, die jeweils den halben, aber nicht identischen elterlichen Informationsgehalt tragen. Während bei der Samenproduktion tatsächlich vier männliche Gameten mit einem haploiden Chromosomensatz entstehen, werden der Eizelle (weiblicher Gamet) fast das gesamte Zytoplasma und alle Mitochondrien zugeteilt. Die restlichen drei Zellen (▶ Polkörperchen) tragen im Wesentlichen nur ein haploides Kerngenom. Erst nach der erneuten Verschmelzung eines weiblichen und männlichen Gameten wird wieder ein diploider Chromosomensatz geschaffen.

Für Arten mit geschlechtsbestimmenden Chromosomen (Gonosomen), die sich in ihrer Struktur und genetischen Inhalten unterscheiden (▶ heterologe Chromosomen), stellt sich die Frage, wie diese Chromosomenpaare in der Meiose ordnungsgemäß getrennt werden. Der Mensch besitzt zwei Geschlechtschromosomen (X und Y), wobei weibliche Zellen zwei X-Chromosomen (XX) und männliche Zellen jeweils ein X- und ein Y-Chromosom (XY) tragen. An den Enden der X- und Y-Chromosomen befinden sich Regionen, die homologe, also gleiche Strukturen aufweisen. Zu Beginn der Meiose I in der männlichen Keimbahn dienen diese Regionen zur Erkennung und Paarung von X- und Y-Chromosom. Weil diese Abschnitte der Geschlechtschromosomen sich wie Abschnitte homologer Autosomen verhalten, werden sie pseudoautosomale Regionen (▶ G) genannt.

2.4 Mutationen

Fehler bei der Replikation eines Genoms können auf verschiedenen Ebenen festgestellt werden. Sehr große Veränderungen der DNA-Moleküle fallen unter dem Mikroskop beim Vergleich der Strukturen von homologen Chromosomen auf. Veränderungen in Proteinen werden mithilfe biochemischer Techniken aufgedeckt. Doch schließlich gibt uns allein die Analyse der DNA-Sequenz eine präzise Antwort bei der Suche nach Mutationen.

Die kleinste, aber nicht minderbedeutende Mutation betrifft nur eine Basenposition: Eine Base wird gegen eine andere ausgetauscht (kurz Einzelbasenaustausch). Eine Base wird in die DNA-Sequenz eingefügt (▶ Insertion) oder geht verloren (▶ Deletion):

- In codierenden Regionen kann ein Einzelbasenaustausch innerhalb eines Codons dazu führen, dass eine andere Aminosäure in die Aminosäurekette eingebaut wird oder das Codon zu einem Stopcodon verändert wird. Die Proteinsynthese wird dadurch vorzeitig abgebrochen und ein nicht funktionsfähiges Proteinfragment kann entstehen.
- Insertionen und Deletionen verändern das Triplett-Muster eines codierenden Bereichs. Die Umgestaltung des Leserasters führt in den meisten Fällen zu einem veränderten Produkt oder zu einem frühzeitigen Abbruch des Lesevorgangs.
- Infolge von Mutationen in Start- oder Stopcodons kann das Ablesen erheblich gestört werden.

Dem Ort der Veränderung kommt also eine große Bedeutung zu; entscheidend ist, ob die Mutation in einer codierenden oder nichtcodierenden Region auftritt! Im Folgenden listen wir einige Möglichkeiten von Mutationsereignissen auf:

Duplikation Ein DNA-Abschnitt wird verdoppelt und wir beobachten tandemartige Sequenzen oder Chromosomenabschnitte.

Deletion und Insertion Geht während der Replikation ein DNA-Abschnitt verloren, sprechen wir von einer Deletion. Der Einbau einer neuen Basenpaarfolge in eine DNA-Region wird als Insertion bezeichnet.

Inversion DNA-Abschnitte können umgekehrt werden und damit ist ihre Leserichtung entgegen der Leserichtung des restlichen Chromosoms. Inversionen können das Zentromer umschließen (perizentrisch) oder nur einen Chromosomenarm betreffen (parazentrisch).

Translokation Die Position eines DNA-Abschnitts wird verändert. Ein DNA-Abschnitt wird auf ein anderes Chromosom verlagert.

Mutationen müssen nicht in allen Zellen eines Organismus auftreten! Liegt bereits in der Zygote eine veränderte Erbinformation vor, sollte man davon ausgehen, dass mit den nachfolgenden mitotischen Teilungen diese Veränderungen an alle Tochterzellen weitergegeben werden. Doch auch in den weiteren Teilungsschritten können neue Mutationen auftreten oder alte Veränderungen verloren gehen – die Zellen unterscheiden sich in ihrer genetischen Information (▶ Zellmosaik). Auch bei den Plastiden einer Zelle können Mutationen während der Vervielfältigung der Erbinformation zu Unterschieden zwischen den Plastiden in und zwischen Zellen führen.

2.4.1 Informationsgehalt von Lebensformen

In Bezug auf den Umfang der Erbinformation fällt es schwer, alle Lebensformen in eine strenge hierarchische Ordnung zu zwängen. Innerhalb der einzelnen Gruppierungen der Viren, Bakterien oder Eukaryoten beobachten wir eine große Variation der Genomgrößen, der Chromosomenzahl und der Anzahl von Genen (◘ Tab. 2.2). Bei Eukaryoten zeigt der Vergleich der Genomgröße von Zwiebel und Mensch, dass sich die vermeintlich große Komplexität eines Organismus nicht notwendigerweise in der Anzahl von Basenpaaren widerspiegelt – die Zwiebel hat ein etwa fünf Mal größeres Genom als der Mensch! Doch allgemein gilt, dass virale und bakterielle Genome relativ klein und mit genetischer Information vollgepackt sind. Ähnlich den bakteriellen Genomen sind die Plastiden der Eukaryoten klein und bestehen ebenfalls fast nur aus codierenden Sequenzen. Dagegen können wir bisher bei Säugetieren nur etwa fünf Prozent des Kerngenoms eine genetische Bedeutung zusprechen, für den restlichen „nichtcodierenden" Anteil von 95 % lassen sich bisher nur Vermutungen über dessen Aufgaben anstellen.

2.4.2 Struktur und Informationsgehalt des menschlichen Genoms

Die Strukturen eukaryotischer Genome und die Funktion einzelner DNA-Abschnitte sind bei Weitem nicht bekannt, daher sind die nachfolgenden Zahlen nur Schätzungen.

Das haploide menschliche Kerngenom hat eine Größe von etwa 3200 Megabasen (3.200.000.000 bp).

- Nur etwa fünf Prozent des Genoms codieren für Struktur- oder Regulator-Gene.
- Die Anzahl an Genen wird auf 20.000–25.000 geschätzt.
- 95 % des Genoms enthalten vorwiegend Sequenzmuster, die aus einer Wiederholung von gleichen Sequenzmotiven bestehen oder deren Sequenzmuster sich an vielen verschiedenen Stellen im Genom finden (► Satelliten). Die Krankheit Chorea-Huntington bietet ein Beispiel für ein Sequenzmuster mit kleinen Motiven – im Gen, das für das Protein Huntingtin codiert, liegt ein Abschnitt mit einer Folge aus vielen CAG-Codons (CAG codiert für Glutamin). Ist die Folge zu lang, prägt sich die Krankheit bei der Person aus. Repetitive Sequenzen mit einer Motivlänge von 2–10 bp heißen Mikrosatelliten, mit einer Motivlänge von etwa 15–65 bp sind es Minisatelliten. Größere Elemente nennen wir Satelliten; einige der Satellitenmotive sind auf allen möglichen Chromosomen des Kerngenoms zu finden. Es handelt sich wohl um eine Folge viraler Aktivitäten oder Aktivitäten von transposablen Elementen (► G). Anmerkung: Die Definitionen für Mikro- und Minisatelliten sind etwas willkürlich. Daher finden wir in jedem Lehrbuch und jeder Veröffentlichung immer wieder andere Zahlen.

Die mtDNA des Menschen hat eine Größe von etwa 16 kb (16.000 Basenpaaren). Fast jeder Teil des mitochondrialen Genoms codiert für Proteinstrukturen. Allein der D-Loop oder die Kontrollregion, die etwa ein Sechzehntel der mtDNA ausmacht, enthält keine Struktur-Gene, initiiert aber die Transkription der Struktur-Gene.

- 37 Struktur-Gene sind bekannt, davon codieren 22 für mitochondriale tRNAs.

Glossar

Äquatorialebene Während der Teilung von eukaryotischen Zellen müssen sich die Chromosomen (► G) des Kerngenoms (► G) ordnen, damit sie regulär aufgeteilt werden können. Die Zellebene, an der sich die Chromosomen entweder als homologe Paare einfinden (► Meiose) oder die Schwesterchromatiden ausrichten (► Mitose), nennen wir Äquatorialebene.

akrozentrisches Chromosom Ein Chromosom (► G) mit nur einem Arm, an dessen Ende das Zentromer (► G) liegt. Das Zentromer teilt ein submetazentrisches Chromosom in einen kurzen und langen Arm. Liegt das Zentromer mehr oder weniger in der Mitte des Chromosoms, haben wir ein metazentrisches Chromosom.

Aminosäure Grundbaustein von Proteinen (Eiweiß). Der genetische Code bestimmt, in welcher Reihenfolge lineare Ketten von Aminosäuren oder Polypeptiden gebildet werden (Aminosäurekette oder Polypeptid). In der belebten Natur finden wir 22 verschiedene Aminosäuren. Die Individuen jeder Art benötigen eine bestimmte Anzahl dieser Bausteine; entweder kann ein Individuen alle notwendigen Aminosäuren selbst erzeugen (Pflanzen) oder einige Aminosäuren müssen über die Nahrung aufgenommen werden (Säugetiere; essenzielle Aminosäuren).

Anode Ein elektrisches Feld oder eine Spannungsquelle besitzt eine positiv geladene Seite (Anode) und eine negative geladene Seite (Kathode). Zur Anode werden negativ geladene Teilchen (Anionen) angezogen, während Kationen zur Kathode wandern.

Autosom Chromosom (► G) des Kerngenoms von Eukaryoten, das nicht primär an der Ausbildung des Geschlechts mitwirkt. Doch können Autosomen durchaus Gene tragen, die für geschlechtsspezifische Funktionen codieren.

Boten-RNA Die komplementäre Abschrift eines Gens (► Transkription), die in eine Aminosäurekette übersetzt wird (► Translation). Die Abkürzung mRNA ist von „**m**essenger-**RNA**".

Capping Während der Transkription (► G) eines eukaryotischen Gens wird der Anfang der mRNA markiert. Diese Veränderung stabilisiert das Transkript für seinen Transport in das Zytoplasma (► G) von Eukaryoten und ist für den Beginn der Translation wichtig.

Chloroplast Kleines Organell (► Plastid) im Zytoplasma von pflanzlichen Zellen. Es besitzt eigene Erbsubstanz und ist Ort der Photosynthese.

Chromatide Riesenmolekül (DNA-Doppelhelix), das die Erbinformation in linearer Abfolge trägt. Seine wesentlichen Bausteine sind Nukleotide (► G), die Elemente des genetischen Codes sind. In der aktiven Phase einer Zelle besteht ein Chromosom (► G) aus einer Chromatide. Vor der Mitose und Meiose (► G) eukaryotischer Zellen werden Chromatiden „identisch" verdoppelt und die Schwesterchromatiden (► G) sind durch das Zentromer (► G) miteinander verbunden.

Chromosom Riesenmolekül mit einer oder mehreren identischen (► Chromatiden).

Chromosomenarm Das Zentromer (► G) teilt das Chromosom (► G) einer eukaryotischen Zelle in den kurzen p-Arm und langen q-Arm.

Degeneration des genetischen Codes Die vier elementaren Bausteine der Erbinformation (Basen: Adenosin, Cytosin, Guanin, Thymin) lassen 64 Dreierkombinationen (Triplett/Codon) zu, die für maximal 22 Aminosäuren, den Beginn und das Ende eines Gens codieren. Somit führen mehrere verschiedene Codons zum selben Ergebnis. Die Bedeutung der Codons ist nicht eindeutig!

Doppelhelix Die typische gewundene Struktur von zwei komplementären DNA-Nukleotidfäden (► Chromatide).

Ein-Enzym-ein-Gen Diese These geht auf Beadle und Tatum (1941)zurück und besagt, dass die Sequenz eines Gens für ein Enzym/Protein codiert. Heute wissen wir, dass die meisten Gene nichtcodierende Elemente (Intron) enthalten, die im Übersetzungsprozess herausgeschnitten werden müssen (► Splicing).

Endosymbiontentheorie Wie kommen Mitochondrien und Chloroplasten (Plastiden) in eukaryotische Zellen? Diese Frage wird mit der These beantwortet, dass eine eukaryotische „Urzelle" (► G) und eingedrungene Bakterien eine Symbiose bildeten, bei der beide bestimmte Aufgaben zum Vorteil beider Partner übernahmen. Diese These wird durch die Ähnlichkeit der Plastidenstrukturen mit der von Bakterien gestützt.

Euchromatin Chromosomenstrukturen können mit Färbetechniken sichtbar gemacht werden. Mit der Trypsin-Giemsa-Färbung werden helle und dunkle Banden sichtbar. Hinter den hellen Banden verbergen sich euchromatische Bereiche, die Cytosin-Guanin-reich (GC-reich) und genetisch aktiv sind. Dunkle Banden sind Adenosin-Thymin-reich (AT-reich, heterochromatisch) und genetisch weniger aktiv.

Gamet Die Keimbahn von Organismen mit geschlechtlicher Vermehrung erzeugt Eizellen oder Spermien bzw. Pollen. Bei der Befruchtung verschmelzen diese weiblichen und männlichen haploiden Gameten zur diploiden Zygote (► Ploidie), aus der der neue Organismus entsteht.

Genom Die Gesamtheit der genetischen Information einer Zelle. Bei Eukaryoten zählen neben dem Kerngenom (► G, ► Chromosom) auch die DNA-tragenden Plastiden (► Mitochondrium, ► Chloroplast) zum Genom.

Genort Im Deutschen verbinden wir einen solchen Chromosomenabschnitt immer mit einer Funktion. In der angelsächsischen Literatur gilt diese Verbindung nicht immer! Der Überbegriff lautet Locus (► G) und gilt für jeden wohldefinierten DNA-Abschnitt, mit oder ohne funktionelle Bedeutung!

Heterochromatin ► Euchromatin.

heterologe Chromosomen Unterschiedlich strukturierte Geschlechtschromosomen (► Gonosomen) einiger Arten.

Histone Proteine, die für die DNA-Struktur eine Bedeutung haben. Um eine Verbindung von acht Histonen windet sich der DNA-Faden und ist damit der erste Schritt zur Verpackung des riesigen DNA-Moleküls.

homologe Chromosomen Chromosomen, die sich in ihrer Struktur unter dem Mikroskop entsprechen. Der Mensch erhält von jedem Elternteil 23 verschiedene Chromosomen. Nach der Befruchtung der Eizelle liegen in der Zygote (► G)

23 Chromosomenpaare vor. Bis auf die Geschlechtschromosomen des Mannes (XY) sind die Chromosomen jedes Paars in ihrer mikroskopischen Struktur identisch.

homologe Strukturen Strukturen die sich in ihrer Gestalt entsprechen. Im Fall von Chromosomen gleichen sich homologe Chromosomen in ihrer mikroskopischen Struktur.

Kernäquivalent Ringchromosom von Bakterien.

Kerngenom Die genetische Information, die auf den Chromosomen des Zellkerns von Eukaryoten gespeichert ist.

Klon Genetisch identische Nachkommenschaft, die nur von einem Individuum abstammt. Mit dem Bilden von Ablegern einer Pflanze wird die Stammpflanze kloniert. Aber auch bei der Nachkommenschaft von parthenogenetischen Individuen sprechen wir von klonalen Linien, weil diese oftmals identisch mit der ursprünglichen Mutter sind.

Knospung Asexuelle, vegetative Vermehrungsform, auch Sprossung genannt. Prokaryoten, Mitochondrien und Chloroplasten replizieren bzw. verdoppeln ihre Erbinformation und kapseln dann einen Teil der Zelle mit der Erbinformation ab. Pflanzen bilden Ableger, und einige Tierarten schnüren einen Teil ihrer Zellen ab, die sich dann wieder zu einem neuen unabhängigen Organismus entwickeln.

Locus DNA-Abschnitt, der für unsere Untersuchungen von Interesse ist. So kann es sich um einen Abschnitt handeln, in dem ein bestimmtes Gen liegt, oder es kann auch ein Abschnitt sein, der keine genetische Bedeutung hat, doch für unsere Untersuchungen nützlich ist.

maternale Vererbung Die genetische Information, die bei sexuell reproduzierenden Organismen ausschließlich vom weiblichen Geschlecht weitergeben wird.

Meiose Sexuell reproduzierende Eukaryoten bilden Gameten (► G, Eizellen, Spermien bzw. Pollen), nach deren Verschmelzung sich ein neues Individuum entwickelt. Die Meiose garantiert, dass der genetische Informationsumfang der Eltern und ihrer Nachkommenschaft (bis auf Mutationen) konstant bleibt.

messenger-RNA, mRNA ► Boten-RNA.

metazentrisches Chromosom ► akrozentrisches Chromosom.

Mikrotubuli Proteinfäden, die sich während der Zellteilung ausbilden und für die geordnete Aufteilung der Chromosomen (► G) zuständig sind (das Protein heißt Tubulin).

Mitochondrium Kleines Organell/Plastid im Zytoplasma (► G) von allen eukaryotischen Zellen. Es besitzt eigene Erbsubstanz und ist für die Bereitstellung von Energie zuständig.

Mitose Teilt sich eine eukaryotische Körperzelle, dann garantiert die Mitose die identische Weitergabe der genetischen Information der Mutterzelle an ihre beiden Tochterzellen.

Monomer Protein, das seine Aufgabe erfüllt und nur aus einer Aminosäurekette besteht.

Mutation Die Kopie der Erbinformation unterscheidet sich vom Original.

Nukleotid Grundbaustein der Nukleinsäuren (DNA und RNA); Nukleotide haben aber auch wichtige Aufgaben im Stoffwechsel eines Organismus. Nukleotide sind eine Verbindung aus einer Base, Zucker und einem Phosphat. Nukleoside haben keinen Phosphatrest.

Plasmid Kleines Organell von Bakterien mit eigener Erbinformation. Plasmide tragen oftmals auch Gene, die Bakterien eine Resistenz gegen Antibiotika verleihen.

Ploidie Die Anzahl homologer Chromosomen in einer Zelle. Der Mensch ist diploid, da er von beiden Eltern mit deren haploiden Gameten ein einfaches genetisches Paket erhält. Der Ploidiegrad des *Homo sapiens* ist damit gleich zwei. Als aneuploid werden Abweichungen vom normalen Chromosomensatz (► G) einer Art bezeichnet. Bei asexueller Reproduktion sind aneuploide und polyploide Chromosomensätze möglich (triploid = drei homologe Chromosomen, tetraploid usw.).

Polkörperchen Während der weiblichen Meiose (► G) entstehen neben der haploiden Eizelle, die fast die gesamte Zellflüssigkeit (► Zytoplasma) und die Mitochondrien (► G) erhält, noch drei weitere haploide Teilungsprodukte, die aber nur Chromosomen enthalten.

Polyadenylierung Nach der Transkription (► G) eines eukaryotischen Gens folgt das Anheften vieler Adeninnukleotide an die mRNA, eventuell dient dies zur Stabilisierung der mRNA.

Polytänchromosom Chromosomen (► G), die aus vielen Chromatiden (► G) bestehen. Bei einigen Arten finden wir solche Chromosomen in bestimmten Körperzellen. Diese Chromosomen werden auch als Riesenchromosomen bezeichnet und können leicht mit dem Mikroskop beobachtet werden.

pseudoautosomale Region Die unterschiedlichen Geschlechtschromosomen (► Gonosomen) einer Art besitzen Chromosomenabschnitte, die sich entsprechen (► homolog) und damit für die korrekte Paarung während der Meiose wichtig sind. Diese Regionen verhalten sich wie Autosomen (► G) und können auch rekombinieren (► G).

Regulator-Gen Ein DNA-Abschnitt, der auf die Synthese von Aminosäureketten (Proteine) Einfluss nimmt.

Rekombination Austausch von genetischer Information zwischen Informationsträgern eines Individuums (z. B. Chromosomen).

Replikation Bis auf Mutationen ein weitgehend identischer Kopiervorgang eines DNA-Fadens vor der Metaphase in der Mitose (► G) oder vor der ersten meiotischen Teilung (► G).

ribosomale RNA RNA-Moleküle, die neben Proteinen am Aufbau von Ribosomen (► G) beteiligt sind.

Riesenchromosom ► Polytänchromosom.

RNA Abkürzung von „ribonucleic acid" (die deutsche Abkürzung RNS von Ribonukleinsäure ist veraltet). Ein Molekül, das sich von der DNA leicht unterscheidet; so wird die Base Thymin durch Uracil ersetzt und der Zucker Ribose ist Teil des RNA-Moleküls. Der biologische Stoffwechsel benötigt eine große Anzahl verschiedener RNA-Moleküle: messenger RNA (mRNA, Boten-RNA) für die Proteinsynthese; transfer RNA (tRNA) für den Transport von einzelnen Aminosäuren zur Polypeptidsynthese; ribosomale RNA (rRNA) für den Aufbau von Ribosomen und eine Vielzahl von kleinen RNA-Molekülen wie zum Beispiel microRNA und small interfering RNA, die für die Regulation von Struktur-Genen (► G) von Bedeutung sind.

Satelliten DNA-Satelliten sind große DNA-Sequenzen, die entweder in kleinen Wiederholungspaketen oder verstreut im gesamten Genom vorkommen. Chromosomensatelliten sind chromosomale Abschnitte, die sich vom restlichen Chromosom deutlich abgrenzen. Beim Menschen liegen chromosomale Satellitenregionen auf den akrozentrischen Chromosomen (► G). Diese Satelliten bestehen aus einer Vielzahl von Genen für ribosomale RNA.

Schwesterarten Eng verwandte Arten, die sich erst vor einem kurzen Evolutionszeitraum aus einer gemeinsamen Population entwickelt haben. Zwischen Individuen beider Arten kann es in einigen Fällen sogar zu Hybridisierungsereignissen kommen.

Schwesterchromatiden Vor Mitose (► G) und Meiose (► G) wird die genetische Information des Kerngenoms (► G, ► Chromosomen) von Eukaryoten kopiert. Die Kopie bleibt zunächst mit der Originalchromatide über das Zentromer (► G) verbunden. Die Chromosomen bestehen aus zwei Schwesterchromatiden.

Sichelzellanämie Diese Veränderung des menschlichen Hämoglobinmoleküls hat ihre Ursache im Austausch einer Base im sechsten Triplett der β-Untereinheit des Hämoglobins. Das Hämoglobin besteht jeweils aus zwei großen, identischen Aminosäureketten (α-Ketten) und zwei kleinen Ketten (β-Ketten).

Splicing Ein Prozess, der nach dem Umschreiben (► Transkription) der DNA in die Boten-RNA (► G) stattfindet. Zuerst wird ein Gen vollständig mit allen seinen Exons und Introns umgeschrieben, anschließend werden die Introns herausgeschnitten und die Exons wieder zusammengefügt. Im Fall, dass die Exons eines Gens in unterschiedlicher Weise zusammengefügt werden und dies auch zu funktionellen Produkten führt, sprechen wir vom alternativen Splicing.

Spore Einzelliges oder nur aus wenigen Zellen bestehendes Entwicklungsstadium, mit dem ein Organismus ungünstige Umweltbedingungen überstehen kann. Sporenbildung kann auch zur Verbreitung und Vermehrung einer Art dienen. Jede Kombination dieser Eigenschaften kann beobachtet werden.

Sprossung ► Knospung.

Struktur-Gen Ein Gen, das für eine Aminosäurekette (► G) codiert.

submetazentrisches Chromosom ► akrozentrisches Chromosom.

Transkription Für die Synthese einer Aminosäurekette muss das Gen zuerst in eine RNA (► Boten-RNA) umgeschrieben werden.

Translation Nach der Transkription (► G) wird die Botschaft der Boten-RNA (► G) in die Aminosäurekette übersetzt.

transposable Elemente, Transposon DNA-Sequenzen, die ihre Position im Genom willkürlich verändern können oder deren Kopien an beliebigen, zufälligen Positionen des Genoms (► G) eingefügt werden.

vegetative Vermehrung oder Reproduktion Vermehrungsweise, bei der keine Geschlechtspartner beteiligt sind. Zellen eines Organismus haben das Potenzial, einen neuen, unabhängigen Organismus und eine genetische Kopie des ursprünglichen Individuums zu bilden.

Zellmosaik Zellen eines mehrzelligen Organismus tragen unterschiedliche genetische Informationen, bedingt durch Mutationen, die in einzelnen Zelllinien aufgetreten sind.

Zentromer Verbindung zwischen Schwesterchromatiden (► G) und auch Chromosomenabschnitt, der zur korrekten Erkennung der verschiedenen Chromosomen (► G) in den Zellteilungsprozessen dient.

Zygote Einzellstadium nach der Befruchtung einer Eizelle, aus dem sich ein neues mehrzelliges Individuum entwickelt.

Zytoplasma Die Zellflüssigkeit ist von der Zellwand umgeben und enthält alle Elemente einer Zelle (bei Eukaryoten: Zellkern, Mitochondrien usw.).

Aufgaben

Aufgabe 1. Welche Bedeutung haben Meiose und Mitose?

Aufgabe 2. Beschreibe kurz den Weg vom Gen zum Protein.

Aufgabe 3. Welchen Chromosomensatz haben die meisten Arten, die sich geschlechtlich fortpflanzen, und warum?

Aufgabe 4. Was besagt die Endosymbiontentheorie?

Aufgabe 5. Stelle kurz mögliche Mutationen vor.

Aufgabe 6. Was tun Polymerasen?

Aufgabe 7. Was macht eine Trypsin-Giemsa-Färbung sichtbar?

Aufgabe 8. Was unterscheidet RNA und DNA?

Aufgabe 9. Welche Unterschiede bestehen zwischen Bakterien und Eukaryoten?

Literatur

Verwendete Literatur

Beadle GW, Tatum EL (1941) Genetic Control of Biochemical Reactions in Neurospora. Proc Natl Acad Sci USA 27:499–506

Langer-Safer PR et al (1982) Immunological method for mapping genes on Drosophila polytene chromosomes. Proc Natl Acad Sci USA 79:4381–4385

Watson JD, Crick FH (1953) Molecular structure of nucleic acids; a structure for deoxyribose nucleic acid. Nature 171:737–738

Weiterführende Literatur

Graw J (2015) Genetik, 6. Aufl. Springer, Berlin Heidelberg New York Tokyo

Klett-Verlag – Und das Abitur kann kommen. Abiturvorbereitung Biologie. Klett, Stuttgart, http://www2.klett.de/sixcms/list.php?page=lehrwerk_extra&titelfamilie=&extra=Abiturvorbereitung%20Biologie

Variabilität – Ohne Vielfalt keine Evolution

Jürgen Tomiuk, Volker Loeschcke

J. Tomiuk, V. Loeschcke, *Grundlagen der Evolutionsbiologie und Formalen Genetik*,
DOI 10.1007/978-3-662-49685-5_3,

Untersuchungen von genetischen Strukturen nutzen die Merkmalsvielfalt innerhalb und zwischen Populationen und Arten. Die nachfolgende Vorstellung verschiedener Merkmalsebenen folgt dem historischen Ablauf der Entdeckung erblicher Vielfalt. Zunächst gehen wir auf Merkmale ein, die das Erscheinungsbild von Individuen prägen (▶ Phänotyp), gefolgt von Chromosomenstrukturen, serologischen Eigenschaften (▶ G), Aminosäureketten (▶ G), Proteinen und schließlich Strukturen der DNA.

3.1 Phänotypische Variation

Phänotypische Eigenschaften werden oftmals von mehreren Genorten festgelegt. Hierbei kann eine abzählbare Anzahl von Genorten beteiligt sein (**oligogen**) oder die genaue Vielzahl entzieht sich unserer Kenntnis (**polygen**). Nimmt neben der erblichen Komponente noch die Umwelt Einfluss auf die Merkmalsausprägung, spricht man von einer **multifaktoriellen** Eigenschaft. Darüber hinaus gibt es in den meisten Fällen an den einzelnen **Loci** (▶ Gen, Genort) noch unterschiedliche elterliche Gene (▶ allelische Variation), deren Interaktionen zusätzlich die Variabilität eines äußeren Merkmals mitbestimmen. Jedes Individuum oder jeder Genotyp reagiert in spezifischer Weise auf Umwelteinflüsse. Das gesamte Genom eines Individuums kann so für die Wirkung eines jeden einzelnen Gens von Bedeutung sein (▶ genetischer Hintergrund).

Wir unterscheiden phänotypische Merkmale, mit deren Hilfe sich Individuen einer Population eindeutig gruppieren lassen (▶ diskrete Verteilung, ▶ qualitative Merkmale), und solche, für die keine eindeutige Einteilung in verschiedenartige Gruppen möglich ist, weil zwischen den individuellen Ausprägungen „fließende" Übergänge bestehen (▶ stetige Verteilung, ▶ quantitative Merkmale; ▶ Kap. 16 und 17). Einfache Beispiele in menschlichen Populationen für die diskrete Bewertung von qualitativen Merkmalen sind „angewachsene Ohrläppchen" oder das „Zungenrollen." Das Vorhandensein dieser Eigenschaften kann für jede Person mit „Ja" oder „Nein" beantwortet werden (◼ Abb. 3.1).

Im Fall eines qualitativen Merkmals können wir die Häufigkeiten der einzelnen Varianten in Populationen erfassen. Mehr Information erhalten wir allerdings mit messbaren, quantitativen Eigenschaften wie der Körpergröße. Wir können die **Variationsbreite** (kleinster bis größter Wert), den Mittelwert oder die Streuung des Merkmals in einer Population angeben und damit das Ausmaß seiner phänotypischen Variation umfassend beschreiben (s. ▶ Kap. 16).

Aufgrund von Umwelteinflüssen können Phänotypen eine gewisse **Plastizität** zeigen. Die Bedeutung der Umwelt hängt hierbei von der genetischen Konstitution eines Individuums ab und ist für einzelne Merkmale durchaus unterschiedlich. Die sog. Reaktionsnorm beschreibt diesen umweltbedingten funktionellen Zusammenhang zwischen Phänotyp und Genotyp. Betrachten wir zum Beispiel das Körpergewicht, dann ist offensichtlich, dass das Nahrungsangebot während des ganzen Lebens eine große Rolle spielt. Einen anderen zeitlichen Zusammenhang finden man bei der Körpergröße. So ist die Körpergröße in einem gewissen Rahmen genetisch festgelegt. Doch während der körperlichen Entwicklung in der Jugend nimmt das Nahrungsangebot und dessen Qualität einen entscheidenden Einfluss darauf, wie klein man bleibt oder wie groß man werden kann.

3.2 Variabilität von Chromosomenstrukturen

Individuen der meisten Arten unterscheiden sich nicht in ihrer Chromosomenzahl und die mikroskopisch sichtbaren Chromosomenstrukturen zeigen keine oder nur geringe Unterschiede zwischen den Individuen. Doch haben einige Pflanzen, Tiere und Pilze auch variable Chromosomenzahlen. Zum Beispiel haben Individuen der Kopffliege (*Hydrotaea irritans*), die Krankheiten auf Schafe und Kühe übertragen, neben dem regulären Chromosomensatz eine variable Anzahl von zusätzlichen Chromosomen (B-Chromosomen).

Die auffallend große strukturelle Variation von Chromosomenstrukturen der Fruchtfliege konnte schon in den frühen Anfängen der Genetik, Anfang des 20. Jahrhunderts, untersucht werden. Ihre Riesenchromosomen in den Speicheldrüsen ließen bereits damals eine mikroskopische Analyse zu.

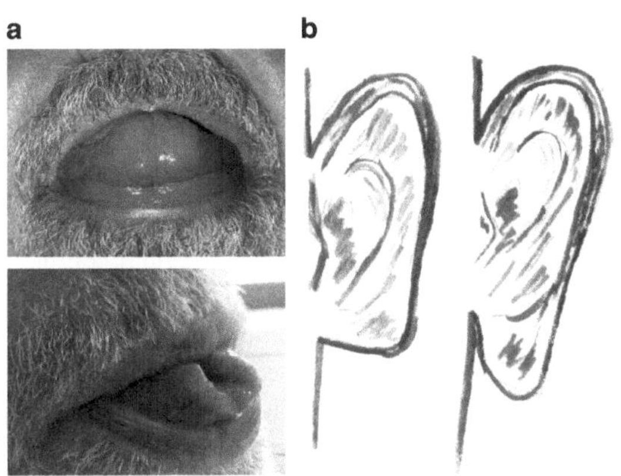

Abb. 3.1 **a** Zungenrollen, **b** angewachsene und freie Ohrläppchen

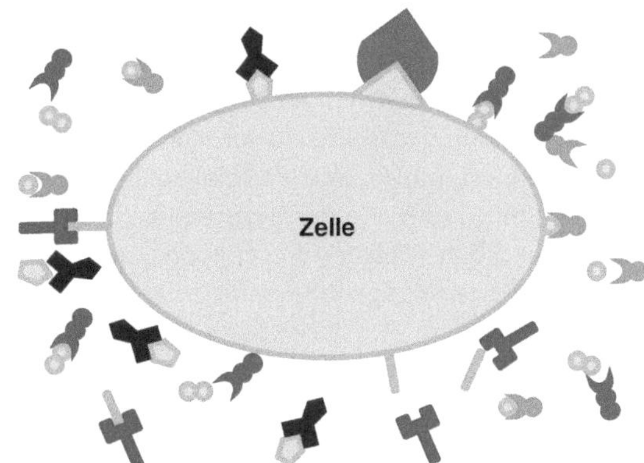

Abb. 3.2 Zelloberfläche mit Antigenen, an denen Antikörper andocken. Nicht nur auf Zelloberflächenstrukturen reagieren Antikörper, sondern für eine Antikörperreaktion genügen bereits Zellfragmente, die das Antigen tragen

Bekannte strukturelle **Polymorphismen** (▶ G), die zudem noch mit Fitnesseigenschaften der Individuen verbunden sind, wurden für die Fruchtfliege beschrieben (Inversionspolymorphismus). Chromosomenabschnitte, die eine Gruppe fitnessrelevanter Gene umschließen, sind umgedreht (Inversion). Während der Meiose bleiben die invertierten Chromosomenregionen mit ihren Genen stabil erhalten. Doch die Inversion wird nur bei einem Teil der Individuen beobachtet. Bei europäischen Populationen von *Drosophila subobscura* sind die Häufigkeiten der verschiedenen Chromosomenformen mit der geographischen Breite korreliert. Diese Beziehung legt einen Zusammenhang zwischen genetischer Konstitution und ökologischen Umweltbedingungen nahe.

Bei vielen Säugetierarten wird mikroskopisch nur eine geringe innerartliche Variation der Chromosomenstrukturen beobachtet. So finden wir in der menschlichen Bevölkerung eine geringe numerische und strukturelle Variabilität. Vergleicht man menschliche Chromosomen unter dem Mikroskop, fallen nur wenige Chromosomen auf, die strukturelle Variation in der Bevölkerung zeigen (für die Beschreibung des menschlichen Chromosomensatzes, s. ▶ Kap. 1): In der Nähe des Zentromers der Chromosomen 1, 9 und 16 kann der heterochromatische Bereich in seiner Größe variieren (▶ Heterochromatin). Ebenso kann am Ende des q-Arms vom Y-Chromosom ein heterochromatischer Chromosomenabschnitt in seiner Länge mehr oder weniger stark ausgeprägt sein. Weiterhin können in der Zentromerregion des menschlichen Chromosoms 9 Inversionen auftreten, die das Zentromer einschließen (perizentrische Inversion), und solche, die innerhalb eines Chromosomenarms liegen (parazentrische Inversionen). Auch die p-Arme der akrozentrischen Chromosomen 13, 14, 15, 21 und 22 sind aufgrund ihrer variablen Größen auffällig (diese Regionen codieren für eine enorme Anzahl von Kopien ribosomaler RNA-Gene). Die beschriebenen Varianten und eine gewisse numerische Variation der Geschlechtschromosomen führen beim Menschen zu keinen gesundheitlichen Problemen. Dagegen sind Deletionen, Insertionen und Translokationen von autosomalen Chromosomenabschnitten oder auch eine numerische Abweichung der Autosomen von 22 Chromosomen häufig mit letalen Folgen verbunden.

3.3 Antikörper und die Variabilität von Blutgruppensystemen

Der Wiener Arzt Landsteiner entdeckte schon zu Beginn des letzten Jahrhunderts, dass er das Blut seiner Patienten nicht beliebig austauschen konnte. Mit seinen Erkenntnissen legte er Grundlagen für die **Serologie** (▶ G). Die Serologie ist ein Teilgebiet der Immunologie und beschäftigt sich mit Abwehrreaktionen des Bluts. Auf Zelloberflächen befinden sich charakteristische Strukturen, die unsere Körperabwehr als eigen oder fremd erkennt. Unser Immunsystem produziert spezifische Proteine, **Antikörper** (▶ G), die auf körperfremde Zellstrukturen, die sog. **Antigene** (▶ G), ansprechen (◘ Abb. 3.2). Die körperfremden Teilchen werden von Antikörpern markiert, um damit deren Abbau einzuleiten.

Mit spezifischen Antikörpern werden Varianten des menschlichen Hauptblutgruppensystems AB0 und der Rhesusblutgruppe aufgedeckt. Auf diese Weise kann mit serologischen Methoden auch genetische Variabilität erfasst werden. Allerdings lassen sich Individuen nur mithilfe von bereits bekannten Antikörpern charakterisieren. Daher müssen wir mit der Einschränkung leben, dass nicht die gesamte allelische Variation mit dieser Methode erfasst wird. Dennoch genügen serologische Nachweistechniken, um auch die genetische Ähnlichkeit von Arten zu untersuchen. Die grundlegende Idee zum Artenvergleich bestand darin, dass mit abnehmender genetischer Ähnlichkeit/Verwandtschaft von Arten die Antikörper einer Art unspezifischer und schwächer auf Antigene anderer Arten reagieren. Diese Untersuchungsmethode wurde 1967 von Sarich und Wilson bei Untersuchungen des Verwandtschaftsverhältnisses zwischen Menschenaffen angewandt (s. ▶ Kap. 9).

3.4 Variabilität von Aminosäureketten

Die Sequenzierung von Aminosäureketten gelang bereits vor der Beschreibung der DNA-Struktur und der Entschlüsselung des genetischen Codes. Kurz nachdem der Amerikaner Linus Pauling et al. (1949) Veränderungen in der Aminosäurekettenstruktur des Hämoglobins als Ursache für die Sichelzellanämie beschrieben hatten, stellte der Schwede Pehr Edman et al. (1950) sein Verfahren zur Sequenzierung von Aminosäureketten vor. Später gelang Edman noch die Entwicklung der ersten automatischen Sequenziermaschine für Aminosäureketten. Dieses Verfahren, das sehr nahe an den genetischen Code führt, war damals aber noch zu aufwendig, um umfangreiche Populationsstudien zu betreiben. Es blieb daher einzelnen biochemischen Untersuchungen vorbehalten.

Mutationen auf DNA-Ebene führen im Lauf der Evolution zu Änderungen von Aminosäuresequenzen innerhalb und zwischen Arten. Mit der Analyse und dem Vergleich von Aminosäureketten zwischen Individuen wird somit die genetische Vielfalt in einer Population, aber auch zwischen Populationen erfasst. Doch bei der Betrachtung des eukaryotischen Kerngenoms wird deutlich, dass mit dieser Methode allein die proteincodierenden Bereiche untersucht werden und wir nur einen Einblick in etwa fünf Prozent des gesamten Genoms erhalten. Schließlich lässt die Degeneration des genetischen Codes nicht jede Mutation auch an der Struktur von Aminosäuren erkennen (▶ synonymer oder stiller Basenaustausch, Substitution).

3.5 Variabilität von Proteinen und Enzymen

Mitte des letzten Jahrhunderts verbesserte eine damals neue biochemische Technik die Analysemöglichkeiten von Proteinstrukturen. Mit ihr konnten kleine Unterschiede zwischen allelischen Formen eines Proteins aufgedeckt werden. Im Jahr 1966 wurden mithilfe der Proteinelektrophorese (▶ Elektrophorese, s. Box Elektrophorese) die Ergebnisse zur genetischen Variabilität einer großen Anzahl von Loci in menschlichen Populationen und in Populationen der Fruchtfliege vorgestellt.

Jedes Proteinmolekül besitzt eine bestimmte Struktur, Größe und Oberflächenladung. Die letzte Eigenschaft ist abhängig davon, ob das Protein in einer basischen, neutralen oder sauren Lösung vorliegt. Diese Charakteristika von Proteinen werden genutzt, um Unterschiede mit der Elektrophorese zu erfassen. Hierzu benötigen wir ein Trägermedium, in dem sich Proteine unter kontrollierten Bedingungen nach ihrer Größe und Ladung auftrennen lassen. In diesem Träger muss nun ein elektrisches Feld erzeugen werden, in dem Proteine mit positiver Oberflächenladung zur Kathode (▶ G) und solche mit negativer Ladung zur Anode (▶ G) des Trägers gezogen werden. Schließlich fehlt nur noch eine Nachweismethode, die es erlaubt, die Proteine sichtbar zu machen, und die dazu noch so sensibel ist, dass sie auch kleinste Mengen nachweisen kann.

Doch obwohl diese Technik ganz nahe an die molekulargenetischen Strukturen führt, handelt es sich auch bei Proteinen nur um phänotypische

Elektrophorese

In einem elektrischen Feld wird ein Gemenge von Molekülen nach deren Oberflächenladung aufgetrennt. Moleküle mit negativer Ladung wandern zur positiv geladenen Elektrode, diejenigen mit positiver Ladung zieht es zur negativen Elektrode. Natürlich gibt es auch Moleküle, die keine Oberflächenladung besitzen! Ladungsunterschiede und Größenunterschiede von Molekülen werden in der Genetik genutzt, um Unterschiede in Proteinen oder DNA-Sequenzen aufzudecken.

Gelelektrophorese
Für die Auftrennung von Proteinen und DNA werden Trägermedien benötigt, auf die wir unsere Proben auftragen können (◘ Abb. 3.3). Die Trägermedien sind durch ihren pH-Wert und ihre Festigkeit (Porengröße) charakterisiert: Der pH-Wert bestimmt hierbei die Oberflächenladung von Proteinen (aber nicht die von DNA!) und die Porengröße filtert Moleküle aufgrund ihrer Größe (Siebeffekt). Die heute gängigen Trägermedien sind Agarose und Polyacrylamid (früher wurden auch Stärke und Papier als Trägermedien verwendet). Aus Agarose und Polyacrylamid werden Gele in Kammern gegossen (► Polyacrylamidgel), auf die nach dem Festwerden der Gele Proben aufgetragen werden können. Agarosegele (► G) sind gesundheitlich harmlos, haben aber den Nachteil, dass ihre Porengröße nicht präzise variiert werden kann. Dagegen ist Polyacrylamid in Pulverform und als Flüssigkeit ein Gift, doch die Porengröße dieser Gele kann sehr genau eingestellt werden.

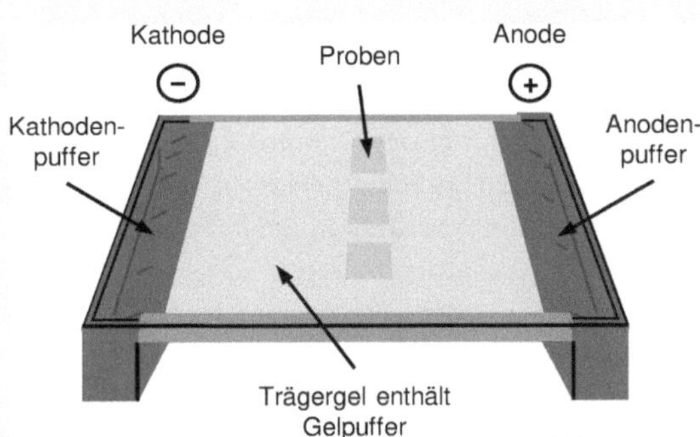

◘ **Abb. 3.3** Einfaches Prinzip der Gelelektrophorese, das auch bei modernen Verfahren Anwendung findet

Abbilder von Genotypen. Das Bild, das wir sehen, hängt von der Proteinstruktur ab. Das einfachste Protein besteht aus nur einer Aminosäurekette. Diesem sog. Monomer genügt eine Kette zur Erlangung seiner vollständigen Funktion (◘ Abb. 3.4a). Dimere bestehen aus zwei Aminosäureketten und Trimere aus drei Ketten.

Enzyme sind Proteine und wurden bereits in den 1960er-Jahren zur Untersuchung genetischer Variation in Populationen eingesetzt (► Enzym). Enzyme setzen u. a. Substrate des Stoffwechsels in neue Produkte um. Diese Eigenschaft wurde genutzt und an einen Färbeprozess gekoppelt, um den Ort der Enzymaktivität sichtbar zu machen. Auf diese Weise lassen sich in einigen Fällen die Molekülstrukturen von Enzymen nach ihrer elektrophoretischen Auftrennung aufdecken: Nehmen wir einen autosomalen Locus eines diploiden Organismus an, der für die Aminosäureketten eines monomeren Enzyms codiert. Weiterhin sollen die Allele eines heterozygoten Individuums die Information für Aminosäureketten mit unterschiedlichen Oberflächenladungen tragen. Mit einer Färbetechnik, die auf der Funktion des Enzyms beruht, können diese Varianten unterschieden werden. Beim heterozygoten Individuum wird das Produkt jedes elterlichen Gens, eine Doppelbande, sichtbar.

Dimere Enzyme zeigen ein etwas komplizierteres Muster. Bei ihnen müssen sich zwei Aminosäureketten zusammenlagern, damit sie ihre enzymatische Funktion erhalten. Nehmen wir wieder ein heterozygotes Individuum an, dessen mögliche Enzymvarianten sich elektrophoretisch unterscheiden lassen. Zudem sollen beide Gene die gleiche Aktivität zur Produktion ihrer Aminosäureketten A_1 und A_2 besitzen und für die Zusammenlagerung

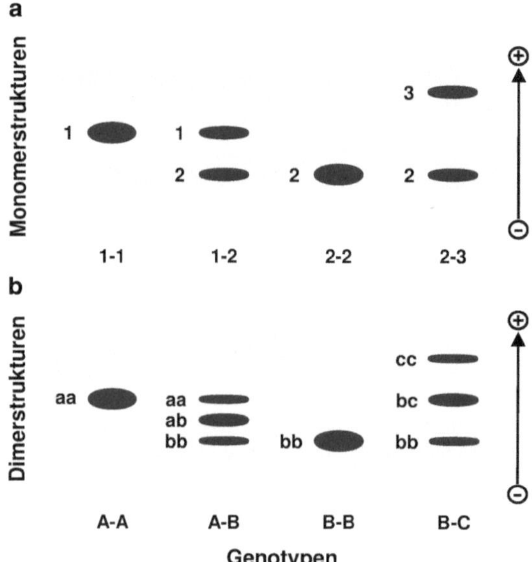

Abb. 3.4a,b Färbemuster für ein monomeres und ein dimeres Enzym eines diploiden Organismus nach der elektrophoretischen Auftrennung der Varianten. Der Farbnachweis ist an die Funktion des Enzyms gekoppelt. Für jeden Enzymlocus gibt es drei Allele. **a** Allele 1, 2 und 3 codieren für die Polypeptidketten des monomeren Enzyms. Bereits eine Kette ist enzymatisch aktiv. **b** Drei Allele A, B und C des dimeren Enzymlocus codieren für drei Aminosäureketten a, b und c. Im Idealfall lagern sich zufällig zwei Aminosäureketten zu einem funktionsfähigen Enzym zusammen, u. a. bilden sich so auch die Heterodimere ab und bc

der Ketten soll keine Präferenz für eine bestimmte Kombination bestehen. In diesem Fall findet sich bei heterozygoten Individuen eine zufällige Kombination der Aminosäureketten: Zum einen das dimere Enzym E_1 mit zwei Ketten A_1, dann das heteromere Enzym E_{1-2} mit den Ketten A_1 und A_2 und schließlich das Enzym E_2 mit zwei A_2-Ketten. Im Farbfunktionsnachweis sehen wir ein symmetrisches Verteilungsmuster der drei Enzymformen von 1:2:1, wenn alle drei Enzymvarianten dieselbe Reaktion mit gleicher Aktivität katalysieren (Abb. 3.4b). Entsprechende symmetrische Kombinationsmuster ergeben sich für Trimere (1:3:3:1) und Tetramere (1:4:6:4:1).

Natürlich kann diese elektrophoretische Nachweismethode nur Proteinvarianten unterscheiden, deren strukturelle Unterschiede mit der Elektrophorese erfasst werden können. Synonyme Substitutionen in der Sequenz der Aminosäureketten bleiben unentdeckt, wie auch viele Basenaustausche, die wohl Veränderungen in den Aminosäureketten, doch keine Ladungsveränderung im Enzym bzw. Protein bewirken. Deckt die Nachweismethode nicht die gesamte allelische Variation auf, dann spricht man von einem **versteckten Polymorphismus** (▶ hidden polymorphism).

3.6 Molekulargenetische Variabilität

3.6.1 Fingerprintverfahren

Der Brite Sir Edwin Southern stellte 1975 ein Verfahren vor, das mit einem einzigen Versuchsansatz die Variabilität von mehreren Individuen an mehreren DNA-Abschnitten typisiert (▶ Southern-Blotting) (Southern 1975). So wurde es möglich, die Variabilität des Genoms eines Individuums in größerem Umfang zu erfassen und die genetische Ähnlichkeit von Individuen in Populationen detaillierter zu charakterisieren.

Bei diesem Verfahren werden die riesigen DNA-Moleküle zuerst mithilfe von **Restriktionsenzymen** (▶ G) klein geschnitten (s. Abschnitt Restriktionsenzyme), um danach die DNA-Stückchen in einem Gel elektrophoretisch nach ihrer Größe aufzutrennen. Ein bemerkenswerter Gedanke war hierbei, den Gelen Harnstoff beizumengen. Die Wasserstoffbrücken, die die komplementären DNA-Stränge miteinander verbinden, werden in einer Harnstofflösung gelöst und der genetische Code der Einzelstränge wird offengelegt. Das Gel wird nach der Elektrophorese auf eine Membran gelegt, die DNA binden kann. Im Blottingverfahren werden schließlich die DNA-Fragmente vom Gel auf die Membran übertragen, die nun ein Spiegelbild des Fragmentmusters des ursprünglichen Gels trägt.

Eine Lösung mit chemisch markierten oder radioaktiven Sonden (künstlich hergestellte kurze DNA-oder RNA-Sequenzen) wird auf die Membran aufgetragen, in der die zuvor behandelten DNA-Fragmente fixiert sind. Nachfolgend binden die Sonden an die komplementären Strukturen der einzelsträngigen DNA-Fragmente auf der Membran. Mit einem geeigneten Bildgebungsverfahren (z. B. Röntgenfilm) können nun diejenigen DNA-

Fragmente identifiziert werden, die die Zielsequenzen tragen. Der britische Forscher Alec Jeffrey stieß zufällig auf einen Satz von Sonden (▶ Minisatelliten), die sich für eine genomweite Analyse eignen (Jeffrey et al. 1984). Diese Sondenmotive sind häufig und weit gestreut in Genomen. Die Sonden legen sich an mehrere, auch unterschiedlich große DNA-Abschnitte, die das komplementäre Sondenmotiv tragen. Das **Multilocus-Fingerprintverfahren** (▶ G) liefert ein Bild von einer DNA-Leiter (◻ Abb. 3.5). Jede Sprosse der Leiter repräsentiert DNA-Abschnitte des Genoms, die alle die gleiche Basenzahl besitzen und das komplementäre Motiv der **Sonde** tragen. Natürlich sind die Restriktionsschnittstellen und die hieraus resultierenden DNA-Abschnitte mit dem Sondenmotiv erblich. Aus diesem Grund besitzt jedes Individuum seine charakteristische DNA-Leiter. Allerdings stellen wir mit diesem Verfahren nur fest, ob eine Bande fehlt oder vorhanden ist; es ist nicht möglich, zu sagen, ob beide elterlichen Chromosomenabschnitte das Motiv tragen. Die Muster werden im Sinn eines rezessiv-dominanten Erbgangs interpretiert! Darüber hinaus kann man die einzelnen Banden nicht einem bestimmten Locus zuordnen, da sich DNA-Abschnitte mit gleicher Basenzahl aber mit einem unterschiedlichen Ursprung hinter derselben Leitersprosse verbergen können. Für forensische Untersuchungen ist ein solcher **genetischer Fingerabdruck** (▶ G) sehr gut geeignet, doch verliert er seine Zuverlässigkeit bei Vaterschaftsgutachten! Die Bandenmuster sind zwar für Individuen sehr charakteristisch, repräsentieren aber nicht vollständig deren Verwandtschaftsverhältnisse. Außerdem muss beim Vergleich von Individuen sehr auf die DNA-Konzentration geachtet werden, da das Fehlen oder Vorhandensein einer Bande in der Leiter von der eingesetzten DNA-Menge abhängig sein kann.

▪ Restriktionsenzyme

Restriktionsenzyme wurden bei Bakterien entdeckt. Diese Enzyme helfen Bakterien, eingedrungene fremde DNA abzubauen, indem sie DNA an bestimmten Basenmotiven kleinschneiden. Natürlich mussten Bakterien auch Mechanismen entwickeln, die den Verdau der eigenen Erbinformation verhindern. So werden die gefährdeten Motive des Bakteriengenoms chemisch markiert, damit das entsprechende Restriktionsenzym an dieser Stelle keine Aktivität entfalten kann (s. ▶ Kap. 15). Mehr als 500 Restriktionsenzyme werden heute in der Forschung genutzt, um die verschiedenen Basenmotive einer DNA zu erkennen und zu schneiden. Nachfolgend wird die Funktion des Restriktionsenzyms EcoRI vorgestellt. Dieses Enzym erkennt die Basenfolge GAATTC:

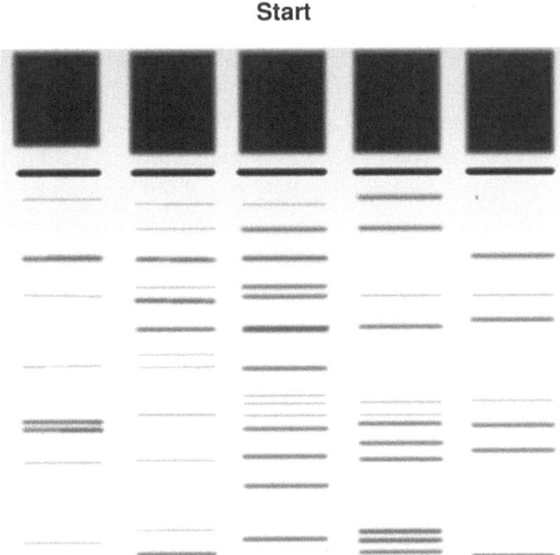

◻ **Abb. 3.5** Schematische Darstellung eines genetischen Fingerabdrucks. Die gesamte DNA von Individuen wird mit Restriktionsenzymen geschnitten. Jede Bande repräsentiert DNA-Fragmente mit gleicher Länge, aber ungleichen Sequenzen. Die Schnittstellen sind für jedes Individuum charakteristisch und können daher beim genetischen Vergleich von verschiedenen Proben zur Identifikation einzelner Individuen genutzt werden

Das Restriktionsenzyms EcoRI erkennt in der korrekten Leserichtung 5′-3′ das Motiv

> 5′–**GAATTC**–3′ und dessen DNA-Komplement 3′–**CTTAAG**–5′.

EcoRI schneidet die DNA-Sequenz im Motiv hinter der Base G

> 5′–**G**.........**AATTC**–3′ und
> 3′–**CTTAA**.........**G**–5′.

Das arbeitsintensive Southern-Blotting wurde in den 1990er-Jahren durch PCR-gestützte Techniken (s. ▶ Abschn. 3.6.2) zur Erfassung der Variabilität an vielen Markerloci (▶ G) abgelöst („random **a**mplified **p**olymorphic **D**NA“, ▶ RAPD (ausgesprochen: rapid) und „**a**mplified **f**ragment **l**ength **p**olymorphism“, ▶ AFLP). Die RAPD-Technik zur Erfassung der genetischen Variabilität zeigte jedoch bald eine gewisse Unzuverlässigkeit bei der Untersuchung von tierischem Material. Während bei Pflanzen die Wiederholbarkeit von Versuchen mit gleichen Ergebnissen gegeben war, führte bei Tieren die wiederholte Analyse einer Probe im selben Labor oftmals auf unerklärliche Weise zu unterschiedlichen Ergebnissen.

3.6.2 Restriktionsfragmentlängenpolymorphismus

Restriktionsenzyme schneiden die DNA an bestimmten Motiven (▶ RFLP). Diese Eigenschaft lässt sich zur Analyse von Sequenzunterschieden nutzen. Wird ein bestimmter DNA-Abschnitt durch PCR vervielfältig (s. Box Polymerasekettenreaktion, PCR), dann lassen sich mit verschiedenen Restriktionsenzymen Unterschiede zwischen Sequenzen aufdecken. Schneidet ein Restriktionsenzym das DNA-Fragment an einem bestimmten Sequenzmotiv, dann entstehen zwei kleine Teilstücke, die im Agarosegel einfach elektrophoretisch aufgetrennt werden können. DNA-Fragmente tragen negative Ladungen und ihre Mobilität wird in der Elektrophorese durch ihre Größe bestimmt.

3.6.3 Variabilität von Mikrosatelliten

Mikrosatelliten sind DNA-Abschnitte, die aus vielen gleichen Wiederholungsmotiven von zwei bis zehn Basen bestehen (▶ Mikrosatellit). Mikrosatelliten existieren in vielen Abschnitten des Genoms von eukaryotischen Zellen. Aufgrund ihrer Wiederholungsstruktur kommt es während der Replikationsphase einer Zelle leicht zu Kopierfehlern/Mutationen. Wir beobachten eine Vergrößerung oder Reduzierung der Anzahl von Wiederholungsmotiven (◘ Abb. 3.8). Die Folge der hohen Mutationsanfälligkeit von Mikrosatelliten ist eine große allelische Vielfalt, die zudem mit der Anzahl an Wiederholungsmotiven einen positiven Zusammenhang zeigt – d. h. mit der Länge eines Mikrosatelliten steigt auch seine Allelzahl. Der Mutationsprozess führt allerdings zu keiner symmetrischen Verteilung der Motivzahl. Im statistischen Mittel beobachten wir eher eine Verlängerung als Verkürzung von Mikrosatelliten!

Die außergewöhnliche allelische Variabilität dieser DNA-Strukturen ermöglicht es, Individuen genetisch sehr genau zu charakterisieren. Mit der Entdeckung der Mikrosatelliten und der Möglichkeit, deren Längenvariation mit Sequenziermaschinen zu analysieren (s. Box Polymerasekettenreaktion, PCR), haben Mikrosatelliten Enzyme bei der Erfassung von genetischer Variabilität verdrängt (◘ Abb. 3.8). Basierten frühere Populationsstudien zur genetischen Variabilität auf etwa 10–30 variablen Proteinloci, können heute PCR-gestützte Untersuchungen von Mikrosatelliten diesen Stichprobenumfang weit überschreiten. Wie viele Loci müssen untersucht werden, damit die genetische Variabilität eines Genoms repräsentativ erfasst wird? Am Beispiel des menschlichen haploiden Genoms mit seinen 3 Milliarden Basenpaaren wird unser eingeschränkter Einblick in genomische Strukturen offensichtlich. Mit 30 Mikrosatelliten erfassen wir nur die Variabilität von kleinen DNA-Abschnitten, zwischen denen aber durchschnittlich 150 Millionen Basenpaaren liegen. Für Vaterschaftsgutachten sind Mikrosatelliten mit ihrer hohen allelischen Variabilität allerdings außerordentlich wertvoll. So mussten früher bis zu 30 serologische Marker und Proteinloci analysiert werden; heutzutage genügen uns in den allermeisten Fällen bereits zehn Mikrosatelliten, um die gleiche Genauigkeit zu erzielen. Darüber hinaus gestattet die genomweite Verbreitung von Mikrosatellitenloci, eine Auswahl von unabhängigen Loci auf verschiedenen Chromosomen zu treffen (Mendels Regel von der freien Kombinierbarkeit). Diese Eigenschaft ist eine wichtige Voraussetzung für viele genetische Fragestellungen!

Für die Bewertung von Veränderungen an Mikrosatellitenloci müssen wir deren Strukturen genauer betrachten. Der ideale **reine Mikrosatellit** besteht aus der vielfachen Wiederholung des gleichen Basenmotivs. Die Längenvariation solcher Mikrosatelliten und deren Populationshäufigkeiten

Polymerasekettenreaktion, PCR

Die Polymerasekettenreaktion („**p**olymerase **c**hain **r**eaction", PCR) ist ein biochemisches Verfahren, das den natürlichen Kopiervorgang von DNA während der Replikation nutzt, um einen bestimmten Chromosomenabschnitt zu vervielfältigen, damit dieser mit „einfacheren" technischen Mitteln untersucht werden kann. Diese Vervielfältigung ist notwendig, da, selbst wenn DNA aus vielen Zellen einer Probe isoliert wird, diese Menge nicht genügt, um DNA-Abschnitte eines Individuums zu analysieren.

Heute stehen industrielle Produkte für die Isolierung von DNA zur Verfügung. Erst die reine DNA kann mit der PCR bearbeitet werden. Die DNA wird in ein Reaktionsgemisch gegeben, das die Reagenzien für den Syntheseprozess enthält. Wir benötigen:

- Eine **Polymerase** (Enzym), die den Kopiervorgang möglichst präzise bewerkstelligt und hohe Temperaturen, um die 100 °C, verträgt.
- **Nukleotide** (Basen: Adenosin, Cytosin, Guanin und Thymin mit Zucker und Phosphatrest) im Überschuss, um genügend Kopien vom Original herstellen zu können.
- Das Lösungsgemisch muss ein geeignetes Milieu für die Polymerasereaktion bieten (**Puffer**lösung).
- Aus dem gesamten genomischen Material soll nur ein kleiner Abschnitt kopiert und vervielfältig werden. Hierzu müssen Basenfolgen, sowohl am Anfang wie am Ende des DNA-Abschnitts, identifiziert werden. Diese erkennt die Polymerase als Initiationsstellen (**Primer**) für den Kopiervorgang. Die Primersequenz am Anfang des DNA-Abschnitts entspricht der Originalsequenz („forward primer"), doch am Ende des Abschnitts muss wegen der Arbeitsrichtung der Polymerase eine Primersequenz vom komplementären Strang genommen werden („reverse primer"). Damit die Polymerase nicht alle möglichen Abschnitte im Genom kopiert, wählen wir sehr charakteristische Primersequenzen. Das heißt, dass die Basenfolge nicht zu kurz sein darf (oftmals etwa 20 Basen). Darüber hinaus dürfen die Primer nicht miteinander, aber auch nicht mit sich selbst reagieren, und sie müssen eine ähnliche Temperaturabhängigkeit besitzen. Die Temperatur ist für die Bindung der Primer an ihre komplementäre Basenfolge im Genom entscheidend. So stellt das Design eines geeigneten Primerpaars die erste Herausforderung dar, um erfolgreich eine PCR durchzuführen.

Die PCR ist ein Verfahren, das DNA in mehreren Zyklen, die verschiedene zeitliche Abläufe umfassen, immer wieder kopiert. Im ersten Schritt eines Zyklus (◘ Abb. 3.6, 1. Schritt) werden die doppelsträngigen DNA-Moleküle mithilfe von hoher Temperatur (> 80 °C) in ihre Einzelstränge getrennt, die DNA wird denaturiert (Die Temperatur, bei der sich eine bestimmte DNA in ihre Einzelstränge teilt, wird als **Schmelzpunkt** bezeichnet). Danach folgt eine Temperaturabsenkung bis zu der Temperatur, bei der beide Primer an ihre komplementären Basenfolgen binden können („annealing temperature"). Die Temperatur wird nun auf 72 °C erhöht, jetzt beginnt die Polymerase mit dem Kopiervorgang. Naheliegenderweise müssen die Teilschritte eines Zyklus zeitlich sehr gut abgestimmt werden.

Aus beiden Einzelsträngen der Originalsequenz entstehen immer wieder komplementäre Stücke, die mit dem Primer anfangen, aber unterschiedliche Basenzahlen haben (Es gibt kein Signal für die Polymerase, den Kopiervorgang zu beenden. Dies ist mit den gestrichelten Enden der blauen und gelben Linien angedeutet). Doch nur Sequenzen, die auch das Erkennungsmotiv für den zweiten Primer tragen, gehen in den nächsten Kopierzyklus.

Mit dem Kopieren der neu synthetisierten komplementären Stücke entstehen die gewünschten Sequenzen (◘ Abb. 3.6, 3. Schritt). Da die Zwischenprodukte mit korrektem Primeranfang und variablem Ende nur einen linearen Anstieg in der Lösung haben und die Wunschsequenzen exponentiell ansteigen, dominieren die Moleküle der Wunschsequenzen schon nach 20 Zyklen. In ◘ Abb. 3.7 ist die Synthese korrekter DNA-Fragmente während einer PCR in Abhängigkeit von der Zyklenzahl dargestellt.

Theoretisch verläuft eine enzymatische Reaktion ohne Funktionsverlust des Enzyms. Doch die hohen Temperaturen und fortwährenden Temperaturänderungen setzen auch der Polymerase zu und können bei sehr vielen Zyklen zu Kopierfehlern führen, die das Ergebnis verfälschen.

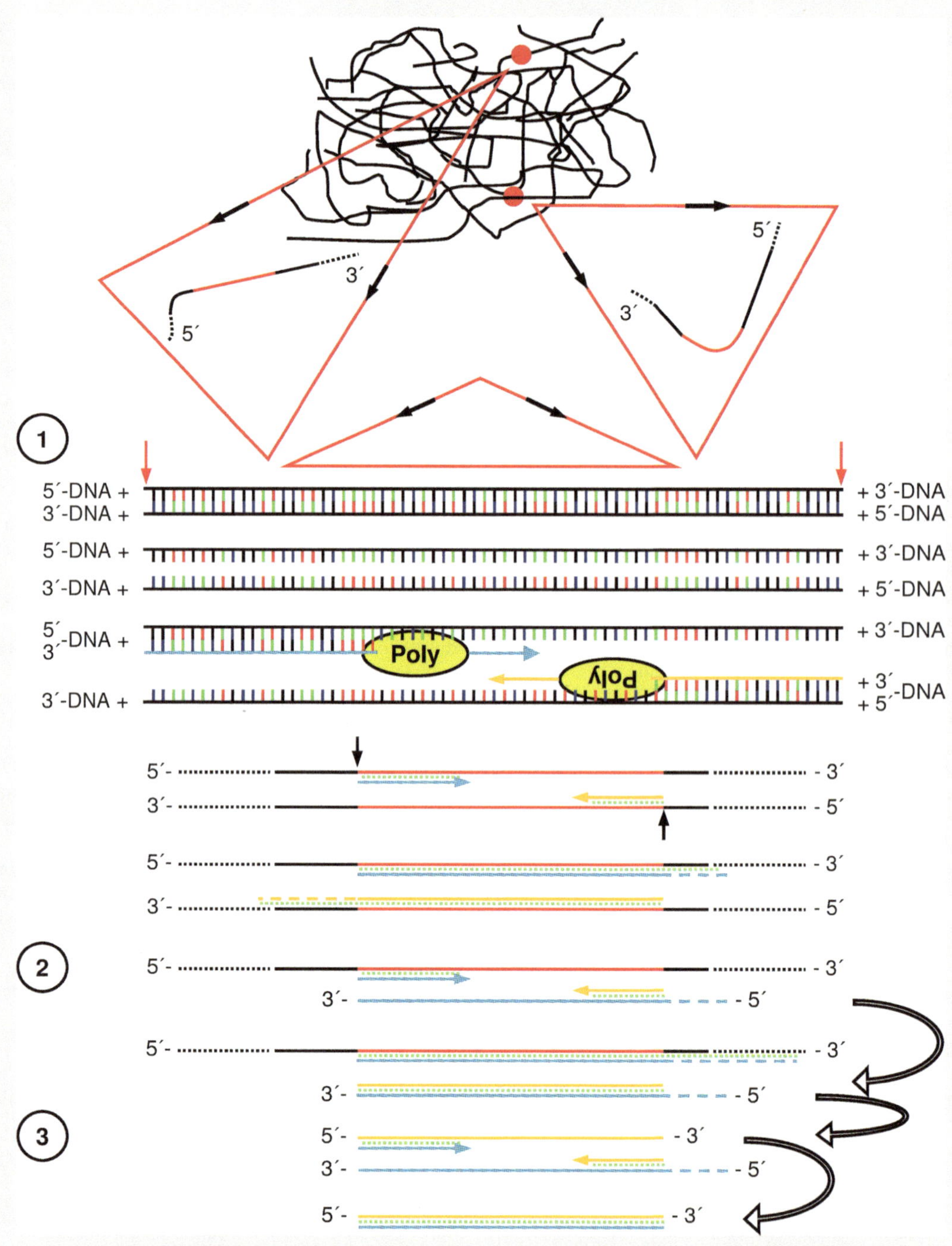

Abb. 3.6 Die ersten drei Schritte der Polymerasekettenreaktion, die zur Synthese eines bestimmten DNA-Abschnitts eines diploiden Genoms führen. Die *roten Punkte* kennzeichnen die DNA-Abschnitte des Genoms, die analysiert werden sollen. Die beiden vertikalen *roten Pfeile* definieren Anfang und Ende der DNA-Sequenz. Die *vertikalen schwarzen Pfeile* zeigen den Beginn der Primersequenzen, die die Polymerase (Poly) erkennt und komplementäre Sequenz synthetisiert. Die *blauen* und *gelben Linien* sind die neu synthetisierten DNA-Fragmente. *Unterbrochene Linien* sind DNA-Abschnitte, die über die Primermotive hinaus kopiert worden sind

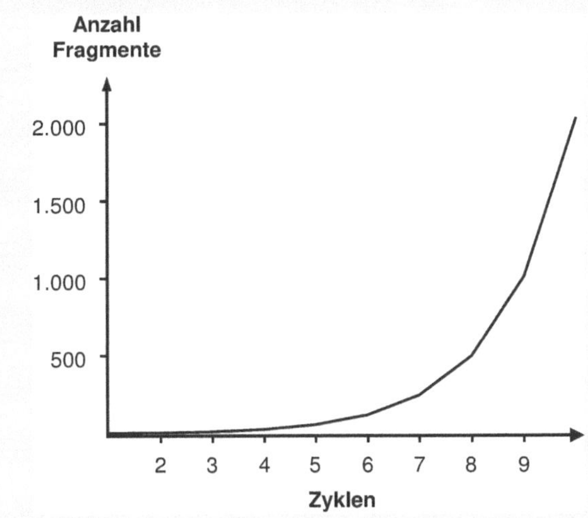

Abb. 3.7 Exponentieller Anstieg von korrekten DNA-Fragmenten während einer PCR in Abhängigkeit von der Zyklenzahl

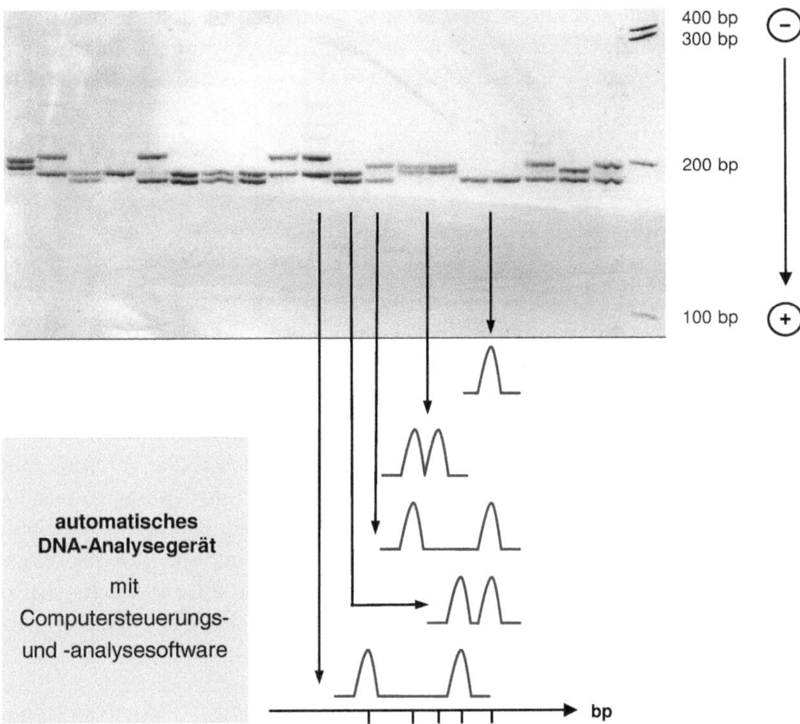

Abb. 3.8 Mikrosatellitenvariation in einer Tübinger Kohlmeisenpopulation. Die PCR-Produkte wurden mithilfe eines Polyacrylamidgels aufgetrennt. *Rechts* ist ein Teil einer standardisierten DNA-Leiter zu sehen. Ein automatisches Analysegerät kann die Auswertung erheblich verbessern und vereinfachen. Das Computerprogramm errechnet für die detektierten Signale die Länge der DNA-Fragmente (Anzahl Basenpaare)

können durch das Schrittweise-Mutationsmodell erklärt werden. Es sind sog. Vorwärts- und Rückmutationen möglich: Rückmutationen führen Mikrosatelliten in bereits vormals existierende Strukturen zurück, während die Vorwärtsmutation eine neue Längenvariation des Mikrosatelliten erzeugt. So kann in manchen Fällen die Struktur einer Neumutation nicht von einem ursprünglichen Zustand unterschieden werden. Eine Folge ist, dass Mikrosatellitenvariabilität den genetischen Vergleich von Individuen/Populationen über lange Evolutionszeiträume erschwert, wenn nicht sogar unmöglich macht. Die Verwendung von Mikrosatelliten als genetische Marker sollte sich daher auf Untersuchungen innerhalb von Arten beschränken!

Beim **unterbrochenen Mikrosatelliten** wird das perfekte Wiederholungsmuster eines „fremden" Basenmotivs unterbrochen. Theoretische Überlegungen und experimentelle Untersuchungen legen nahe, dass ein unterbrochener Mikrosatellit nicht die Mutationsdynamik eines reinen Mikrosatelliten zeigt, sondern dass die perfekten Teilabschnitte selbständig voneinander evolvieren. Schließlich gibt es noch **zusammengesetzte Mikrosatelliten**, die aus einer Komposition perfekter Mikrosatelliten bestehen. Die Evolutionsdynamik zusammengesetzter Mikrosatelliten ergibt sich wie zuvor aus der selbstständigen Entwicklung der einzelnen perfekten Abschnitte und ihrer Unterbrechungen. Schließlich vervollständigen die **komplexen Mikrosatelliten** die Strukturvielfalt; sie sind sowohl zusammengesetzt wie unterbrochen.

3.6.4 Single Nucleotide Polymorphism

Im Wort „**single nucleotide polymorphism**" (▶ SNP, ausgesprochen als Snip) versteckt sich die Forderung, dass sich ein Einzelbasenpaaraustausch noch zusätzlich auszeichnen muss: die beobachtete Variation muss die Bedingung für einen polymorphen Locus erfüllen. **Ein Locus ist polymorph**, wenn die Frequenz des häufigsten Allels 99 % nicht überschreitet. Da SNP im Normalfall nur zwei Allele besitzen, können wir diese allgemeine Definition umkehren: Ein Locus ist polymorph, wenn die Häufigkeit seines seltenen Allels über einem Prozent liegt.

Mit der Entwicklung neuer Technologien und deren breiter Anwendung in der Forschung werden Mikrosatelliten zunehmend von SNP abgelöst. Die molekularbiologische Chiptechnologie kann die allelische Variation von 100.000 und mehr SNP-Loci eines Individuums gleichzeitig erfassen. Mit dieser Technik kann ein genomweites Profil eines Individuums erstellt werden. Wohl hat ein einzelner SNP mit seiner sehr eingeschränkten Allelzahl einen geringen Informationsgehalt im Vergleich zu einem Mikrosatelliten, doch die enorme Anzahl der gleichzeitig erfassbaren SNP gleicht diesen Informationsverlust aus.

3.6.5 Quantitativer Merkmalslocus

Die einzelnen Loci, die ein quantitatives Merkmal bestimmen, haben oftmals eine unterschiedliche Bedeutung. Das züchterische Interesse besteht daher darin, Loci aufzuspüren, deren allelische Vielfalt bei der Züchtung erfolgreich und effektiv genutzt werden kann („**q**uantitative **t**rait **l**ocus", QTL). Hierfür bietet die moderne Genetik Untersuchungsmethoden, mit denen Chromosomenabschnitte mit Genen identifiziert werden, die an der Ausprägung quantitativer Merkmale beteiligt sind.

3.6.6 Variation individueller Erbsubstanz

Natürlich gibt die Sequenzierung des Genoms die genaueste Information über die genomische Heterogenität. Lange Zeit waren solche Untersuchungen jedoch zu aufwendig für umfassende Populationsstudien. Neue Techniken wie das „**n**ext **g**eneration **s**equencing" (NGS), mit denen innerhalb kurzer Zeit die Struktur eines gesamten Genoms erfasst wird, ermöglichen in Zukunft solche umfassenden Analysen.

3.6.7 Variabilität von RNA-Genen

Mit der Entdeckung von **RNA-Genen** (▶ G) und deren Bedeutung für Genaktivitäten ist auch hier allelische Variation aufgedeckt worden, die für die Entwicklung eines Individuums Bedeutung hat. In einer jüngsten Arbeitsrichtung der Genetik, der **Epigenetik** (s. ▶ Kap. 15), werden Prozesse untersucht, die Gene anschalten, abschalten und deren Funktion damit aktivieren oder unterdrücken.

3.7 Versteckte genetische Variabilität

Eine stets zwingende Frage ist, ob sich jede genetische Variante mit der gewählten Untersuchungsmethode nachweisen lässt. Trotz subtilster Techniken gilt das biologische Konzept vom Phänotyp im Prinzip auch für die molekulargenetische Typisierung von Individuen. Die gewählte Nachweismethode liefert nur ein Bild vom Genotyp. Im Fall der Proteinelektrophorese sollte man immer in Erwägung ziehen, dass Mutationen auch zum Funktionsverlust von Proteinen führen können (Nullallele, s. ► Kap. 14). Bei der Verwendung einer Nachweismethode, die auf der Funktion eines Proteins beruht, werden wir nur aktive Proteinvarianten entdecken. Heterozygote Genotypen mit Nullallelen können einen homozygoten Genotyp vermuten lassen, und so können Nullallele oder Mangelvarianten (**Defizienzallele**) zu einer Überschätzung des Anteils von homozygoten Individuen in einer Population führen.

Die Modifikation einzelner Basen im Schnittmotiv für Restriktionsenzyme (Methylierung; s. ► Kap. 15) kann dazu führen, dass die Aktivität dieser Enzyme blockiert und der heterozygote Status eines Individuums nicht erkannt werden. Doch auch die heutzutage favorisierten Merkmalssysteme, Mikrosatelliten und SNP, können solche Risiken bergen. Mutationen können die Enden der DNA-Sequenzen eines Mikrosatelliten verändern und dadurch die Bindung von Primern (► G) verhindern. Oder ein elterliches Mikrosatellitenallel wird während der PCR nicht vervielfältigt, obwohl der DNA-Abschnitt mit seinen Primern vollständig vorhanden ist („allelic drop-out"). In beiden Fällen wird nur ein elterliches Allel aufgespürt. Ähnliche Probleme können auch bei der Detektierung von SNP auftreten. Solche methodischen Schwächen können sich dann in der genetischen Interpretation von Stammbäumen und Familienanalysen niederschlagen (s. ► Kap. 4 und 12). Selbst bei der Sequenzierung von DNA liefert uns das Auswertungsprogramm der Maschine nur die plausibelste Interpretation der Untersuchungsergebnisse. Eine Schwierigkeit stellen repetitive Bereiche dar: So kann die genaue Anzahl eines vielfach wiederholten Nukleotids (z. B. TTT ...) in manchen Analysen nicht korrekt ermittelt werden.

3.8 Bewertung der Variabilität von verschiedenen Merkmalen

Die Bedeutung mutationsbedingter Veränderungen muss auf den verschiedenen Beobachtungsebenen genau erfasst werden, um die richtigen Schlussfolgerungen aus der beobachteten Variation zu ziehen. Genetische Varianten können vorteilhaft, ohne Bedeutung für den Träger oder nachteilig sein (**letal** tödlich oder **subletal** nachteilig, aber nicht tödlich).

a) Viele phänotypische oder morphologische Merkmale (► G) unterliegen selektiven Kräften. Daher müssen wir genetische und umweltbedingte Einflüsse auf die Ausprägung solcher Merkmale ermitteln, um ihre Bedeutung für die Evolution erfassen zu können.
b) Die meisten Allele von Enzym- und Proteinloci haben nahezu keine selektive Bedeutung und nur sehr wenige Varianten wirken sich positiv oder negativ für ein Individuum aus. Im Fall einer selektionsneutralen Variabilität von Loci können wir die Loci als Markersysteme z. B. zur Bewertung von Verwandtschaftsverhältnissen in einer Population, zum Schätzen der durchschnittlichen genetischen Variabilität einzelner Genome, aber auch von Populationen verwenden. Für viele Fragestellungen in der Evolutionsforschung muss dagegen genau unterschieden werden, welche Merkmale der Selektion unterliegen und welche genetische Variation sich zufällig in Populationen verändert. Die verschiedenen Umweltbedingungen, die Populationen einer Art erfahren, können natürlich dazu führen, dass die genetische Variabilität mancher Loci in einer Population selektionsneutral ist und in einer anderen der Selektion unterliegt.
c) Die Variabilität der meisten Mikrosatelliten erklärt sich allein durch Mutation und Zufall. Doch gibt es auch Mikrosatelliten, die die Struktur von Proteinen oder die Aktivität von Genen pathologisch verändern können. Selektionsneutrale Mikrosatellitenloci sind häufig verwendete genetische Marker in vielen humangenetischen und ökogenetischen Untersuchungen.
d) SNP, die außerhalb von Genen und Promotorbereichen liegen, sind ebenfalls meistens selektiv neutral. Innerhalb von Genen und deren Promotoren können Einzelbasenaustausche durchaus eine selektive Bedeutung nach sich ziehen.

Unabhängig vom Merkmalstyp gilt aber, dass für die genetische Variabilität innerhalb einer Art allein Mutationen und Rekombinationen ursächlich sind.

Betrachten wir jedoch die einzelnen Populationen einer Art, dann treten Mutation und Rekombination erstmals in einer Teilpopulation auf und Migranten tragen die neue Variante von einer in eine andere Teilpopulation. Neue genetische Variabilität in Teilpopulationen können also auf drei Ereignisse zurückgeführt werden: Mutation, Rekombination und Migration.

Glossar

AFLP Abkürzung von „**a**mplified **f**ragment **l**ength **p**olymorphism". Eine Technik mit deren Hilfe ein genetischer Fingerabdruck eines Individuums erstellt wird (► Multilocus-Fingerprint). Die gesamte genomische DNA wird mit mindestens zwei Restriktionsenzymen in Fragmente von unterschiedlicher Länge geschnitten, die anschließend durch PCR vervielfältigt (amplifiziert) und elektrophoretisch aufgetrennt werden. Das Ergebnis ist ein Leitermuster von vielen Banden, hinter denen sich jeweils verschiedene DNA-Sequenzen mit einer gleichen Anzahl von Basenpaaren verbergen.

Agarosegel Ein Trägermedium, das zur Auftrennung von DNA-Fragmenten und Proteinen dient. Die Grundsubstanz Agarose wird aus dem Meertang *Agar agar* gewonnen. Das Gemisch mit einer geeigneten wässrigen Pufferlösung wird aufgekocht und danach lässt man es abkühlen (Puffer stabilisiert das Gel, bei eventuellen Zugaben von Säuren oder Basen verändert sich der pH-Wert der Lösung nur gering). Beim Abkühlen vernetzen die Agarosemoleküle und bilden ein Sieb mit unregelmäßigen Netzstrukturen. Auf den festen Agaroseblock werden die Proben aufgetragen und in einem elektrischen Feld getrennt.

allelische Variation An denselben Genorten/DNA-Abschnitten homologer Chromosomen findet man unterschiedliche genetische Informationen, die ihren Ursprung in Mutationsereignissen haben.

Anode Ein elektrisches Feld oder eine Spannungsquelle besitzt eine positiv geladene Seite (Anode) und eine negativ geladene Seite (Kathode). Zur Anode werden negativ geladene Teilchen (Anionen) hingezogen, während Kationen zur Kathode wandern. In der Genetik/Biochemie nutzt man diese Eigenschaft zur elektrophoretischen Auftrennung von Proteinen, DNA- und RNA-Molekülen.

Antigen Zellstruktur, die das Abwehrsystems eines Körpers erkennt. Das Immunsystem hat bereits oder entwickelt Moleküle (Antikörper), die die körperfremden Zellstrukturen angreifen.

Antigen-Antikörper-Reaktion ► Serologie.

Antikörper ► Antigen.

Codon Es besteht aus drei Nukleotiden, den Grundbausteinen der Erbinformation. Dieses Triplett codiert für eine Aminosäure, den Beginn oder das Ende eines Gens (► G).

diskrete Verteilung Objekte lassen sich aufgrund ihrer Eigenschaften eindeutig klassifizieren und gruppieren. Aus der Anzahl von Objekten in den einzelnen Gruppen errechnen sich deren Gruppenhäufigkeiten. Zusammen ergeben die Gruppenhäufigkeiten ein Verteilungsmuster der Objekte auf die verschiedenen Gruppen (► quantitative Merkmale).

Elektrophorese Auftrennung von Proteinen, DNA- und RNA-Molekülen mithilfe eines elektrischen Felds. Man nutzt die Oberflächenladung und die Größe der Moleküle, die die Wanderungsgeschwindigkeit und -richtung bestimmen. Positiv geladene Teilchen migrieren zur Kathode (► G), und negativ geladene Teilchen werden von der Anode (► G) angezogen.

Enzym Biochemisches Molekül, das den Energieaufwand für eine spezifische chemische Reaktion vermindert und damit die Veränderung einer Substanz bewirkt. Theoretisch führen die Aktivitäten eines Enzyms zu keinen Veränderungen seiner Eigenschaften.

Gen, Genort Im Deutschen verknüpfen wir das Wort Gen mit einer Funktion (Protein oder Regulation der Proteinsynthese), d. h. der Chromosomenabschnitt (Genort), der das Gen enthält, ist für eine bestimmte Aufgabe verantwortlich. Die Überbegriffe für Gen und Genort sind Allel bzw. Locus. Beide Begriffe sind nicht notwendigerweise mit einer Funktion verbunden.

genetischer Fingerabdruck Jeder höhere Organismus hat eine fast einmalige genetische Konstitution. Diese kann mit einer Auswahl von vielen Loci repräsentativ dargestellt werden. Hierbei unterscheiden wir, ob die Loci bekannte Strukturen haben oder ob DNA-Fragmente mit unbekannter Basenstruktur den Fingerabdruck ergeben. Wir können zum Beispiel eine beliebige Anzahl bekannter Loci wählen, dann resultiert der genetische Fingerabdruck eines Individuums aus der Gesamtheit der einzelnen Genotypen; oder wir wählen eine genetische Methode, die Variation an einer zufälligen Auswahl unbekannter DNA-Fragmente aufdeckt (► AFLP, ► RAPD und ► Multilocus Fingerprint).

genetischer Hintergrund Gene sind Teil eines Genoms, das in seiner Gesamtheit die Aktivität und Funktion der einzelnen Gene beeinflussen kann.

Heterochromatin Chromosomenstrukturen können mit Färbetechniken sichtbar gemacht werden. Die Trypsin-Giemsa-Färbung führt zu hellen und dunklen Banden. Die hellen Banden entsprechen euchromatischen Bereichen, sie sind Cytosin-Guanin-reich (GC-reich) und genetisch sehr aktiv.

Dunkle Banden sind heterochromatische Bereiche und Adenin-Thymin-reich (AT-reich); sie sind genetisch weniger aktiv.

Kathode ► Anode.

Locus ► Gen, Genort.

Markerlocus Ein bestimmter Locus, der nicht direktes Ziel unserer Forschung ist, sondern dazu dient, andere Zusammenhänge aufzudecken (Beispiele sind Verwandtschaftsanalysen und Kopplung mit anderen Genen). Für die Kopplungsanalyse muss zusätzlich die Position des Markerlocus im Genom bekannt sein.

Mikrosatellit Ein kurzes Basenmotiv (1–10 Basen), dass tandemartig wiederholt wird (z. B. CAGCAGCAGCAGCAG). Die Basenzahl von 1–10 ist nicht festgeschrieben, je nach Literaturstelle finden wir andere Angaben, doch alle Definitionen bewegen sich um maximal 10 Basen.

Minisatellit Ein Basenmotiv von etwa 15–65 Basenpaaren, das tandemartig wiederholt wird. Ebenso wie bei Mikrosatelliten sind die Zahlen nicht festgeschrieben. Die Wiederholungsmotive eines Minisatelliten zeigen nicht mehr die weitgehende Übereinstimmung der Motive wie bei Mikrosatelliten.

morphologisches Merkmal Individuen können anhand einzelner Auffälligkeiten ihres äußeren Erscheinungsbilds, dem Phänotyp (► G), aber auch durch Organ- und Gewebestrukturen charakterisiert werden.

Multilocus-Fingerprint Das klassische Verfahren erfasst mithilfe von DNA-Sonden (► Minisatelliten) jene DNA-Abschnitte eines Genoms, die das komplementäre Motiv der Sonde tragen. Dieses Verfahren führt bei jedem Individuum zu einem spezifischen Bandenmuster (DNA-Leiter). Die einzelnen Banden können nicht einem bestimmten Genort (► G) zugeordnet werden und sind daher nur eingeschränkt für eine Verwandtschaftsanalyse anwendbar (► genetischer Fingerabdruck).

Phänotyp Das äußere Erscheinungsbild eines Genotyps. Das Genom eines Individuums enthält die Bauanleitung für innere und äußere Körperstrukturen sowie das Verhalten eines Individuums. Der genetisch vorbestimmte Anteil einer Eigenschaft kann zusätzlich durch Umweltfaktoren modifiziert werden, das Ergebnis davon ist der Phänotyp.

Polyacrylamidgel Trägersubstanz zur Auftrennung verschiedener Proteinmoleküle sowie DNA- und RNA-Fragmente. Mit dem Polymerisieren der giftigen Teilkomponenten bildet sich ein Sieb. Die Netzstruktur kann durch verschiedene Mischungsverhältnisse der Substanzen fein abgestimmt werden und bei der Auftrennung von Molekülen kommt dann neben der elektrophoretischen Trennung noch ein Siebeffekt (Größe) zum Tragen.

Polymorphismus Ein Locus ist polymorph, wenn mindestens zwei Allele in der jeweiligen Population vorhanden sind und deren Frequenzen kleiner als 99 % sind. Da SNP (► G) im Normalfall nur zwei Allele besitzen, können wir diese allgemeine Definition umkehren: Ein Locus ist polymorph, wenn die Häufigkeit seines seltenen Allels über einem Prozent liegt. Diese Bewertung der Variabilität von Loci gilt für eine Teilpopulation und kann für andere Populationen derselben Art unterschiedlich ausfallen.

Primer Kurze Basenfolgen, die synthetisch hergestellt werden, um an den Anfang und das Ende eines einzelsträngigen DNA-Abschnitts zu binden, der untersucht werden soll.

qualitatives Merkmal Ein Merkmal, dessen Ausprägung eine eindeutige Gruppierung von Objekten in diskrete Klassen zulässt.

quantitatives Merkmal Phänotypische Eigenschaft, die sich metrisch messbar bewerten lässt. Beispiele sind das Körpergewicht und die Körpergröße, die mit einer Waage oder Maßband gemessen werden können. Anders als bei qualitativen Merkmalen (► G) können wir keine eindeutigen Klassengrenzen ziehen.

QTL Abkürzung von „**q**uantitative **t**rait **l**ocus". Ein Chromosomenabschnitt, der genetische Information trägt, die für ein quantitatives Merkmal (► G) von großer Bedeutung ist. Mit neuen Techniken können solche DNA-Abschnitte identifiziert und analysiert werden.

RAPD Abkürzung von „**r**andom **a**mplified **p**olymorphic **D**NA". Mithilfe der PCR (► G) kann mit nur einer Untersuchung die genetische Variabilität vieler DNA-Abschnitte von Individuen aufgedeckt werden. Es wird nur ein Primer (► G) eingesetzt. Damit werden DNA-Abschnitte erfasst, die sowohl an ihrem Anfang wie am Ende das zum Primer komplementäre DNA-Motiv tragen.

Restriktionsfragmentlängenpolymorphismus ► RFLP.

RFLP Abkürzung von „**r**estriction **f**ragment **l**ength **p**olymorphism". Schneiden wir mit einem Restriktionsenzym eine bekannte DNA-Sequenz und bestimmen wir die Basenzahl der Produkte, dann ergibt die Summe der Teilprodukte die Basenzahl der gesamten DNA-Sequenz. Nach der elektrophoretischen Auftrennung sehen wir mehrere kleine Teilprodukte. Tragen einige Individuen die Schnittstelle und andere nicht, dann sprechen wir von einem RFLP, falls die Variation der Definition eines Polymorphismus (► G) genügt.

RNA-Gen Ein DNA-Abschnitt, der nur in RNA umgeschrieben wird, aber danach nicht in ein Polypeptid übersetzt wird. RNA-Gene haben ihre Bedeutung bei der Regulation der Proteinsynthese.

Serologie Ein Teilgebiet der Immunologie, das sich mit Antigen-Antikörper-Reaktionen des Bluts beschäftigt.

„single nucleotide polymorphism" ► SNP.

SNP Abkürzung von „**s**ingle **n**ucleotide **p**olymorphism". Homologe Chromosomen tragen an einer bestimmten Basenposition unterschiedliche Erbinformationen (Nukleotide). Genügen die Häufigkeiten der Basen unserer Definition eines Polymorphismus (► G), dann sprechen wir von SNP (im Deutschen *Snip* ausgesprochen).

Southern Blotting Eine genetische Technik, die elektrophoretisch aufgetrennte DNA-Fragmente von einem Gel auf eine Trägerfolie überträgt, um die einzelnen Fragmente oder das Gesamtbild der Fragmente (► Multilocus-Fingerprint) zu analysieren.

stetige Verteilung Objekte lassen sich aufgrund ihrer Eigenschaft nicht eindeutig klassifizieren. Die Unterschiede zwischen allen Objekten sind fließend und eine Einteilung willkürlich. Werden die Objekte anhand ihrer Eigenschaften sortiert, ergibt sich eine stetige Verteilung (► quantitatives Merkmale wie Körpergewicht, Körpergröße).

synonymer Basenaustausch/Substitution Stiller Basenaustausch in einem Codon (► G), der keine Veränderung der Aminosäurekette bewirkt, während eine nichtsynonyme oder Missense-Substitution eine Veränderung nach sich zieht. Nonsense-Mutationen führen zu Stopcodons, andere können ein reguläres Stopcodon in ein Codon für eine Aminosäure wandeln.

Aufgaben

Aufgabe 1. Warum sollte man beim klassischen Blutgruppennachweis Serum und nicht Plasma verwenden?

Aufgabe 2. Welche Vorteile und Nachteile haben Mikrosatelliten und SNP bei der Genotypisierung von Individuen?

Aufgabe 3. Wann spricht man von Markerloci?

Aufgabe 4. Was müssen wir bedenken, wenn wir von unterschiedlichen Aminosäureketten, die von einem Genort codiert werden, auf die zugehörigen DNA-Strukturen schließen wollen?

Aufgabe 5. Was verbirgt sich hinter dem Begriff des versteckten Polymorphismus?

Aufgabe 6. In welche beiden Gruppen können phänotypische Merkmale eingeteilt werden?

Aufgabe 7. Gib ein paar Beispiele für selektiv neutrale Merkmale und solche, die der Selektion unterliegen.

Aufgabe 8. Welche Kombinationsregel erklärt die Varianten eines Enzyms, das von einem heterozygoten Locus eines diploiden Organismus codiert wird. Was erwarten wir, wenn beide elterlichen Gene sehr unterschiedliche Aktivitäten haben?

Literatur

Deutschsprachige Biologiebücher, die die verschiedenen Beobachtungsebenen genetischer Variabilität kurz beschreiben, sind uns nicht bekannt. Dieser Aspekt wird bei allen Büchern im Rahmen einzelner Themenkreise besprochen.

Verwendete Literatur

Edman P, Högfeldt E, Sillén LG, Kinell LO (1950) Method for determination of the amino acid sequence in peptides. Acta Chem Scand 4:283–293

Jeffrey AJ, Wilson V, Thein SW (1984) Hypervariable 'minisatellite' regions in human DNA. Nature 314:67–73

Pauling L, Itano HA, Singer SJ, Wells IC (1949) Sickle cell anemia, a molecular disease. Science 110:543–548

Southern EM (1975) Detection of specific sequences among DNA fragments by gel electrophoresis. J Mol Biol 98:503–508

Weiterführende Literatur

Mullis KR (1994) The polymerase chain reaction. Birkhäuser, Basel, Boston

Sarich VM, Wilson AC (1967) Immunological time scale for hominid evolution. Science 158:1200–1203

Stammbaum und Erbgang

Jürgen Tomiuk, Volker Loeschcke

J. Tomiuk, V. Loeschcke, *Grundlagen der Evolutionsbiologie und Formalen Genetik*,
DOI 10.1007/978-3-662-49685-5_4, © Springer-Verlag Berlin Heidelberg 2017

Zu Beginn vieler genetischer Untersuchungen stellt sich die Frage nach der Erblichkeit von phänotypischen Merkmalen (s. ► Kap. 17). Hierbei müssen wir in Erwägung ziehen, dass neben der allelischen Vielfalt beteiligter Gene auch Umwelteinflüsse Ursache für die Merkmalsvariation in Populationen sein können (► monogen, ► oligogen, ► polygen, ► multifaktoriell oder ► komplex). Im Fall eines sexuell reproduzierenden Organismus können außerdem mütterlichen und väterlichen Genen eine unterschiedliche Bedeutung für die betrachteten Merkmalsausprägungen zukommen und Eigenschaften in Abhängigkeit vom Geschlecht vererbt werden (► geschlechtsgekoppelt). In diesem Fall unterscheiden wir Chromosomen in Geschlechtschromosomen (**Gonosomen**) und **Autosomen** (► G): Autosomen haben keine Bedeutung bei der Ausbildung der primären Geschlechtsmerkmale und ihre Gene sind für beide Geschlechter von gleicher Bedeutung. Die unterschiedlichen Geschlechtschromosomen tragen aber zum größten Teil unterschiedliche Erbinformationen und so kommen bestimmte Gene mit ihren Eigenheiten in Abhängigkeit vom Geschlecht zum Tragen.

Unsere nachfolgenden Betrachtungen zum Erbgang von Merkmalen mithilfe von Familienstammbäumen setzen sexuell reproduzierende Arten und eine variable Merkmalsausprägung zwischen Individuen einer Population voraus. Im ersten Schritt unserer Analyse erfassen wir die Verwandtschaftsbeziehungen und die Unterschiede eines Merkmals bei möglichst vielen Familienmitgliedern. Mit einer grafischen Darstellung des Stammbaums halten wir alle verfügbaren Informationen fest. Hierfür wurde eine Symbolik entwickelt, die heute weltweit angewandt wird und mit der wir die Eigenschaften von Familienmitgliedern dokumentieren (◘ Abb. 4.1):

- Das **Geschlecht**: weiblich, männlich oder unbekannt (◘ Abb. 4.1a).
- Das **Verwandtschaftsverhältnis** von Individuen: Eltern werden durch eine gewinkelte Linie verbunden, von der aus Linien zu ihren Nachkommen führen (◘ Abb. 4.1b). Die Linien von Zwillingen haben eine gemeinsame Verzweigung; handelt es sich um eineiige Zwillingen, wird zusätzlich eine Querlinie eingefügt (◘ Abb. 4.1b).
- Die genetische **Verwandtschaft von Eltern** wird mit einer Doppellinie festgehalten (◘ Abb. 4.1c).
- Die **auffällige Merkmalsausprägung** eines Individuums: Das geschlechtsspezifische Symbol von Trägern des auffälligen Merkmals ist schwarz gefüllt (◘ Abb. 4.1d).
- **Unauffällige Überträger** der genetischen Veranlagung: Individuen, die kein auffälliges Merkmal ausprägen, aber Gene für die Auffälligkeit an ihre Nachkommen weitergeben können (◘ Abb. 4.1e).
- **Mehrere auffällige Merkmale** eines Individuums: Das geschlechtsspezifische Symbol wird in die Anzahl der verschiedenen Merkmale aufgeteilt, und jedem Segment wird eindeutig ein Merkmal zugeordnet (◘ Abb. 4.1f). Natürlich muss für jede Familie die Stammbaumsymbolik eindeutig erklärt werden.
- **Schwangerschaft:** Die geschlechtsspezifischen Symbole sind deutlich kleiner als normal (◘ Abb. 4.1g).
- **Totgeburten**: Die geschlechtsspezifischen Symbole sind deutlich kleiner als normal und schwarz gefüllt (◘ Abb. 4.1h).
- **Verstorbene Familienmitglieder**: Die geschlechtsspezifischen Symbole sind durchgestrichen (◘ Abb. 4.1i).

In den meisten Stammbäumen werden die Generationen am linken Rand des Stammbaums mit römischen Ziffern und die Individuen in jeder Generation mit arabischen Ziffern durchnummeriert. Doch werden die Nachkommen innerhalb einer Familie nicht unbedingt nach ihrem Alter geordnet (◘ Abb. 4.2). Neben den vorgestellten Symbolen können wir auch selbst beim Erstellen eines Stammbaums kreativ werden. In diesem Fall müssen wir die im Stammbaum neu verwendeten Zeichen immer detailliert beschreiben. Schließlich kennzeichnen wir fehlende Informationen mit einem Fragezeichen.

4.1 Erbgang eines Merkmals

Monogene mendelnde Eigenschaften sind am einfachsten zu erfassen, aber auch den Erbgang von

Genen, die hauptsächlich ein Merkmal bestimmen, können wir mit Stammbäumen analysieren. Bei polygenen Merkmalen und genetischen Merkmalen, die zudem noch Umwelteinflüssen unterliegen (multifaktorielles oder komplexes Merkmal), stoßen wir allerdings mit Stammbaumanalysen oftmals an Grenzen. In den folgenden Darstellungen widmen wir uns daher einfachheitshalber nur um monogene Eigenschaften.

Wenn die Gene beider Eltern gleichermaßen auf die Merkmalsausprägung ihrer Nachkommen Einfluss nehmen (▶ Kodominanz), ist unsere Stammbaumanalyse relativ einfach. Eine solche Situation finden wir heute bei unseren molekularen Markersystemen, den **Mikrosatelliten** (▶ G) und **SNP** (▶ G; ◘ Abb. 4.3; s. ▶ Kap. 3). Die Blütenfarbe der Wunderblume ist ein phänotypisches Merkmal mit kodominantem Erbgang und wird daher oftmals herangezogen, um die Mendelschen Regeln zu erklären: Kreuzt man eine weißblühende mit einer rotblühenden Pflanze bildet die Nachkommenschaft rosa Blüten. Die Ergebnisse aus Mendels Versuch erklären sich allerdings mit der **Dominanz** (▶ G) des Erbsen-Gens für rote Blütenfarbe über das für die weiße Farbe (**rezessiv**). Viele weitere Beispiele können herangezogen werden, die alle möglichen intermediären Zwischenformen der Genwirkung bei anderen Merkmalen belegen (▶ intermediärer Erbgang).

In ◘ Abb. 4.4 ist ein Beispiel für ein Merkmal mit geschlechtsgekoppeltem, dominantem Erbgang dargestellt. Vergleichen wir diesen mit einem autosomalen, dominanten Erbgang, wird ersichtlich, dass Stammbaumanalysen in manchen Fällen zu keinem eindeutigen Ergebnis führen.

◘ Abb. 4.5 führt uns ebenfalls vor Augen, dass wir nicht alle Familienstammbäume eindeutig interpretieren können. Eine dominante Neumutation, aber auch ein autosomaler, rezessiver Erbgang könnte das Auftreten eines auffälligen Individuums in einer großen Familie erklären.

Bereits Anfang des 20. Jahrhunderts erkannte Morgan, dass die Augenfarbe der Fruchtfliege *D. melanogaster* geschlechtsgekoppelt vererbt wird. Eine Mutation am Locus „white" auf dem X-Chromosom führt dazu, dass homozygote Weibchen und hemizygote Männchen mit dieser Mutation eine weiße statt der normalerweisen roten

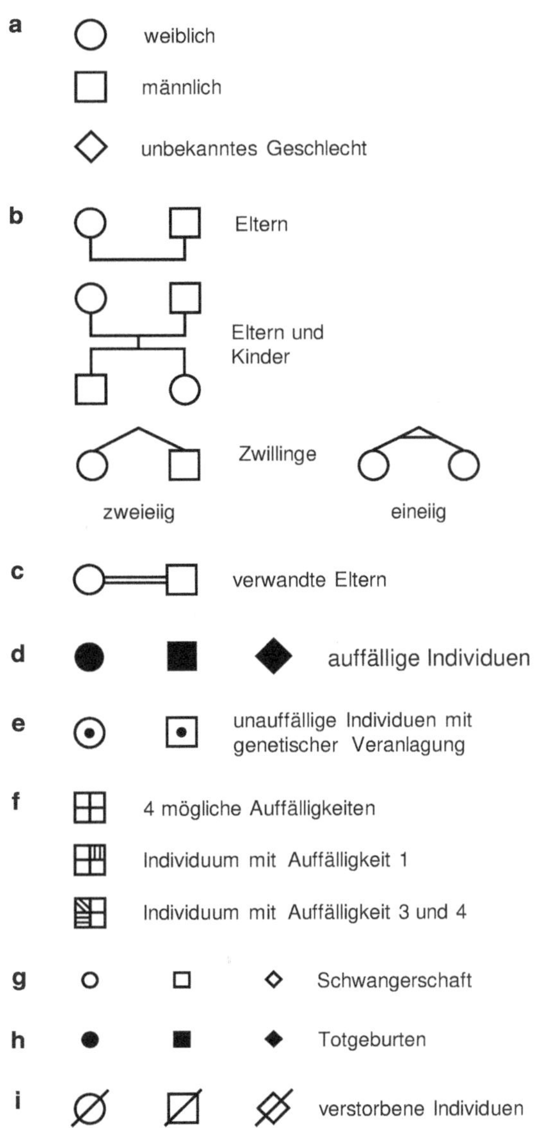

◘ **Abb. 4.1** Symbolik für eine Stammbaumanalyse

Augenfarbe (Wildtyp-Gen) haben (▶ hemizygot). Die Mutation „white" kommt nur zum Tragen, wenn kein Wildtyp-Gen seine Wirkung entfalten kann. Klassische Beispiele der Humangenetik für einen X-chromosomalen rezessiven Erbgang sind die Bluterkrankheit im europäischen Adel und eine Form der Rotgrünblindheit, die bereits in den 1930er-Jahren vom Populationsgenetiker Haldane als geschlechtsgekoppeltes Merkmal beschrieben wurde (◘ Abb. 4.6). Die Hälfte der Söhne von un-

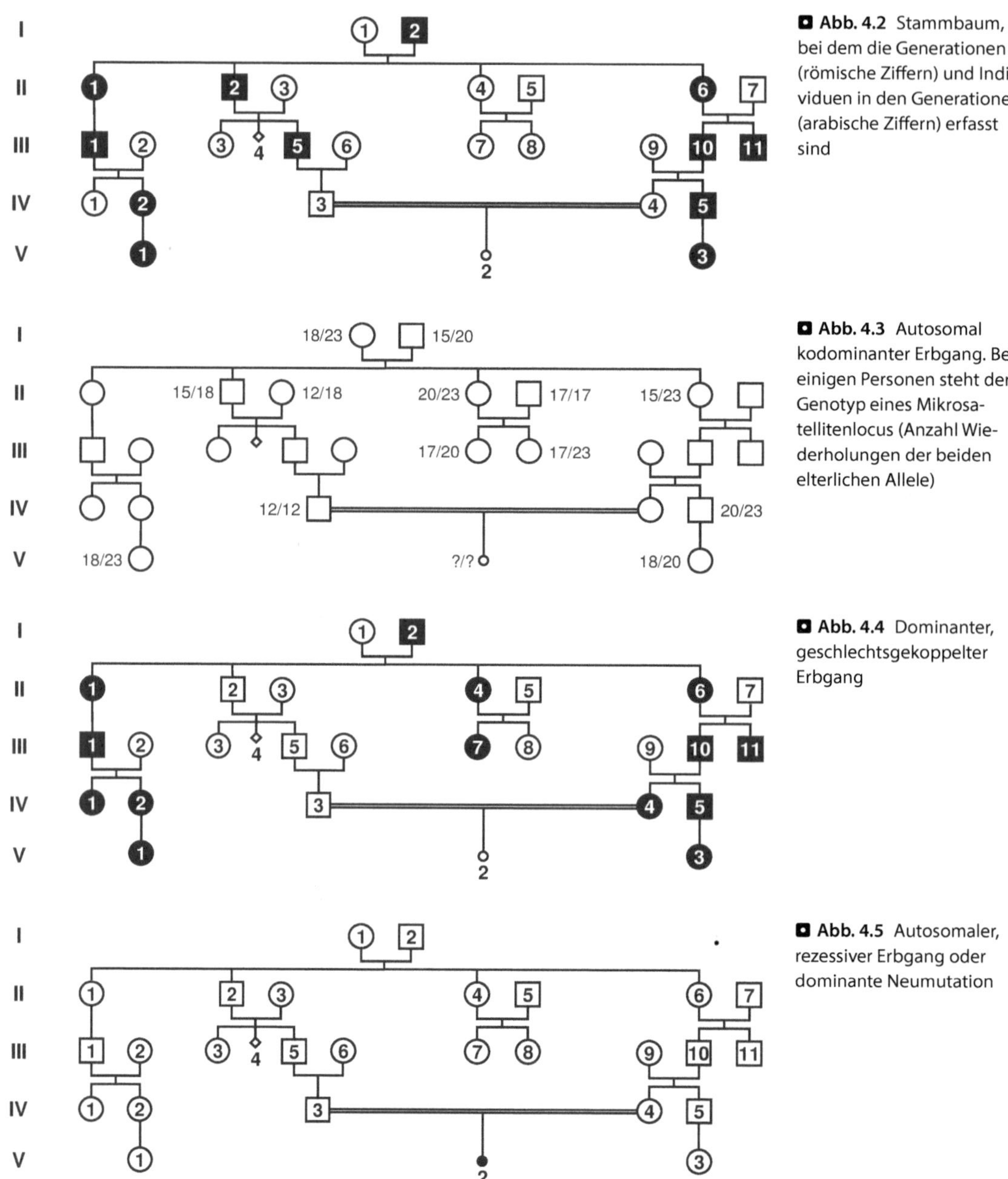

Abb. 4.2 Stammbaum, bei dem die Generationen (römische Ziffern) und Individuen in den Generationen (arabische Ziffern) erfasst sind

Abb. 4.3 Autosomal kodominanter Erbgang. Bei einigen Personen steht der Genotyp eines Mikrosatellitenlocus (Anzahl Wiederholungen der beiden elterlichen Allele)

Abb. 4.4 Dominanter, geschlechtsgekoppelter Erbgang

Abb. 4.5 Autosomaler, rezessiver Erbgang oder dominante Neumutation

auffälligen Müttern (Überträgerinnen) zeigten das Merkmal, wohingegen Töchter nur auffällig werden, wenn sie ebenfalls vom Vater das rezessive Gen erhalten.

Die Analyse genetischer Variation von Mitochondrien führt uns in manchen Fällen zum Verdacht, dass ein geschlechtsgekoppelter Erbgang vorliegt (Abb. 4.7). Mitochondrien werden fast ausschließlich vom mütterlichen Elter weitergegeben und Mutationen sind oftmals mit erheblichen Nachteilen verbunden, da Mitochondrien im Zentrum der Energieversorgung von Zellen stehen.

Ein Y-chromosomaler Erbgang (Abb. 4.8) ist bei Säugetieren nur von geringer Bedeutung, weil Y-chromosomale nachteilige Eigenschaften sich schwer über längere Evolutionszeiträume halten.

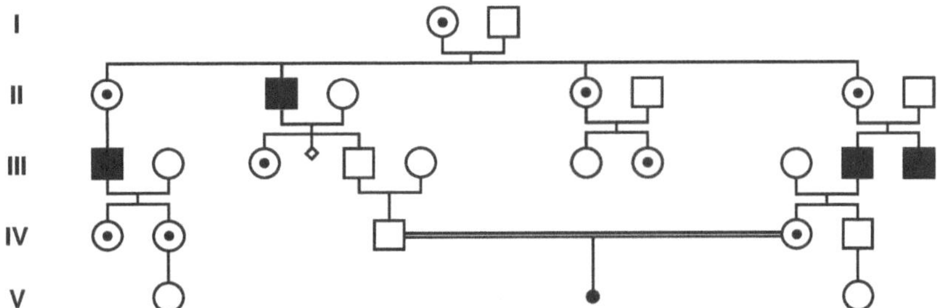

■ **Abb. 4.6** Rezessiver, geschlechtsgekoppelter Erbgang. Die weiblichen Individuen, welche die Mutation tragen, aber nicht erkranken, nennen wir **Überträgerinnen** (*Symbole mit Punkt*). Nur wenn wir diese Information sicher vorliegen haben, dürfen wir das weibliche Symbol mit einem schwarzen Punkt markieren

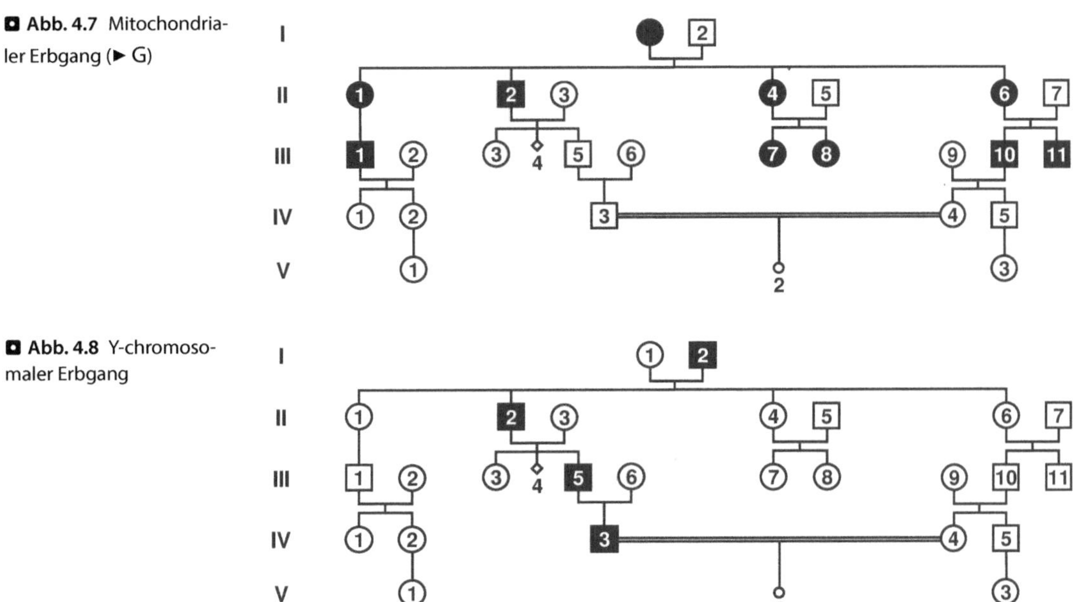

■ **Abb. 4.7** Mitochondrialer Erbgang (► G)

■ **Abb. 4.8** Y-chromosomaler Erbgang

Von den etwa 200 Genen des Y-Chromosoms von Säugern sind die meisten für die Entwicklung zum männlichen Geschlecht und für die Fertilität des Mannes verantwortlich. Daher führen Mutationen an den meisten Y-Genen, die eine krankhafte Veränderung bewirken, zur Unfruchtbarkeit des männlichen Individuums.

Weitere Schwierigkeiten mit Stammbauminterpretationen ergeben sich, wenn eine dominante Veranlagung nicht bei allen Individuen mit demselben Genotyp ausgeprägt wird. Eine **unvollständige Penetranz** (► G) liegt vor, wenn sich Individuen mit demselben Genotyp in der Merkmalsausprägung unterscheiden. Weiterhin kann ein Gen die Variation verschiedener Merkmale eines Individuums bestimmen und deren Ausprägung und Kombination zwischen Individuen variieren (► variable Expression). Die Ursachen hierfür sind sicherlich in der Interaktion von Genen und Umwelteinflüssen zu suchen. Das heißt, dass die Wirkung eines Gens nicht vom restlichen Genom losgelöst ist. Vielen Lesern fällt es schwer, beide Begrifflichkeiten auseinanderzuhalten. Daher werden kurz die Unterschiede beschrieben: Stellen wir uns eine Gruppe von heterozygoten Individuen vor, die alle dasselbe Gen für eine ansonsten dominante Eigenschaft tragen. Die Dominanz ist allerdings nicht vollständig und nicht jedes Individuum zeigt die dominante Eigenschaft (Erklärung: Jedes Genom ist individuell und die Gesamtheit der Interakti-

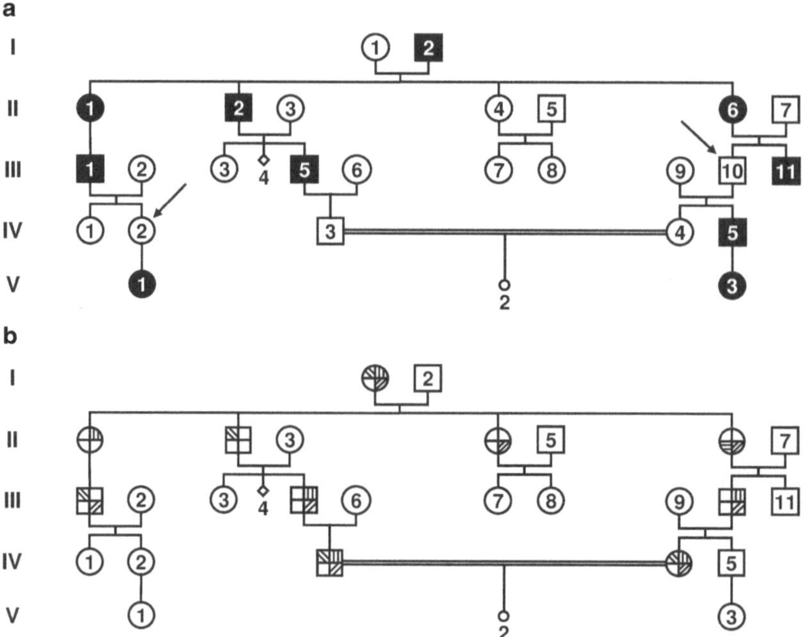

◘ **Abb. 4.9** **a** Dominanter Erbgang mit unvollständiger Penetranz. Die Pfeile markieren Individuen ohne das auffällige Merkmal, das eigentlich erwartet wird. **b** Dominanter Erbgang mit variabler Expression des Gens. Merkmalsträger zeigen ein bis vier verschiedene Auffälligkeiten (Sektoren in verschiedenen Grautönen)

onen kann die Funktion einzelner Gene bestimmen). Unter dem prozentualen Anteil von Individuen in unserer Gruppe, die nun das dominante Merkmal zeigen, verstehen wir die Penetranz eines Merkmals (100 % oder vollständige Penetranz: alle Individuen zeigen das Merkmal; weniger als 100 % oder unvollständige Penetranz: nicht alle Individuen tragen das Merkmal). Penetranz ist also eine Begrifflichkeit auf Populationsebene (◘ Abb. 4.9a). Die variable Expression eines Gens offenbart sich in der unterschiedlich starken Wirkung bei der Ausprägung eines Merkmals bei verschiedenen verwandten Individuen (◘ Abb. 4.9b) und ist Zeichen für die unterschiedliche Genaktivität in verschiedenen Personen.

Die erbliche Erkrankung Chorea-Huntington beim Menschen kann uns hier als Beispiel für einen dominanten Erbgang mit unvollständiger Penetranz dienen (s. ► Kap. 18): Haben Personen ein Huntingtin-Gen, das für mehr als 42 Glutamine codiert, dann tritt die Erkrankung auf jeden Fall früher oder später auf. Bei 35–42 Wiederholungsmotiven befinden wir uns allerdings in einer „Grauzone", da innerhalb einer Familie nicht alle Träger mit demselben Gen zwingend erkranken.

Das Waardenburg-Syndrom beim Menschen (Schwerhörigkeit, Pigmentstörung der Augen – verschiedene Augenfarben, weiße Stirnlocke, frühzeitiges Ergrauen der Haare) ist ein viel zitiertes Beispiel humangenetischer Lehrbücher für die variable Expression eines Gens. Die einzelnen betroffenen Personen innerhalb einer Familie können verschiedene Kombinationen der vier Merkmalsauffälligkeiten zeigen (◘ Abb. 4.9b).

Natürlich werden Vererbungsmuster komplexer, wenn mehrere Gene beteiligt sind. Im Fall des Retinoblastoms, einer Krebserkrankung der Augennetzhaut, sind zwei Gene beteiligt. Trägt ein elterliches Gen bereits die krankheitsauslösende Mutation, genügt eine weitere Mutation im zweiten Gen einer Netzhautzelle, damit das Wachstum dieser Zelle entartet und die Person erkrankt. Aufgrund der großen Anzahl von Retinazellen ist die Wahrscheinlichkeit groß, dass bei einer familiären Vorbelastung sogar beide Augen erkranken können. Dagegen müssen bei Personen ohne familiäre Veranlagung Mutationen an beiden Genen einer Zelle während des Lebens auftreten. Dieses Ereignis ist relativ selten und so ist in den allermeisten Fällen nur ein Auge betroffen.

Wie gehen wir nun bei der Ermittlung des Erbgangs mithilfe eines Stammbaums vor? Am einfachsten erscheint das Ausschlussprinzip: Wir nehmen einen bestimmten Erbgang an und suchen nach Widersprüchen im Stammbaum. Die Analyse erlaubt uns drei mögliche Aussagen:

- Ein Erbgang kann für das Merkmal mit sehr großer Wahrscheinlichkeit ermittelt werden.
- Die Strukturen des Stammbaums können durch alternative Erbgänge erklärt werden.
- Der Stammbaum ist für eine Bestimmung des Erbgangs nicht informativ.

Nachdrücklich gilt, dass Analysen einzelner Stammbäume in den meisten Fällen nicht zu eindeutigen Ergebnissen führen. Um eine gewisse Aussagesicherheit zu erhalten, benötigen wir viele, möglichst große Familien und mehrere Generationen. Einige Punkte schränken unsere Stammbaumanalyse jedoch immer ein: Die Häufigkeit von rezessiven Genen in einer Population kann im Fall von „Einheirat" eine sichere Entscheidung für einen Erbgang erschweren. Mutationen verschiedener Gene, die mehrmals in der Vergangenheit zu gleichen Merkmalveränderungen geführt haben, können zu Widersprüchen beim Vergleich von verschiedenen Familien führen. Und selbst bei monogenen, dominanten Merkmalen wird durch Penetranz und variable Expression unsere Analyse erschwert. Schließlich dürfen wir, trotz einer offensichtlich präzisen Beschreibung der Verwandtschaftsverhältnisse in einer Familie, niemals eine falsch erfasste Elternschaft ausschließen! Die molekulargenetische Charakterisierung von Individuen eines Stammbaums kann allerdings letztere Unstimmigkeiten aufdecken.

Neben der Untersuchung zum Erbgang eines phänotypischen Merkmals bieten Stammbäume auch die Grundlage bei der Suche nach Genen und dem Aufstellen von Genkarten (s. ▶ Kap. 12), zur Schätzung von Rekombinationshäufigkeiten zwischen Loci und zur Berechnung von Inzucht- und Verwandtschaftskoeffizienten (s. ▶ Kap. 5).

Glossar

autosomaler Erbgang Vererbung von Genen, die auf Autosomen (keine Geschlechtschromosomen) lokalisiert sind.

Dominanz vollständige: Nur eine von beiden elterlichen Erbanlagen (▶ Gen) bestimmt die Merkmalsausprägung, während die andere nicht zum Tragen kommt – diese ist rezessiv. Die Erbanlage für die rote Blütenfarbe der Gartenerbse ist dominant über die Erbanlage für weiße Blütenfarbe.
Unvollständige oder partielle: Beide elterliche Erbanlagen tragen zur Merkmalsausprägung bei. Das Ausmaß der dominanten Wirkung einer elterlichen Erbanlage bestimmt die Merkmalsausprägung. So können alle möglichen (▶ G) intermediären Mischformen vorkommen. Im Fall, dass die verschiedenen elterlichen Erbanlagen in gleicher Stärke zur Merkmalsbildung beitragen, sprechen wir von Kodominanz.

geschlechtsgekoppeltes Merkmal Die Ausprägung des Merkmals ist mit dem Geschlecht verbunden. Die Gene, die das Merkmal im Wesentlichen bestimmen, befinden sich auf Geschlechtschromosomen (▶ Gonosom) oder in der Nachbarschaft von geschlechtsbestimmenden Genen.

Gonosom Chromosom, das hauptsächlich an der Ausbildung der primären Geschlechtsmerkmale beteiligt ist. Die Kombination von Geschlechtschromosomen legt das Geschlecht fest.

hemizygot Genetischer Zustand von Individuen mit zwei unterschiedlichen Gonosomen (▶ G) oder heterologen Chromosomen. Da sich die meisten Genorte zweier heterologer Chromosomen nicht entsprechen, hat ein hemizygotes Individuum in diesen Fällen nur ein Allel.

homologe Chromosomen Chromosomen, die sich in ihrer mikroskopisch erkennbaren Struktur entsprechen, aber durchaus unterschiedliche elterliche Informationen an den homologen Genorten (▶ G) tragen können. Der Mensch erhält von jedem Elternteil 23 verschiedene Chromosomen. Nach der Befruchtung der Eizelle liegen in der Zygote 23 Chromosomenpaare vor. Bis auf die Gonosomen (▶ G) des Mannes sind die Chromosomen jedes autosomalen Paares in ihrer mikroskopischen Struktur identisch.

intermediärer Erbgang ▶ Dominanz.

Kodominanz ▶ Dominanz.

Markerlocus Ein bestimmter Locus, der nicht direktes Ziel unserer Forschung ist, sondern dazu dient, andere Zusammenhänge aufzudecken (z. B. Verwandtschaft, Kopplung zu benachbarten Genen).

Mikrosatellit Ein kurzes Basenmotiv (1–10 Basen), das tandemartig wiederholt wird (z. B. CAGCAGCAGCAGCAG). Die Basenzahl von 1–10 ist nicht festgeschrieben. Je nach Publikation finden wir leicht abweichende Angaben, doch alle Definitionen bewegen sich um maximal 10 Basen.

mitochondrialer Erbgang Die Gene, die ein Merkmal bestimmen, befinden sich im mitochondrialen Genom.

multifaktorielles Merkmal Viele Genorte (▶ G) und die Umwelt nehmen Einfluss auf die Merkmalsausprägung. Diese sog. komplexen Merkmale folgen oftmals keinem Mendelschen Erbgang.

Penetranz Die Wirkung eines elterlichen Gens bestimmt die Merkmalsausprägung (► Dominanz). Doch die ansonsten dominante auffällige Eigenschaft wird in heterozygoten Individuen nicht immer ausgebildet: Untersucht man eine Gruppe von heterozygoten Individuen, die alle denselben Genotyp tragen und wir finden nur bei einem Teil die Auffälligkeit, dann beschreibt der relative Anteil der auffälligen Individuen den Grad der Penetranz:
Vollständig penetrant: 100 %
Unvollständig penetrant: < 100 %.

Polymorphismus Ein Locus ist polymorph, wenn mindestens zwei Allele in der untersuchten Population vorhanden sind und deren Frequenzen kleiner als 99 % sind. Da SNP (► G) im Normalfall nur zwei Allele besitzen, können wir für SNP die allgemeine Definition umkehren: Ein Locus ist polymorph, wenn die Häufigkeit des seltenen Allels über 1 % liegt. Diese Bewertung eines Locus gilt für eine Teilpopulation und kann für Teilpopulationen einer Art unterschiedlich ausfallen.

„single nucleotide polymorphism" ► SNP.

SNP Abkürzung von „**s**ingle **n**ucleotide **p**olymorphism". Homologe Chromosomen (► G) tragen an einer bestimmten Basenposition unterschiedliche Erbinformationen. Genügen die Häufigkeiten der Basen unserer Definition eines Polymorphismus (► G), dann sprechen wir von SNP (im Deutschen „Snip" ausgesprochen).

Überträger/in Ein Individuum, das ein auffälliges Merkmal nicht ausprägt, obwohl es die genetische Veranlagung dafür besitzt und diese an seine Nachkommen weitergeben kann.

unvollständige Penetranz ► Penetranz.

unvollständige Dominanz ► Dominanz.

vollständige Dominanz ► Dominanz.

variable Expression Umwelt und genetische Interaktionen können die Wirkung von dominanten Genen modifizieren und bei gleichem heterozygoten Genotyp zu unterschiedlichen Kombinationen von auffälligen Merkmalsausprägungen bei verschiedenen Individuen – auch innerhalb einer Familie – führen.

Aufgaben

Aufgabe 1. Was ist ein Überträger?

Aufgabe 2. Erkläre die Begriffe „rezessiv", „dominant" und „kodominant" anhand der Hauptblutgruppensystems AB0.

Aufgabe 3. Beschreibe die Bedeutung von Penetranz und variabler Expression.

Literatur

Die Beschreibung von Stammbaumanalysen ist Teil vieler Lehrbücher der Genetik. Das Programm CYRILLIC (► www.cyrillicsoftware.com) ist für das wissenschaftliche Arbeiten und zur Familienanalyse in der Humangenetik sehr gut geeignet. Es bietet einen umfangreichen Zeichensatz zur Darstellung verschiedenster Erbmodi. Genetische Daten von untersuchten Markerloci (►G) können abgespeichert und dargestellt werden. Das Programm ist einfach zu handhaben und bietet Verknüpfungen mit anderen Programmpaketen, wie z. B. solchen für die Kopplungsanalyse. Der große Nachteil besteht allerdings im hohen Preis für neuere Versionen.

Zufall und Selektion verändern die genetische Vielfalt

Jürgen Tomiuk, Volker Loeschcke

J. Tomiuk, V. Loeschcke, *Grundlagen der Evolutionsbiologie und Formalen Genetik*,
DOI 10.1007/978-3-662-49685-5_5, © Springer-Verlag Berlin Heidelberg 2017

Dieses Kapitel mag mit seinen vielen Formeln für manche Leser abschreckend sein. Doch die Berechnungen geben einen Einblick in die algebraischen Lösungen zu grundlegenden Fragen der Evolutionsgenetik. Wer mathematisch nicht so interessiert ist, kann die Botschaften mitnehmen, die sich auch ohne Formeln ergeben. Die Hardy-Weinberg-Regel sollten sich allerdings alle Leser genau anschauen. Sie ist eine wichtige Modellvorstellung der Populationsgenetik!

Im Weiteren betrachten wir die genetischen Strukturen innerhalb einer Art. Die Morphologie, die Fortpflanzung, das Verhalten und die Evolutionsgeschichte sind alles Eigenheiten von Arten, die in die Definition einer Art eingehen (Artkonzepte stellt Ernst Mayr in seinem Buch vor, Mayr 1988). Ohne auf die Feinheiten des Begriffs einzugehen, setzen wir voraus, dass eine **Art** sich eindeutig von anderen Arten abgrenzt.

5.1 Populationsgenetische Modellvorstellungen

Zu Beginn des 20. Jahrhunderts begannen Biologen, genetische Populationsstrukturen und Evolutionsvorgänge mit theoretischen Modellen zu analysieren. Grundlage der damaligen Überlegungen waren die Erbregeln von Mendel. In den ersten Denkansätzen wurden diploide Populationen mit sexueller Reproduktion betrachtet, die sehr idealen Bedingungen genügten.

5.1.1 Die Hardy-Weinberg-Regel

Der Brite Sir Godfrey Harold Hardy und der Stuttgarter Arzt Dr. Wilhelm Weinberg veröffentlichten zu Beginn des 20. Jahrhunderts ein Rechenverfahren, das die Verteilung von Merkmalen mit „Mendelschen Eigenschaften" in der Bevölkerung beschrieb. Nachfolgend sind die sehr strikten Bedingungen aufgelistet, die an die Population geknüpft werden, damit die Berechnungen mit der Hardy-Weinberg-Regel durchgeführt werden können:

- Die Population umfasst unendlich viele Individuen.
- Alle Individuen sind diploid (▶ G).
- Alle Individuen der Population pflanzen sich sexuell fort.
- Die Häufigkeit von männlichen und weiblichen Individuen ist gleich.
- Die Genhäufigkeiten sind in beiden Geschlechtern gleich (Es wird also keine geschlechtsabhängige Vererbung betrachtet. Gene auf Geschlechtschromosomen oder Mitochondrien sind ausgeschlossen).
- Die Partnerwahl ist zufällig (d. h. es gibt keine zeitlichen, räumlichen oder phänotypischen Präferenzen für einen Partner). Wir sprechen in diesem Fall von Zufallspaarung. Aus dieser Annahme folgt auch, dass die Population keine räumlichen Strukturen besitzt und genetische Veränderungen ausgeschlossen sind, die durch Zu- oder Abwanderung von Individuen auftreten (▶ Migration).
- Die Generationen sind voneinander getrennt (diskrete Generationenfolge). Folglich kommt es nur zwischen Individuen einer Generation zur Paarung und Fortpflanzung.
- Alle Individuen haben denselben Reproduktionserfolg.
- Es gibt keine Selektion.
- Es gibt keine Mutation.

Offensichtlich gibt es keine natürlichen Populationen mit diesen Eigenschaften. Trotz dieser Schwäche des Modells besticht seine Einfachheit. Deshalb wird es bis heute in allen möglichen genetischen Disziplinen als die statistisch überprüfbare **Nullhypothese** (▶ G) herangezogen. Das Modell basiert auf der Kenntnis der Häufigkeitsverteilung von Allelen an einem Locus, aus der mithilfe der ersten binomischen Formel (▶ G) die Häufigkeiten der Genotypen in einer idealen Population berechnet werden. Nehmen wir an einem Locus zunächst nur zwei Allele A und B an (▶ Allel), die in der Population die Häufigkeiten p bzw. q haben. Natürlich gilt $p+q=1$. Da alle Individuen den gleichen Reproduktionserfolg haben, kann man alle elterlichen Gameten als eine Gesamtmenge, den sog. **Genpool** (▶ G) der Elterngeneration, betrachten. Mit dieser Vereinfachung wird das genetische Modell zu einem handlichen kombinatorischen Modell. Es legt eine unendlich große Urne mit elterlichen Gameten zugrunde, aus der immer wieder neue Paare von

Gameten gezogen werden (Genotypen der Nachkommen):

- Mit der Wahrscheinlichkeit p ziehen wir beim ersten Mal einen Gameten A. Da es unendlich viele Gameten und damit auch unendlich viele A gibt, verändern sich nach dem Ziehen eines Gameten A die Häufigkeiten nicht; d. h. mit der Wahrscheinlichkeit p ziehen wir auch beim zweiten Mal einen Gameten A. Die Kombination AA hat damit die Wahrscheinlichkeit p^2 und die Kombination BB die Wahrscheinlichkeit von q^2. Das Ergebnis sind Nachkommen mit einem sog. **homozygoten Genotyp** (► G).
- Das Ereignis „zuerst ziehen wir A, dann B" hat die Wahrscheinlichkeit pq. Das Ereignis „zuerst ziehen wir B, dann A" hat die Wahrscheinlichkeit qp. Wir erhalten in beiden Fällen einen **heterozygoten Genotyp** AB. Aus dessen Erscheinungsbild können wir allerdings nicht auf die Reihenfolge beim Ziehen der Gameten AB oder BA zurückschließen. Daher gilt, dass Paare AB mit einer Häufigkeit von $2pq$ gezogen werden. Aus $p+q=1$ folgt, dass $(p+q)^2=p^2+2pq+q^2=1$.

Die Beziehungen für zwei Allele können leicht für jede beliebige Anzahl von Allelen erweitern werden. Mit der ersten binomischen Formel berechnen wir mit den Allelhäufigkeiten p_i die zugehörigen Genotyphäufigkeiten $2p_ip_j$ $(i, j=1, \ldots, \ldots, n)$:

$$
\begin{aligned}
&(p_1 + p_2 + p_3 + \cdots + p_n)^2 \\
&= p_1^2 + 2p_1p_2 + 2p_1p_3 + \ldots \\
&+ p_2^2 + 2p_2p_3 + \cdots = 1.
\end{aligned}
$$

Betrachten wir einen Locus mit n Allelen, dann existieren in unserer unendlich großen Population auch n verschiedene homozygote Genotypen. Wir lassen den mathematischen Beweisgang beiseite und stellen weiter fest, dass im Fall von n Allelen $\frac{n\cdot(n-1)}{2}$ verschiedene heterozygote Genotypen und insgesamt $\frac{n\cdot(n+1)}{2}$ verschiedene Genotypen vorhanden sind (◘ Tab. 5.1).

Den relativen Anteil der Heterozygoten einer Population bezeichnet man als **Heterozygotiegrad** H (► G):

◘ **Tab. 5.1** Anzahl unterschiedlicher Genotypen und Heterozygoten eines Locus in Abhängigkeit von der Anzahl an Allelen

Allele	Genotypen	Heterozygote
2	3	1
3	6	3
4	10	6
5	15	10

$$
H = 2 \cdot \sum_{i=1}^{n} \sum_{j>i}^{n} p_i \, p_j \tag{5.1}
$$

In der Praxis ist es allerdings einfacher, zuerst den Homozygotiegrad F (Anteil aller homozygoten Genotypen) zu berechnen:

$$
F = \sum_{i=1}^{n} p_i^2 \quad \text{und dann} \quad H = 1 - F. \tag{5.2}
$$

Die letztere Vorgehensweise empfiehlt sich insbesondere bei Loci mit vielen Allelen. Soll die genetische Variabilität einer Population über mehrere Loci bewertet werden, dann geben wir einfach den durchschnittlichen Heterozygotiegrad $\overline{H}$ (Mittelwert) über alle betrachteten Loci an.

Für die genotypische Struktur einer Population, in der die Voraussetzungen der Hardy-Weinberg-Regel gegeben sind, gilt:

- Ohne äußere Eingriffe bleiben die Allel- und Genotyphäufigkeiten über Generationen hinweg konstant. Jeder Evolutionsprozess ist damit ausgeschlossen!
- Verändert eine „Katastrophe" die Allelhäufigkeiten einer Population und gelten danach wieder Hardy-Weinberg-Bedingungen, dann stellen sich innerhalb einer Generation neue Genotyphäufigkeiten ein, die den Hardy-Weinberg-Proportionen entsprechen. In der Zeit danach gibt es bis zur nächsten „Katastrophe" keine genetischen Veränderungen.

Natürliche Populationen haben Strukturen und sind dynamische Systeme. Individuen einer Art sind nicht gleichmäßig über das gesamte Verbreitungsgebiet

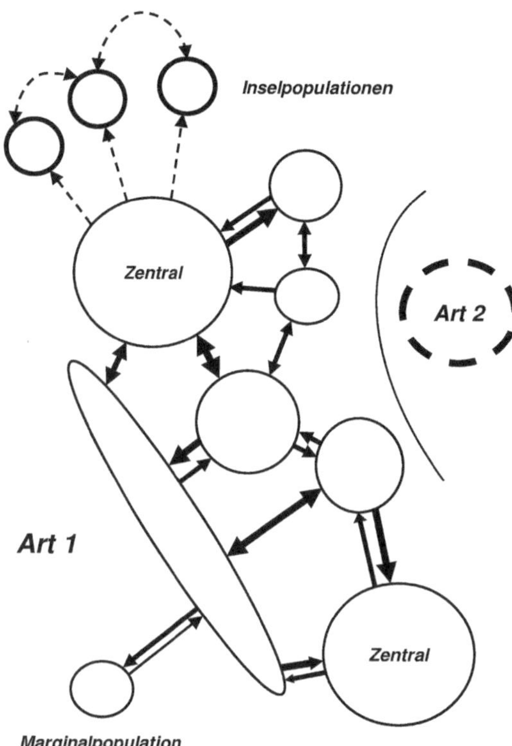

Abb. 5.1 Populationsstrukturen. Die Dicke der Pfeile zeigt das Ausmaß des Migrationsflusses zwischen den Teilpopulationen

verteilt, sondern bilden lokale Lebens- und Reproduktionsgemeinschaften (**Populationen**), die sich an unterschiedliche Umweltbedingungen angepasst haben (Abb. 5.1). Die lokalen Populationen einer Art sind durch den Austausch von Individuen, **Migration** (▶ G), mehr oder weniger eng miteinander verbunden (Abb. 5.1). Dabei geben die geografischen Bedingungen vor, wie groß der Austausch zwischen den einzelnen Teilpopulationen ist. Teilpopulationen umfassen unterschiedlich viele Individuen, und die Ab- und Zuwanderung von Individuen kann daher durchaus verschieden sein. Im Hauptverbreitungsgebiet einer Art, in dem ihre **Zentralpopulationen** sich befinden, kann man einen regen Austausch von Individuen zwischen den Populationen annehmen. **Inselpopulationen** sind dagegen von der Hauptpopulation isoliert, und Migration findet bevorzugt von zentralen Populationen in Richtung zu Inselpopulationen statt. Ähnliches kann für **Marginalpopulationen** gelten. Diese Populationen existieren am Rand des Verbreitungsgebiets einer Art oder leben unter Umweltbedingungen, die für die Art nicht optimal sind.

Ein Migrationsereignis kann nicht nur ein Austausch von Individuen zwischen Populationen sein, sondern auch der Austausch von Genen. So muss nicht notwendigerweise ein reproduktionsfähiges Individuum als Einheit ein- oder auswandern. Es genügt, wenn der Pollen oder Samen einer Pflanze in eine andere Population gelangt und ihre Gene sich dort erfolgreich etablieren können.

Nachfolgend ersetzen wir nun einzelne Voraussetzungen der Hardy-Weinberg-Regel durch ihre Alternativen und untersuchen, welche Bedeutung dies für die genetische Variabilität in Populationen hat.

Selbstverständlich gibt es in der Natur keine unendlich großen Populationen. Manche Arten wie Insekten und Bakterien können wohl riesige Mengen von Individuen hervorbringen. Doch im mathematischen Sinn sind diese Populationen immer noch endlich. Daher ersetzen wir nun die erste Forderung der Hardy-Weinberg-Regel und gehen von einer endlichen Populationsgröße aus, die zudem von Generation zu Generation konstant bleibt.

5.1.2 Das Drift-Modell

Eine Population bestehe aus N diploiden Individuen, die sich sexuell reproduzieren (▶ G). Alle Individuen haben dasselbe Potenzial, beliebig viele Gameten zu bilden. Betrachten wir nur einen variablen Locus des Kerngenoms, dann erzeugt jedes Individuum zwei Gametenarten, die jeweils eines der Allele tragen (Abb. 5.2, Gametentöpfchen). Hierbei unterscheiden wir zwischen Allelen, die den gleichen Zustand („**i**dentical **b**y **s**tate", IBS) haben und denen, die genetisch gleich sind, weil sie vom gleichen Vorfahren abstammen („**i**dentical **b**y **d**escent", IBD). Weiterhin nehmen wir in der Ausgangspopulation einen Homozygotiegrad von F_0 an. F_0 entspricht der Wahrscheinlichkeit, dass zu Beginn unserer Betrachtung zwei zufällig gewählte Gameten identisch durch ihre Abstammung sind. Zunächst entscheiden wir uns zufällig für eines der $2N$ Gametentöpfchen und fragen, wie wahrscheinlich ist es, dass wir ausgerechnet wieder in dasselbe

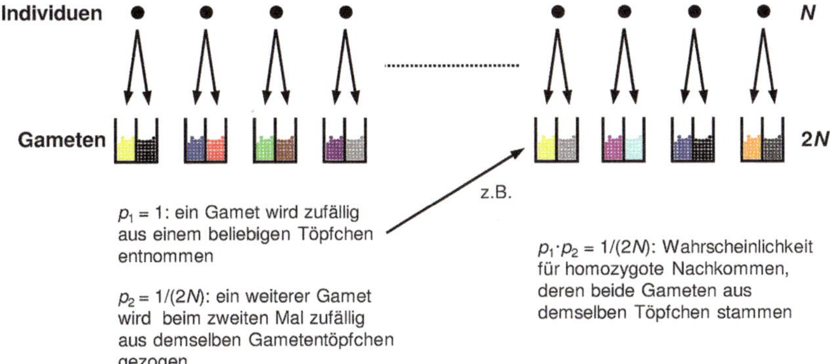

Abb. 5.2 Drift-Modell mit *N* diploiden Individuen. Ein variabler Locus wird betrachtet, und jedes Individuum erzeugt eine beliebige Anzahl von zwei verschiedenen Gameten (2*N* Gametentöpfchen). Das zweimalige Ziehen von Gameten führt zum neuen Genotyp eines Nachkommen

Töpfchen greifen. Offensichtlich tritt eine Wiederwahl, die zu einem homozygoten Genotypen führt, mit der Häufigkeit von $\frac{1}{2N}$ auf (Abb. 5.2).

Nun fehlt nur noch das Ereignis, dass wir zwei verschiedene Gametentöpfchen wählen, die aufgrund ihrer Abstammung identisch sind. Mit der gleichen Argumentation wie zuvor gilt: Die Wahrscheinlichkeit, einen Gameten aus irgendeinem Töpfchen zu wählen, ist eins. Die Wahrscheinlichkeit, einen Gameten aus einem anderen Töpfchen zu entnehmen, ist $\left(1-\frac{1}{2N}\right)$. Dass beide Gameten zufälligerweise identisch durch ihre Abstammung sind, ist F_0, und so folgt $1 \cdot \left(1-\frac{1}{2N}\right) \cdot F_0$. Die Summe beider Wahlmöglichkeiten ergibt die Gesamtwahrscheinlichkeit, homozygote Individuen in der Folge- oder Tochtergeneration zu finden:

$$F_1 = \frac{1}{2N} + \left(1 - \frac{1}{2N}\right) \cdot F_0. \tag{5.3}$$

Der Homozygotiegrad einer Tochtergeneration wird also durch die Populationsgröße und den Anteil Homozygoter in der Elterngeneration bestimmt. Diese Abhängigkeit von der Elterngeneration gilt für jede beliebige Folgegeneration. Damit gilt nach t Generationen:

$$F_t = \frac{1}{2N} + \left(1 - \frac{1}{2N}\right) \cdot F_{t-1}. \tag{5.4}$$

Mit $H_t = 1 - F_t$ erhalten wir den **Heterozygotiegrad** einer Population:

$$H_t = 1 - \frac{1}{2N} - \left(1 - \frac{1}{2N}\right) \cdot (1 - H_{t-1}). \tag{5.5}$$

Annäherungsweise gilt:

$$\begin{aligned} H_t &\approx H_0 \cdot e^{\frac{-t}{2N}} \quad \text{und} \\ F_t &\approx 1 - (1 - F_0) \cdot e^{\frac{-t}{2N}}. \end{aligned} \tag{5.6}$$

Die einfache Folgerung aus unserem Modell ist, dass von Generation zu Generation genetische Variabilität verloren geht. Der Anteil heterozygoter Individuen schwindet exponentiell dahin, wobei in kleinen Populationen genetische Vielfalt schneller verloren geht als in großen (Abb. 5.3).

Da das Drift-Modell auch eine Aussage über den durchschnittlichen Heterozygotiegrad vieler Loci zulässt und keineswegs nur das Geschehen an einem einzigen Locus beschreibt, gilt, dass ohne die Erzeugung neuer Variabilität jede Population früher oder später in vollständiger genetischer Uniformität endet. Um Letzteres darzustellen, können wir für einzelne Loci die Zufälligkeit der Veränderung mithilfe von Simulationen studieren (Abb. 5.4).

Die Simulationen belegen ebenfalls, dass ohne das Wirken von Selektion oder Mutation jede Population genetisch fixiert. Je kleiner eine Popula-

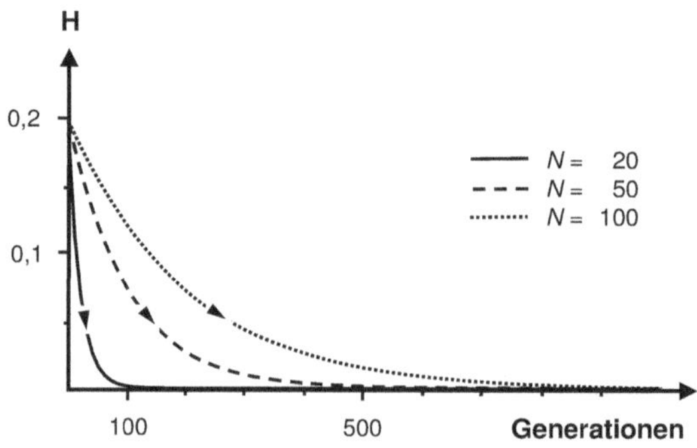

Abb. 5.3 Drift-Modell. Der Anteil heterozygoter Individuen H in Populationen mit einer Populationsgröße von $N=20$, 50 und 100 Individuen in Generation 1–1000. Die Startbedingung ist $F_0=0{,}8$ beziehungsweise $H_0=0{,}2$

tion ist, desto geringer ist die Chance des Erhalts genetischer Variabilität über viele Generationen. Die zufälligen Änderungen der Allelhäufigkeiten in Populationen mit endlich vielen Individuen, die von einer zur anderen Generation beobachtet werden, nennen wir **genetische Drift**. Dieser Zufallseffekt kann am Beispiel menschlicher Familien verdeutlicht werden: Jedes zufällig gewählte Elternpaar habe genau zwei Kinder. Alle Kinder werden in der nächsten Generation wieder zufällig einen Partner finden und bekommen wieder zwei Kinder. Jedes Individuum trägt an allen Loci seiner autosomalen Chromosomenpaare jeweils ein mütterliches und ein väterliches Allel. Da jedoch nicht immer das mütterliche Allel eines Locus an einen Nachkommen und das väterliche an den anderen Nachkommen weitergegeben wird, kommt es zu Veränderungen der Genhäufigkeiten. Zum Beispiel können beide Kinder mit der Wahrscheinlichkeit $0{,}5 \cdot 0{,}5 = 0{,}25$ dasselbe großmütterliche Allel von ihrer Mutter erhalten haben.

Das Mutations-Drift-Modell von Fisher und Wright

Um den Verlust von genetischer Variabilität in endlichen Populationen auszugleichen, wird nun Mutation als Ursprung neuer Variabilität angenommen. Das Fisher-Wright-Modell setzt voraus, dass Mutationen zu neuer allelischer Variation ohne Selektionsnachteil oder -vorteil (selektionsneutrale Variation) führt. Um die Überlegungen möglichst einfach zu halten, nehmen wir an, dass jedes mutierte Allel sich von allen anderen Allelen unterscheidet („infinite allele model", IAM). Weiterhin gehen wir strikt davon aus, dass neben der Populationsgröße auch die Mutationsrate μ über alle Generationen konstant bleibt. Jetzt können wir unser Drift-Modell erweitern. Wir fragen, wie groß die Wahrscheinlichkeit ist, dass sich der Anteil Homozygoter in der Population nicht durch Mutation ändert. Mit der Wahrscheinlichkeit $(1-\mu)$ mutiert ein Gen nicht. Folglich bleiben beide Allele, die zu einem homozygoten Individuum führen, mit der Wahrscheinlichkeit von $(1-\mu)^2$ unverändert:

$$F_t = \left[\frac{1}{2N} + \left(1 - \frac{1}{2N}\right) \cdot F_{t-1}\right] \cdot (1-\mu)^2. \tag{5.7}$$

Wir haben ein Modell, in dem die endliche Populationsgröße gegen den Erhalt genetischer Variation arbeitet, aber Mutation neue Varianten erzeugt. Wenn unser Modell fehlerfrei ist, sollte sich ein Gleichgewichtszustand zwischen genetischer Drift $\left(\frac{1}{2N}\right)$ und Mutationshäufigkeit (μ) einstellen. Das heißt, wenn wir alle Größen im Modell konstant halten, dann verändert sich irgendwann einmal nicht mehr viel von einer zur nächsten Generation. Der relative Anteil homozygoter Individuen bleibt von nun an über alle Generationen hinweg gleich, jedoch nicht die Formen der allelischen Vielfalt! Neumutationen verändern in jeder Generation die allelische Struktur der Population. Im Lauf der Evolution treten daher immer wieder neue homozygote Genotypen in Erscheinung und bislang vorhandene Allele gehen verloren:

$$F = \left[\frac{1}{2N} + \left(1 - \frac{1}{2N}\right) \cdot F\right] \cdot (1-\mu)^2. \tag{5.8}$$

Wir lösen ► Gl. 5.8 nach F auf. Normalerweise ist die Mutationsrate μ sehr klein $\mu \ll 1$. Folglich sind μ^2 und μ/N im Vergleich zu den anderen Größen ebenfalls klein, und wir können Teile der Gleichung mit diesen Termen vernachlässigen. Es folgt:

$$F \approx \frac{1}{1+4N\mu}. \tag{5.9}$$

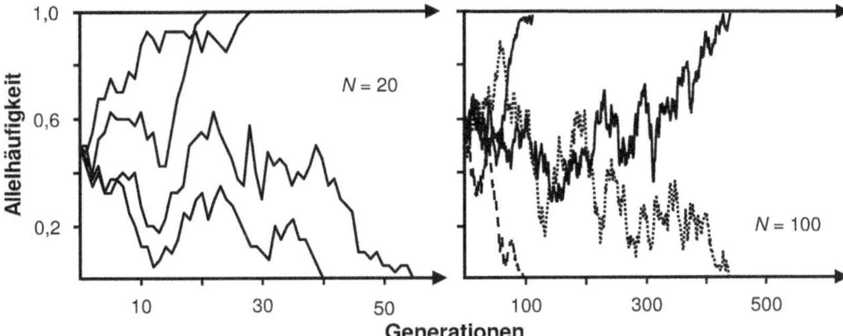

Abb. 5.4 Zufällige Veränderung der Allelhäufigkeiten von einer zur nächsten Generation in einer Population mit 20 und 100 Individuen. Für vier Simulationsläufe wird ein Locus mit zwei Allelen mit gleichen Anfangshäufigkeiten betrachtet

Die ► Gl. 5.9 gibt uns die durchschnittliche Häufigkeit homozygoter Loci in einer Population in Abhängigkeit von der Mutationsrate und Populationsgröße, das sog. **Mutation-Drift-Gleichgewicht**. Mit $H=(1-F)$ gilt für den durchschnittlichen Heterozygotiegrad:

$$H = \frac{4N\mu}{1+4N\mu}. \tag{5.10}$$

Vielen mag das Modell mit seinen Annahmen unrealistisch erscheinen. Doch ist es ein einfaches und v. a. lösbares mathematisches Modell, mit dem die genetischen Strukturen von Populationen bewertet werden können. Natürlich gibt es theoretische Ansätze, die Unzulänglichkeiten dieses einfachen Modells zu beseitigen. Doch wir werden hier die sehr mathematischen Überlegungen beiseitelassen.

Schließlich können wir noch den Effekt von Migration (► G) auf die genetische Variabilität von Populationen mit unserem Mutations-Drift-Modell verstehen lernen. Wir ersetzen einfach die Mutationsrate μ durch die Migrationsrate m. Unter denselben Annahmen wie zuvor erhalten wir nun ein Migrations-Drift-Modell, das dem Mutation-Drift-Modell entspricht. Bedenken wir, dass in den allermeisten Fällen Migrationsereignisse zwischen Populationen häufiger als das Auftreten von neuen Mutationen sind, dann wirkt Migration viel stärker auf die genetischen Strukturen lokaler Populationen als Mutation. Große Migrationsraten arbeiten gegen den Erhalt genetischer Eigenheiten von lokalen Populationen und führen zu homogenen Strukturen.

Kimura und Crow (1955) verfeinerten das einfache Fisher-Wright-Modell (► G), indem sie die Entstehung genetischer Vielfalt mithilfe der Diffusionsgleichung aus der Physik modellierten. Die Grundlage für die „Neutrale Theorie der molekularen Evolution" war damit gegeben und führte bald zu einer heftigen Kontroverse zwischen **Selektionisten** und **Neutralisten**. In dieser Diskussion wurde die Frage erhoben, welche Kräfte im Wesentlichen für die genetische Variabilität in natürlichen Populationen ursächlich sind – Zufall oder Selektion? Die Neutralitätstheorie erklärt, dass genetische Vielfalt einer Art vorwiegend durch Zufallsprozesse wie Mutation und genetische Drift bestimmt wird – sie schließt jedoch Selektion nicht vollständig aus! Selektionisten beziehen dagegen die Position, dass jeder genetischen Vielfalt eine evolutionäre Bedeutung zukommt und daher Mutation und Selektion die wesentlichen erhaltenden Kräfte für die genetische Vielfalt in und zwischen Arten sind.

Zuvor haben wir festgestellt, dass in kleinen Populationen genetische Drift eine viel stärkere Wirkung entfaltet als in großen Populationen. Naheliegenderweise können große Zufallseffekte gerichtete Kräfte überdecken, und so nimmt auch die Populationsgröße Einfluss darauf, in welchem Ausmaß Selektion zum Tragen kommt. Die Neutralitätstheorie liefert uns den Zusammenhang zwischen Selektion und Populationsgröße. Ist die Wirkung der Selektion s wesentlich kleiner als der Kehrwert der zweifachen Populationsgröße $2N$ $\left(s \ll \frac{1}{2N}\right)$, dann wird Selektion von genetischer Drift (Zufall) überdeckt.

■ Effektive Populationsgröße

Bisher haben wir gefordert, dass alle Individuen denselben Reproduktionserfolg und beide Geschlechter dieselbe Häufigkeit haben. In einer natürlichen Population tragen jedoch nur die Individuen zur genetischen Vielfalt in der nächsten Generation bei, die sich tatsächlich vermehren. Außer dem individuellen Reproduktionsvermögen bestimmt also die Anzahl der reproduzierenden Weibchen und Männchen den tatsächlichen Beitrag einer Elterngeneration zur genetischen Variabilität der Folgegeneration. Die theoretische Größe, die das berücksichtigt, bezeichnen wir als **effektive Populationsgröße** N_e.

Das Geschlechterverhältnis ist für die effektive Populationsgröße und damit auch für die genetische Variabilität einer Population von großer Bedeutung. Gelten die Voraussetzungen des Drift-Modells, dann wollen wir, ohne eine ausführliche mathematische Herleitung vorzunehmen, festhalten, dass

$$N_e = \frac{4N_W N_M}{N_W + N_M}, \tag{5.11}$$

wobei N_W die Anzahl der reproduzierenden Weibchen und N_M der Anteil der beteiligten Männchen ist.

Beispiele:

a) Wir möchten wissen, wie groß die effektive Populationsgröße in einer Zuchtpopulation der Fruchtfliege (Drosophila) und damit die Möglichkeit ist, genetische Variabilität zu erhalten. Die Population umfasst 400 adulte reproduzierende Tiere und es liegt ein Geschlechterverhältnis von 1:1 vor. Es gilt
$N_e = \frac{4 \cdot 200 \cdot 200}{200+200} = 2 \cdot 200 = 400.$
Dies entspricht also genau unserer Anzahl Tiere, die an der Reproduktion beteiligt sind!

b) Ein Viehzüchter möchte wissen, welches genetische Zuchtpotenzial er mit einer Rinderherde hat, die einen Bullen und 399 Kühe umfasst. Es gilt
$N_e = \frac{4 \cdot 399 \cdot 1}{399+1} = \frac{4 \cdot 399}{400} \approx 4.$

Mit unseren Beispielen haben wir zwei sehr unterschiedliche Gruppenstrukturen gewählt und stellen fest, dass das Evolutionspotenzial der Herde mit einem Männchen und 399 Weibchen dem von vier zufällig paarenden Individuen mit einem ausgeglichenen Geschlechterverhältnis entspricht! Verbinden wir dieses Ergebnis mit unserer Erkenntnis, dass die genetische Variabilität eng mit der Populationsgröße verbunden ist, dann folgt: Die Abweichungen von einem ausgeglichenen Geschlechterverhältnis haben eine Verringerung der genetischen Variabilität zur Folge.

Auch im Fall der effektiven Populationsgröße gibt es Überlegungen, das Modellszenario natürlicher zu gestalten. Als erstes kann die Populationsgröße von Generation zu Generation variieren. Die effektive Populationsgröße in einer solchen Population kann mit dem harmonischen Mittel beschrieben werden

$$\frac{n}{N_e} = \sum_{i=1}^{n} \frac{1}{N_{ei}}, \tag{5.12}$$

wobei n die erfasste Anzahl von Generationen und N_{ei} die effektiven Populationsgrößen in den Generationen $i = 1, \ldots, n$ sind.

Im Weiteren können wir fragen, welchen Einfluss ein unterschiedlicher Reproduktionserfolg von Elternpaaren auf die effektive Populationsgröße hat. Stellen wir uns eine Zuchtpopulation mit einer bestimmten Individuenzahl N vor und entnehmen aus jeder Generation dieselbe Zahl an Nachkommen für die folgende Generation. In unserem Versuch können wir allerdings nicht von jedem der Elternpaare genau zwei Nachkommen auswählen. Wir wissen nur, dass im Durchschnitt pro Elternpaar zwei Nachkommen beziehungsweise zwei Gameten pro Elternteil gewählt worden sind. Das heißt, dass unterschiedlich viele Gameten k_i von jedem Elternteil in die nächste Generation gelangen. Es gilt

$$\sum_{i=1}^{N} k_i = 2N$$

und wir erhalten den Mittelwert

$$\bar{k} = \frac{1}{N} \sum_{i=1}^{N} k_i = 2.$$

Die Varianz der weitergegebenen Gameten pro Elter beträgt

$$\sigma_k^2 = \frac{\sum_{i=1}^{N} (k_i - 2)^2}{N}. \tag{5.13}$$

In diesem Fall erhalten wir für die effektive Populationsgröße

$$N_e = \frac{4N-2}{2+\sigma_k^2}. \quad (5.14)$$

N_e ist abhängig von der Anzahl reproduzierender Individuen und deren individuellem Reproduktionserfolg (Wright 1931, 1939).

Schauen wir uns den Spezialfall an, der sehr wohl bei Züchtungen in Zoos relevant sein kann: Wir haben genau zwei Nachkommen pro Elternpaar und verpaaren die Nachkommen wieder zufällig. Offensichtlich ist $\sigma_k^2 = 0$, und erstaunlicherweise ist nun N_e etwa das Zweifache der aktuellen Anzahl reproduzierender Individuen. Diese Modellvorstellungen können ebenfalls noch weiter verfeinert werden, indem man als weiteren Parameter das Geschlechterverhältnis berücksichtigt (Crow und Denniston 1988).

Natürlich gelten die obigen Betrachtungen und Schlussfolgerungen nur in unseren idealen Populationen. Doch wieder geben sie uns eine Vorstellung von der Bedeutung einzelner Parameter und einen Ansatzpunkt zur Analyse und Interpretation von Populationsstrukturen.

5.1.3 Inzucht und genetische Verwandtschaft

In diesem Abschnitt möchten wir uns mit dem **Inzuchtkoeffizienten** (▶ G) und dem **Verwandtschaftsgrad** beschäftigen. Beide Größen stehen in engem Zusammenhang mit der Wahrscheinlichkeit, in einer Population homozygote Individuen zu finden.

Inzuchtprozesse werden zunächst allein von einem theoretischen Standpunkt aus betrachtet: Wir nehmen an, dass die Verwandtschaft von Individuen keine negativen Folgen für deren Nachkommenschaft nach sich zieht. Im Mittelpunkt des Interesses steht, welchen Effekt Inzucht auf die genotypische Struktur einer Population hat. Dagegen sieht der Humangenetiker bei Verwandtenehen sofort die Gefahr des Auftretens rezessiv vererbter Erkrankungen. Ein ähnliches Problem bewegt auch Züchter bei der Gestaltung ihrer Zuchtprogramme, mit denen sie die sog. Inzuchtdepression (verminderte Fitness von Nachkommen verwandter Eltern) möglichst klein halten möchten.

Rezessive Erbkrankheiten und Inzuchtdepression haben ihre Ursache darin, dass elterliche Gene nicht gleichermaßen auf den Phänotyp Einfluss nehmen. Zum Beispiel können an Enzymloci Defektallele auftreten, die bei homozygoten Individuen zu einem Funktionsverlust führen. Doch reicht im heterozygoten Zustand oftmals das Vorhandensein eines funktionstüchtigen elterlichen Allels aus, um den Stoffwechsel stabil zu halten (s. ▶ Kap. 14). Derartige rezessive, nachteilige Gene treten immer wieder im Lauf der Evolution durch Mutationen auf. Diese mutationsbedingte genetische Belastung ist jeder Art eigen und kann nicht vermieden werden. Der Mensch ist hiervon nicht ausgeschlossen! Aus umfangreichen Familienuntersuchungen wurde geschätzt, dass jeder Mensch Träger von mehreren rezessiven Genen ist, die allein oder in Kombination mit anderen Genen letale Folgen nach sich ziehen. Ein statistisches Maß ist das **Letaläquivalent**, das die genetische Last von Genomen abschätzt. Dabei entspricht ein Letaläquivalent der letalen Wirkung eines Gens, aber auch der entsprechenden kombinierten Wirkung von mehreren Genen. Schätzungen gehen davon aus, das Individuen menschlicher Populationen im Durchschnitt zwischen eins und sechs Letaläquivalenten haben (Übersichtsartikel von Lieberman und Antfolk 2015, S 448).

Mithilfe von Stammbaumanalysen ermitteln wir die Wahrscheinlichkeit, dass verwandte Eltern dasselbe Gen an einen Nachkommen weitergeben. Für derartige Untersuchungen müssen zunächst Individuen mit ihren Verwandtschaftsverhältnissen in einem Familienstammbaum erfassen werden. Im einfachsten Stammbaum halten wir nur das Geschlecht der Familienmitglieder fest und stellen dieses mit eindeutigen Symbolen dar: Kreise stehen für weibliche Mitglieder und Quadrate für männliche Individuen. Eine Raute markiert ein Individuum, dessen Geschlecht nicht bekannt ist. Anders als im ▶ Kap. 3 werden jetzt die Eltern und ihre Nachkommen einfach mit direkten Linien verbunden.

Bei der Berechnung der Inzucht- und Verwandtschaftskoeffizienten (▶ G) beschränken wir uns auf autosomale Gene. Wieder nehmen wir sexuell reproduzierende Individuen an und einen Locus mit

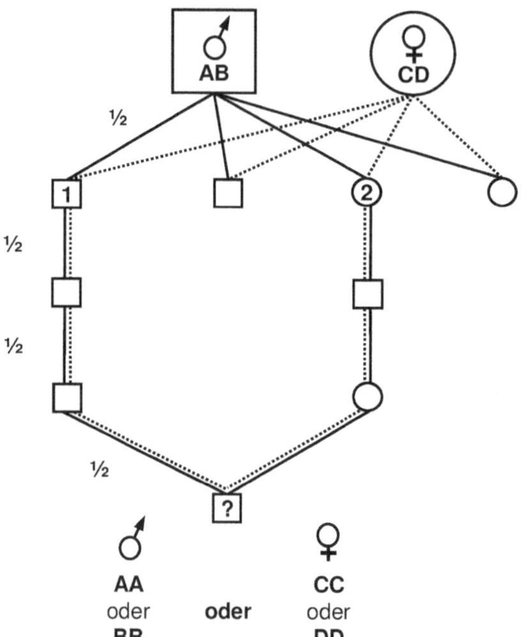

Abb. 5.5 Inzuchtschleife. Die *durchgezogenen* Verbindungslinien führen vom männlichen Vorfahren (Genotyp AB) und die *unterbrochenen* Linien vom weiblichen Vorfahren (Genotyp CD) zum Ururenkel. Wie groß ist die Wahrscheinlichkeit, dass der Ururenkel homozygot für ein Allel der Urahnen wird?

den Allelen A, B, C usw., die zufällig von den Eltern an ihre Nachkommen weitergegeben werden. Wir gehen von Vorfahren mit den Genotypen AB und CD aus, die mehrere Kinder haben und deren Nachkommen sich über drei Generationen erfolgreich fortpflanzen. Die Frage erhebt sich nun, wie groß die Wahrscheinlichkeit ist, dass ein Nachkomme (Ururenkel) von zwei Verwandten (Urenkel, 3. Generation) homozygot für ein Allel der Urahnen wird (Abb. 5.5).

Zunächst kontrollieren wir, ob ausgehend von einem Vorfahren eine geschlossene Verbindung (Inzuchtschleife) zu einem seiner Nachkommen gezogen werden kann. In Abb. 5.5 führen sowohl vom männlichen wie vom weiblichen Vorfahren Abstammungslinien zum Nachkommen, der mit einem Fragezeichen markiert ist. Bei autosomaler Vererbung und zufälliger Weitergabe der Allele eines Locus wird ein bestimmtes Allel eines Elters mit der Wahrscheinlichkeit 0,5 an die nächste Generation weitergegeben.

- Dass nun das Allel A an den Sohn (mit „1“ markiert) unseres Vorfahren und danach auch noch von drei weiteren Generationen weitergegeben wurde, hat die Wahrscheinlichkeit $(½)^4$. Natürlich ist die gleiche Wahrscheinlichkeit für die Tochter (mit „2“ markiert) unseres Urahns und deren Nachkommen gegeben. Die Wahrscheinlichkeit, dass das Allel A sowohl über den Sohn („1“) als auch über die Tochter („2“) in den Nachkommen gelangt, ist $(½)^4 \cdot (½)^4 = (½)^8$. Jetzt kann der Vorfahre jedoch entweder das A oder B Allel weitergeben, und somit können Kopien jedes dieser Allele homozygot im Nachkommen auftreten (AA oder BB). Die Wahrscheinlichkeit, dass der Nachkomme homozygot für eines der beiden Allele seines männlichen Vorfahren wird, ist $Fm = (½)^8 + (½)^8 = (½)^7$.
- Natürlich müssen wir auch die Urahnin berücksichtigen. Kopien ihrer Allele können ebenso im Nachkommen in einem homozygoten Zustand vorkommen. Diese Wahrscheinlichkeit bezeichnet man mit F_w. Die Gesamtwahrscheinlichkeit, dass eines der Allele von männlichem oder weiblichem Vorfahren homozygot werden, ist einfach $F_{gesamt} = F_m + F_w$.

Anmerkung Findet man in einem Stammbaum eine Inzuchtschleife von **einem** Vorfahren zu **einem** Nachkommen, dann zählt man einfach alle Verbindungen zwischen den Individuen ab (in unserem Beispiel sind es $n = 8$ Verbindungen) und setzt das n in die allgemeine Formel ein

$$F = \left(\frac{1}{2}\right)^{n-1}. \tag{5.15}$$

Es müssen alle Inzuchtschleifen, die zu einem Individuum gehören, berücksichtigt und die jeweiligen Inzuchtkoeffizienten berechnet werden. Die Gesamtsumme gibt schließlich den **Inzuchtgrad** des jeweiligen Individuums an.

Definition Der **Inzuchtkoeffizient F** ist die Wahrscheinlichkeit, dass Kopien *eines* Allels eines Vorfahrens in einem seiner Nachkommen zusammentreffen und dann im homozygoten Zustand vorliegen (▶ Autozygotie).

Anmerkung Natürlich sind alle Menschen irgendwie miteinander verwandt. Dazu muss man sich nur die Dynamik der menschlichen Population während der letzten 2000 Jahre in Europa vor Augen führen. Doch der Inzuchtkoeffizient nimmt bei Zufallspaarung von Generation zu Generation rasch ab und ist damit schon nach relativ wenigen Generationen vernachlässigbar (z. B. gilt nach sieben Generationen: $F = (½)^6 = 0{,}016$). Haben wir also keine Kenntnis über das Verwandtschaftsverhältnis von Individuen und gibt es keinen Hinweis auf einen ingezüchteten Vorfahren, setzen wir den Inzuchtkoeffizienten der Vorfahren gleich 0. Liegen uns allerdings Kenntnisse über den Inzuchtgrad eines Vorfahren vor, dann muss dies in unsere Berechnung einfließen. F_A beschreibt den Anteil Loci, der aufgrund vorheriger Inzuchtereignisse in dem betroffenen Individuum homozygot sein könnte. Bei der Berechnung des Inzuchtkoeffizienten eines Nachkommens wird dies mit dem Faktor $(1 + F_A)$ berücksichtigt – $F_T = F \cdot (1 + F_A)$. Der Inzuchtkoeffizient F eines Nachkommens wurde unter der Annahme berechnet, dass der gemeinsame Vorfahre der Eltern nicht ingezüchtet war ($F_A = 0$).

Definition Der **Verwandtschaftsgrad** V gibt die Wahrscheinlichkeit an, dass zwei verwandte Individuen Gene tragen, die Kopien vom selben Gen eines gemeinsamen Vorfahren sind.

Der Verwandtschaftsgrad kann einfach aus dem Inzuchtkoeffizienten eines (theoretisch möglichen) Nachkommen der beiden Verwandten berechnet werden

$$V = 2 \cdot F. \qquad (5.16)$$

▪ **Beispiele**

Ein Beispiel für einen leider in der deutschen Bevölkerung immer wieder auftretenden Inzestfall. Ein Vater hat eine Beziehung mit seiner Tochter. Die Wahrscheinlichkeit ist 25 %, dass Kopien eines väterlichen Gens beim Nachkommen homozygot vorkommen (◼ Abb. 5.6a). So wie wir es auch von der meiotischen Verteilung der Autosomen erwarten würden, ist der Verwandtschaftsgrad von Vater und Tochter $V = 2F_? = 0{,}5$.

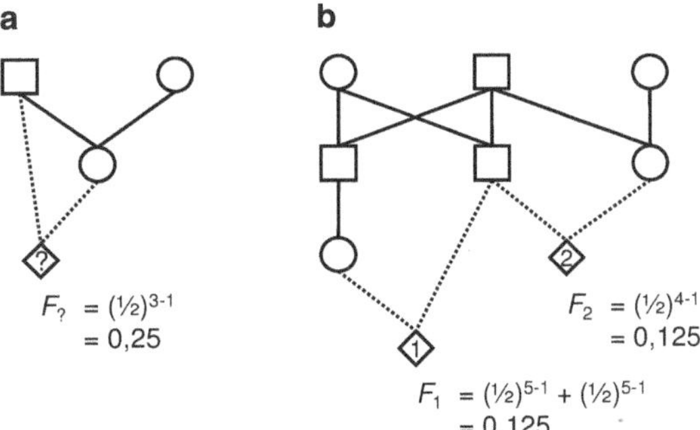

◼ **Abb. 5.6** **a** Ein rechtsmedizinischer Fall. Ein Inzest von Vater und Tochter. Die *Raute* steht für einen möglichen Nachkommen. **b** Eine gesellschaftspolitische Entscheidung – die Beziehung von Onkel und Nichte und die zwischen Halbgeschwistern. Die beiden *Rauten* stellen die möglichen Nachkommen von den beiden Paaren dar

Gesetzlich ist es in der Bundesrepublik erlaubt, dass Onkel und Nichte eine Verbindung eingehen, doch gilt dies nicht für Halbgeschwister. Unsere Berechnungen bieten für diese Unterscheidung keine Begründung. Solche Entscheidungen basieren also mehr auf den sozialen und rechtlichen Entwicklungen einer Gesellschaft als auf naturwissenschaftlichen Erkenntnissen! In beiden Fällen ist der Verwandtschaftsgrad gleich 0,25, und die Wahrscheinlichkeit ist gleich 1/8, dass ein möglicher Nachkomme an einem Locus autozygot wird (◼ Abb. 5.6b).

Ohne die Berücksichtigung einer selektiven Bedeutung erhöht Inzucht einfach die Wahrscheinlichkeit eines homozygoten Zustands. Auf Populationsebene bewirkt Inzucht keine Veränderungen der Allelhäufigkeiten. Doch in Abhängigkeit von der Inzuchtrate weichen die Genotyphäufigkeiten von der Hardy-Weinberg-Verteilung ab. Inzucht erhöht den Anteil homozygoter Genotypen in einer Population!

5.1.4 Selektion

Im Folgenden werden wir ein einfaches Selektionsszenario vorstellen. Wir nehmen an, dass mit Ausnahme der Selektion die anderen Voraussetzungen der Hardy-Weinberg-Regel gelten!

Tab. 5.2 Genotypen eines Locus mit zwei Allelen A und B. Die Hardy-Weinberg-Häufigkeiten, die Fitness- und Selektionskoeffizienten sind angegeben

Genotypen	**AA**	**AB**	**BB**	
Häufigkeit	p_A^2	$2p_A p_B$	p_B^2	$\Sigma = 1$
Fitness (relativ)	w_{AA}	w_{AB}	w_{BB}	$0 \leq w \leq 1$
Selektion (relativ)	$s_{AA} = 1 - w_{AA}$	$s_{AB} = 1 - w_{AB}$	$s_{BB} = 1 - w_{BB}$	$0 \leq s \leq 1$

In einer sexuell reproduzierenden Population analysieren wir nun das Schicksal von Allelen eines Locus, dessen Genotypen unter Selektion stehen. Selektion bestimmt, mit welchem Anteil die Allele dieser Genotypen in der nächsten Generation vertreten sein werden. Das Potenzial eines Genotyps, seine Allele an die nächste Generation weiterzugeben, wird auch als Fitness (▶ G) bezeichnet. Mit Selektionskoeffizienten (s) oder Fitnesskoeffizienten (w) geben wir die Selektionswirkung für Genotypen an. Sie beschreiben die relative Beteiligung von Genotypen am Genpool.

Für unser Selektionsmodell nehmen wir an, dass zwei Allele A und B mit einer Häufigkeit von p_A bzw. p_B in einer Population vertreten sind. Natürlich gilt $p_A + p_B = 1$. Die Hardy-Weinberg-Häufigkeiten der Genotypen sowie ihre Selektions- und Fitnesskoeffizienten sind nachfolgend tabellarisch angegeben (◘ Tab. 5.2). Wir nehmen zusätzlich an, dass unsere Selektionskoeffizienten konstant über alle Generationen sind.

Mit diesen Angaben können wir die Genotypverteilung in der Folgegeneration (Tochter- oder Filialgeneration) berechnen. Doch zuerst muss bestimmt werden, welcher Anteil der elterlichen Gene in den gemeinsamen Genpool der Population kommt. Aus diesem unendlich großen Gentopf werden dann später die Genotypen der neuen Generation gebildet.

Die Multiplikation der Häufigkeit des Genotyps AA mit dem Fitnesskoeffizienten $w_{AA} \cdot p_A^2$ führt zur Verringerung der ursprünglichen Hardy-Weinberg-Häufigkeit p_A^2 und entsprechend ändern sich auch die Proportionen der anderen Genotypen. Die durchschnittliche Populationsfitness $\overline{w}$ beschreibt das Ausmaß der Selektion auf die Population:

$$\overline{w} = w_{AA} \cdot p_A^2 + w_{AB} \cdot 2p_A p_B + w_{BB} \cdot p_B^2 \leq 1. \tag{5.17}$$

Ist die durchschnittliche Populationsfitness kleiner als eins, dann schrumpft die Gesamtpopulation. Selektion vermindert den Reproduktionserfolg von Individuen.

Nachdem Selektion auf die Population gewirkt hat, interessieren uns die Genotyphäufigkeiten der verbliebenen Individuen, die ihre Gene an die nächste Generation weitergeben. Rechnerisch muss ein kleiner Trick angewendet werden, damit die Summe der Genotyphäufigkeiten wieder eins ergibt:

$$\text{Genotyp AA:} \quad p_{AA} = \frac{w_{AA} \cdot p_A^2}{\overline{w}}, \tag{5.18}$$

$$\text{Genotyp AB:} \quad p_{AB} = \frac{w_{AB} \cdot 2p_A p_B}{\overline{w}} \quad \text{und} \tag{5.19}$$

$$\text{Genotyp BB:} \quad p_{BB} = \frac{w_{BB} \cdot p_B^2}{\overline{w}}. \tag{5.20}$$

Aus den neuen Genotyphäufigkeiten (▶ Gln. 5.18–5.20) ergeben sich nun auch die Allelhäufigkeiten des Genpools, aus dem die neue Generation entstehen wird:

$$\text{Allel A:} \quad p_A^{\text{neu}} = p_{AA} + \frac{p_{AB}}{2} \tag{5.21}$$

und

$$\text{Allel B:} \quad p_B^{\text{neu}} = p_{BB} + \frac{p_{AB}}{2}. \tag{5.22}$$

Mit den neuen Allelhäufigkeiten werden entsprechend der Hardy-Weinberg-Regel die Genotypen

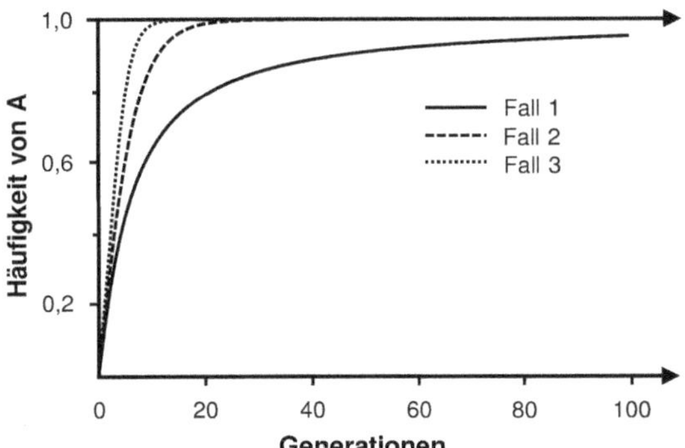

Abb. 5.7 Gerichtete oder reinigende Selektion. Das Dominanzverhältnis entscheidet über die Selektionsgeschwindigkeit. Fall 1 $(w_{AA} = w_{AB} > w_{BB})$: $w_{AA} = w_{AB} = 0{,}9$ und $w_{BB} = 0{,}5$. Fall 2 $(w_{AA} > w_{AB} > w_{BB})$: $w_{AA} = 0{,}9$ und $w_{BB} = 0{,}5$ sowie $w_{AB} = 0{,}7$. Fall 3 $(w_{AA} > w_{AB} = w_{BB})$: $w_{AA} = 0{,}9$ und $w_{BB} = w_{AB} = 0{,}5$. Das A-Allel hat zu Beginn eine Häufigkeit von 1 %

der Tochtergeneration berechnet. Dieser Rechenprozess kann nun über beliebig viele Generationen fortgeführt und die Veränderungen der Allelfrequenzen studiert werden.

In unserem Selektionsmodell gibt es nur wenige unterschiedliche Selektionsszenarien.

- A ist dominant über das Allel B. Individuen mit A-Allelen haben die gleiche Fitness: $w_{AA} = w_{AB} > w_{BB}$.
- Allele A und B sind kodominant. Träger des Allels B erfahren einen Fitnessnachteil im Vergleich zu den homozygoten AA. Die negative Wirkung von B kommt auch im heterozygoten AB zum Tragen, ist jedoch im homozygoten BB am stärksten: $w_{AA} > w_{AB} > w_{BB}$.
- B ist dominant über A. Individuen mit B-Allelen sind in gleichem Ausmaß gegenüber den homozygoten AA benachteiligt: $w_{AA} > w_{AB} = w_{BB}$.

Das Ergebnis dieser drei Selektionsfälle ist das Gleiche. Das Allel B geht mit der Zeit verloren; allein die Selektionsgeschwindigkeit ist unterschiedlich (Abb. 5.7). Ebenso geht das Allel A verloren, wenn wir den selektiven Nachteil diesem Allel zusprechen.

Damit bleiben zwei Szenarien übrig: Die Heterozygoten haben entweder einen Vorteil oder einen Nachteil. Anhand unserer Formeln können wir die Allelfrequenzen ermitteln, bei denen keine Veränderungen von einer zur nächsten Generation eintreten (Gleichgewichtspunkt, s. Box Allelhäufigkeiten eines Locus mit zwei Allelen):

$$\hat{p}_A = \frac{w_{AB} - w_{BB}}{2 \cdot w_{AB} - w_{AA} - w_{BB}}. \qquad (5.23)$$

Beim Vergleich der Selektionswirkung eines Heterozygotenvorteils und Heterozygotennachteils sticht der unterschiedliche Verlauf der Allelfrequenzen ins Auge (Abb. 5.8). Im Fall des Heterozygotenvorteils streben alle Populationen, unabhängig von den Startbedingungen zu einem Wert (Abb. 5.8

Allelhäufigkeiten eines Locus mit zwei Allelen

Wir betrachten einen Locus mit zwei Allelen A und B. Die Modellparameter werden wie im Text gewählt. Die ► Gl. 5.21 gibt die Häufigkeit des Allels A in der Tochtergeneration an:

$$p_A^{neu} = \frac{w_{AA} \cdot p_A^2}{\overline{w}} + \frac{w_{AB} \cdot p_A p_B}{\overline{w}}.$$

Ziel ist es, die Bedingungen zu bestimmen, bei denen sich die Allelfrequenzen nicht mehr verändern, d. h. dass $p_A = p_A^{neu}$ ist:

$$p_A = \frac{w_{AA} \cdot p_A^2}{\overline{w}} + \frac{w_{AB} \cdot p_A p_B}{\overline{w}}.$$

Wir kürzen unsere Gleichung mit p_A und erhalten

$$1 = \frac{w_{AA} \cdot p_A}{\overline{w}} + \frac{w_{AB} \cdot p_B}{\overline{w}}.$$

Nach der Umformung gilt:

$$\overline{w} = w_{AA} \cdot p_A + w_{AB} \cdot p_B.$$

Mit ► Gl. 5.16 folgt:

$$w_{AA} \cdot p_A^2 + w_{AB} \cdot 2 p_A p_B + w_{BB} \cdot p_B^2 = w_{AA} \cdot p_A + w_{AB} \cdot p_B$$

und

$$w_{AA} \cdot p_A \cdot (p_A - 1) + w_{AB} \cdot p_B \cdot (2 p_A - 1) + w_{BB} \cdot p_B^2 = 0.$$

Wir setzen $p_B = (1 - p_A)$ und kürzen. Es bleibt

$$w_{AA} \cdot p_A + w_{AB} \cdot (2 p_A - 1) + w_{BB} \cdot p_B = 0,$$

und schließlich

$$-w_{AA} \cdot p_A + w_{AB} 2 p_A + w_{BB} \cdot p_B = w_{AB}.$$

Die Umstellung der Gleichung ergibt:

$$p_A \cdot (2 \cdot w_{AB} - w_{AA}) + w_{BB} \cdot (1 - p_A) = w_{AB}.$$

Aus dieser Gleichung leitet sich ab, dass unter den Voraussetzungen für gerichtete Selektion nur eine Fixierung möglich ist: $p_A = 1$ oder $p_A = 0$. Nimmt man die Bedingungen für einen Vor- oder Nachteil der Homozygoten gegenüber den Heterozygoten an, dann gilt für das Gleichgewicht

$$\hat{p}_A = \frac{w_{AB} - w_{BB}}{2 \cdot w_{AB} - w_{AA} - w_{BB}}.$$

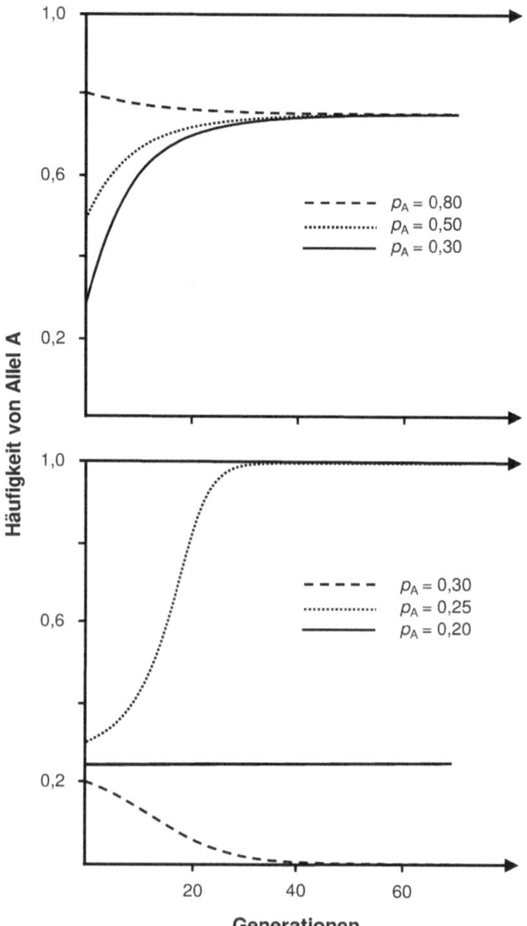

Abb. 5.8 Heterozygoten haben einen Vorteil (*oben*) oder Nachteil (*unten*). *Oben* gelten die Fitnesswerte $w_{AB} = 1$ und $w_{AA} = 0{,}9$ sowie $w_{BB} = 0{,}7$ und der Selektionsprozess mit den Anfangsfrequenzen $p_A = 0{,}3$ und 0,5 sowie 0,8. *Unten* haben wir die Fitnesswerte $w_{AB} = 0{,}6$ und $w_{AA} = 0{,}9$ sowie $w_{BB} = 0{,}7$ und wir beginnen den Selektionsprozess mit $p_A = 0{,}2$ und 0,25 und 0,3

oben). Das klassische Beispiel für einen Heterozygotenvorteil ist der Hämoglobinpolymorphismus menschlicher Populationen (► polymorph), die in malariaendemischen Regionen leben (s. Box Lokaler Hämoglobinpolymorphismus). Dagegen bleibt beim Heterozygotennachteil unsere Population nur im Gleichgewicht, wenn die Startfrequenz von Allel A genau dem Gleichgewichtspunkt entspricht (instabiles Gleichgewicht, Abb. 5.8 unten, solide Linie). Sobald die Population eine Startbedingung hat, die vom Gleichgewicht abweicht, kommt es zur Fixierung in einem homozygoten Zustand.

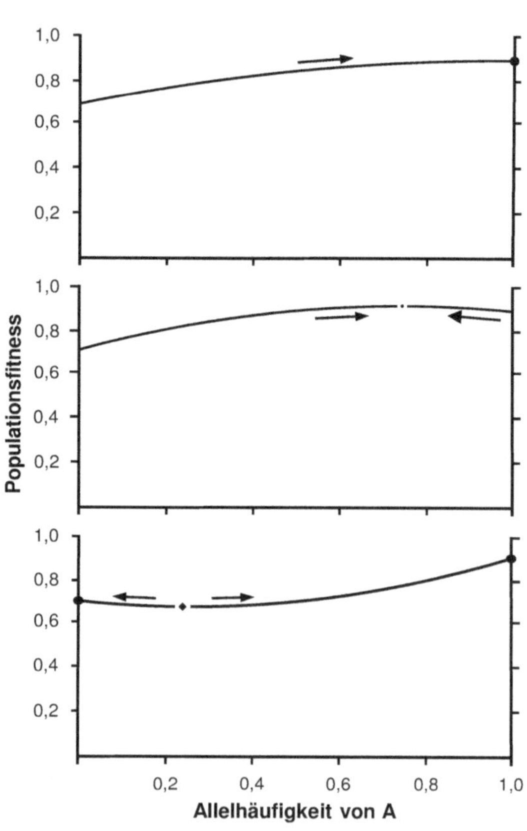

Abb. 5.9 Populationsfitness. *Oben* Gerichtete Selektion lässt immer das begünstigte Allel A gewinnen. *Mitte* Heterozygotenvorteil erhält beide Allele A und B. *Unten* Heterozygotennachteil begünstigt das Allel, das häufiger ist als die Frequenz des instabilen Gleichgewichts. *Schwarze Kreise* markieren stabile Gleichgewichte und die *Raute* steht für das instabile Gleichgewicht beim Heterozygotennachteil. Die *Pfeile* weisen zu den angestrebten Gleichgewichtshäufigkeiten

Unser Selektionsmodell fußt auf Chetverikovs Idee (s. ► Kap. 1), dass Evolution auf Populationsebene stattfindet: Selektion führt zu einer Kombination von Genotypen in einer Population, die den Verlust durch Selektion klein halten und damit die Fitness der gesamten Population optimieren. Die Populationsfitness können wir für unser Modell in Abhängigkeit von nur einer Allelfrequenz grafisch darstellen (Abb. 5.9). Selektion treibt dabei die Population und ihre Genotypzusammensetzung zu einem maximalen Fitnesswert. In unseren Beispielen fixiert die Population bei gerichteter Selektion ($w_{AA} = 0{,}9$; $w_{AB} = 0{,}8$; $w_{BB} = 0{,}7$) im Allel A (Abb. 5.9 oben). Da der Genotyp AA nur eine Fitness von $w_{AA} = 0{,}9$ hat, kann die Populationsfitness diesen Wert

Lokaler Hämoglobinpolymorphismus

Weltweit beobachten wir eine geringe Variabilität des menschlichen Hämoglobins. In Europa findet man bei der erwachsenen Bevölkerung, bis auf ein paar Ausnahmen, das Hämoglobin A. Ein anderes Bild ergibt sich in Afrika und anderen Regionen der Welt, in denen die Malaria heimisch ist. In diesen Populationen haben sich Varianten ausgebreitet, die ihren Trägern ein gewissen Schutz gegen Malariainfektionen bieten sollen (► Hämoglobinpolymorphismus).

Das Hämoglobinmolekül besteht aus vier Aminosäureketten (zwei langen α-Ketten und zwei kurzen β-Ketten). Zwei verschiedene Loci codieren für diese Ketten. Im Fall des Sichelzellgens ist eine Punktmutation im Gen der β-Kette (Einzelbasenaustausch) aufgetreten und hat die Eigenschaften des gesamten Hämoglobins verändert (s. ► Kap. 14). Heute kennt man mehrere Varianten des Gens der β-Kette. Hier betrachten wir nur die häufigen Varianten, die in Zentralafrika vorkommen. Das β-Ketten-Gen, das zum unauffälligen Molekül führt, bezeichnen wir mit A, die beiden Varianten des Gens mit S und C.

Ende der 1940er-Jahre wurde die Sichelzellanämie, das Hämoglobin S (HbS), als molekulare Erbkrankheit erkannt (Allison 2002) und eine enge Beziehung zwischen der Verbreitung der Malaria in Afrika und der Häufigkeit dieser Hämoglobinvariante beschrieben (Allison 2002). Livingstone (1967) verfasste ein umfangreiches Tabellenwerk über die Ergebnisse von Untersuchungen zum Hämoglobinpolymorphismus in menschlichen Populationen. Wir haben die Daten von Probanden aus einigen Ländern zusammengefasst: Benin, Burkina Faso, Elfenbeinküste, Gambia, Ghana, Guinea Bissau, Sierra Leone, Liberia, Nigeria und Senegal (◘ Tab. 5.3).

Als erstes schätzen wir die Allelhäufigkeiten aus der Stichprobe mit insgesamt $n = 59.116$ diploiden Individuen:

$$p_A = (2 \cdot 48.401 + 7880 + 2361)/(2 \cdot 59.116) = 0{,}905$$
$$p_S = (2 \cdot 119 + 7880 + 219)/(2 \cdot 59.116) = 0{,}071$$
$$p_C = (2 \cdot 136 + 2361 + 219)/(2 \cdot 59.116) = 0{,}024$$

Als nächstes werden die Hardy-Weinberg-Häufigkeiten der Genotypen berechnet, um festzustellen, ob unsere Beobachtungswerte von den Hardy-Weinberg-Proportionen abweichen.

In ◘ Tab. 5.4 ist neben den Beobachtungswerten und den Hardy-Weinberg-Häufigkeiten der Genotypen der Quotient von Beobachtungs- und Erwartungswerten angegeben. Dieser Quotient kann als Schätzer für die Fitness der Genotypen herangezogen werden. Es fällt sofort auf, dass die homozygoten SS einen großen Nachteil und die homozygoten CC einen großen Vorteil gegenüber allen anderen Genotypen haben. Ähnlich wie die homozygoten CC haben die heterozygoten AS und SC einen gewissen Fitnessvorteil. Allerdings ist dieser nicht so überzeugend wie für die Homozygoten CC. Wir fragen nun, ob ein Fitnessvorteil der heterozygoten AS gegenüber den homozygoten AA erklärt, dass die Allele A und S in malariaendemischen Regionen erhalten bleiben, und dies trotz des deutlichen Fitnessvorteils der homozygoten CC. Dazu müssen wir zunächst die Genotypen, die ein C-Allel tragen, ausschließen. Aus der reduzierten Stichprobe wird sofort der Heterozygotenvorteil sichtbar. Doch wie erklärt sich, dass trotz des großen Vorteils der homozygoten CC diese nicht die Population dominieren – es müsste doch eher gerichtete Selektion zugunsten für das C-Allel beobachtet werden? Beachten wir die geografische Verbreitung des C-Allels, dann sehen wir, dass es sich um eine Variante mit ihrer größten Häufigkeit von etwa 10 % in einer kleinen Region im Westen von Afrika handelt. Ohne viel Mathematik zu bemühen, halten wir fest, dass der Selektionserfolg eines Allels nicht nur von der genotypischen Fitness abhängig ist, sondern auch die Häufigkeit des jeweiligen Allels eine Bedeutung hat. Die durchschnittliche Fitness eines Allels in Abhängigkeit von Fitnesswerten und Allelhäufigkeiten bezeichnen wir als Marginalfitness, die gewichtete Summe von Fitnesswerten der verschiedenen Genotypen, die das betreffende Allel tragen. Zum Beispiel gilt für unser Allel C:

$$\overline{w}_C = w_{CC} p_C + w_{AC} \cdot p_A + w_{SC} \cdot p_S$$

und entsprechend können auch die Marginalfitnesswerte der Allele A und S berechnet werden. Die durchschnittliche Populationsfitness ist:

$$\begin{aligned}\overline{w} &= w_{AA} \cdot p_A^2 + w_{AS} \cdot 2 p_A p_S + w_{AC} 2 p_A p_C \\ &\quad + w_{SS} \cdot p_S^2 + w_{SC} \cdot 2 p_S p_C + w_{CC} \cdot p_C^2 \\ &= p_A \cdot \overline{w}_A + p_S \cdot \overline{w}_S + p_C \cdot \overline{w}_C .\end{aligned}$$

Folgt man den Überlegungen von Hartl und Clark (1989, S 169) und untersucht, welche Chance ein neues C-Allel zur Ausbreitung in einer Population hat, in der Heterozygote AS einen Vorteil haben und sich die Allelhäufigkeiten im Gleichgewicht befinden: Bei seinem erstmaligen Auftreten ist die Häufigkeit des Allels C in einer Population so gering, dass wir diese vernachlässigen können, $p_C \approx 0$. Mit unseren Fitnesswerten aus ◘ Tab. 5.4 folgt für das allelische Gleichgewicht $p_A = 0{,}944$ und $p_S = 0{,}056$. Die Marginalfitness des C-Allels ist zu Beginn seiner Ausbreitung $\overline{w}_C = 0{,}877$ und damit geringer als die durchschnittliche Fitness der Gesamtpopulation ($\overline{w} = 0{,}964$). Aus diesem Grund kann das C-Allel sich nicht erfolgreich ausbreiten. Treffen unsere Modellvorstellungen für den Hämoglobinpolymorphismus in Westafrika zu, dann muss die Häufigkeit des C-Allels erst noch ein wenig zunehmen, bevor es sich erfolgreich in der gesamten afrikanischen Population durchsetzen kann. Ein denkbares Szenario wäre, dass die Ausbreitung des C-Allels in lokalen, kleinen Populationen mit einer hohen Häufigkeit des C-Allels begünstigt wird, und es sich erst dann in der gesamten Population durchsetzen kann.

◘ **Tab. 5.3** Genotyphäufigkeiten des β-Hämoglobinlocus, dessen Allele A, S, und C in der westafrikanischen Bevölkerung verbreitet sind (aus Livingstone 1967)

Genotypen	AA	AS	AC	SS	SC	CC
Anzahl	48.401	7880	2361	119	219	136

◘ **Tab. 5.4** Genotyphäufigkeiten des β-Hämoglobinlocus, dessen Allele A, S und C in der westafrikanischen Bevölkerung verbreitet sind (aus Livingstone 1967). Die Häufigkeiten nach der Hardy-Weinberg-Regel und die Fitnesswerte der Genotypen sind angegeben

Genotypen	AA	AS	AC	SS	SC	CC
Beobachtung	48.401	7880	2361	119	219	136
Erwartung (%)	81,90	12,85	4,34	0,50	0,34	0,06
Erwartung (Anzahl)	48.416	7596	2566	296	201	36
Fitness $\left(\frac{\text{Beobachtung}}{\text{Erwartung}}\right)$	1,000	1,037	0,920	0,402	1,090	3,886
Fitness relativ zu *AS*	0,964	1,000	0,887	0,387	1,050	3,746

nicht übersteigen ($p_A = 1$ und somit $w_{AA} \cdot p_A{}^2 = 0{,}9$). Im Fall des Heterozygotenvorteils ($w_{AA} = 0{,}9$; $w_{AB} = 1$; $w_{BB} = 0{,}7$) ist die Population im Gleichgewicht, wenn $p_A = 0{,}75$ und die Populationsfitness gleich 0,925 ist (◘ Abb. 5.9 Mitte). Liegt ein Heterozygotennachteil ($w_{AA} = 0{,}9$; $w_{AB} = 0{,}6$; $w_{BB} = 0{,}7$) vor, dann strebt unsere Population außerhalb des Gleichgewichtspunkts dem nächsten maximalen Wert zu (◘ Abb. 5.9 unten), auch wenn dieser nicht zur besten Populationsfitness führt. In natürlichen Populationen kann ein Heterozygotennachteil genetische Variabilität auf Dauer nicht erhalten; früher oder später kommt es zum Verlust allelischer Vielfalt.

5.1.5 Zufall und Selektion

Der mögliche Einfluss des Zufalls auf die genetische Variabilität eines Locus, der unter Selektion steht, wurde bereits von Wright (1931) diskutiert. Er schlug vor, dass jede Population ein charakteristisches Fitnessprofil, eine Fitnesslandschaft mit Bergen und Tälern, hat. Wie in unserem Modell strebt die Populationsfitness erst einmal auf den nächstliegenden Gipfel zu, um dieses lokale Maximum einzunehmen. Dieser gedankliche Ansatz beinhaltet auch, dass Selektion nicht unbedingt zur besten genotypischen Zusammensetzung einer Population

Beispiele für Selektion

Selektion ist ein komplexer und vielfältiger Prozess. Kein Selektionsmodell kann daher Allgemeingültigkeit haben. Jedes Mal, wenn genetische Strukturen durch Selektion erklären werden sollen, muss das Selektionsgeschehen überdacht und an den vorliegenden Fall angepasst werden.

Sexuelle Selektion: Darwin (1859) erkannte als erster die Bedeutung von geschlechtsspezifischen körperlichen Merkmalsausprägungen für den Reproduktionserfolg von Tieren. Das weibliche Geschlecht wählt das attraktivste Männchen als Paarungspartner; hierbei wird Attraktivität mit Fitness gleichgesetzt. Als offensichtliches Beispiel für sexuelle Selektion gilt das Paarungsverhalten der Paradiesvögel. Die Männchen versuchen Weibchen mit ihrem auffälligen Gefieder oder aber auch mit einem aufwendigen Nestbau zu verführen. Innerhalb der Geschlechter führt so Konkurrenz zur selektiven Auswahl der Besten. Das einfache Modell, dass erhöhte Auffälligkeit den Reproduktionserfolg erhöht, wurde allerdings 70 Jahre nach Darwin von Sir Ronald Fisher infrage gestellt. Er führte an, dass Konkurrenz zu einer ständigen Erhöhung des Aufwands führen müsste, dieser ständige Prozess aber an natürliche Grenzen stoßen muss – Auffälligkeit führt auch zu Kosten, wie dem Risiko von Räubern gefressen zu werden.

Gruppenselektion: Die erfolgreiche Ausbreitung von Genen wird nicht dadurch bestimmt, welchen Vorteil sie einem einzelnen Individuum verleihen, sondern bezieht sich auf die Gruppe, in der das Individuum lebt. Die Allgemeingültigkeit dieses evolutionsbiologischen Konzepts wurde rasch in Zweifel gezogen, da es in einigen Fällen zu Widersprüchen führte. So gibt es die Hypothese, dass sich beim Wechselspiel Wirt-Parasit ein Gleichgewicht einstellen muss, ansonsten geht einer der Beteiligten oder es gehen sogar beide während des Evolutionsprozesses verloren. Der Wirt sollte eine gewisse Resistenz gegen den Parasiten erwerben und letzterer seine Aggressivität ein wenig einschränken. Sofort stellt sich die Frage, wie diese naheliegende Argumentation im Fall einer Mehrfachinfektion durch verschiedene Parasiten aussieht – es gibt ja keine Absprache!

Kanalisierende Selektion/stabilisierende Selektion: Der Phänotyp einzelner Individuen sollte eine gewisse Variationsbreite innerhalb einzelner Arten nicht überschreiten. Gerade in sexuell reproduzierenden Arten müssen artspezifische Merkmale zur Erkennung des Reproduktionspartners bewahrt werden. Das heißt, dass extreme phänotypische Abweichungen nachteilig sind, während Selektion eine mittlere Merkmalsausprägung begünstigt.

Disruptive Selektion: Individuen mit „extremen" Eigenschaften werden begünstigt, und Mischformen sind benachteiligt. Viele Hybride von eng verwandten Arten sind hierfür ein Beispiel. Dieselbe Überlegung liegt dem Heterozygotennachteil zugrunde.

Häufigkeitsabhängige Selektion: Die Fitness eines Individuums hängt von seiner Genotyphäufigkeit ab. Ein einfaches Beispiel sind hier virale Epidemien – ein Virus kann sich erfolgreich ausbreiten, wenn er die Resistenzbarriere von vielen Wirten durchbrechen kann. Nur wenige Wirte mit einem wirksamen Resistenzschutz entkommen der viralen Attacke.

Dichteabhängige Selektion: Die Fitness von Individuen hängt von der Populationsdichte ab. Der russische Genetiker Gause untersuchte in den 1930er-Jahren das Konkurrenzverhalten von zwei Pantoffeltierarten (*Paramecium aurelia* und *Paramecium caudatum*). *P. aurelia* wächst schneller und toleriert auch eine höhere Individuendichte als ihr Konkurrent. Gause konnte am Ende seiner Experimente immer feststellen, dass *P. caudatum* aus den Mischpopulationen verschwunden war. In der Natur können wir Arten beobachten, die auf eine schnelle Reproduktion setzen (Wachstum: *r*-Selektionisten; Beispiel: Unkräuter) und andere, die nachhaltig die gegebenen Ressourcen nutzen (Tragfähigkeit: *K*-Selektionisten; Beispiel: Laubbäume).

Die Liste mit Selektionsszenarien ist nur kurz. Doch ist offensichtlich, dass für jeden Fall ein eigenes Erklärungsmodell gefunden werden muss. Grundsätzlich sind keine Verallgemeinerungen über viele Loci, Arten oder Populationen möglich!

führt, sondern nur einen relativ optimalen Zustand erzeugt. Eine Population, die auf einem lokalen Gipfel gefangen ist, kann nur durch ein Tal auf einen anderen Fitnessgipfel gelangen. Hierfür muss sie aber ihren lokal optimalen Standort verlassen und in das fitnessschwächere Tal hinabsteigen. Damit eine Population durch ein Fitnesstal von einem zum anderen Gipfel gelangt, ist also ein Ereignis notwendig, das die Selektion überdeckt. Wrights Idee war, dass Zufallsereignisse wie Katastrophen die genetische Struktur beeinflussen: Je tiefer die umliegenden Täler eines Gipfels sind, desto größer muss das Zufallsereignis sein, um gegen die Selektionskräfte arbeiten zu können. Dieses Wechselspiel von Zufall und Selektion, das Allelhäufigkeiten bestimmt, stellt **Wrights-Shifting-Balance-Theorie** dar.

Zum Abschluss muss gesagt werden, dass sich die Analyse und auch die Modellierung genetischer

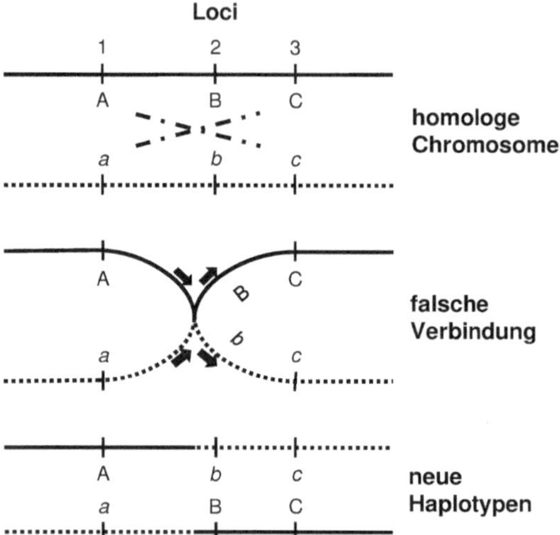

■ **Abb. 5.10** Allelische Kombinationen von drei benachbarten (gekoppelten) Loci auf zwei homologen Chromosomen (▶ G). Die beiden Haplotypen ABC und abc können nur durch Rekombination (*Strich-Punkt-Linien*) oder Mutation verändert werden. In diesem Beispiel führt die Rekombination zu den Haplotypen Abc und aBC

Systeme wesentlich erschwert, wenn viele Loci mit mehreren Allelen betrachtet werden. So stellt die Analyse komplexer Merkmale, die durch viele Gene und die Umwelt bestimmt werden, eine Herausforderung dar (s. ▶ Kap. 17). In diesen Fällen kann mit einer einfachen Rechnung das Ergebnis eines Selektionsprozesses oftmals nicht ermittelt werden (s. Box Beispiele für Selektion).

5.1.6 Das Kopplungsungleichgewicht zweier Loci

Wollen wir die Hardy-Weinberg-Regel auf zwei polymorphe Loci erweitern (▶ polymorph), dann müssen wir zwei Fälle unterscheiden. Liegen die Loci auf verschiedenen Chromosomen, können diese unabhängig voneinander untersuchen werden. Liegen Loci jedoch in enger Nachbarschaft auf einem Chromosom, werden ihre Allele nicht mehr unabhängig vererbt. Sie werden in der Meiose (▶ G) als relativ fest verschnürtes Paket (**Kopplungsgruppe**) auf die Gameten verteilt.

Die Kombination von Allelen verschiedener Loci nennt man einen **Haplotyp** (▶ G). Im Fall der engen Nachbarschaft von Loci können sich die allelischen Haplotypstrukturen nur durch Rekombination und Mutation verändern (■ Abb. 5.10). Schließen wir Selektion aus, dann folgen die Genotyphäufigkeiten eines jeden Locus Hardy-Weinberg-Verteilungen. Dagegen wird oftmals keine Verträglichkeit der Haplotypstrukturen mit Hardy-Weinberg-Proportionen beobachtet, wenn Loci eng benachbart sind – es liegt ein **Kopplungsungleichgewicht** (▶ G) vor.

Nun wollen wir ein Maß ableiten, das die allelischen Kombinationsmuster zweier Loci zugrunde legt und auf das Ausmaß der Abweichung zufälliger Allelkombinationen schließen lässt. Dabei soll gelten, dass keine Selektion wirkt und Rekombinationsereignisse in jeder Meiose die allelische Nachbarschaft von Loci verändern. Weiterhin gehen wir von der Vorstellung aus, dass Rekombinationsraten positiv mit der Distanz zwischen Loci korreliert sind.

Betrachten wir nun drei Loci „1", „2" und „3", wobei Locus „2" nur zur besseren Illustration des Vorgangs dient (■ Abb. 5.10). Wir nehmen an, dass sich die Genotyphäufigkeiten der Loci „1" und „3" im Hardy-Weinberg-Gleichgewicht befinden.

Die Häufigkeiten der Allele A und a des Locus „1" seien p_A bzw. p_a, mit $p_A + p_a = 1$, und die Häufigkeiten der Allele C und c des Locus „3" seien q_C bzw. q_c, mit $q_C + q_c = 1$. Sind beide Loci nicht benachbart und werden ihre Allele zufällig kombiniert, dann beobachten wir in der Population die vier Allelkombinationen mit den folgenden Häufigkeiten

$$\begin{aligned} \text{AC } P_{AC} &= p_A \cdot q_C, \\ \text{Ac } P_{Ac} &= p_A \cdot q_c, \\ \text{aC } P_{aC} &= p_a \cdot q_C \quad \text{und} \\ \text{ac } P_{ac} &= p_a \cdot q_c. \end{aligned}$$

Es gilt $P_{AC} + P_{Ac} + P_{aC} + P_{ac} = 1$.

Setzt man nun die Nachbarschaft und Kopplung beider Loci voraus (■ Abb. 5.10), dann haben wir zu Beginn nur die beiden Allelkombinationen AC und ac (sog. Nichtrekombinanten). Von einer zur nächsten Generation wird die enge Kopplung durch Rekombination aufgelöst. Auf diese Weise entstehen die rekombinanten Allelkombinationen Ac und aC mit den Häufigkeiten P_{Ac} und P_{aC}, die naheliegenderweise nicht mehr mit den Häufigkeiten der zufälligen Allelkombinationen $p_A \cdot q_c$ und $p_a \cdot q_C$ übereinstimmen.

Sind die Allele zweier Loci zufällig kombiniert, können wir anhand der Haplotyphäufigkeiten nicht mehr zwischen Nichtrekombinanten und Rekombinanten unterscheiden. Es gilt $P_{AC} \cdot P_{ac} - P_{Ac} \cdot P_{aC} = 0$. Abweichungen von der Gleichgewichtssituation werden als das **genetische Kopplungsungleichgewicht** D bezeichnet:

$$D = P_{AC} \cdot P_{ac} - P_{aC} \cdot P_{Ac}. \tag{5.24}$$

Eine für die Anwendung wesentlich interessantere Formel vergleicht die Häufigkeit eines Nichtrekombinanten mit dessen zufälliger Erwartung (s. Box Umformung der Maßzahl D in eine handliche Form):

$$D = P_{AC} - p_A \cdot q_C. \tag{5.25}$$

Nehmen wir eine über die Generationen konstante Rekombinationsrate r an, dann kann mit einer kleinen Formel angeben werden, mit welcher Geschwindigkeit ein anfängliches Kopplungsungleichgewicht D_0 nach n Generationen sich auf ein geringeres Ungleichgewicht Dn absenkt

$$D_n = (1 - r)^n \cdot D_0. \tag{5.26}$$

Für Untersuchungen ist es wichtig, dass die Ergebnisse aus Untersuchungen verschiedener Populationen verglichen werden können. Offensichtlich gibt es in den meisten Fällen unterschiedliche Allelfrequenzen in Populationen. Da jedoch die Berechnung des Kopplungsungleichgewichts von diesen Häufigkeiten abhängig ist (► Gl. 5.26), müssen wir die Maßgröße D relativieren. In Abhängigkeit von den Allelhäufigkeiten kann nur ein bestimmtes maximales Ungleichgewicht D_{max} erreicht werden. Dies ist der kleinere Wert von den Allelhäufigkeitsprodukten $p_{A\cdot} \cdot q_c$ oder $p_{a\cdot} \cdot q_C$. Ein vergleichbares Maß für das Kopplungsungleichgewicht ist damit

$$D^* = D / D_{max}. \tag{5.27}$$

In der Praxis kann das Kopplungsungleichgewicht nur abgeschätzt werden, wenn wir Haplotypstrukturen bestimmen können. Die Kenntnis der Genotypen für jeden einzelnen Locus genügt nicht, da bei Heterozygoten nicht eindeutig auf die Haplotypen geschlossen werden kann. Die theoretischen Betrachtungen, die wir in diesem Abschnitt gemacht haben, sind für das ► Kap. 12 (Gensuche in Familien und Populationen) von großer Bedeutung. In diesem Kapitel wird von Loci, deren Position im Genom bekannt ist, auf die Existenz eines gesuchten Gens geschlossen.

Schließlich gilt es noch festzuhalten, dass ohne zusätzliche Kenntnisse die Maßzahl D nicht genügt, um für oder wider eine Nachbarschaft zweier Loci zu argumentieren. So kann auch Selektion bestimmte Allelkombinationen begünstigen und damit eine Nachbarschaft vortäuschen!

Umformung der Maßzahl D in eine handliche Form

Wir gehen von der Definition (► Gl. 5.23) für das Kopplungsungleichgewicht aus

$D = P_{AC} \cdot P_{ac} - P_{aC} \cdot P_{Ac}$.

und halten zusätzlich fest, dass

$P_{AC} + P_{Ac} = p_A$ und $P_{AC} + P_{aC} = p_C$. Das heißt, dass wir alle Haplotypen erfassen, die am Locus 1 das Allel A haben, egal welche allelische Information Locus 3 trägt. Hieraus folgt die Häufigkeit des Allels A. Ebenso kann man für den zweiten Locus vorgehen und erhält die Häufigkeit des Allels C.

Erweitern wir die ► Gl. 5.23 um die Nullsumme $P_{AC} - P_{AC} = 0$, dann haben wir

$D = P_{AC} \cdot P_{ac} - P_{aC} \cdot P_{Ac} + P_{AC} - P_{AC}$.

Jetzt werden die Summanden neu zusammengefasst:

$D = -P_{AC} \cdot (1 - P_{ac}) - P_{aC} \cdot P_{Ac} + P_{AC}$.

Mit $P_{ac} = (1 - P_{AC} - P_{Ac} - P_{aC})$ folgt

$D = -P_{AC} \cdot (P_{AC} + P_{Ac} + P_{aC}) - P_{aC} \cdot P_{Ac} + P_{AC}$.

Weiter gilt:

$D = -P_{AC} \cdot (P_{AC} + P_{Ac}) - P_{aC} \cdot (P_{AC} + P_{Ac}) + P_{AC}$

und damit

$D = -(P_{AC} + P_{aC}) \cdot (P_{AC} + P_{Ac}) + P_{AC}$.

Schließlich folgt das gewünschte Ergebnis:

$D = P_{AC} - p_A \cdot p_C$.

Glossar

Allel Die DNA-Sequenz eines bestimmten DNA-Abschnitts des Genoms. Dieser Abschnitt kann codierend (Gen) oder auch willkürlich gewählt sein (Locus). Unterscheiden sich die DNA-Abschnitte homologer Chromosomen, dann sprechen wir auch von allelischer Variation.

Autozygotie Homozygoter Zustand eines Locus, dessen Allele Kopien desselben Allels eines Vorfahren sind.

binomische Formel Algebraische quadratische Formel. Mit p und q gilt: (a) $(p+q)^2=p^2+2pq+q^2$, (b) $(p-q)^2=p^2-2pq+q^2$, (c) $(p+q)(p-q)=p^2-q^2$
Die erste Gleichung findet in der Genetik bei der Hardy-Weinberg-Regel ihre Anwendung.

diploid Das Kerngenom (► G) eukaryotischer Zellen ist diploid, falls es, mit Ausnahme von heterologen Geschlechtschromosomen, aus mikroskopisch strukturell ähnlichen Paaren von allen Chromosomen besteht (► homologe Chromosomen). Homologe Chromosomen tragen die gleichen Loci, die sich aber in ihrer allelischen Information unterscheiden können.

Fisher-Wright-Modell Mathematisches Modell, das die genotypische Variabilität in einer endlichen Population beschreibt. Es gibt keine Selektion und Unterschiede zwischen Generationen werden allein zufälligen Ereignissen zugeschrieben.

Fitness Genetischer Beitrag eines Genotyps zur Folgegeneration.

Gamet Die Keimbahn von Organismen mit geschlechtlicher Vermehrung erzeugt Eizellen oder Spermien bzw. Pollen. Bei der Befruchtung verschmelzen diese weiblichen und männlichen, haploiden Gameten (► G) zur diploiden Zygote, aus der der neue Organismus entsteht.

Genpool Gesamtheit der Gene aller reproduzierenden Individuen einer Population.

Hämoglobinpolymorphismus In einzelnen menschlichen Populationen treten Hämoglobinvarianten mit einer Häufigkeit von mehr als einem Prozent auf (► polymorph).

haploid Das Kerngenom (► G) einer Zelle umfasst eine Anzahl von Chromosomen, die für die Art charakteristisch ist. Mit dem Mikroskop können Chromosomen anhand ihrer Struktur unterschieden werden. Gibt es von jedem Chromosom nur ein Exemplar, dann liegt ein haploider Chromosomensatz vor.

Haplotyp Kombination von Allelen verschiedener Loci, die normalerweise in einem Chromosomenabschnitt liegen.

hemizygot/Hemizygotie Zustand von Individuen mit zwei unterschiedlichen Gonosomen (► G) oder heterologen Chromosomen. Da sich die meisten Genorte zweier heterologer Chromosomen nicht entsprechen, hat ein hemizygotes Individuum in diesen Fällen nur ein Allel.

heterologe Chromosomen Die unterschiedlich strukturierten Geschlechtschromosomen einiger Arten (► Gonosom).

heterozygot, Heterozygotie Die Erbinformationen eines Individuums in homologen Chromosomenabschnitten sind unterschiedlich.

Heterozygotiegrad Relativer Anteil heterozygoter Loci in einer Population, ein Maß für die genetische Variabilität einer Population. Der Heterozygotiegrad H wird mit dem Durchschnitt über mehrere Loci geschätzt. Es gilt $H=1-$Homozygotiegrad (► G).

homologe Chromosomen Chromosomen, die sich in ihrer mikroskopisch erkennbaren Struktur entsprechen. Einzelne Chromosomenabschnitte können sich allerdings in ihrer Feinstruktur unterscheiden. In diesem Fall tragen diese Abschnitte unterschiedliche genetische Informationen, sog. Allele, und in der Population besteht eine allelische Variation.

homozygot, Homozygotie Die Erbinformationen eines Individuums in homologen Chromosomenabschnitten sind gleich.

Homozygotiegrad Relativer Anteil homozygoter Loci in einer Population, ein Maß für die genetische Variabilität einer Population. Der Homozygotiegrad F wird mit dem Durchschnitt über mehrere Loci geschätzt. Es gilt $F=1-$Heterozygotiegrad.

Inzuchtkoeffizient Die Wahrscheinlichkeit, dass verwandte Eltern dieselben Allele gemeinsamer Vorfahren tragen und dafür die jeweiligen Loci bei ihren Nachkommen homozygot (► G) für dieses Allel werden können.

Kerngenom Die genetische Information, die auf den Chromosomen im Zellkern eukaryotischer Zellen gespeichert ist.

Kopplungsungleichgewicht Man betrachtet die genotypische Konstellation von mehreren Loci und analysiert die Häufigkeiten der Gesamtgenotypen. Weicht die beobachtete Häufigkeitsverteilung der Genotypen von der erwarteten Hardy-Weinberg-Verteilung ab, dann liegt ein Kopplungsungleichgewicht vor. Die enge Nachbarschaft der Loci lässt eine zufällige Kombination ihrer Allele nicht zu (► Haplotyp). Aber auch Selektion kann bestimmte Allelkombinationen begünstigen.

Meiose Viele Eukaryoten bilden in der Meiose Gameten (Eizelle, Samenzelle, Pollen). Die Meiose garantiert, dass der genetische Informationsumfang, bis auf Mutationen, von Generation zu Generation gleich bleibt.

Migration Individuen, Samen oder Pollen, die von einer in eine andere Population einwandern.

monomorph ► polymorph.

Nullhypothese Jedes statistisch Testverfahren legt eine Nullhypothese zugrunde, die anhand einer Stichprobe überprüft wird. Die Nullhypothese erklärt normalerweise die Struktur einer Datenmenge durch Zufall oder Unabhängigkeit von Ereignissen. Aus der Nullhypothese folgen z. B. Mittelwerte, die im Testverfahren mit den Beobachtungswerten verglichen werden. Der Nullhypothese steht die Alternativhypothese gegenüber.

polymorph Ein Locus ist polymorph, wenn mindestens zwei Allele in der Population vorhanden sind und deren Allelhäufigkeiten kleiner als 99 % sind. Diese Bewertung eines Locus gilt für eine Population und kann jedoch für verschiedene Populationen einer Art unterschiedlich ausfallen. Trifft für einen Locus diese Eigenschaft nicht zu, dann wird er als monomorph bezeichnet. SNP haben normalerweise nur zwei Allele. In diesem Fall kann die Definition umgekehrt werden: Das seltenere Allel muss häufiger als ein Prozent sein.

sexuelle Reproduktion Es werden haploide, männliche und weibliche Gameten gebildet, deren Vereinigung zur diploiden Zygote (Einzellstadium; ▸ G) führt, aus der ein neuer Organismus entsteht.

Verwandtschaftskoeffizient Anteil der Gene von zwei Verwandten, der von gemeinsamen Vorfahren stammt. Je enger das Verwandtschaftsverhältnis desto höher der Verwandtschaftskoeffizient. Bei der Berechnung werden keine Geschlechtschromosomen berücksichtigt. So gilt, dass der Verwandtschaftskoeffizient von Bruder und Schwester gleich 0,5 ist.

Aufgaben

Aufgabe 1. Wir haben einen sexuell reproduzierenden Organismus mit den Gonosomen X und Y (XX weiblich und XY männlich). Betrachten wir einen Locus mit den kodominanten Allelen A und B, der auf dem Geschlechtschromosom X liegt. Welche Genotyphäufigkeiten sind in einer Population zu erwarten, wenn die allelische Vielfalt des Locus keiner Selektion unterliegt?

Aufgabe 2. Wir charakterisieren Individuen einer Art anhand von vielen selektionsneutralen Loci. Der geschätzte Heterozygotiegrad ist 0,08 und die Mutationsrate liegt bei 10^{-6}. Mit wie vielen reproduzierenden Individuen kann das Ergebnis erklärt werden?

Aufgabe 3. Wir schließen Mutationsereignisse aus. Wie lange dauert es, dass sich der mittlere Heterozygotiegrad einer Drosophila-Zuchtpopulation mit 100 Eltertieren pro Generation von anfänglich 20 auf 5 % verringert?

Aufgabe 4. Wie sieht die Genotypverteilung einer Population aus, in der Inzucht ein sehr häufiges Ereignis ist?

Aufgabe 5. Warum verbinden wir sexuelle Reproduktion stets mit Diploidie?

Aufgabe 6. Weshalb schließt die Hardy-Weinberg-Regel jeden Evolutionsprozess aus?

Computerprogramm

Das Computerprogramm POPULUS (Alstad 2007 ▸ http://www.cbs.umn.edu/populus/) bietet Simulationen zu populationsgenetischen Modellen an. Der Ausgang eines Evolutionsprozesses kann unter verschiedenen Fitnessbedingungen analysiert werden.

Literatur

Verwendete Literatur

Alstad DN (2007) Populus Software (Version 5.4) Simulations of Population Biology. University of Minnesota, Minnesota, USA

Allison AC (2002) The discovery of resistance to malaria of sickle-cell heterozygotes. Biochem Mol Biol Educat 30:279–287

Crow JF, Denniston C (1988) Inbreeding and variance effective population numbers. Evolution 42:482–495

Darwin C (1859) On the origin of species by means of natural selection, or the preservation of favoured races in the struggle for life, 1. Aufl. John Murray, London, England

Hartl DL, Clark AG (1989) Principles of population genetics, 2. Aufl. Sinauer Publisher, Sunderland, USA

Kimura M (1955) Solution of a process of random genetic drift with a continuous model. Proc Natl Acad Sci USA 41:144–150

Lieberman D, Antfolk J (2015) Inbreeding avoidance. In: Buss DM (Hrsg) The handbook of evolutionary psychology, 2. Aufl. John Wiley, New Jersey, S 444–461

Livingstone FB (1967) Abnormal hemoglobins in human populations. Aldine, Chicago, USA

Mayr E (1988) Toward a new philosophy of biology – observations of an evolutionist. Harvard University Press, Harvard, Massachusetts, USA

Wright S (1931) Evolution of Mendelian populations. Genetics 16:97–159

Wright S (1939) Statistical genetics in relation to evolution, Exposés de biométrie et de statistique biologique. Herman, Paris, France

Weiterführende Literatur

Hartl DL, Clark AG (2007) Principles of population genetics, 4. Aufl. Sinauer, Sunderland, Massachusetts, USA

Evolutionsbiologie

Artkonzepte und Artbildungsprozesse

Jürgen Tomiuk, Volker Loeschcke

J. Tomiuk, V. Loeschcke, *Grundlagen der Evolutionsbiologie und Formalen Genetik*,
DOI 10.1007/978-3-662-49685-5_6, © Springer-Verlag Berlin Heidelberg 2017

Für unser Verständnis von Artbildungsprozessen sind die Erkenntnisse vieler verschiedener wissenschaftlicher Disziplinen notwendig. So bietet Alfred Wegeners (1912) Kontinentaldrift (▶ G) die Grundlage für einen einfach nachzuvollziehenden Weg von einer ursprünglich zusammengehörenden Artengemeinschaft hin zur eigenständigen Evolution der Pflanzen- und Tierwelt auf verschiedenen Kontinenten. Im letzten Jahrhundert entschlüsselten Biochemiker den genetischen Code und legten damit das Fundament für das heutige Verständnis von Evolutionsprozessen. Schließlich analysieren Mathematiker theoretische Modelle, Statistiker entwickeln Testmethoden zur Prüfung von Hypothesen und Informatiker verwalten den anfallenden Berg von Daten, um ihn für die notwendigen Analyseverfahren aufzubereiten. Darüber hinaus tragen auch Kulturwissenschaftler dazu bei, die Entwicklung sozialer Strukturen von Lebensgemeinschaften zu verstehen. Die Fülle unterschiedlicher Evolutionsprozesse beschränkt unser Kapitel auf die Beantwortung dreier wichtiger Fragen: „Was für eine Einheit stellt eine Art dar?" – „Welches sind die klassischen Konzepte für Artbildungsprozesse?" – „Wie kann die evolutionäre Verwandtschaft von Arten bewerten werden?"

6.1 Artkonzepte

Ein frühes Anliegen von Naturgelehrten und Philosophen war, Ordnung in die biologische Vielfalt zu bringen. In der Vergangenheit gab es allerdings auch Denkansätze, wonach Individuen nicht gruppiert und klassifiziert werden sollten, da jedes Individuum eine geschlossene Einheit darstellt und das Zusammenfassen in Arten nur zu einem anthropogenen, aber keinem natürlichen Konstrukt führt (**nominalistisches Artkonzept**). Diese sehr philosophische individuenbezogene Betrachtungsweise ist für die Untersuchungen eines Biologen oder Paläontologen nicht sehr hilfreich – sie übt deswegen keinen Einfluss auf die Biologie aus und wird heute auch nicht mehr ernsthaft diskutiert. Doch sie bleibt eine Erinnerung an ein vergangenes Weltbild von der Ordnung der Natur.

Naturvölker haben schon immer Arten anhand von Eigenschaften definiert, die auffällig sind oder eine bestimmte Bedeutung haben. Auch wir verwenden heute noch äußere Merkmale (▶ morphologische Merkmale) zur Beschreibung neuentdeckter Arten (**typologisches Artkonzept**). Wollen wir aus den gewählten Merkmalen Rückschlüsse auf die Verwandtschaft von Arten ziehen (▶ Kladistik oder ▶ phylogenetische Systematik), dann müssen wir darauf achten, dass Eigenschaften unterschieden werden, deren Ausbildung sich entweder durch einen gemeinsamen Evolutionsweg der Arten erklären lassen oder die sich neu und unabhängig in verschiedenen Arten entwickelt haben. Die Flossen von Walen und Fischen sind ein oft zitiertes Beispiel – sie haben sich unter demselben Selektionsdruck zur Fortbewegung im Wasser entwickelt (▶ konvergente Evolution), sind jedoch nicht im Lauf eines gemeinsamen Evolutionswegs entstanden. Morphologische Merkmale, die sich für die Artenbestimmung (▶ Taxonomie und ▶ klassische Systematik) eignen und qualitativ oder quantitativ erfasst werden können (eine sog. funktionelle taxonomische Einheit („**o**perational **t**axonomic **u**nit", OTU)), werden auch statistisch genutzt, um Arten entsprechend ihrer Ähnlichkeit in einem Stammbaum zu ordnen. Ein solcher Stammbaum gestattet Rückschlüsse auf die stammesgeschichtliche Entwicklung einer Gruppe von Lebewesen (**Phylogenie**).

Neben dem Vorhandensein morphologischer Merkmale, die sich bei verschiedenen Arten unterscheiden, fordert das **biologische Artkonzept** (Mayr 1942), dass sich Individuen einer Art paaren können und fruchtbare Nachkommen haben (▶ Fertilität). Ohne diese Möglichkeit sind Individuen reproduktiv isoliert und müssen verschiedenen Arten zugeordnet werden. Dobzhansky (1970) erklärte: „Arten sind Systeme von Populationen. Der Genfluss zwischen verschiedenen Systemen ist stark limitiert oder sogar vollständig unterdrückt (**Isolationskonzept**)". Ein Isolationsmechanismus kann z. B. auch die fehlende Akzeptanz eines Individuums sein, ein anderes als potenziellen Paarungspartnern anzuerkennen. Patterson (1985) schlug aufgrund der Eigenschaft der Paarbildung, die ein wesentlicher Punkt einer Fortpflanzungsgemeinschaft ist, das **Erkennungskonzept** als Grundlage zur Definition von Arten vor. Der Fokus auf Artkonzepte, die nur auf Arten mit sexueller Reproduktion angewandt werden können, warf bald die Frage auf: Gibt es ein Konzept, das so-

Abb. 6.1 Isolation begünstigt die Bildung neuer Arten. Südamerika mit Neuweltaffen [Platyrrhini: Brüllaffen (*oben Aluotta seniculus*, Foto von Bilderdatenbank Fotolia; *Mitte Aluotta caraya*, Foto von Rainer Radtke, Universität Tübingen); *unten* zweifarbiger Tamarin *Saguinus bicolor*, Foto von Bilderdatenbank Fotolia]. Afrika mit Altweltaffen (Catarrhini: *oben* Berberaffe *Macaca sylvanus*, Foto von Bilderdatenbank Fotolia; *unten* Schimpanse *Pan troglodytes*, Foto von Petra Lahann, Universität Hamburg). Madagaskar mit Lemuren [Prosimiae oder Halbaffen (*oben* Mausmaki *Microcebus sp.* ist eine der kleinsten Primatenarten, Foto von Petra Lehann, Universität Hamburg; *unten* Fettschwanzmaki *Cheirogaleus medius*, Foto von Kathrin Dausmann, Universität Hamburg)]. Die geografische Karte ist von ► www.weltkarte.com

wohl Arten mit sexueller als auch solche mit asexueller Reproduktion einschließt? In seinem umfassenden **Kohärenzkonzept** beschreibt Alan Templeton (1989) eine Art als „eine Gruppe von Individuen, die denselben Evolutionsweg zurückgelegt haben". Individuen bilden also eine Art, wenn sie einem gemeinsamen evolutionären Ursprung entstammen, dieselbe Ökologie, dieselben Verhaltens- und Reproduktionsweisen haben und denselben Lebenszyklus durchlaufen. Templetons Definition kann in der Tat auf Arten mit allen möglichen Eigenheiten angewandt werden, birgt aber gerade deswegen auch eine gewisse Unschärfe. Arbeiten wir mit sexuell reproduzierenden Organismen, können wir ohne Probleme auf das Isolationskonzept zurückgreifen. Sind hierbei noch Verhaltensmuster von Interesse, dann kann auch das Erkennungskonzept gelten. Nur im Fall von asexueller oder klonaler Reproduktion kommt man nicht umhin, das Kohärenzkonzept zu akzeptieren – schließlich soll nicht jeder Klon als eigenständige Art betrachtet werden!

So manche Schwierigkeiten ergeben sich bei der Untersuchung einiger nahverwandter, sexuell reproduzierender Arten, die gemeinsam immer noch fertile Nachkommen haben können. Die Unsicherheit, ob es sich bereits um phylogenetisch eigenständige Arten oder um lokal angepasste Formen, Varietäten oder Rassen einer Art handelt, spiegelt sich in den verschiedenen Begrifflichkeiten wie Schwesterarten („sister species"), verwandte Arten („sibling species"), Halbarten („semispecies") oder Unterarten („subspecies") wider.

6.2 Artbildungsprozesse

Geologische Ereignisse, die zur geografischen Isolation von Subpopulationen einer Art führen, schaffen die einfachsten Voraussetzungen für einen Artbildungsprozess. Aber auch die Neubesiedlung von Inseln, die durch vulkanische Aktivitäten weit entfernt von Kontinenten im Meer entstehen, kann der Beginn einer eigenständigen Entwicklung von Populationen sein. Artbildungsprozesse, die auf einer starken Isolation von Populationen beruhen, werden **allopatrische Speziation** genannt (◘ Abb. 6.1). Heute sehen wir das Ergebnis einer allopatrischen Artbildung in der Säugetierordnung der Primaten. Die Kontinentaldrift trennte den südamerikanischen vom afrikanischen Kontinent (Wegener, 1912). Populationen unserer gemeinsamen äffischen Vorfahren wurden dadurch ebenfalls getrennt, und infolgedessen haben sich die Altweltaffen (Schmalnasenaffen oder Catarrhini – Afrika und Eurasien) und die Neuweltaffen (Breitnasenaffen oder Platyrrhini – Südamerika) unabhängig voneinander weiterentwickelt.

Nach der vollständigen geografischen Trennung unterliegen Populationen den jeweiligen lokalen Bedingungen; Populationen müssen sich an die gegebenen Umweltbedingungen der neuen Lebensräume anpassen, um zu überleben. Mutationen sowie **genetische Drift** (▶ G) führen zu weiteren genetischen Unterschieden zwischen den Populationen (s. ▶ Kap. 5). Diese werden mit der Zeit so groß, dass Individuen beider Teilpopulationen schließlich eigenständige Arten bilden. Bricht die geografische Barriere allerdings frühzeitig zusammen und besteht dann noch eine gewisse Verträglichkeit zwischen den Individuen, können die beiden Teilpopulationen wieder zu einer gemeinsamen Art verschmelzen.

Die Neubesiedlung von entlegenen Inseln (z. B. Hawaii, Galapagos) und die nachfolgenden Differenzierungsprozesse haben einige besprechenswerte Eigenheiten. Ist die Möglichkeit von Migrationsereignissen zwischen Insel und Kontinent weitgehend eingeschränkt und ist Genaustausch eher unwahrscheinlich, dann kann eine erfolgreiche Besiedlung des Neulands durch eine Gründergruppe nur gelingen, wenn sich diese Individuen auf der Insel weiter vermehren können (▶ Founder). So müssen bei Tieren mit geschlechtlicher Fortpflanzung mindestens ein Weibchen und ein Männchen auf eine Insel gelangen. Ein alternativer Weg ist, dass ein befruchtetes Weibchen sowohl männliche als auch weibliche Nachkommen trägt, die dann die neue Population gründen. Zudem ist es zwingend, dass Gründerindividuen eine fruchtbare Nachkommenschaft haben. Bei Pflanzen kann auch ein Samen genügen, doch bei zweihäusigen Pflanzen (▶ Diözie, Monözie) gelten ähnliche Forderungen wie bei Tieren mit geschlechtlicher Fortpflanzung. Gelangen nur Individuen eines Geschlechts ohne Nachkommenschaft auf das Eiland, wird mit großer Wahrscheinlichkeit diese Gründerpopulation vor der Ankunft nachfolgender, geeigneter Paarungspartner wieder aussterben! Dagegen sind Kolonisten mit dem geringsten Fortpflanzungsrisiko Organismen, die sich asexuell vermehren oder wenigstens dazu das Potenzial haben! Wissenschaftlich interessante Objekte für Letzteres sind asiatische Schabenarten *Pycnoscelus indicus* und *P. surinamensis*. Die bisexuelle Art *P. indicus* ist im indomalaiischen Raum heimisch. Genetische Untersuchungen belegen, dass aus diesen sich geschlechtlich fortpflanzenden Population immer wieder parthenogenetische Linien entstehen (*P. surinamensis*), die ein hohes Potenzial zur Besiedlung neuer Habitate besitzen. Die Emigrationswege der klonalen Linien können mithilfe von **Markerloci** (▶ G) entlang der alten Schifffahrtsstraßen von Indonesien über Indien, Arabien, Madagaskar, Südafrika, Kanarische Inseln bis zur Iberischen Halbinsel verfolgt werden. Schließlich wurden einzelne Klone auf den Schiffen auch nach Amerika, Hawaii und Australien verschleppt.

Oftmals geht mit der Neubesiedlung eines Habitats eine extrem geringe genetische Variabilität in der kleinen Gruppe von Gründerindividuen einher. Darüber hinaus sind die Neuankömmlinge nicht notwendigerweise die besten Vertreter ihrer ursprünglichen Stammpopulation. In den meisten Fällen verdanken sie ihre Ankunft in der neuen Heimat nur dem Zufall – doch ohne Konkurrenz in der neuen Umgebung sind sie hier die Besten ihrer Art! Weiterhin neigt eine kleine Anzahl von Gründerindividuen vermehrt zur Verwandtenpaarung (▶ Inzucht), was die Überlebensfähigkeit der Gründerpopulation drastisch vermindern kann

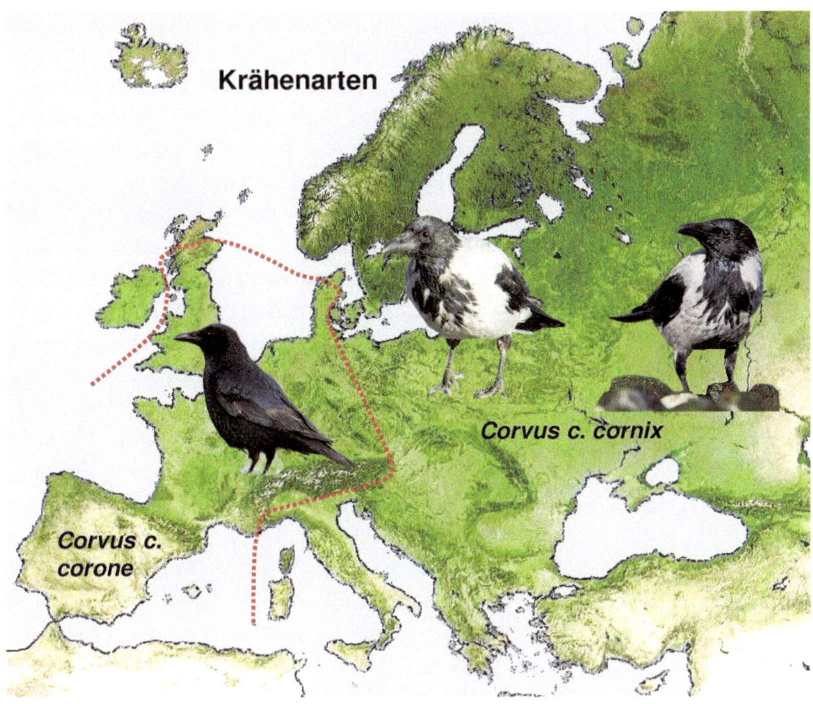

Abb. 6.2 Verbreitung von zwei europäischen Krähenarten (Rabenkrähe, *Corvus corone corone;* Nebelkrähe, *C. corone cornix*). Im Osten schließt sich das Verbreitungsgebiet der asiatischen Art *C. c orientalis* an. Die *unterbrochene rote Linie* umrahmt das Verbreitungsgebiet der Rabenkrähe. Entlang dieser Grenze wird eine Vermischung beider Arten beobachtet (Tierfotos von Christel Geiger, Tübingen, und Ralph Martin, Universität Freiburg; Europakarte von ► www.weltkarte.com)

(► Flaschenhalseffekt, „bottleneck effect"). Werden jedoch die anfänglichen ökologischen und populationsgenetischen Hürden überwunden, dann greifen die gleichen diversifizierenden Mechanismen, die oben im Fall einer geografischen Isolation beschrieben worden sind.

In Arten, deren Individuen über sehr große geografische Regionen verbreitet sind, kann ein unterschiedlicher Selektionsdruck zur Anpassung an die gegebenen lokalen Bedingungen und somit zu Unterschieden zwischen lokalen Populationen führen. So können sich Rassen innerhalb einer Art bilden, die sich sowohl phänotypisch als auch genetisch unterscheiden. Schreitet der Anpassungsprozess weiter und wird dieser noch von Veränderungen begleitet, die das Fortpflanzungsvermögen von Paarungspartnern verschiedener lokaler Populationen einschränken, dann kommen wir in die Grauzone des Artbildungsprozesses, zu Halb-, Unter- und Schwesterarten. Oft zitierte Beispiele für solche regionalen Differenzierungsprozesse (► parapatrische Speziation) sind die eurasischen Raben- und Nebelkrähen (*Corvus corone corone, C. c. cornix*) (Abb. 6.2) sowie die **Ringarten** (► G) des kalifornischen Salamanders (*Ensantina* spp.), die sich um das San-Joaquin-Tal bei Sacramento ausgebreitet haben (Abb. 6.3).

Im Fall der Krähen schränkten wahrscheinlich eiszeitliche Gletscher die Migrationswege auf eine südliche Passage im eurasischen Raum ein. Die beiden Populationen im europäischen und asiatischen Raum konnten sich eigenständig weiterentwickelt und waren nur durch ein schwaches Migrationsband miteinander verbunden. Nach dem Zurückweichen der Gletscher breiteten sich beide Population wieder aus und heute finden wir eine Hybridzone entlang der Elbe – östlich des Flusses ist die Nebelkrähe (*C. c. cornix*) und westlich die Rabenkrähe (*C. c. corone*) heimisch. Obwohl Mischformen beider Krähenarten (► Hybrid) fortpflanzungsfähig sind, lässt die Seltenheit solcher Ereignisse darauf schließen, dass eine noch unbekannte

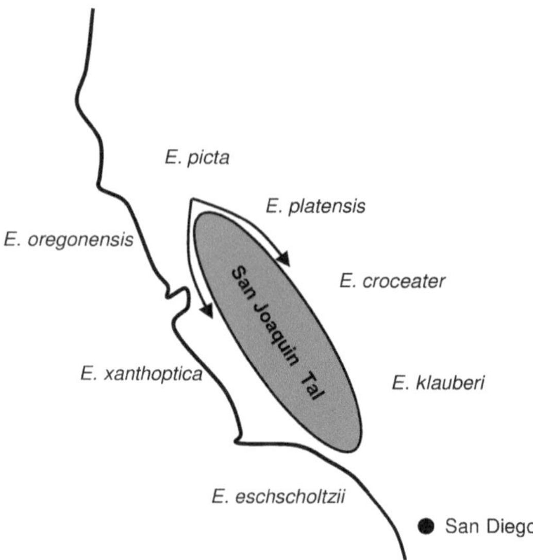

Abb. 6.3 Die kalifornischen Salamanderarten (*Ensantina* spp.) um das San-Joaquin-Tal gelten als Beispiel für eine Ringart

Schranke die vollständige Durchmischung beider Formen verhindert (Abb. 6.2).

Die geografische Verteilung der kalifornischen Salamander kann mit dem Einwandern von Individuen vom Norden des San-Joaquin-Tals in die südlicheren Gebiete erklärt werden. Das San-Joaquin-Tal war vor seiner Bewässerung eine unwirtliche Gegend für die Salamander und so führte ein Migrationsweg im Landesinneren am Tal vorbei; die zweite Ausbreitung fand entlang der Küste statt (Abb. 6.3). In einzelnen Regionen haben sich Populationen/Rassen entwickelt, deren Individuen sich durch ihre Hautfärbung und -musterung unterscheiden. Fertile hybride Nachkommen von Individuen sind für fast alle benachbarten Populationen beschrieben, nur nicht für Individuen der beiden südlichsten Unterarten (im Landesinneren: *E. eschscholtzii klauberi*; an der Küste: *E. e. eschscholtzii*).

Sicherlich ist ein spontaner Speziationsprozess innerhalb einer Population am schwierigsten nachvollziehbar (**sympatrische Speziation**). Doch auch hierfür gibt es Beispiele von Arten, die wir aus unserem Alltag kennen. Zwischen engverwandten Kohlarten kann es zu Hybridisierungen kommen, und so erklärt sich auch die Entstehung des Rapses (*Brassica napus*), der das Genom des Gemüsekohls (C von *B. oleracea*) und der Wasserrübe (A von B. campestris) trägt. Mit der Verdoppelung des Chromosomensatzes (▶ G) der Hybride von AC zu AACC war der Raps entstanden (▶ Alloploidisierung) und auch eine Reproduktionsbarriere gegen eine weitere Vermischung mit den beiden Elterarten errichtet worden (Abb. 6.4), da eine Vermischung von unterschiedlichen Chromosomensätzen oftmals zu Fitnessnachteilen führt. Vervielfachungen des Chromosomensatzes finden wir noch bei anderen Kohlarten; sie führten auch zum **hexaploiden** Weizen (sechsfacher Chromosomensatz): Der moderne Weizen (*Triticum aestivum*) ist aus dem *tetraploiden* Emmer (*T. dicoccoides*, vierfacher Chromosomensatz) und dieser aus dem **diploiden** Einkorn (*T. monococcum*, zweifacher Chromosomensatz) entstanden.

Die geografischen Verbreitung der Arten aus der Gattung Lepilemur (Wieselmaki) können sowohl mit einem allopatrischen als auch mit einem sympatrischen Artbildungsprozess erklärt werden. Lepilemuren sind in Madagaskar weit verbreitet, und die verschiedenen Arten zeigen mehr oder weniger ausgeprägte morphologische Unterschiede. Dabei handelt es sich bei den meisten beschriebenen Arten um eigenständige Arten, die sich in ihren chromosomalen Grobstrukturen unterscheiden (▶ Translokation, Duplikation, Insertion, Inversion, Deletion). Viele Arten wurden bisher allerdings nur aufgrund von genetischen Unterschieden zwischen ihren mitochondrialen Genomen definiert. Ein abschließender Beweis für die genetische Isolation der Lepilemurarten steht noch aus.

Im Fall einer Kombination der Chromosomensätze verwandter Arten liegen im Genom der Hybriden keine homologen Chromosomen mehr vor (▶ Chromosomensatz). Dies kann die Unfruchtbarkeit der Hybriden zur Folge haben, da in der Reifeteilung (▶ Meiose) keine Gameten gebildet werden können, die die vollständige haploide elterliche Erbinformation tragen (z. B. haben beim Menschen Translokationen in vielen Fällen eine erhöhte Fehlgeburtenrate zur Folge) (Buselmeier und Tariverdian 2006).

Eine langfristige Koexistenz zweier Arten mit unterschiedlichen Chromosomensätzen und gleichen ökologischen Ansprüchen ist schwer zu erklären, da Selektion und Zufall früher oder später

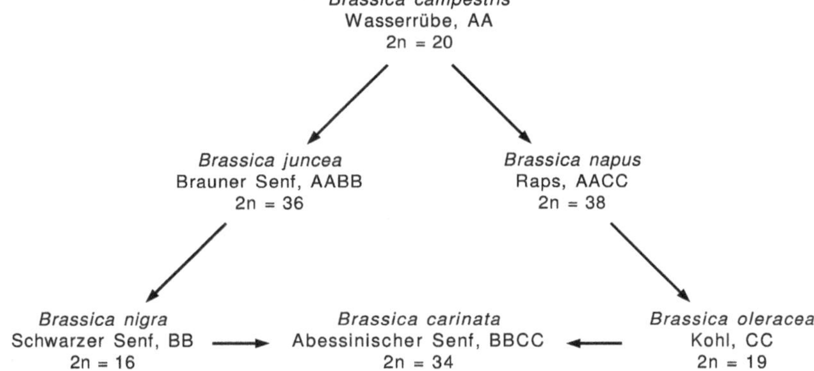

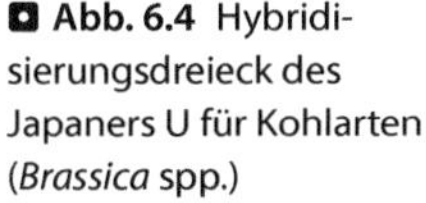

■ **Abb. 6.4** Hybridisierungsdreieck des Japaners U für Kohlarten (*Brassica* spp.)

eine Art den Konkurrenzkampf gewinnen lassen. Die Evolution der Wieselmakiarten (*Lepilemur* spp.) lässt zwei Erklärungsmodelle zu: Zum einen könnten sich in lokalen Populationen zuerst Individuen mit einem veränderten Chromosomensatz durchgesetzt haben (sympatrische Speziation). Zum anderen könnte zuerst die geografische Isolation zur Artbildung geführt und sich anschließend unterschiedliche Chromosomenstrukturen entwickelt haben (▶ Karyotyp). In der Tat trennen heute geografische Migrationsbarrieren wie Flüsse und Berge die verschiedenen Wieselmakiarten mit ihren spezifischen Chromosomensätzen und wir sehen einen Fleckenteppich eng verwandter Arten in Madagaskar (■ Abb. 6.5).

Schauen wir uns die drei Artbildungsprozesse im Detail an, dann stellen wir schnell fest, dass bei allen Konzepten irgendeine Form der Isolation gefordert wird. Im Fall der parapatrischen Artbildung ist die Migration von Individuen zwischen verschiedenen Lebensräumen nicht vollständig unterbunden, sondern nur stark eingeschränkt. Auch die sympatrische Artbildung fordert Isolationsmechanismen wie genetische Unverträglichkeit oder die Nutzung neuer ökologischer Nischen.

Damit eng verwandte Arten mit einem überlappenden Verbreitungsgebiet ihre Eigenheiten bewahren, müssen sich Reproduktionsbarrieren ausgebildet haben, die einen Genaustausch zwischen den Arten minimieren oder sogar unterbinden. Diese Barrieren können ökologischer oder genetischer Natur sein. Nah verwandte Arten können mit der Nutzung verschiedener ökologischer Nischen oder der jahreszeitlichen Verschiebung ihres Lebenszyklus dem gegenseitigen Konkurrenzdruck entgehen. Veränderungen von Eigenschaften, die eine bedeutende Schlüsselrolle bei der Fortpflanzung spielen, wie das Paarungsverhalten, die Balz bei Vögeln, der Reproduktionszeitraum, eine Unverträglichkeit von Pollen und weiblicher Blüte, selbst die Blütenformen von einigen Pflanzen, können eine reproduktive Isolation aufrechterhalten – derartige Unterschiede verhindern eine mögliche erfolgreiche Befruchtung (▶ präzygotische Isolationsbarriere). Aber auch nach der Zygotenbildung können sich bei Arthybriden noch die Folgen einer Unverträglichkeit zeigen (▶ postzygotische Isolationsbarriere). Zum einen kann bereits die Funktionstüchtigkeit hybrider Zellen eingeschränkt sein und es folgen embryonale Entwicklungsstörungen, die dazu führen, dass der Embryo abstirbt, oder das hybride Individuum nicht lebensfähig ist. Im Fall eines lebensfähigen hybriden Nachkommen sollte dieser ein deutlich reduziertes Reproduktionspotenzial im Vergleich zu seinen nichthybriden Halbgeschwistern haben. Beispiele sind das unfruchtbare Maultier (Nachkomme von Pferdestute und Eselhengst) und der unfruchtbare Maulesel (Nachkomme von Eselstute und Pferdehengst).

6.3 Genetische Ähnlichkeit von Populationen und Arten

Der Vergleich von Arten zielt auf die Bewertung von Verwandtschaftsverhältnissen und von Evolutionszeiträumen, in denen sich Unterschiede zwischen Arten ausgebildet haben. Mit einem phylogenetischen Stammbaum können Arten aufgrund ihrer Ähnlichkeiten geordnet werden. Die Länge der Äste

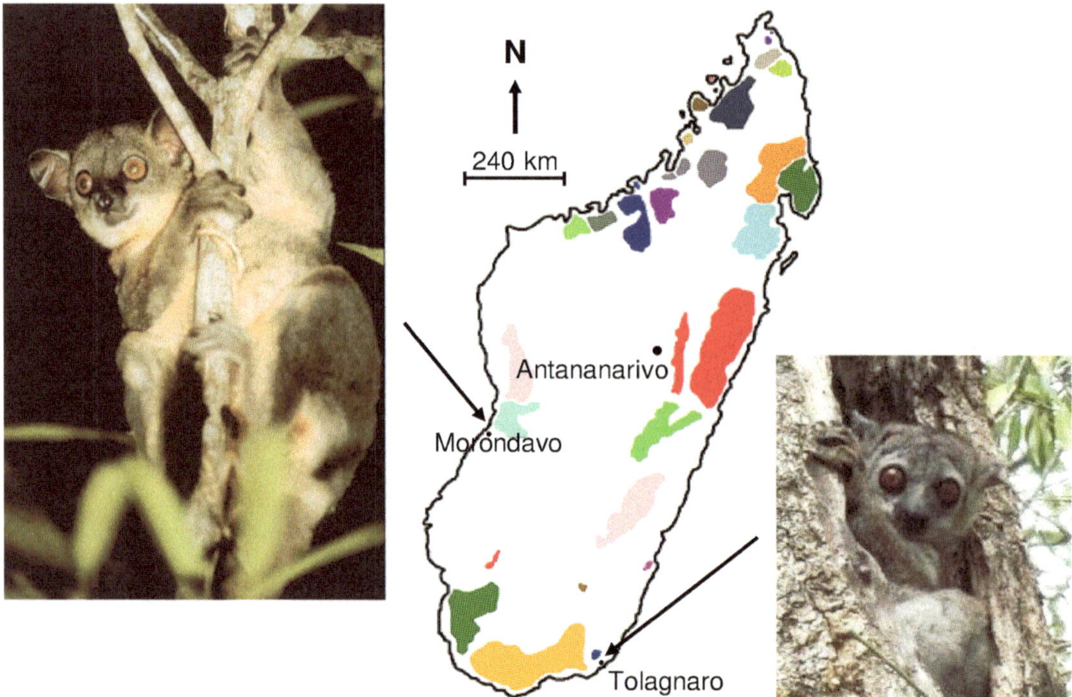

Abb. 6.5 Verbreitung von Lepilemurarten (Wieselmaki) in Madagaskar. In 26 Regionen (farbig markiert) sind verschiedene Lepilemurarten beschrieben. Die Bilder der Wieselmakis aus dem Naturpark Kirindy bei Morondava und dem Nationalpark Andohahela bei Tolagnaro stammen aus den Privatsammlungen von Petra Lahann und Jörg Ganzhorn (Universität Hamburg). Stephen Nash (Stony Brook University, New York) zeichnete die Karte zur Verbreitung der Lepilemurarten nach Mittenmeier et al. (2013)

eines Stammbaums hält die geschätzten Evolutionszeiträume grafisch fest, in denen sich einzelne Arten entwickelten. Vergleichende genetische Untersuchungen liefern hierfür Daten zur Ähnlichkeit von Arten, die ebenfalls zur Bewertung von Evolutionszeiten genutzt werden können.

Allen theoretischen Verfahren, die für den genetischen Vergleich von Arten und Populationen ausgedacht wurden, liegt das gleiche Konzept zugrunde: Allele eines Locus sind Kopien elterlicher Allele und werden im Lauf der Evolution durch Mutationen verändert. Betrachten wir die allelische Vielfalt in einer Population, dann werden gleiche Allele eines Genorts, die von einem gemeinsamen Vorfahren abstammen, als **autozygot** bezeichnet (IBD, „**i**dentical **b**y **d**escent"). Die anderen strukturell gleichen Allele, deren Abstammung nicht ermittelt werden kann, werden **allozygot** genannt (IBS, „**i**dentical **b**y state"). Mit der Koaleszenztheorie wird die gesamte beobachtete allelische Vielfalt eines Locus auf nur ein Ur-Allel zurückgeführt. Beim Weg zurück in die Vergangenheit werden die verschiedenen allelischen Formen mit möglichst wenigen Mutationsereignissen erklärt. Natürlich interessiert auch der Zeitraum, den dieser Prozess benötigte. Für diese Abschätzung bedarf es eines Ereignisses, das auf molekularer Ebene zufällig und mit einer relativ konstanten Rate von Generation zu Generation auftritt. Viele Basenaustausche in der DNA-Sequenz erfüllen diese Forderungen (▶ Punktmutation). Diese Veränderungen können genutzt werden, um sich entlang einer Evolutionszeitlinie zurück in die Vergangenheit zu bewegen und Evolutionszeiträume abzuschätzen. Eine derartige Vorgehensweise ist bei Nukleotidaustauschen möglich. Doch für größere Umlagerungen von DNA-Fragmenten wie Duplikation ist der Zeitraum zwischen zwei Ereignissen zu groß, um die evolutionäre Zeitskala mit einem feinen Raster zu versehen, was aber für eine Zeitanalyse von Evolutionsprozessen notwendig wäre.

Weit mehr als die bloße Erfassung genetischer Unterschiede zwischen Gruppen, Populationen und Arten interessiert den Biologen die Dynamik eines Evolutionsprozesses. So stehen die Evolutionszeit, die Variation der Veränderungsrate (Mutationsrate), die Populationsdynamik wie die Stabilität der Populationsgröße und Populationsstruktur oder das Paarungsverhalten im Mittelpunkt der Forschung. Derartige Informationen liefern Vergleiche der genetischen Strukturen innerhalb und zwischen Arten. Im Folgenden werden wir auf einige Verfahren zur Bewertung genetischer Ähnlichkeit von Populationen und Arten eingehen und kurz besprechen, welche Schlussfolgerungen diese Vergleiche zulassen. Für die klassischen Abschätzverfahren der genetischen Identität von zwei Populationen werden, für beide Populationen, die Genotypen von möglichst vielen nicht eng verwandten Individuen und möglichst vielen Loci bestimmt, um die Allelhäufigkeiten in beiden Populationen abzuschätzen.

Zunächst werden wir klassische Verfahren zur Bestimmung der genetischen Identität von Populationen vorstellen, für die eine verlässliche Schätzung von Genotyphäufigkeiten notwendig ist. Dabei müssen wir stets beachten, dass die technischen Darstellungsverfahren Genotypen nur sichtbar machen (▶ Phänotyp) und wir dieses Abbild als allelisches Muster interpretieren (s. ▶ Kap. 2). Erst die DNA-Sequenzierung erlaubte den direkten Vergleich von genetischer Information und bietet Möglichkeiten, die Dynamik eines Artbildungsprozesses im Detail zu analysieren. Am Ende dieses Kapitels werden wir schließlich kurz auf die Analyse von DNA-Sequenzen und deren Bedeutung für Schlussfolgerungen auf Evolutionsprozesse eingehen.

6.3.1 F-Statistik

Unter natürlichen Bedingungen gehören Individuen einzelnen Teilpopulationen an, und das Ausmaß der Migration zwischen den Teilpopulationen und nicht allein Mutationsereignisse bestimmen deren genetische Ähnlichkeit. Wie wir schon in ▶ Kap. 4 gelernt haben, bestimmt die Anzahl von Individuen die genetische Variabilität einer sexuell reproduzierenden Population. Schließen wir Selektion aus, dann folgt, dass der durchschnittliche Heterozygotiegrad einer Teilpopulation (H_S) kleiner als der theoretisch mögliche Heterozygotiegrad der Gesamtpopulation (H_T) ist, d.h. $H_T \geq H_S$ (▶ Heterozygotiegrad). Es gibt verschiedene theoretische Ansätze, die genetischen Strukturen von unterteilten Populationen zu vergleichen und zu bewerten. Wir gehen hier nur auf Wrights F-Statistik ein. Der Populationsgenetiker Wright (1921) schlug ein Verfahren vor, das das Ausmaß genetischer Differenzierung in und zwischen Teilpopulationen einer Art bewertet. Die Methode basiert auf den Häufigkeiten von Allelen, Genotypen und den erwarteten Hardy-Weinberg-Häufigkeiten der Genotypen (s. ▶ Kap. 5). Die F-Statistik analysiert die Bedeutung verschiedener Ursachen, die auf die gesamte genetische Variabilität einer Population Einfluss nehmen können:

- die genetische Differenzierung von Teilpopulationen (F_{ST}),
- die genetische Variabilität von Individuen (F_{IT}) und
- die Partnerwahl (F_{IS}; Inzucht, Zufallspaarung, Wahl eines genetisch unterschiedlichen Partners).

F_{ST} und F_{IT} beschreiben relative Variationsanteile der gesamten genetischen Variabilität einer Population, und F_{IS} bewertet die Bedeutung der Partnerwahl. Wir schließen auf Zufallspaarung, wenn $F_{IS}=0$ ist; ein positives F_{IS} wird durch Inzucht erklärt und ein negatives F_{IS} lässt folgern, dass sich genetisch unterschiedliche Partner bevorzugt verpaaren. Wrights hierarchische F-Statistik analysiert somit das Ausmaß genetischer Differenzierung zwischen Populationen und den Einfluss der Partnerwahl auf die genetischen Strukturen innerhalb von Teilpopulationen. Schließlich kann sie auf jede beliebige hierarchische Populationsstruktur, die in einer Art besteht, angewandt werden.

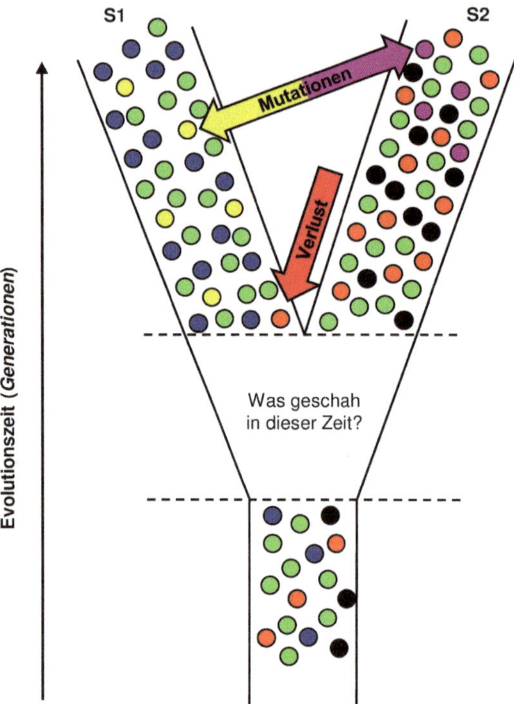

Abb. 6.6 Zwei Populationen S1 und S2 entstehen aus einer gemeinsamen Population. Das ideale Modell fordert, dass sich die Stammpopulation teilt und die beiden entstandenen Schwesterpopulationen gleich groß sind. Die Trennung erfolgte unmittelbar. Nur Mutation und Zufall (keine Selektion!) bestimmen den Evolutionsprozess

6.3.2 Genetische Identität von diploiden Populationen und Arten

Das ideale theoretische Modell für einen Artbildungsprozess nimmt an, dass sich eine Art in zwei gleich große Schwesterarten (S_1 und S_2) teilt, die zudem noch dieselben Größen wie die Population ihrer gemeinsamen Vorfahren haben (Abb. 6.6). Mit dieser Annahme möchte man im Modell zunächst die Bedeutung der Populationsgröße für die genetische Variabilität einer Population ausschließen (s. ► Kap. 5). Weiterhin nehmen wir im Modell an, dass Selektion keinen Einfluss auf die Variabilität unserer genetischen Marker hat. Nur zufällige Ereignisse (Mutation und genetische Drift) bestimmen die genetische Variabilität.

Der amerikanische Populationsgenetiker Masatoshi Nei (1972) stellte eine Schätzformel vor, die die Allelhäufigkeiten innerhalb von Arten nutzt, um die genetische Ähnlichkeit von zwei verwandten Arten (S_1 und S_2) und den Evolutionszeitraum bewerten zu können (die genetische Identität I (S_1,S_2) ist eine Funktion der Allelhäufigkeiten in S_1 und S_2). Wichtig für die Berechnung ist, dass wir genetische Marker wählen, die keiner Selektion unterliegen und deren Mutationen relativ häufig über einen langen Evolutionszeitraum regelmäßig auftreten (s. ► Kap. 8). Schließlich fehlt nur noch die grundlegende und künstliche Annahme, das sog. **Infinite-Allel-Modell.** Diese Modellvorstellung verlangt, dass jede neue Mutation von allen anderen allelischen Formen unterscheidbar ist. Mit allen diesen idealen Annahmen zeigte Nei (1972), dass seine Schätzfunktion für die genetische Identität von zwei Arten mit einer einfachen Exponentialfunktion korreliert, die nur durch die Mutationsrate μ und die Evolutionszeit t bestimmt wird,

$$I \approx e^{-2\cdot\mu\cdot t}. \tag{6.1}$$

Die genetische Ähnlichkeit von zwei Populationen nimmt erwartungsgemäß mit fortschreitender Evolutionszeit ab, und eine hohe Mutationsrate beschleunigt die genetische Differenzierung von Arten. Weiterhin haben wir mit diesem Modellansatz auch ein einfaches genetisches Distanzmaß D, um die genetische Verwandtschaft auf eine lineare Zeitskala zu transformieren (natürlicher Logarithmus von I):

$$D = -\ln(I) \tag{6.2}$$

$$= 2\cdot\mu\cdot t. \tag{6.3}$$

In vielen populationsbiologischen Untersuchungen wird heute dieses Maß bei Untersuchungen von Protein- und Mikrosatellitenloci angewandt.

6.3.3 Genetische Identität von polyploiden Populationen und Arten

Das Identitätsmaß von Nei (1972) setzt voraus, dass Allelhäufigkeiten aus Genotyphäufigkeiten geschätzt werden können. Nun gibt es aber polyploide Organismen, bei denen das Zählen von Allelen bei manchen Genotypen versagt. So kann bei heterozygoten Individuen nicht immer eindeutig gesagt werden, wie viele Allele beteiligt sind. Untersuchen wir z. B. einen triploiden Organismus und wir beobachten die Phänotypen A, AB und ABC, dann kann allein dem Phänotyp ABC der Genotyp ABC zugeordnet werden. Im Fall des Phänotyps A können wir nur vermuten, dass sich hinter ihm der Genotyp AAA verbirgt, doch bei AB sind zwei Genotypen möglich, AAB und ABB. Das Arbeiten mit parthenogenetischen Organismen, bei denen Komplexe von Unterarten mit verschiedenen **Ploidiegraden** (▶ G) vorkommen, brachte uns auf die Idee, nicht den allelischen Zustand zu bewerten, sondern den Phänotyp (Tomiuk und Loeschcke 1991). So ist nicht die vollständige Anzahl beteiligter Allelvarianten eines Genotyps von Interesse, sondern allein wie viele verschiedene Allele beobachtet werden können.

Unabhängig vom Ploidiegrad können wir für jede der beiden Populationen und jeden untersuchten Locus vier Phänotypklassen bilden und vergleichen:

- Ein Signal im phänotypischen Abbild der Genotypen wird als homozygoter Genotyp interpretiert. Ist das Signal in beiden Populationen identisch, dann gruppieren wir diese Individuen in die Klasse der „gleichen Genotypen".
- Heterozygote Individuen, deren genetische Information in beiden Populationen beobachtet wird, werden ebenfalls in einer Klasse zusammengefasst.
- Heterozygote Individuen, die mindestens ein allelisches Signal zeigen, das wir in beiden Populationen beobachten, aber auch genetische Information tragen, die nicht in beiden Populationen zu sehen ist, gehören zur dritten Genotypklasse.
- Der vierten Klasse werden alle Genotypen zugeordnet, die genetische Information tragen, die nicht in der anderen Population vorhanden ist.

Die Bildung von Phänotyp-/Genotypklassen verbinden wir mit einem einfachen Mutationsmodell. Im Lauf der Evolution haben Mutationen dazu geführt, dass der ursprüngliche Anteil gemeinsamer genetischer Variabilität (1. und 2. Klasse) immer geringer wird und die 3. und 4. Klasse sich vergrößern (Tomiuk und Loeschcke 1991). Mit einem statistischen Verfahren (▶ Maximum-likelihood-Methode) vergleichen wir die Häufigkeiten unserer vier Phänotypklassen von beiden Populationen und schätzen die genetische Ähnlichkeit von beiden Populationen sowie den Heterozygotiegrad in den Ausgangspopulationen.

Ebenso wie Nei (1972) nehmen wir das Infinite-Allel-Modell an und zeigen, dass in Abhängigkeit von der Mutationsrate die genetische Ähnlichkeit exponentiell mit fortschreitender Evolution abnimmt.

6.3.4 Schrittweise-Mutationsmodell und diploide Individuen

Das Infinite-Allel-Modell geht von sehr idealen Annahmen über die Dynamik von Mutationen aus. Allerdings erlaubt es uns, Differenzierungsprozesse von komplexen Merkmalen mit einfachen statistischen Modellen zu erfassen. Analysieren wir jedoch die Variabilität von DNA-Sequenzen, müssen wir die Gültigkeit des Infinite-Allel-Modells ablehnen. Im Fall von Mikrosatelliten und Basenaustauschen können Mutationen nur zu wenigen alternativen Zuständen führen: Die Anzahl der Wiederholungsmotive von Mikrosatelliten kann größer oder kleiner werden und eine Basenposition kann nur durch drei andere Basen abgeändert werden. Da nur eine endliche Anzahl von Zustandsänderungen möglich ist und der Mutationsprozess fortwährend stattfindet, muss es immer wieder zu Mutationen kommen, die das Allel in eine Form ändern, die es schon früher innehatte (▶ Rückmutation). Dagegen be-

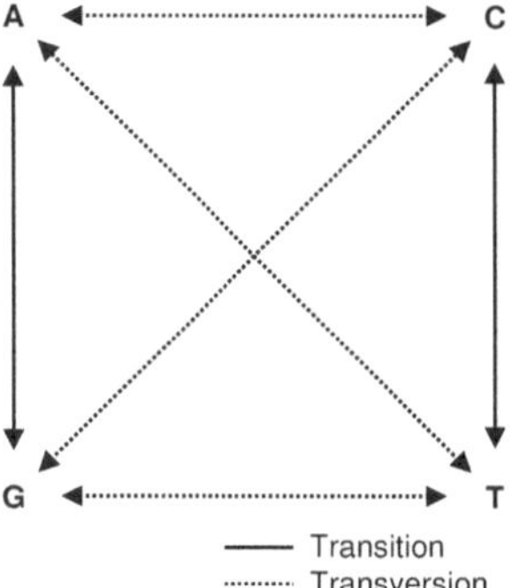

■ **Abb. 6.7** Möglichkeiten des Einzelbasenaustauschs zwischen den vier Basen, Adenin (A), Cytosin (C), Guanin (G) und Thymin (T). A und G sind Purine; C und T sind Pyrimidine

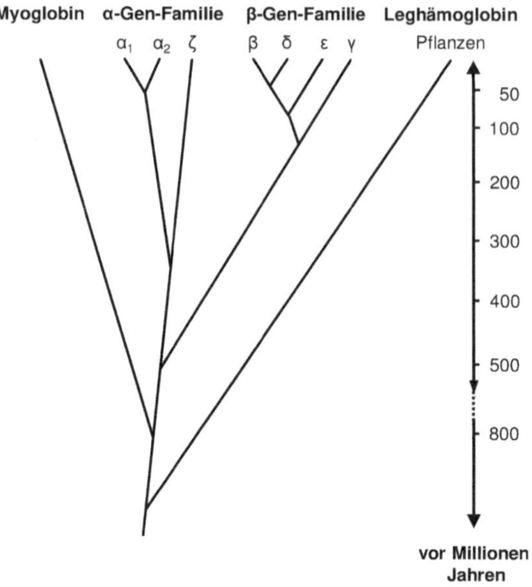

■ **Abb. 6.8** Evolution von Globin-Genen

zeichnen wir eine Mutation, die zu einem neuen Zustand führt, als Vormutation („forward and backward mutation"). Das Schrittweise-Mutationsmodell („stepwise mutation model") betrachtet Loci, deren Variabilität durch Vor- und Rückmutationen erklärt werden kann. Um auch solche Loci für die Beschreibung der genetischen Ähnlichkeit von Populationen nutzen zu können, wurden für die zuvor beschriebenen Verfahren alternative Methoden entwickelt. Doch sollten diese Verfahren nur innerhalb von Arten, beim Vergleich von Populationen, verwendet werden, weil bei zu großen und zunehmenden Evolutionszeiten die Aussagen auf der Basis dieser Methoden unscharf werden.

6.3.5 Variabilität von DNA-Sequenzen

Mit den heutigen molekularen Techniken können wir relativ einfach DNA-Sequenzen einzelner Individuen ermitteln. Bevor wir allerdings die Basenfolgen von Individuen vergleichen, müssen wir die Bedeutung einzelner Basenaustauschen bewerten. So müssen wir bei Sequenzen eines Gens synonyme und nicht-synonyme Austausche unterscheiden. Synonyme Austausche sind eher selektionsneutral, während nicht-synonyme Austausche zu selektionsrelevanten Änderungen bis hin zum Funktionsverlust des Gens führen können. Aber auch in selektionsneutralen DNA-Abschnitten kann die Art der Basensubstitution für unsere Zeitanalyse von Evolutionsvorgängen Bedeutung haben. Der Austausch von Purinen (Adenosin und Guanin) oder von Pyrimidinen (Cytosin und Thymin) ist im statistischen Mittel wahrscheinlicher als ein Austausch von Purinen und Pyrimidinen. Der Austausch von biochemisch ähnlichen Strukturen bezeichnen wir als **Transition** (► G), alle anderen Substitutionen nennen wir **Transversion** (► G; ■ Abb. 6.7).

Nichtcodierende DNA-Fragmente tragen oftmals eine Vielzahl von Basensubstitutionen, die zu einer Fülle von Haplotypen führen. Anders als die Analyse einzelner Basenaustausche sind Haplotypenanalysen viel informativer und geben einen tiefen Einblick in Evolutionsvorgänge. Bei derartigen Untersuchungen gehen wir von der Annahme aus, dass sich jede Haplotypenvielfalt durch eine minimale Anzahl von Mutationen erklären lässt. Mithilfe verschiedener Computerprogramme suchen wir aus einer oftmals unüberschaubaren Anzahl von möglichen Evolutionswegen die optimale Lösung. Die technischen Details zur Analyse von DNA-Sequenzen gehen über das Ziel dieses Buchs hinaus; daher wollen wir nur noch auf wenige evolutionsgenetische Fragestellungen eingehen.

Vergleichende Sequenzanalysen können uns über Populationsstrukturen und Populationsdynamik in der Vergangenheit einer Art informieren. Auch kann die Anfangsphase einer Artentstehung näher beleuchtet und in diesem Zusammenhang auch die Bedeutung einzelner Chromosomen und Gene für diesen Artbildungsprozess untersucht werden. Neben all diesen spannenden Fragen können Sequenzanalysen uns auch über die geografische Herkunft von Populationen informieren.

Die Ähnlichkeit von DNA-Abschnitten liefert uns Information über die Entstehung von neuen Genen wie am Beispiel der Globin-Gene (◘ Abb. 6.8). Heute wird allgemein akzeptiert, dass die große Familie der Globin-Gene, zu der sowohl pflanzliche wie tierische Varianten gehören, auf ein ursprüngliches Gen zurückverfolgt werden kann. In unserem Beispiel berücksichtigen wir nicht alle bekannten Globinvarianten, so vernachlässigen wir u. a. Neuroglobine und betrachten im Wesentlichen die Evolution von Hämoglobinen und Myoglobin bei Wirbeltieren. Frühzeitig haben sich eigene Entwicklungslinien des ursprünglichen Globin-Gens bei Pflanzen, Insekten und Wirbeltieren entwickelt. Zu Beginn der Wirbeltierevolution muss eine Duplikation des Gens zu einem Myoglobin-Gen und einem Hämoglobin-Gen geführt haben. Eine später nachfolgende Duplikation des Hämoglobin-Gens führte zu den beiden Untereinheiten des Hämoglobins, α-Kette und β-Kette (s. ▶ Kap. 5). Der Aufspaltung der Arten folgte eine eigenständige Evolution, sodass sich heute auch die DNA-Sequenzen von diesen Genen bei Mensch und Affe unterscheiden.

Aufwendige Simulationen, die Mutation, Migration, Zufall und Selektion berücksichtigen, versuchen, die Unterschiede von DNA-Sequenzen in heutigen Populationen und zwischen verschiedenen Arten zu erklären. Hierbei werden allerlei Fragen aufgeworfen: Welche Größe hatte die gemeinsame Stammpopulation von zwei Arten? Welche Schwankungen hatte die Populationsgröße von Arten in der Vergangenheit erfahren? Wie lange hatten nach Beginn des Artbildungsprozesses noch Hybridisierungen zwischen den Schwesterarten stattgefunden und wie groß war der Genfluss zwischen Arten? Können wir Rückschlüsse aus den genetischen Strukturen auf die Ausbreitung von Arten ziehen?

Als Beispiel möchten wir kurz die Untersuchungen von Ayala et al. (1994) vorstellen. Sie analysierten die allelische Variation einiger Genorte unseres Immunsystems (▶ HLA bzw. ▶ MHC) und verglichen diese mit dem unserer nächsten evolutionären Verwandten, den Schimpansen. Die Simulationen ergaben interessante Einblicke in den Ursprung der menschlichen Evolution. Einige unserer Allele sind älter als die menschliche Linie und haben ihren Ursprung in unserem gemeinsamen äffischen Vorfahren. Dieses Ergebnis kann wohl nur mit Selektion erklärt werden. Darüber hinaus müssen wir aus den Simulationen schließen, dass die Urpopulation des modernen Menschen nicht sonderlich klein war, sondern eher mindestens 10.000 Individuen umfasste.

Glossar

Alloploidisierung Vervielfachter Chromosomensatz eines hybriden Individuums (▶ Hybrid). Die Autoploidisierung ist die Vervielfachung des Chromosomensatzes eines Individuums einer Art.

„bottleneck effect" ▶ Flaschenhalseffekt.

Chromosomensatz Das Kerngenom jedes Eukaryoten enthält eine für die Art charakteristische Anzahl von Chromosomen, den Chromosomensatz. Bei geschlechtlicher Vermehrung erhält ein Lebewesen von beiden Elternteilen die gleiche Anzahl von Chromosomen. In jeder Zelle finden wir also Paare elterlicher Chromosomen, die sich in ihrer mikroskopischen Struktur gleichen (homologe Chromosomen). Doch können sich die mütterlichen und väterlichen Erbanlagen der Loci auf den Chromosomen unterscheiden. Es gibt allerdings auch Organismen, die mehr als zwei Kopien eines Chromosoms tragen (triploid, tetraploid, …, polyploid).

Deletion Verlust eines Chromosomenabschnitts oder eines Teils der DNA-Sequenz.

Diözie Individuen einer Art tragen entweder weibliche oder männliche Fortpflanzungsorgane (▶ Monözie).

Duplikation Ein DNA-Abschnitt ist verdoppelt.

Fertilität Fruchtbarkeit. Das Potenzial eines (männlichen oder weiblichen) Individuums, sich zu reproduzieren (fertil). Die Anzahl lebensfähiger Nachkommen eines Weibchens ist mit dem Begriff Fekundität belegt.

Flaschenhalseffekt Eine Population erfährt eine drastische Reduzierung ihrer Populationsgröße, was auch eine beträchtliche Verminderung der genetischen Variabilität nach sich zieht. Nur wenige Individuen erhalten die Population und die ursprüngliche genetische Variabilität wird dadurch erheblich reduziert. Nach dem Durchlaufen eines Flaschenhalses bestimmen insbesondere Zufallseffekte, aber auch Selektion den neuen Evolutionsweg einer Population („bottleneck effect").

Founder Individuum, das in einem neuen Habitat, z. B. auf einer bisher unbewohnten Insel, an der Gründung einer neuen Population beteiligt ist.

genetische Drift Zufällige Veränderungen genetischer Populationsstrukturen, die durch die endliche Anzahl von Individuen in einer Population und deren begrenzte Vermehrungsfähigkeit entstehen.

Heterozygotiegrad Relativer Anteil heterozygoter Loci in einer Population, ein Maß für die genetische Variabilität einer Population. Der Heterozygotiegrad H wird mit dem Durchschnitt über mehrere Loci geschätzt. Es gilt $H = 1 -$ Homozygotiegrad (F).

HLA Abkürzung von „**h**uman **l**eukocyte **a**ntigene". Es handelt sich um Oberflächenstrukturen der weißen Blutkörperchen (Leukozyten), die von den Antikörpern des Immunsystems erkannt werden.

Hybrid, Hybridensteriliät Organismus, dessen Zellen genetische Information von Individuen verschiedener Arten oder Zuchtlinien tragen. Die Kombination genetischer Information über Artgrenzen hinweg kann wohl zu einem lebensfähigen Individuum führen (hybrider Organismus), doch kann dessen Reproduktionsfähigkeit in einigen Fällen auch verloren gehen (Sterilität).

Insertion In eine bestehende DNA-Sequenz wird ein anderes DNA-Fragment eingefügt.

Inversion Ein DNA-Abschnitt wird ausgeschnitten und in entgegengesetzter Leserichtung wieder in das Chromosom eingefügt.
Parazentrisch: innerhalb eines Chromosomenarms.
Perizentrisch: innerhalb des umgedrehten Chromosomenabschnitts liegt das Zentromer.

Inzucht Die Nachkommenschaft von Verwandten ist gezüchtet. Je höher der Verwandtschaftsgrad der Eltern ist, desto größer wird die Wahrscheinlichkeit, dass ein homozygoter Zustand eintritt.

Karyotyp Optische Darstellung des Chromosomensatzes (► G) eines Individuums.

Kladistik Ein biologisches System (biologische Systematik), bei dem Arten entsprechend ihrer evolutionären Verwandtschaft zugeordnet werden. Zwei eng verwandte Arten haben nur einen gemeinsamen Ursprung, so kann auch eine Gruppe verwandter Arten immer auf eine gemeinsame Stammart zurückgeführt werden und bildet eine Klade.

Kontinentaldrift Wegener (1912) erkannte, dass die globale Verteilung der Kontinente nicht statisch ist, sondern dass sich die Kontinente fortwährend bewegen.

konvergente Evolution Die Entwicklung von Merkmalen in verschiedenen Arten, die eine gleiche Gestalt und Funktion haben, aber deren Ursprung nicht in einer gemeinsamen Stammart liegt (Beispiel: Flossen der Fische und Wale; Flügel der Vögel und Fledermäuse). Dieses Konzept gilt auch für molekulare Merkmale.

Markerlocus Ein polymorpher Locus, der nicht direktes Ziel unserer Forschung ist, sondern dazu dient, andere Zusammenhänge aufzudecken (z. B. Verwandtschaft, Kopplung zu benachbarten Genen). Bei Kopplungsanalysen muss zusätzlich die Position des Markerlocus im Genom bekannt sein.

Maximum-likelihood-Methode Statistische Methode, um aus einem Datensatz optimale Größen zu schätzen, die einen Zusammenhang zwischen Beobachtung und Modellvorstellung erklären (z. B. Mittelwerte).

MHC Abkürzung von „**m**ajor **h**istocompatibility **c**omplex". Eine Vielzahl von gekoppelten Genen, die im Wesentlichen das Immunsystem von Säugern bestimmen (► HLA).

Monözie Individuen tragen sowohl männliche wie weibliche Fortpflanzungsorgane.

Morphologie ► morphologisches Merkmal.

morphologisches Merkmal Individuen können anhand einzelner Auffälligkeiten ihres äußeren Erscheinungsbildes, dem Phänotyp (► G), aber auch durch Organ- und Gewebestrukturen charakterisiert werden.

Mutation Die Kopie der Erbinformation unterscheidet sich von ihrem Original.

nicht-synonyme Substitution Mutation innerhalb eines Gens, deren Basenaustausch beim Protein die Aminosäurenkette verändert. Eine Aminosäure wird durch eine andere ersetzt.

Phänotyp Das äußere Erscheinungsbild eines Genotyps. Das Genom eines Individuums enthält die Bauanleitung für innere und äußere Körperstrukturen sowie das Verhalten eines Individuums. Der genetisch vorbestimmte Anteil einer Eigenschaft kann zusätzlich durch Umweltfaktoren modifiziert werden, das Ergebnis davon ist der Phänotyp.

phylogenetische Systematik Basierend auf ihrer evolutionären Herkunft werden Arten in einem hierarchischen System geordnet. Hierbei wird angenommen, dass sich zwei Arten immer auf einen gemeinsamen Ursprung zurückführen lassen (► Kladistik).

Phylogenie Beschreibung der evolutionären Geschichte von Lebewesen (► phylogenetische Systematik).

Ploidiegrad Die Anzahl gleicher homologer Chromosomen.

postzygotische Isolationsbarriere Eigenheiten von verschiedenen sich sexuell reproduzierenden Arten, die eine erfolgreiche Paarung ihrer Individuen verhindern. Beispiel: embryonale Entwicklungsstörungen, Sterilität von Nachkommen.

präzygotische Isolationsbarriere Eigenheiten von sich sexuell reproduzierenden Individuen verschiedener Arten, die eine erfolgreiche Befruchtung einer Eizelle verhindern. Beispiel: zeitliche Asynchronisation der Reproduktionsphase, genetische Unverträglichkeit von Ei- und Samenzellen, Unterschiede im Paarungsverhalten.

Punktmutation Austausch einer einzelnen Base.

Ringart Arten, deren Verbreitungsgebiete sich unterscheiden, jedoch geografisch zusammenhängend sind. Individuen aus direkt benachbarten Arten können erfolgreich reproduzieren, während jene aus geografisch weit entfernten Populationen reproduktiv isoliert sind.

Rückmutation Mutation, die einen ursprünglichen Zustand eines Allels wiederherstellt.

synonymer Basenaustausch/Substitution Eine Mutation führt zu keiner Veränderung der Aminosäurenkette; während eine nichtsynonyme oder Missense-Substitution eine Veränderung nach sich zieht. Nonsense-Mutationen führen zum Abbruch der Aminosäurekette, andere können den regulären Abbruch der Kette verhindern.

Taxonomie, klassische Systematik Eine Methode, um Arten aufgrund von morphologischen Merkmalen (► G) zu gruppieren (taxieren, Taxon bilden) und in einem hierarchischen System zu ordnen.

Transition Mutation, die ein Purin (Adenosin, Guanin) gegen ein anderes Purin austauscht bzw. ein Pyrimidin (Cytosin, Thymin) durch ein anderes Pyrimidin ersetzt.

Translokation Ein Chromosomenabschnitt/DNA-Sequenz wird von der ursprünglichen Position in eine neue Stelle im Genom (► G) integriert.

Transversion Mutation, bei der ein Purin (Adenosin, Guanin) gegen ein Pyrimidin (Cytosin, Thymin) ausgetauscht wird bzw. ein Pyrimidin durch ein Purin ersetzt wird.

Vorwärtsmutation Mutation, die zu einem neuen allelischen Zustand führt.

Aufgaben

Aufgabe 1. Welches Artkonzept ist für den Anthropologen wichtig und warum?

Aufgabe 2. Welche zwei Modellvorstellungen für die Entstehung allelischer Variabilität finden heute Anwendung bei der Analyse der genetischen Ähnlichkeit von Populationen und was unterscheidet diese?

Aufgabe 3. Was muss beim Vergleich von DNA-Sequenzen beachtet werden?

Aufgabe 4. Welches sind die klassischen Artbildungskonzepte, und was unterscheidet sie?

Aufgabe 5. Was für Arten haben das beste Potenzial, ein neues Habitat zu besiedeln und warum?

Aufgabe 6. Welche Merkmale muss ein Taxonom im Auge behalten, wenn er anhand von morphologischen Merkmalen Rückschlüsse auf die Verwandtschaft von Arten machen will?

Computerprogramme

MEGA ist eine frei erhältliche Software zur phylogenetischen Analyse verschiedenster genetischer Datensätze (MEGA 6 von Tamura K, Stecher G, Peterson D, Kumar S, 1993-2013).

ARLEQUIN (2009) ist ebenfalls eine frei erhältliche Software zur Analyse von populationsgenetischen Datensätzen. Mit dem Programm kann man u. a. eine hierarchische F-Statistik machen (Excoffier L, Laval G, Schneider S, 2005).

Literatur

Verwendete Literatur

Ayala FJ, Klein J, Takahata N (1994) MHC-Polymorphismus und Ursprung des Menschen. Spektrum der Wissenschaften 2:56–63

Buselmeier W, Tariverdian G (2006) Humangenetik für Biologen. Springer, Heidelberg Berlin New York Tokyo

Dobzhansky T (1970) Genetics of Evolutionary Processes. Columbia University Press, New York

Excoffier L, Laval G, Schneider S (2005) Arlequin ver. 3.0: An integrated software package for population genetics data analysis. Evol Bioinf Online 1:47–50

Mayr E (1942) Systematics and the Origin of Species. Columbia University Press, New York

Mittenmeier RA, Rylands AB, Wilson DE (2013) Handbook of the mammals of the world. Primates. Lynx Editions, Barcelona

Nei M (1972) Genetic distance between populations. Amer Nat 106:283–292

Patterson H (1985) The recognition concept of species. In: Vrba E (Hrsg) Species and Speciation, Transvaal Museum, Pretoria, Südafrika, S 21–29

Templeton AR (1989) The meaning of species and speciation: A genetic perspective. In: Otte D, Endler JA (Hrsg) Speciation and its Consequences. Sinauer, Sunderland, Massachusetts, S 3–27

Tomiuk J, Loeschcke V (1991) A new measure of genetic identity between populations of sexual and asexual species. Evolution 45:1685–1694

Wegener A (1912) Die Entstehung der Kontinente. Petermanns Geographische Mitteilungen., S 185–195 (253–256, 305–309)

Wright S (1921) Systems of mating. Genetics 6:111–178

Weiterführende Literatur

Auf der nachfolgend angegebenen Internetseite wird eine Fülle von Programmen aufgelistet) http://evolution.genetics.washington.edu/phylip/software.html

Wegener A (1929) Die Entstehung der Kontinente und Ozeane. In: Westphal W (Hrsg) Die Wissenschaft – Sammlung von Einzeldarstellungen aus dem Gebieten der Naturwissenschaften und der Technik, 4. Aufl. Bd. 66. Friedrich Vieweg, Braunschweig

Evolution von Artengemeinschaften

Jürgen Tomiuk, Volker Loeschcke

J. Tomiuk, V. Loeschcke, *Grundlagen der Evolutionsbiologie und Formalen Genetik*,
DOI 10.1007/978-3-662-49685-5_7, © Springer-Verlag Berlin Heidelberg 2017

Die Evolution brachte eine große Vielfalt von Abhängigkeiten und Interaktionen zwischen den Populationen einer Artengemeinschaft hervor. Daher werden wir uns auf wenige Beispiele beschränken, die vor Augen führen sollen, welche vielfältigen Wege die Evolution bei der Organisation von Artengemeinschaften beschritten hat.

Zum Beispiel können bestäubende Feigenwespen parasitierend oder kooperativ sein. Parasiten können mehr oder weniger aggressiv sein. Sie können auf einen Wirt spezialisiert sein oder eine Strategie als Generalisten (▶ G) verfolgen. Arten sind dynamische Einheiten und können ihre ökologischen Ressourcen zeitlich unterschiedlich intensiv nutzen. Am Schluss des Kapitels werden wir deshalb noch kurz auf ökologische Modellvorstellungen eingehen, die die Dynamik von Artengemeinschaften beschreiben.

7.1 Koevolution und sequenzielle Evolution

Als Beispiel für die Evolution einer Artengemeinschaft wird häufig die Beziehung zwischen Feigenbäumen und ihren bestäubenden Feigenwespen beschrieben. Die meisten der etwa 1000 Feigenarten (*Ficus* spp., Familie: Moraceae) sind auf Bestäuber wie Feigenwespen (Familie: Agaonidae) angewiesen. Die Vielzahl der Feigenarten und der bestäubenden Wespenarten hat zu unterschiedlichen Lebenszyklen und zwischenartlichen Abhängigkeiten geführt: Feigenarten können sich in der Verteilung ihrer Blütenstände unterscheiden. Bäume der einen Art können sowohl männliche wie auch weibliche Blüten tragen, diese nennen wir einhäusig (**Monözie**). Bäume anderer Arten sind dagegen entweder männlich oder weiblich, sie sind zweihäusig (**Diözie**). Verschiedene Feigenwespenarten haben sich auf bestimmte Feigenarten spezialisiert, andere Arten besuchen dagegen mehrere Feigenarten. Darüber hinaus können Feigenwespen Bestäuber von Feigenblüten sein oder auch nur parasitieren. Im Weiteren wollen wir die Interaktion zwischen Feige und Feigenwespe am Beispiel einer monözischen Feige besprechen.

Die Blütenstände der einhäusigen Feige sind kelchförmig (▶ Syconium) und bis auf eine kleine Öffnung (Ostiolum) geschlossen (◘ Abb. 7.1). Am Boden des Blütenstands finden wir viele weibliche Einzelblüten mit unterschiedlich langen Griffeln (kurzen, sterilen sowie langen, fertilen Griffeln). Um das Ostiolum sind die männlichen Blüten (Staubblätter) angeordnet. Das befruchtete Wespenweibchen wird vom Duft des Blütenstands angelockt und dringt durch das Ostiolum ein. Es legt seine Eier mithilfe eines Legestachels in den kurzgriffligen, sterilen Blüten ab (◘ Abb. 7.1, roter Pfeil); die langgriffligen Blüten können wegen der unzureichenden Länge des Legestachels nicht parasitiert werden. Nach der Eiablage stirbt das Weibchen; seine Eier entwickeln sich im Fruchtknoten zu Larven und nach wenigen Wochen schlüpfen zuerst die flügellosen Männchen (◘ Abb. 7.1, grüner Pfeil). Die Männchen gelangen ins Freie und begatten die später durch das Ostiolum kommenden Weibchen. Vor dem Verlassen der Feige streifen die Weibchen über die männlichen Blüten der Feige und nehmen dabei Pollen auf (◘ Abb. 7.1, blauer Bereich unter dem Ostiolum). Der Zyklus ist damit geschlossen; mit dem Aufsuchen einer unbefruchteten Feige durch ein Wespenweibchen werden während dessen Eiablage auch die weiblichen Blüten der Feige bestäubt.

Ein weiteres interessantes Beispiel für die Evolution von Artengemeinschaften haben Hafner et al. (1994) beschrieben. Bei 15 Arten der amerikanischen Flachlandtaschenratten *Geomys*-Spezies (◘ Abb. 7.2) werden ebenfalls verschiedene parasitierende Lausarten *Geomydeocus*-Spezies gefunden. Analysiert man die genetische Verwandtschaft zwischen den Taschenratten und zwischen den Parasiten, erkennt man spiegelbildliche Stammbäume beider Artengruppen: Genetisch nah verwandte Taschenratten werden von nah verwandten Lausarten parasitiert (◘ Abb. 7.3). Der einzige Unterschied zwischen beiden Stammbäumen liegt in den unterschiedlich langen Evolutionszeiträumen. Dies deutet darauf hin, dass die evolutionären Veränderungen innerhalb der Taschenratten langsamer vonstattengingen als in ihren Parasiten (◘ Abb. 7.4).

Die beiden vorgestellten Szenarien zur Evolution von „engen" Artengemeinschaften (Feige/Wespe und Taschenratte/Laus) führen die Schwierigkeit vor Augen, zwischen Evolutionsprozessen zu

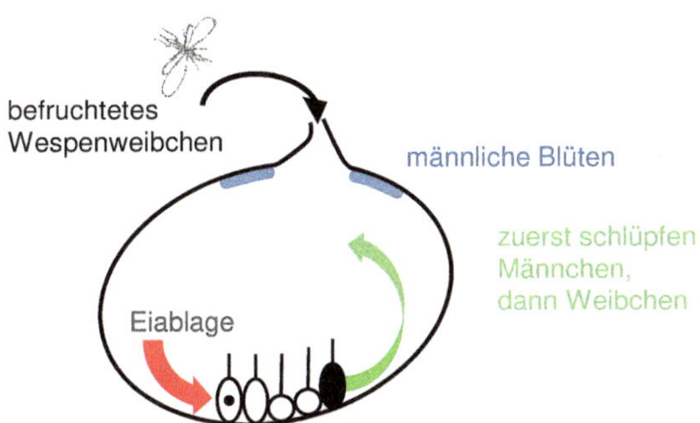

■ **Abb. 7.1** Bestäubung einer monözischen Feige von Feigenwespen

■ **Abb. 7.2** Flachlandtaschenratte *Geomys bursarius* (Foto von Bilderdatenbank Fotolia)

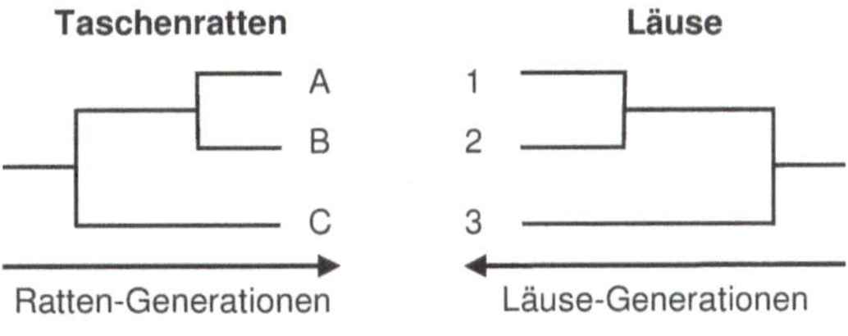

■ **Abb. 7.3** Schematische Stammbäume und Verwandtschaftsbeziehungen von drei Wirt-Parasit-Paaren: z. B. die Rattenart A wird von der Lausart 1 parasitiert, B von 2 und C von 3 (nach Hafner et al. 1994)

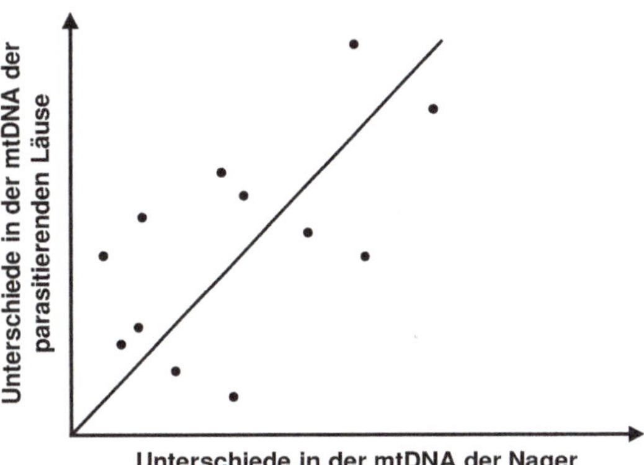

■ **Abb. 7.4** Vergleich der genetischen Distanzen zwischen Wirtsarten (Taschenratten) und parasitierenden Lausarten. Hafner et al. (1994) hatten die mitochondriale DNA von 15 Taschenrattenarten und ihren Parasiten charakterisiert. Auf der *X*-Achse ist der genetische Unterschied zwischen zwei Nagerarten und auf der *Y*-Achse der genetische Unterschied zwischen den Parasitenarten der beiden Nager aufgetragen (nach Hafner et al. 1994)

unterscheiden, bei denen zwei Arten allein durch ihre Kooperation (Koevolution) fortbestehen und Arten in einseitiger Abhängigkeit einer anderen Art stehen. Nur im Fall der Feige und der bestäubenden Feigenwespen sprechen wir von einer Koevolution zweier Arten: **Änderungen von genetisch determinierten Eigenschaften in der einen Art ziehen ebenfalls genetische Änderungen in der anderen Art nach sich, falls diese Änderungen für die Arteninteraktion von Bedeutung sind**. Solche gegenseitigen Abhängigkeiten entwickeln sich, wenn die Interaktionen zum Nutzen beider Arten sind (► Mutualismus und ► Symbiose). Im ersten Beispiel kann sich die Feige ohne die bestäubende Wespe, aber auch die Wespe ohne die Feige nicht fortpflanzen. Die Vielfalt des Zusammenspiels bei den verschiedenen Feigenarten und ihren bestäubenden Wespen lässt weiterhin darauf schließen, dass sich die gegenseitige Abhängigkeit aus einer Wirt-Parasit-Beziehung entwickelt hat. Dagegen erklären sich die Zusammenhänge bei Taschenratten und ihren parasitierenden Läusen sicherlich nicht durch eine gegenseitige Abhängigkeit – wie in den meisten Fällen kann ein Wirt ohne Parasiten viel besser leben! Das spiegelbildliche Evolutionsmuster von Taschenratten und Läusen kann mit der geografischen Isolation und nachfolgenden Artbildung von Taschenratten erklärt werden. Den Weg in die Isolation mussten die parasitierenden Läuse zwangsweise folgen und so entwickelten sich aus den isolierten Läusepopulationen schließlich auch unterschiedliche Arten. Die genetische Differenzierung zwischen den verschiedenen Taschenrattenarten sowie zwischen den Parasitenarten hat also im gleichen Zeitraum stattgefunden. Beim Vergleich von zwei Taschenrattenarten mit dem zugehörigen Paar von Parasiten fällt der steile Anstieg der

Punktwolke zugunsten der Läuse auf (◘ Abb. 7.4). Die etwa dreifach höhere Austauschrate von Nukleotiden (► Evolutionsgeschwindigkeit) in Lausarten erklärt sich am einfachsten mit dem kürzeren Lebenszyklus der Parasiten und damit einer entsprechend größeren Generationszahl im gleichen Evolutionszeitraum.

Genetische Veränderungen der Wirte sind unabhängig von denen ihrer Parasiten. Allein die Parasiten müssen ihrem Wirt folgen, um im Lauf der Evolution erfolgreich zu sein. Die **sequenzielle Evolution** (► G) der Parasiten als Folge der Veränderungen ihrer Wirte kann zu phylogenetischen Stammbäumen führen, wobei die Verwandtschaftsverhältnisse zwischen Parasitenarten auf jene zwischen ihren Wirtsarten schließen lassen (Fahrenholz-Regel).

In den beiden vorgestellten Beispielen sind komplexe genetische Eigenschaften Grundlage für die Evolutionsprozesse. Genetische Veränderungen in zwei Arten auf ihrem gemeinsamen evolutionären Weg sind daher oftmals nicht leicht einzuordnen. Im koevolutionären Prozess sind genetische Anpassungen gefragt, die die relevanten Merkmale der wechselseitigen Abhängigkeit bestimmen. Das heißt natürlich, dass wir bei Untersuchungen von koevolutionären Vorgängen genetische Veränderungen von Merkmalen betrachten, an denen Selektion angreift. Damit sollten wir die Definition für Koevolution strenger fassen: Der wechselseitige Selektionsdruck zweier Arten führt in einem fortwährenden Prozess von Aktion und Reaktion und zur gemeinsamen genetischen Anpassungen an die erfahrenen Umweltbedingungen. Diese Definition beinhaltet die Forderung, dass bei Untersuchungen zur Koevolution selektionsrelevante Genorte und Merkmale erfasst werden. Dagegen müssen bei der vorgestellten Wirt-Parasit-Beziehung genetische Veränderungen an Merkmalen der Parasiten eintreten, die zur Anpassung an die jeweilige Rattenart führt. Bei Studien zur Evolutionsgeschwindigkeit und der sequenziellen Evolution von Lausparasiten auf ihren Rattenarten genügt es daher, selektionsneutrale Variation in der Sequenz eines mitochondrialen Enzyms (Cytochrom Oxidase) zu untersuchen (► synonyme Basenaustausche).

7.1.1 Koevolution von europäischem Kaninchen und Myxomatose-Virus

Im Nachfolgenden möchten wir ein weiteres wohlbekanntes Beispiel der Koevolution, das Wechselspiel zwischen Kaninchen und dem Myxomatose-Virus, vorstellen. Hier ist ein Prozess im Gang, bei dem immerfort eine neu erworbene Resistenzbarriere der Kaninchen durch Virusstämme mit neuen genetischen Eigenschaften überwunden werden muss.

Bald nach der Besiedlung Australiens durch die Europäer vor mehr als 200 Jahren wurden auch Pflanzen und Tiere aus Europa auf den Kontinent gebracht. Insbesondere Kulturpflanzen, Nutz- und Haustiere nahmen die Siedler in ihre neue Heimat mit. So fand auch das europäische Kaninchen (*Oryctolagus cuniculus*) seinen Weg nach Australien. Doch wie in vielen anderen Fällen konnten einige Tiere in die Freiheit entweichen und verwildern. Die Kaninchen kamen gut mit den Bedingungen auf dem neuen Kontinent zurecht, und aufgrund des Fehlens von effektiven Fressfeinden verbreiteten sie sich ungeheuer schnell. Die fleißigen Höhlenbauer untertunnelten weite Landstriche Australiens und ihre unterirdischen Bauten verursachten gewaltige Schäden in der Landwirtschaft, an Häusern und Straßen. Anfang des letzten Jahrhunderts wurde die Idee einer biologischen Kontrolle der Kaninchenplage geboren und schließlich 1952 in die Tat umgesetzt.

Die Myxomatose ist eine Virusinfektion des Kaninchens. Die natürlichen Wirte des Virus sind amerikanische Kaninchenarten (*Sylvilagus* spp.), bei denen das Virus einen relativ milden Krankheitsverlauf zeigt. Bei europäischen Kaninchen hatte dagegen das erste Zusammentreffen mit dem Virus fatale Folgen: Ihr Abwehrsystem war wegen der fehlenden Erfahrung mit dem Virus nicht gegen dessen Attacken gefeit. Nach seiner Freisetzung in Australien wurde das Virus schnell von Stechmücken in der euroaustralischen Kaninchenpopulation mit einem fast sicheren tödlichen Ausgang verbreitet. Zu einem ähnlichen drastischen Zusammenbruch der Kaninchenpopulationen führte die Freilassung des Virus in England, Frankreich und auf der Iberischen Halbinsel. Die erste Wirkung des Virus war

■ **Tab. 7.1** Virulenz von Myxomatose-Virusstämmen in Australien im Zeitraum von 1950 bis 1981 (Mod. nach Fenner 1983)

Virulenzgrad	**I**	**II**	**III**	**IV**	**V**
Letalität	>99 %	95–99 %	70–95 %	50–70 %	<50 %
Überlebenszeit	<13 Tage	14–16 Tage	17–28 Tage	29–50 Tage	–
Vor 1952	100,0				
1952–1963	5,2	12,1	**56,2**	19,7	6,7
1964–1974	0,4	1,6	**66,7**	26,8	1,0
1975–1981	1,9	3,3	**67,0**	27,8	0,0

für die Kaninchen fatal, doch bald erholte sich die Kaninchenpopulation vom Virusangriff und natürliche Anpassungsprozesse regelten das Wirt-Parasit-Verhältnis. Ein wesentliches restriktives Element des epidemiologischen Prozesses (► Epidemiologie) besteht nämlich in der Verbreitungsweise der Krankheit durch Stechmücken: Eine hohe Virulenz des Virus lässt ein Kaninchen früh nach der Infektion sterben und verringert die Chance seiner Verbreitung; je geringer die Populationsdichte des Wirts, desto eher können auch isolierte Gruppen der Infektion entkommen. Natürlich müssen wir auch bedenken, dass in großen Populationen zufällig Mutationen auftreten, die ihren Trägern eine Resistenz gegen bestimmte Krankheitserreger verleihen. Unter diesen Rahmenbedingungen geht das Evolutionsspiel weiter: Eine neue Population von resistenten Kaninchen wächst heran, und erst wenn eine neue Mutante des Virus in der Lage ist, diese Resistenzbarriere zu überwinden, beginnt wieder der Infektionskreislauf. Damit ist eine koevolutionäre Beziehung zwischen den Populationen des europäischen Kaninchens und des Myxomatose-Virus entstanden. Der mittlere **Virulenzgrad** III (► G), der sich rasch nach der ersten Infektionswelle einspielte, verführte anfänglich zur irrigen Aussage, dass sich die hohe Aggressivität des Virus deswegen abschwächte, weil sonst die Wirtspopulation ausgelöscht worden wäre. Heute wissen wir, dass zu Beginn das Abwehrsystem der australischen Kaninchen nicht gegen die virale Infektion gewappnet war und erst im weiteren Infektionsverlauf das Wechselspiel von Virusvirulenz und Kaninchenresistenz einsetzte (■ Tab. 7.1). Überall in Europa wie in England und Frankreich, wo sich das Virus schnell ausbreitete, konnte das gleiche Wechselspiel beobachtet werden: Nach einer anfänglich hohen Sterblichkeit (► Letalität) stellte sich schnell ein mittlerer Virulenzgrad ein.

7.1.2 Fakultativer und obligater Mutualismus

Bei wechselseitigen Interaktionen zwischen Arten, die für die beteiligten Arten von Nutzen sind, spricht man von einer mutualistischen Beziehung. Eine solche Verbindung kann entweder zwingend dauerhaft sein (**obligat**) oder es besteht eine zeitlich begrenzte Gemeinschaft (**fakultativ**).

Flechten sind symbiotische Lebensgemeinschaften von Grünalgen (Photosynthese) und Pilzen – die Algen versorgen den Pilz mit Nährstoffen und werden dafür vor Austrocknung geschützt. Hülsenfrüchtler oder Leguminosen (Arten der Familie Fabaceae oder Leguminosae) sind ebenfalls eine enge Beziehung mit Knöllchenbakterien (Rhizobien sind Bodenbakterien) eingegangen. Rhizobien können freien Stickstoff aus der Luft binden, allerdings nur unter Einbindung des pflanzlichen Stoffwechsels. Als Gegenleistung für die Bereitstellung von Stoffwechselprodukten wird die Pflanze von den Bakterien mit Stickstoffverbindungen versorgt. Wie für den Menschen seine bakterielle Darmflora (*Escherichia coli, E. coli*) lebenswichtig ist, so haben auch Blattläuse **Endosymbionten** (► G), von denen sie mit Aminosäuren versorgt werden, die ihr eigener Stoffwechsel nicht zur Verfügung stellt (► Amino-

Abb. 7.5 *Links* Honigdachs *Melliflora capsensis* und *rechts* Honiganzeiger *Indicator indicator* (Fotos von Bilderdatenbank Fotolia)

säure). In all diesen Fällen ist keine vollständig unabhängige Evolution der beteiligten Arten mehr möglich. Jeder Symbiosepartner ist auf die Hilfe des anderen angewiesen.

Bisher haben wir Anpassungsprozesse von nur zwei Arten beschrieben; doch alle Ökosysteme bilden Netzwerke, deren Stabilität von den Interaktionen der Individuen der beteiligten Arten sowie von der Bedeutung und Funktion einzelner Arten abhängig ist. Bereits im Fall der Bestäubung von Blüten werden die Interaktionen komplexer. Mehrere Tierarten können die Blüten einer Pflanze besuchen und diese bestäuben. Kurzlebige Bestäuber wie Schmetterlinge sind mit ihrem Lebenszyklus stärker an die Blütezeit von Pflanzen gebunden (▶ Spezialist) als langlebige Bestäuber wie Fledermäuse oder Bienen (▶ Generalist). In allen Fällen besteht zwischen den interagierenden Arten noch eine gewisse Abhängigkeit, doch ist eine Kooperation nicht mehr zwingend. Das Abhängigkeitsverhältnis von Arten in koevolutionären Prozessen ist oftmals sehr diffus. So sehen wir Zwischenstufen von fakultativem und obligatem Mutualismus, und in manchen Fällen ist darüber hinaus auch noch schwer erkennbar, ob beide Partner den gleichen Nutzen haben oder nur ein Partner einen Vorteil aus der Kooperation zieht. Neben den Beispielen von obligatem Mutualismus kennen wir auch solche für eine zeitlich begrenzte Zusammenarbeit von Arten, die zum Vorteil der Kooperationspartner gereicht. Der große Honiganzeiger (*Indicator indicator*), ein tropischer Vogel, macht durch sein Verhalten den Honigdachs (*Mellivora capensis*) auf sich aufmerksam und führt ihn zu einem Bienenstock, den der Dachs ausräubert (Abb. 7.5). Eigentlich ist der Honigdachs ein Fleischfresser, aber irgendwann begann er auch Honig zu naschen. Der Honiganzeiger frisst dagegen nicht den Honig des Bienennests, sondern die Bienenlarven und die Waben. Um an diese Nahrungsquelle zu kommen, führt er den Dachs und den naturkundigen Menschen zielstrebig zum Bienennest.

Pflanzenläuse und Ameisen können ebenfalls eine zeitlich begrenzte Kooperation eingehen (Abb. 7.6). Der von den Blatt- oder Baumläusen aufgesogene Pflanzensaft besteht zum überwiegenden Teil nur aus Wasser und Zucker. Die wenigen Eiweiße filtert die Laus aus dem Saft heraus und scheidet den Überschuss an zuckerhaltiger Restflüssigkeit wieder aus. Dieses Produkt mancher Lausarten ist bei Ameisen, Bienen und Wespen heiß begehrt. Einige Röhrenläuse (Familie Aphididae), z. B. die Kirschblattlaus *Aphis cerasi* oder die schwarze Bohnenlaus *A. faba* werden von Ameisen besucht, die das zuckerhaltige Sekret sammeln. Als Gegenleistung schützen sie die Blattlauskolonie gegen Fressfeinde und bewirtschaften die Kolonie sogar richtiggehend, indem sie die Blattläuse auf ertragreichere Pflanzenteile umsetzen. Unser Waldhonig ist das Endprodukt einer solchen Interaktion von Baumläusen (Familie Adelgidae, z. B. die Fichtenrindenlaus *Cinara pilicornis* und *C. piceae*, die Tannenhoniglaus *C. pectinatae*) und Bienen. Die ungeheure Menge an süßem Sekret – wir kennen es auch unter den Namen Honigtau oder Manna – lockt die Sammler an. Gerade bei Ameisen sind viele Beispiele für einen fakultativen Mutualismus bekannt. Sie schützen ihre „Haustiere“, um eine Nahrungsquelle zu erhalten oder um lästige Nestparasiten im Zaum zu halten.

Der blinde Keulenkäfer (Familie Clavigeridae oder Pselaphidae) jagt Milben und wird daher gern als Gast im Ameisennest aufgenommen.

Jede am Evolutionsprozess beteiligte Art übt Selektionsdruck auf ihre „Mitspieler" aus und evolviert selbst aufgrund der von ihr bewirkten Veränderungen in den anderen Arten. Ökosysteme sind komplexe Gebilde: Zum Beispiel nehmen die Konkurrenz zwischen Arten um die bestehenden Ressourcen, das Fressverhalten von Herbivoren (Pflanzenfresser) auf die Pflanzenwelt, Wirt-Parasit- und Räuber-Beute-Interaktionen Einfluss auf die evolutionäre Dynamik des Ökosystems. Die Vielfalt der Wechselbeziehungen in einem Ökosystem wird heute formal mithilfe von Netzwerkstrukturen beschrieben. Die Schwierigkeit, aus diesem Geflecht von Interaktionen und Einflüssen eine mutualistische Beziehung zweier Arten herauszufiltern, ist offensichtlich. Nur schwer können in vielen Fällen der koevolutionäre eines sequenziellen und im Extremfall eines unabhängigen Evolutionsprozesses abgegrenzt werden.

Herre (1993) faszinierte die Evolution kooperativen Verhaltens. Er untersuchte das parasitäre Verhalten von Nematoden auf Feigenwespen in Panama (Fadenwürmern; *Parasitodiplogaster* spp.). Die verschiedenen Nematodenarten sind eng mit ihren Wirtsarten verbunden und die Weibchen der Wespenarten können ihre Eier entweder nur in eine nicht befallene Feigenfrucht ablegen, oder mehrere Weibchen besuchen die gleiche Frucht. Nematoden gelangen auf befruchteten weiblichen Wespen in die Blütenstände von Feigen, in denen dann die Nachkommenschaft der Wespen befallen wird. Der Vermehrungszyklus von Nematoden und jener von Wespen sind also fein aufeinander abgestimmt: Junge Nematoden schlüpfen kurz vor den Wespenweibchen, um diese dann kurz darauf zu befallen. Durch ein solches Verhalten der Wespen und die enge Wirt-Parasit-Beziehung lässt sich die Hypothese der Evolution zur Kooperationsbereitschaft gut untersuchen. So brachte der Vergleich des Reproduktionserfolgs von Nematoden zutage, dass sich die Pathogenität (▶ G) von Nematoden in Feigen mit mehreren Wespen im Vergleich zu Nematoden in Feigen mit nur einer Wespe eher vergrößert und damit von einer kooperativen Anpassung wegführt. Die Grundidee für Herres Experimente (1993) gaben theoretische Modelle, die besagen, dass die Pathogenität eines Parasiten von seinem Übertragungsweg abhängig ist: Parasiten, die auf einem horizontalen Infektionsweg übertragen werden, sind weniger pathogen als solche mit einem vertikalen Infektionsweg. In Feigen, die nur von einem Wespenweibchen befallen sind, werden die Parasiten von der Mutter auf ihre Nachkommenschaft übertragen – wir haben einen vertikalen Infektionsweg. Dagegen werden in Feigen, die von mehreren Wespenweibchen befallen sind, die Parasiten der Weibchen zufällig die jungfräulichen Nachkommen befallen – wir haben einen horizontalen Infektionsweg. In der Tat stellte Herre (1993) fest, dass der Reproduktionserfolg (hier gleichgesetzt mit *Pathogenität*) von Nematoden mit einem horizontalen Infektionsweg vergrößert wird. Die Schlussfolgerung ist, dass auch Bedingungen, die das Ausmaß der Ansteckungsgefahr bestimmen, auf die Pathogenität eines Parasiten Einfluss nehmen. Im Fall von Feigenwespen, die gleichzeitig eine Feigenfrucht befallen, beobachten wir eine höhere Pathogenität ihrer Parasiten.

Abb. 7.6 Blattlauskolonie (schwarze Bohnenlaus *Aphis fabae*) und Ameisen (Foto von Bilderdatenbank Fotolia)

◼ **Abb. 7.7** Alice im Wunderland. Die rote Königin sagt zu Alice: „Hierzulande musst du so schnell laufen, wie du nur kannst, wenn du am selben Fleck bleiben willst!" (Zeichnung von John Tenniel, 1820–1914)

Natürlich kann es sich hierbei nicht um ein allgemeingültiges Naturgesetz handeln. In manchen Fällen ist die eindeutige Trennung beider Infektionswege kaum möglich. Das Beispiel einer stillenden Frau, die mit ihrer Muttermilch einen Erreger auf das Kind übertragen kann, mag dies belegen: Handelt es sich um ihr eigenes Kind, würden wir spontan von einem vertikalen Infektionsweg reden, der von einer zur nächsten Generation führt. Im Fall der Amme fällt unsere Entscheidung nicht mehr so eindeutig aus. Dennoch ist es offensichtlich, dass bei einem vertikalen Infektionsweg eine hohe Pathogenität (► Virulenz) rasch die Ressourcen des Parasiten schwinden lässt, da das Reproduktionspotenzial des Wirts eingeschränkt wird. Die Alternative zum Anpassungsprozess führt allein hin zur Auslöschung der Wirtspopulation. Diese plausible Annahme legte den Grundstein zur Hypothese, dass Parasiten eine Evolution erfahren, die dazu führt, dass sie nicht vollständig ihre Wirtspopulation zerstören. Mit diesem gedanklichen Ansatz geraten wir allerdings unmittelbar in die kontroverse Diskussion zur Gültigkeit und Bedeutung der Gruppenselektion.

Das Modell der **Gruppenselektion** postuliert, dass Gruppen und nicht Individuen die Einheiten sind, auf die Selektion wirkt und daher eine maßgebliche Bedeutung für die Evolution haben. Die Allgemeingültigkeit des Konzepts wird allerdings heute weitgehend verworfen. Am Beispiel von Virusinfektionen wird dies sofort ersichtlich: Wenn mehrere Virusstämme einen Wirt befallen können, dann müssten sie doch ein kooperatives Verhalten zeigen? Doch welcher Regulationsmechanismus soll einen Virusstamm dahingehend bewegen, dass er sein Reproduktionspotenzial zugunsten aller einschränkt? Schont ein Virus seinen Wirt, dann werden seine Konkurrenten daraus ihren Vorteil ziehen. Unser Fitnesskonzept (► Fitness) beruht allein auf der Reproduktionsfähigkeit von Organismen!

7.1.3 Das evolutionäre Wettrüsten

Der Biologe und Paläontologe Leigh van Valen (1973) übertrug den Ratschlag der Königin im Märchen **Alice im Wunderland** (Original: Alice's Adventures in Wonderland (1865) von Lewis Carroll, 1832–1898) auf ein Szenario interagierender Arten, deren Existenz durch die steten evolutionären Veränderungen der Mitspieler bedroht ist (**Red-Queen-Hypothese**). Insbesondere bei Wirt-Parasit-Beziehungen ist dieser Gedanke leicht nachvollziehbar. Besteht eine enge Beziehung wie im Fall des Kaninchens und des Myxomatose-Virus, dann kann jede Art nur aufgrund einer unmittelbaren Anpassung an die Veränderungen der anderen Art überleben. Eine Art muss mit den Veränderungen in den „mitspielenden Arten" mithalten, ansonsten wird sie ihren Platz im Evolutionsprozess verlieren (◼ Abb. 7.7; in diesem Zusammenhang wurde der Begriff **evolutionäres Wettrüsten** geprägt).

7.2 Räuber-Beute- und Pflanzen-Herbivoren-Interaktionen

Die Interaktionen zwischen **Karnivoren** (tierische Fleischfresser) und ihrer Beute ist von Strategien des Jagd- und Verteidigungsverhaltens geprägt. Auch hier haben sich vielfältige Verhaltensmuster entwickelt, und so werden wir im Folgenden nur eine kleine Auswahl an Beispielen geben:

Hauskatzen und Tiger sind beim Jagen Einzelgänger, während Löwen ihre Beute im Rudel erlegen. Gegen die Angriffe ihrer Räuber haben Beutetiere Abwehrmaßnahmen entwickelt, die eine rechtzeitige Flucht ermöglichen: Das aufgeregte Zwitschern von Vogeleltern stört nicht nur den Angreifer, sondern warnt auch andere Tiere vor der Gefahr. Die Evolution selbstlosen Verhaltens (▶ Altruismus) wird in ▶ Kap. 10 besprochen – einzelne Gruppenmitglieder von Murmeltiergemeinschaften oder von Erdmännchen warnen ihre Artgenossen vor den Feinden. Natürlich kann auch hier ein Wechselspiel von Angriffsstrategie und Abwehrverhalten erwarten werden, doch eine genetische Abhängigkeit der Arten ist eher vernachlässigbar. Darüber hinaus muss zwischen erlerntem und angeborenem Verhalten unterschieden werden: Eine gute Jägerin kann ihren Nachwuchs besser ausbilden als eine unerfahrene Mutter. Die erfahrene Leitsau einer Wildschweinrotte wird die Gruppe besser vor Gefahren schützen als ein unerfahrenes Tier. Das Bewegungsverhalten einzelner Tiere in Vogel- und Fischschwärmen ist dagegen sicherlich angeboren. Es bietet für das Individuum einen relativen Schutz vor Fressfeinden, die durch die organisierte Massendemonstration beeindruckt und irritiert werden.

Das ausgeglichene Wechselspiel von Räubern und Beute hält ein Ökosystem stabil. So kann das unkontrollierte Wachstum von Weidetierpopulationen zur Zerstörung der Weidelandschaft führen. Räuber werden jedoch von solchen reichen Jagdgründen angelockt und so kann sich schließlich wieder ein Gleichgewicht zwischen Ressourcenverfügbarkeit, Beutetier- und Raubtierpopulationen einstellen. Dieses Gleichgewicht bedeutet nicht, dass die Räuber- und Beutetierpopulation zu einer gewissen Anzahl von Individuen tendiert. Ein einfaches theoretisches Modell sagt einen Rückkopplungseffekt voraus, falls der Räuber seine Ressourcen überlastet (Lotka-Volterra-Gleichung): Eine Ressourcenverknappung führt auch zu einer Dezimierung der Räuberpopulation. Die geringere Populationsdichte der Räuber lässt nun wieder ein starkes Wachstum der Beutepopulation zu, was wiederum ein nachfolgendes Wachstum der Räuberpopulation provoziert. Eine oszillierende Populationsdichte ist die Folge. Das theoretische Modell sagt ein naheliegendes Ende des Wechselspiels voraus, wenn ein Räuber seine Ressourcen zu sehr überstrapaziert. Doch Räuber üben auch durchaus einen positiven Selektionsdruck auf die Beutetierpopulation aus, da oftmals geschwächte Individuen mit einer verringerten Fitness geschlagen werden.

Viele **Herbivoren** (Pflanzenfresser) setzen auf ein hohes Reproduktionspotenzial, um dem Druck der Fressfeinde zu entkommen. Aber auch Pflanzen versuchen dem Gefressenwerden zu entkommen (▶ Prädation). Sie entwickeln giftige Inhaltsstoffe, und potenzielle Fressfeinde lernen, diese Pflanzen zu meiden. Einige Fressfeinde von Pflanzen reagieren allerdings mit Resistenzen auf die Gifte, die Pflanzen zur Abwehr entwickelt haben. Darüber hinaus spezialisieren sich die Fressfeinde ausgerechnet noch auf solche Pflanzen. Bei einigen Pflanzen haben sich hieraus aber auch positive Abhängigkeiten von ihren tierischen Besuchern ausgebildet: Viele Tiere, die Früchte von Pflanzen fressen, können die Samen nicht verdauen und scheiden diese wieder aus. Der Fressfeind wird von der Frucht angelockt und sorgt für die Verbreitung der Samen. Darüber hinaus werden manche Pflanzensamen erst keimfähig, wenn sie den Magen-Darm-Trakt eines Tiers passiert haben.

7.3 Artenkonkurrenz

Der russische Biologe Georgi F. Gause (1934) beschreibt anhand eines Experiments mit Pantoffeltierchen (eukaryotische Einzeller, *Paramecium aurelia* und *P. caudatum*), dass Arten auf Dauer nicht koexistieren können, wenn sie um die gleichen Ressourcen konkurrieren. In seinem Versuch beobachtete er das Populationswachstum von Pantoffeltierchen in einem flüssigen Medium, das eine begrenzte, aber zeitlich konstante Nahrungsmenge zur Verfügung stellte. Einige Stämme vermehrten sich schneller als andere und unterschieden sich auch in ihrer maximalen Populationsdichte (maximale Individuenzahl, die in einem bestimmten Volumen der Nährlösung existieren kann). Gause ließ jeden Stamm isoliert, aber auch in Konkurrenz mit anderen Stämmen, wachsen. Er erkannte, dass der Erfolg konkurrierender Arten davon abhängt,

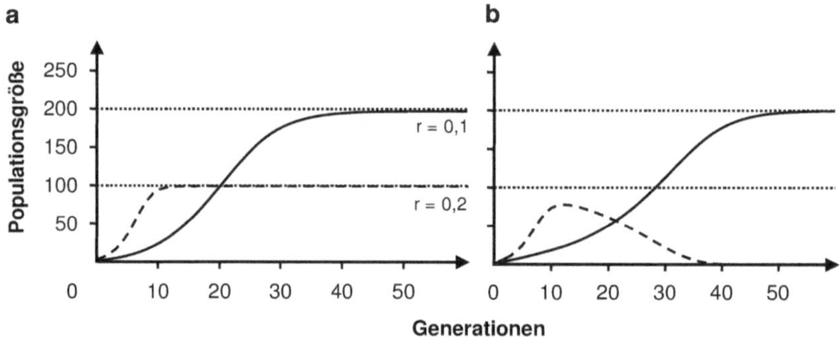

Abb. 7.8a,b Einfaches logistisches Modell für zwei konkurrierende Arten mit gleichen Ansprüchen an ihre Umwelt. Wachstumskurve einer Art (*unterbrochene Linien*), die eine zweimal größere Wachstumsrate ($r=0{,}2$) hat als die konkurrierende Art (*solide Linien*; $r=0{,}1$), doch können nur maximal halb so viele Individuen dieser Art ($K=100$) die Umwelt nutzen als die konkurrierende Art ($K=200$). **a** Beide Arten breiten sich ohne Konkurrenz aus. **b** Beide Arten besiedeln gemeinsam das Habitat

wie sie die Ressourcen nutzten: Eine Art setzte auf eine hohe Vermehrungsrate (Reproduktions- oder ***r*-Stratege**), doch ihre Konkurrenz eher auf die optimale Nutzung des Lebensraums (▶ Tragfähigkeit der Umwelt, „carrying capacity", ***K*-Stratege**). Stellten sich keine weiteren Abhängigkeiten ein, dann gewann der *K*-Stratege, wenn ein konkurrierender *r*-Stratege eine geringere Tragfähigkeit hatte (◘ Abb. 7.8).

Am Szenario der Besiedlung eines Brachlands können wir die verschiedenen Reproduktionsstrategien von Pflanzen am besten erkennen. Zuerst wird das leere Land von schnell wachsenden Gräsern und Kräutern, den *r*-Strategen, besiedelt. Später folgen Büsche und kleine Bäume, die viele der krautigen Pflanzen verdrängen. Schließlich etabliert sich ein Wald mit seinen großen, langlebigen Baumarten (*K*-Strategen), die nur noch einen spärlichen Unterwuchs zulassen. Wir unterscheiden also wieder zwischen Individuen, die auf eine hohe Reproduktionsrate setzen (kurzfristig) und solchen, die nachhaltig ihren Lebensraum nutzen (langfristig). Allerdings zeigen unsere Beispiele auch, dass wir in der Biologie oftmals keine strikte und generelle Einteilung vornehmen können. Die Palette von kolonisierenden Arten umfasst nicht nur reine *r*- und *K*-Strategen, sondern auch alle Zwischenformen.

7.4 Invasionsbiologie

Die Invasionsbiologie untersucht die Folgen, die Arten in einem ökologischen System verursachen, in das sie als Fremdlinge eindringen. Einhergehend mit der globalen Mobilität des Menschen werden Arten von einem zum anderen Kontinent passiv verschleppt – Pflanzensamen, Spinnen, Käfer und sogar Schlangen finden in ihren Herkunftsländern den Weg in Container. Der Schiffsrumpf bietet Siedlungsmöglichkeiten für Meerestiere, die sich dann in fernen Häfen etablieren können. Aber auch die aktive Einführung durch den Menschen stellt seit Beginn der globalen Ausbreitung der Menschheit lokale Ökosysteme immer wieder vor Herausforderungen – zu Beginn waren es Kultur- und Zierpflanzen, Haus- und Nutztiere, die mit dem Menschen zogen und gelegentlich verwilderten. Heute sind es oftmals sehr bewusst eingeführte „fremde" Arten, um die landwirtschaftliche Produktpalette zu erweitern oder um den Ernteerfolg durch Schädlingsbekämpfung zu verbessern. Schließlich werden fremde Arten wegen ihrer exotischen Ausstrahlung auch einfach als Zierde für Haus und Garten eingeschleppt.

Der australische Marienkäfer ist ein Beispiel für die Einführung einer nichtheimischen Art, mit der eine außer Kontrolle geratene Art bekämpft wurde: Marienkäfer wurden erfolgreich in Kalifornien gegen die Blattlausplage in Zitrusplantagen eingesetzt. In vielen Fällen entziehen sich jedoch die „ortsfremden" Arten schnell unserer Kontrolle und nutzen ihre neuen Freiheiten, wenn ihre natürlichen Feinde fehlen. Der Ochsenfrosch oder die Aga-Kröte (*Bufo marinus*) wurden aus der Karibik nach Australien eingeführt, um der Insektenplage in den Zuckerrohrfeldern Herr zu werden (◘ Abb. 7.9). Doch um

Abb. 7.9 *Links* Aga-Kröte *Bufo marinus* und *rechts* Rotwangenschmuckschildkröte *Trachemys scripta elegans* (Fotos von Bilderdatenbank Fotolia)

diese Aufgabe hat *Bufo marinus* sich nicht sonderlich gekümmert! Er begann, allerlei Kleintiere zu fressen (u. a. auch Vögel) und richtete damit bis heute einen erheblichen Schaden auf dem australischen Kontinent an. Ohne natürliche Feinde kann er sich unkontrolliert vermehren. Bei Gefahr scheidet er sogar ein giftiges Sekret über die Haut aus, das auch für Menschen gefährlich werden kann. Es gibt viele Beispiele für die negativen Folgen durch die Invasion eines Ökosystems von „fremden Arten." Ebenso gab es Freilassungen, hinter denen keine guten Absichten standen, sondern eher das Verlangen, einen lästigen Organismus loszuwerden. Mitte des letzten Jahrhunderts wurde die aggressive Rotwangenschmuckschildkröte *(Trachemys scripta elegans)*, die am Mississippi beheimatet ist, als „Haustier" nach Europa verkauft. Schnell stellte sich heraus, dass diese Schildkröte in keiner Weise als Haustier geeignet ist. Einige Halter setzten die Tiere einfach in der Natur frei und überließen sie ihrem Schicksal. Die Schildkröten hatten Glück, keine effektiven Räuber stellten ihnen nach, und heute besiedeln sie viele Gewässer von München bis nach Südeuropa. Mit ihrer Aggressivität sind sie jedoch eine große Bedrohung für viele heimische Arten. Für Aufregung sorgen auch immer wieder Nachrichten von gesichteten Alligatoren in Badeseen. Diese Tiere sind aber eher eine Bedrohung für den Badenden als für das Ökosystem.

Was können wir aus solchen Invasionsereignissen lernen? Das Eindringen von neuen Arten in ein Ökosystem kann zur Umstrukturierung der Artengemeinschaft führen und damit die Stabilität und Dynamik eines bestehenden Ökosystems verändern. Allerdings kann auch die Entfernung von natürlichen Räubern aus einem Ökosystem zu dessen Zusammenbruch führen. Das Übermaß an Rehen, Hirschen und Wildschweinen in unseren Wäldern schädigt erheblich deren Vegetation und die angrenzenden landwirtschaftlichen Flächen. Dies ist eine Folge der Vertreibung und Ausrottung von Bären, Wölfen und Luchsen in der Vergangenheit, die früher den Wildbestand nachhaltig kontrollierten.

Glossar

Altruismus Selbstlose Aktivitäten eines Individuums zum Nutzen aller Mitglieder einer Gemeinschaft oder Gruppe. Hierbei wird Nutzen mit dem Reproduktionspotenzial der Gemeinschaft gleichgesetzt.

Aminosäure Grundbaustein von Proteinen (Eiweiß). Der genetische Code bestimmt, in welcher Reihenfolge lineare Ketten von Aminosäuren (Polypeptide) gebildet werden. In der belebten Natur finden wir 22 verschiedene Aminosäuren. Die Individuen jeder Art benötigen eine bestimmte Anzahl dieser Bausteine; entweder kann ein Individuum alle notwendigen Aminosäuren selbst erzeugen (Pflanzen), oder einige Aminosäuren müssen über die Nahrung aufgenommen werden (Säugetiere; essenzielle Aminosäuren).

Endosymbiont Individuen einer Art, die sich in einem Wirtsorganismus aufhalten, wobei diese Beziehung für beide Arten von Nutzen ist.

Epidemiologie Wissenschaft, die die Ursachen und Dynamik von Krankheiten in einer Population untersucht. Die genetische Epidemiologie beschäftigt sich daher mit genetisch bedingten Erkrankungen.

Evolutionsgeschwindigkeit Die Veränderungsrate evolutiver Vorgänge wird oftmals an der Mutationsrate gemessen. Je schneller genetische Veränderungen auftreten und sich etablieren können, desto schneller schreitet die Evolution voran. Im Fall der Artenbildung wird damit beschrieben, wie groß die genetischen Unterschiede und die Evolutionszeiträume zwischen verwandten Arten sind.

Fitness Genetischer Beitrag eines Individuums oder Genotyps zur Folgegeneration.

Generalist Individuen einer Art, deren Ansprüche an ihre Umwelt eine geringe Spezialisierung zeigen. Der Begriff ist oftmals relativ – der Generalist akzeptiert eine größere Zahl verschiedener Umweltbedingungen als ein Spezialist.

horizontale Infektion Innerhalb einer Population stecken sich Individuen gegenseitig an. Schwierigkeiten für eine Klassifizierung in horizontale und vertikale Infektion (► G) ergeben sich, wenn keine strikte Trennung der Generationen vorhanden ist.

Letalität Bezeichnet die Sterberate, die eine Erkrankung oder Behandlung nach sich zieht. Somit gibt die Letalität den relativen Anteil verstorbener Individuen an.

Mutualismus Eine Kooperation von Individuen verschiedener Arten, die zum Nutzen aller beteiligten Arten ist. Die Kooperation kann dauerhaft und lebenslang sein (obligat oder symbiotisch) oder nur für eine bestimmte Zeit angelegt sein (fakultativ).

Nematode (Fadenwurm) Kleine weiße Würmchen, die eine feuchte Umwelt bevorzugen. Es sind sehr viele, auch parasitische Arten bekannt.

Pathogenität Das Potenzial eines Krankheitserregers, seinen Wirtsorganismus krank zu machen.

Prädation Beutemachen. Räuber (Prädatoren, Fressfeinde) nutzen andere Individuen (Beute) als Nahrungsquelle.

sequenzielle Evolution Innerhalb einer Artengemeinschaft ziehen Veränderungen einer Art Veränderungen in anderen Arten nach sich. Die Veränderungen in den „Folgearten" haben jedoch keine zwingende evolutionäre Bedeutung für die anderen Arten.

Spezialist Individuen von Arten, die sich an eine sehr spezielle Umwelt (z. B. Nahrung, Klima) angepasst haben.

Syconium Die fleischige Frucht von Feigen, die eine Vielzahl von weiblichen Blüten enthält. Ein Syconium kann monözisch oder diözisch sein.

Symbiose Enger lebenslanger Verbund von Individuen verschiedener Arten, der zwingend notwendig für das Überleben dieser Individuen ist (► Mutualismus).

synonymer Basenaustausch/Substitution Stiller Basenaustausch in der Erbsubstanz, der keine Veränderung in der Aminosäurekette bewirkt. Während eine nichtsynonyme oder Missense-Substitution eine Veränderung nach sich zieht. Nonsense-Mutationen führen zum Abbruch der Kette oder können den Abbruch verhindern.

Tragfähigkeit Die maximale Individuenzahl einer Art, die in einem bestimmten ökologischen System existieren kann.

vertikale Infektion Eine Krankheit wird von einer zur nächsten Generation übertragen.

Virulenz Die Infektionskraft eines Virus.

Virulenzgrad Skala zur Einteilung der Aggressivität eines Virus. Eine gebräuchliche Skale geht von I bis V, wobei ein Virus mit einem Virulenzgrad I am aggressivsten ist.

Aufgaben

Aufgabe 1. Feigenwespen können auch von parasitierenden Nematoden befallen sein. Welcher Infektionsweg liegt vor, wenn mehrere Wespenweibchen zur Eiablage in eine Feige eindringen und dabei Nematoden einschleppen? Welcher Infektionsweg liegt vor, wenn nur ein Wespenweibchen in eine Feige eindringt?

Aufgabe 2. Die Individuen einer Population sind entweder *K*-Strategen oder *r*-Strategen. In ihrem Verbreitungsgebiet verfügt die Gemeinschaft nur über begrenzte Ressourcen (Tragfähigkeit), die ihre Individuen nutzen können. Die *K*-Strategen haben eine geringere Wachstumsrate, doch ein besseres Nutzungspotenzial ihrer Umwelt als die *r*-Strategen. Beide Strategen passen ihr Wachstum an die Ressourcenverfügbarkeit an. Die Gesamtzahl der Individuen kann die maximale Tragfähigkeit nicht überschreiten. Welche Zusammensetzung wird die Population nach einiger Zeit annehmen?

Aufgabe 3. Erkläre kurz den Unterschied zwischen Koevolution und sequenzieller Evolution.

Aufgabe 4. Bei welchen Artengemeinschaften bietet die Red-Queen-Hypothese eine gute Erklärung?

Literatur

Verwendete Literatur

Fenner F (1983) The Florey lecture, 1983. Biological control, as exemplified by smallpox eradication and myxomatosis. Proc R Soc Lond B Biol Sci 218:259–285

Gause GF (1934) The struggle for existence. Williams & Wilkins, Baltimore

Hafner MS, Sudman, Villablanca FX, Spradling TA, Demastes JW, Nadler SA (1994) Disparate rates of molecular evolution in cospeciating hosts and parasites. Science 265:1087–1090

Herre EA (1993) Population structure and the evolution of virulence in nematode parasites of fig wasps. Science 259:1442–1445

Weiterführende Literatur

Townsend CR, Begon M, Harper JL (2014) Ökologie, 2. Aufl. Springer, Heidelberg Berlin (Ein umfassendes deutsches Lehrbuch, das viele Aspekte der Ökologie und Evolutionsbiologie an vielen Beispielen vorstellt)

van Valen L (1973) A new evolutionary law. Evol Theory 1:1–30

Molekulare Evolutionsuhr

Jürgen Tomiuk, Volker Loeschcke

J. Tomiuk, V. Loeschcke, *Grundlagen der Evolutionsbiologie und Formalen Genetik*,
DOI 10.1007/978-3-662-49685-5_8, © Springer-Verlag Berlin Heidelberg 2017

Bereits im 19. Jahrhundert entbrannte der Streit zwischen den Vertretern der biblischen Schöpfungsgeschichte und der modernen Naturwissenschaften über die evolutionäre Verknüpfung von Arten. Das kontrovers diskutierte Thema hat die Frage aufgeworfen, ob das Leben auf der Erde vor langer Zeit entstand und die Arten seither einer fortwährenden Evolution unterliegen oder ob ein göttlicher Eingriff die Ursache aller Vielfalt ist, wie es zum Beispiel in der Bibel oder dem Gilgamesch-Epos beschrieben wird. Die extremen Vertreter des Kreationismus errechnen anhand von Bibeltexten, dass wir vor etwa 6000 Jahren in einem einmaligen Prozess erschaffen wurden. Mit der Komplexität biologischer Strukturen und Funktionen wird gegen die Wahrscheinlichkeit eines fortwährenden Evolutionsprozesses argumentiert. Schließlich gibt es noch Bemühungen, die Schöpfungsgeschichte in Einklang mit wissenschaftlichen Erkenntnissen zu bringen (▶ Kreationismus).

Die Evolutionsbiologie stellt sich mit ihrer naturwissenschaftlichen Beweisführung diesen Glaubenslehren entgegen. Ohne Zweifel hat die genetische Information, die wir in uns tragen, ihren Ursprung in den genomischen Strukturen unserer Vorfahren und wird durch Mutationen verändert. Dieser Gedanke ist einfach und auf jeden Organismus und jede Generationenfolge übertragbar. Fortwährende, zufällige Mutationsprozesse führen zu stetigen Veränderungen in familiären Linien und damit auch zwischen Arten (◘ Abb. 8.1). Damit erhebt sich die Frage, ob das Ausmaß der Veränderungen nicht nur gemessen, sondern auch mit einer Zeitskala verbunden werden kann.

Zuckerkandl und Pauling (1962) nutzten die Unterschiede zwischen den Hämoglobinmolekülen des Menschen und des Gorillas, um daraus Rückschlüsse auf die Länge ihres Evolutionswegs zu ziehen. Da eine direkte Schätzung der Evolutionszeiten für die Menschenaffen damals wie heute wegen fehlender fossiler Funde schwerlich möglich war, verglichen die beiden Forscher zunächst sowohl das Hämoglobin des Menschen und des Gorillas mit dem des Pferds, einer weitläufig verwandten Art (▶ Outgroup-Spezies). Dabei stellten sie fest, dass die Ähnlichkeiten von Mensch und Pferd und auch die von Gorilla und Pferd in etwa gleich groß sind, doch die Ähnlichkeit von Mensch und Gorilla viel größer ist. Zudem besagten die fossilen Funde, dass sich die genetischen Unterschiede zwischen Menschenaffen und Pferd seit der Kreidezeit (Cretaceum, vor 145–66 Millionen Jahre) angesammelt haben, also vor ungefähr 130 Millionen Jahren, als die Affen- und Pferdelinien sich selbstständig weiterentwickelten. Ein einfacher Dreisatz löste schließlich das Problem: Aus der Gesamtheit der Aminosäuresubstitutionen Mensch/Pferd beziehungsweise Gorilla/Pferd errechnete sich eine mittlere Zeitdauer für einen Aminosäureaustausch, die es gestattet, den Evolutionszeitraum von Mensch und Gorilla anhand der bei ihnen beobachteten Aminosäureaustausche abzuschätzen. Nur etwa 11 Millionen Jahre trennen den Menschen und Gorilla von ihrem gemeinsamen Vorfahren!

Eine elementare Voraussetzung für diese Vorgehensweise war die Annahme, dass im Wesentlichen Zufallsereignisse den Ursprung der analysierten genetischen Variabilität erklären. Allein genetische Variation, die keinem großen Selektionsdruck ausgesetzt ist, gibt uns ein Bild steter Veränderungen zwischen Arten. Die einfache Lösung des Problems von Zuckerkandl und Pauling beruhte also auf der weiteren Annahme, dass in verwandten Arten Aminosäureaustausche in Polypeptidketten (▶ Aminosäure) während eines bestimmten Zeitraums zufällig, aber mit einer gewissen Regelmäßigkeit stattfinden. Besteht die Möglichkeit die mittlere Zeitdauer für einen Austausch zu schätzen (▶ Kalibrierung), dann kann aus dem Produkt von mittlerer Zeitdauer und der Anzahl von Aminosäuresubstitutionen die Evolutionszeit oder die genetische Ähnlichkeit berechnet werden. Dieses Vorgehen erfordert Kenntnisse über die Unterschiede von Aminosäureketten zwischen zwei Arten und von der Evolutionszeit, die zwischen diesen Arten und ihrem gemeinsamen Vorfahren liegt. Die Schätzung einer mittleren Austauschrate kann schließlich auf die Unterschiede von weiteren verwandten Arten angewandt werden, für die die Evolutionszeiträume vom gemeinsamen Vorfahren bis zu den heutigen Nachkommen nicht bekannt ist. Ohne Kalibrierung mithilfe einer verwandten Art können wir Zeitangaben allerdings nur mit einer relativen Skala machen; z. B. kann sich eine Art in einem zweimal so langen Evolutionszeitraum als eine andere Art entwickelt haben. Nur mit geologischen Ereignissen wie Wege-

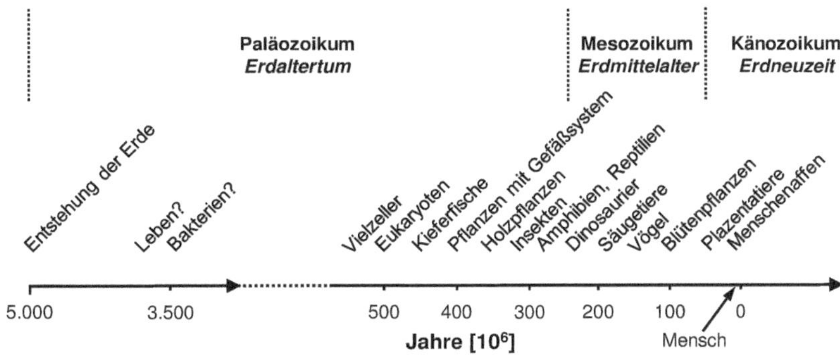

Abb. 8.1 Entstehung des Lebens und seiner Vielfalt. Die Zeitskala muss mit dem Faktor von einer Million Jahre [10^6] gestreckt werden

ners Kontinentaldrift (► G), der Entstehung von Inseln, Flüssen und Tälern, die zur geografischen Isolation von Arten führen, aber auch mit der Datierung von fossilen Funden erhält man Informationen über Zeitabläufe, die mit genetischen Unterschieden in Verbindung gebracht werden können.

In ihrem Buchbeitrag prägten Zuckerkandl und Pauling (1965) schließlich den Begriff der **molekularen Uhr**, deren Ticken sich im gleichmäßigen Auftreten von Aminosäureaustauschen wiederfindet. Ein Jahr nach Zuckerkandl und Pauling veröffentlichte Margoliash (1963) seine Untersuchungen des mitochondrialen Proteins Cytochrom c. Seine Analysen von mehreren Säugetierarten und Vögeln belegten ebenfalls, dass im Durchschnitt etwa die gleiche Anzahl an Basenaustauschen bei allen Säugern im Vergleich zu Vögeln aufgetreten sind, doch diese nicht in allen Arten dieselben Substitutionen sein müssen (► Äquidistanz). Die Schlussfolgerung war, dass eine enge positive Beziehung zwischen dem Evolutionszeitraum und der Anzahl genetischer Veränderungen sich durch stete und zufällige Mutationsereignisse erklären lässt.

Mit der Akzeptanz der „neutralen molekularen Evolutionstheorie" (Kimura 1968) hat das Konzept der molekularen Uhr seine breite Anwendung bei vielen Fragestellungen der biologischen Systematik und Evolutionsbiologie gefunden. Nachdem die Molekulare-Uhr-Hypothese zunächst für den Austausch von Aminosäuren galt, wird heute die Hypothese auf alle möglichen Merkmalsebenen genetischer Variabilität angewendet, um Evolutionszeiträume abzuschätzen. Da mit jedem Schritt, der von der DNA-Struktur wegführt, auch ein Informationsverlust einhergeht, bezeichneten Zuckerkandl und Pauling (1965) die DNA-Strukturen der Gene als „primäre Semantiten", die Boten-RNA (► mRNA) als „sekundäre Semantiten" und Polypeptide als „tertiäre Semantiten" (► Semantit).

So naheliegend das Grundkonzept der molekularen Uhr auch klingen mag, mit der Postulierung der Hypothese begann bis heute eine rege Diskussion über ihre generelle Gültigkeit. Einige Studien belegen eine große Übereinstimmung mit den Modellvorstellungen der molekularen Uhr (s. Übersichtsartikel von Kumar 2005), andere Untersuchungen widersprechen dagegen der Hypothese. Unter anderem wurden Proteine gefunden, die bei Mensch und Maus die gleiche Funktion und eine gemeinsame evolutionäre Herkunft haben (► homologe Proteine), die sich aber mit unterschiedlichen Raten veränderten. In diesem Zusammenhang wurden Unterschiede in der Stoffwechselaktivität und Körpergröße als Ursache diskutiert. Schließlich wurde die Generationszeit als ursächliche Einflussgröße angenommen; kleine Tiere haben eher einen höheren Stoffwechselumsatz und eine kürzere Generationszeit als große Tiere. In der Tat lassen die langen Generationszeiten die Evolutionsuhr von Schildkröten wesentlich langsamer ticken als jene von kleinen Nagern.

Die große biologische Diversität schlägt sich auch auf das Ticken der molekularen Uhr einzelner Arten nieder. Früh kam die Einsicht, dass nicht alle genetischen Strukturen dieselbe Information liefern und beim Vergleich von Arten auf die Eigenheiten der Arten und auf spezifische Unterschiede zwischen Arten geachtet werden muss. Selbst auf DNA-Ebene muss zwischen den Sequenzen des sich schnell verändernden Mitochondriums und des Kerngenoms unterschieden werden. Im Kerngenom ist zudem eine separate Analyse der Infor-

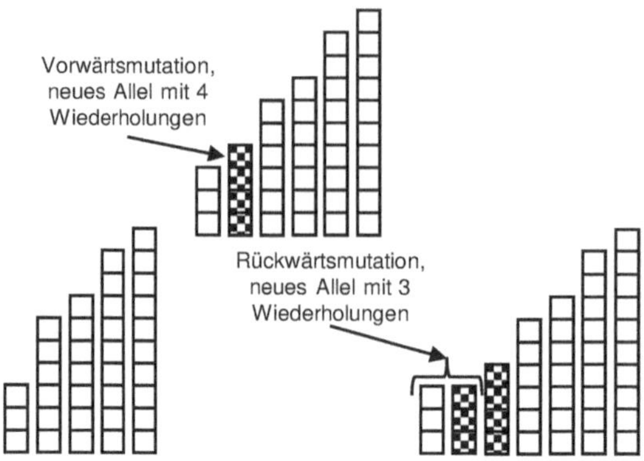

Abb. 8.2 Der schrittweise Mutationsprozess („stepwise mutation") am Beispiel einer Mikrosatellitenvariation in einer Population. Kästchen entsprechen Wiederholungsmotiven. Ausgehend von fünf Allelen (3, 6, 7, 9 und 10 Wiederholungen) entsteht ein neues Allel mit vier Wiederholungen (schraffiert). Nachfolgend verliert eines der Vier-Motiv-Allele eine Wiederholung. Das neue Allel kann nicht von den ursprünglichen Allelen mit drei Wiederholungen unterschieden werden

mationen von codierenden und nichtcodierenden Sequenzen notwendig. So muss sorgfältig geprüft werden, welche genetischen Strukturen zwischen Arten vergleichbar sind, um die Voraussetzungen für die Molekulare-Uhr-Hypothese möglichst gut zu erfüllen. Bei diesen Untersuchungen müssen auch die Folgen von Mutationsprozessen Berücksichtigung finden. Es gilt zu unterscheiden, ob sich im Lauf eines Mutationsprozesses ständig neue Strukturen ergeben (▶ Infinite-Allel-Modell, „infinite allele model") oder ob etwas Neues entsteht, das sich jedoch nicht von einem alten Zustand unterscheidet (▶ Schrittweise-Mutationsmodell, „stepwise mutation model"). Für Letzteres stehen Basenaustausche in DNA-Sequenzen und auch Mikrosatelliten. Bei beiden können wir nicht zwischen einem neuen und alten Zustand unterscheiden (Abb. 8.2). Um den Informationsgehalt einer DNA-Analyse zu erhöhen, müssen daher bei vergleichenden Studien möglichst lange Sequenzen mit vielen variablen Basenpositionen analysiert werden. Die Variation von Mikrosatelliten mit ihren repetitiven Strukturen ist ebenso ein Beispiel für redundante Strukturen; z. B. kann sich ein langes Motiv verkürzen und nimmt wieder die Länge eines kurzen, aber bereits vorhandenen Wiederholungsmotivs an. Bei Mikrosatelliten können wir diesen Informationsverlust jedoch nicht wie im Fall von DNA-Sequenzen durch die Länge des untersuchten Abschnitts ausgleichen. Die Folge des Informationsverlusts schränkt den Zeitraum der Anwendung der Molekularen-Uhr-Hypothese auf innerartliche Vergleiche (Populationen) ein, da mit zunehmender Evolutionszeit genetische Unterschiede verschwimmen werden.

Aber nicht allein die Auswahl genetischer Marker mit ihren spezifischen Eigenschaften kann zu einer falschen Einstellung der Uhr führen, auch ökologische Faktoren und die Populationsdynamik können das Ticken der Uhr verändern. Natürlich nehmen Umweltfaktoren einen unterschiedlichen Einfluss auf Arten und bestimmen die genetischen Strukturen, auf denen unsere Analysen beruhen und die den Gang der molekularen Uhr bestimmen. Haben Populationszusammenbrüche in der Vergangenheit einer Art eine wesentliche Rolle gespielt, dann ist es naheliegend, dass diese Populationsdynamik auch Auswirkungen auf die molekulare Uhr haben kann. Die außerordentlich geringe genetische Variabilität von Geparden lässt mindestens zwei Flaschenhälse in ihrer jüngeren Vergangenheit vermuten – ein Vergleich mit anderen Großkatzen würde bei Anwendung der Molekularen-Uhr-Hypothese auf einen Irrweg führen. Darüber hinaus kann die Kreuzung von Individuen verwandter Arten dazu führen, dass sich Gene im Genpool (▶ G) anderer Arten etablieren (▶ Hybridisierung, Introgression) und damit die Evolutionsuhr aus dem Takt bringen. Weiterhin gilt, dass bei sehr weit verwandten Arten die Korrelation zwischen Evolutionszeit und Zahl der Mutationen nicht mehr linear bleibt und es wegen Rückmutationen zu einer Sättigung der Anreicherungskurve von beobachtbaren Mutationen kommt. Ayala (1999) widersprach der Allgemeingültigkeit einer molekularen Uhr mit dem Argument, dass in natürlichen Populationen schon viele Voraussetzungen der Neutralitätstheorie, wie z. B. ein zufälliger Mutationsprozess, nicht erfüllt sind und damit auch der molekularen Uhr ihr Fundament entzogen wird. Insbesondere die artspezifische mittlere Generationszeit kann die Vergleichbarkeit zwischen Arten zunichtemachen, da kurze Generationszeiten das Ticken der molekularen Uhr beschleunigen, indem sich Mutationen schneller in Arten etablieren können. Ayala führte hierfür den Vergleich von Nagern und Kühen an. Seine Kritik spricht die generelle Vergleichbarkeit von Arten an, doch nicht den Nutzen der Uhr für die Bewertung von Evolutionszeiträumen innerhalb einzelner Artengruppen. Natürlich müssen bei der Einstellung der Uhr neben den genetischen Markersystemen auch die Eigenheiten der untersuchten Arten, die verfügbaren paläontologischen Funde sowie geologische Informationen Berücksichtigung finden.

Lange Evolutionszeiträume führen uns von einer linearen Beziehung zwischen Mutationsereignissen und Zeit weg und erschweren oder verhindern eine korrekte Schätzung der Evolutionszeit. Hohe Mutationsraten und Rückmutationen haben mit der Sättigung der Zeitkurve einen ähnlichen Effekt. Schließlich sollten wir bedenken, dass innerhalb kurzer Evolutionszeiträume genetische Unterschiede zwischen Arten nicht zwingend durch Mutationen entstehen müssen, sondern auch die Folge des Verlusts von vormals gemeinsamen Allelen in einer Art sein können. Können wir bei Analysen den Verlust von Allelen als eine Ursache für die Differenzierung von Arten nicht ausschließen, so kann uns dies ein schnelleres Ticken der Uhr vorgaukeln. Die kurze Feststellung ist, dass viele Faktoren die Genauigkeit unserer Evolutionsuhr beeinflussen und stören können. Dennoch ist die molekulare Uhr eine wichtige Hypothese und ein nützliches Arbeitsmittel für evolutionsbiologische Analysen. Zudem erweist sich die molekulare Uhr relativ robust gegen Störungen und die Ergebnisse aus Untersuchungen vieler Loci belegen die Gültigkeit der Äquidistanz über verschiedene Arten hinweg (Huang 2008).

Ein schönes Beispiel für die Evolution einer Gruppe von Polypeptiden sind die sauerstoffbindenden oder sauerstofftransportierenden Proteine von Säugetieren (▶ Globine), deren Ursprung sich auf ein gemeinsames Ur-Gen zurückführen lässt und deren Vielfalt sich durch viele Duplikations- und Translokationsereignisse erklärt. Bei Säugetieren finden sich heute viele funktionelle und verwandte Gene wie das Myoglobin-, α-Globin-, β-Globin-, γ-Globin-, δ-Globin- und ε-Globin-Gen, von denen einige zudem noch auf verschiedenen Chromosomen lokalisiert sind.

Die Stoffwechselfunktion von Proteinen ist bei verwandten Arten oftmals fast identisch erhalten geblieben. Artenvergleiche mithilfe homologer Proteine zeigen, wie weit die Ähnlichkeit von proteincodierenden Genen in die Vergangenheit zurückreicht. Aber auch innerhalb von Arten lassen Duplikationen und eigenständige Evolution der Duplikate eine große Anzahl von strukturell und funktionell ähnlichen Genen und Proteinen entstehen. Duplikationen können Cluster von Genen erzeugen, die tandemartig angeordnet sind. Darüber hinaus können Translokationen die Position von Genen im Genom verändern. Globin-Gene sind ein Beispiel für die Bedeutung solcher Ereignisse, die u. a. auch dazu führten, dass einzelne Gene neue Aufgaben übernommen haben.

Nachfolgend sind die menschlichen Globine aufgelistet und die Chromosomen angegeben, auf denen sich ihre Gene befinden:

- **Myoglobin** ist ein Protein des Muskelgewebes. Das zugehörige Gen liegt auf dem langen Arm des Chromosoms 22.
- **Neuroglobin** wird im zentralen und peripheren Nervensystem gefunden. Das Gen liegt auf dem Chromosom 14.
- **Cytoglobin** ist ein Protein des Gehirns. Das Gen liegt auf Chromosom 17.
- **α-Globin** ist eine Aminosäurekette, von der zwei Kopien im Hämoglobin vorliegen. Zwei duplizierte, nebeneinander angeordnete Gene sind auf Chromosom 16 lokalisiert. Im selben Chromosomenabschnitt befindet sich auch noch ein Pseudogen (▶ G), das keine offensichtliche Funktion hat.
- **β-Globin** ist kleiner als das α-Globin, und es werden ebenfalls zwei Kopien für das adulte Hämoglobin benötigt. Im sog. β-Globin-Cluster auf Chromosom 11 sind Kopien des Gens tandemartig angeordnet, die während der Entwicklung eines Individuums an- und abgeschaltet werden. Zum Beispiel ist während der Embryonalentwicklung des Menschen das ε-Globin-Gen aktiv – die Sauerstoffversorgung des Embryos über die Plazenta erfordert ein Hämoglobin mit anderen Eigenschaften als beim Erwachsenen mit Lungenfunktion. Wie beim α-Globin gibt es neben den funktionellen Varianten noch einige Pseudogene.

Festzuhalten ist, dass Chromosomenaberrationen sich nicht für eine Zeitschätzung eignen, da solche Ereignisse keine regelmäßigen zeitlichen Muster

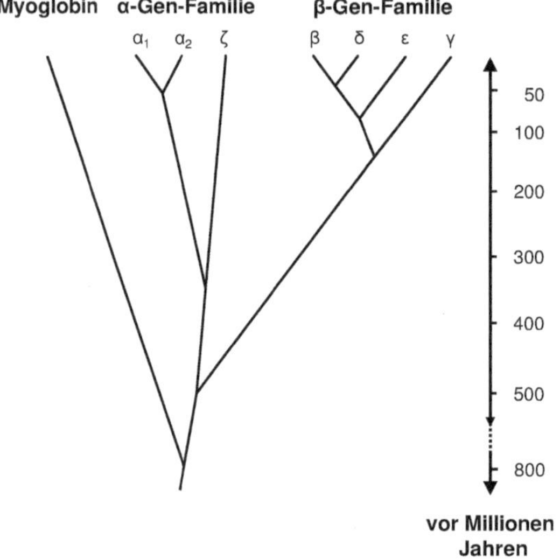

Abb. 8.3 Die Entwicklung verschiedener Globin-Gene aus einem gemeinsamen Ur-Gen

erkennen lassen. Doch können die Sequenzvergleiche von duplizierten, translozierten oder invertierten Chromosomenabschnitten genutzt werden, um ihre genetische Ähnlichkeit abzuschätzen (► Duplikation, ► Translokation, ► Inversion).

Der Vergleich der genetischen Strukturen zwischen den Arten, aber auch der Vergleich von Proteinen innerhalb der Arten gestattet, einen Stammbaum für die Globine zu konstruieren (Abb. 8.3). Hierzu nimmt man ein allen Arten gemeinsames Ur-Gen an, auf das alle heutigen Varianten und Kopien zurückgehen. Die Analyse mithilfe der molekularen Uhr ergibt, dass sich als erstes der Weg zwischen dem Neuroglobin-Gen und den anderen Globin-Genen vor etwa 800 Millionen Jahren getrennt hat – also schon lange vor dem ersten Auftreten der Säugetiere und in einem eisigen geologischen Zeitalter, dem Cryogenium. Vor etwa 1000–600 Millionen Jahren haben die anzestralen α-Gene, β-Gene, die Gene des Myoglobins und Cytoglobins eine eigene Evolution erfahren. In dieser Zeit entwickelten sich wohl die ersten tierischen und pflanzlichen Kleinstlebewesen. Relativ früh entstanden auch die Myoglobin- und Cytoglobin-Gene. Vor etwa 500–400 Millionen Jahren verselbstständigten sich schließlich die beiden α-Gen- und β-Gen-Familien. Es war das Zeitalter, in dem sich eine Vielfalt von Fischarten entwickelte und Landpflanzen sich weiter ausbreiteten. Am Ende des Devons begann die Evolution der landlebenden Fauna.

Glossar

Äquidistanz Gleicher Abstand. Beim Artenvergleich messen wir den Abstand mithilfe genetischer Unterschiede. Vergleicht man zum Beispiel drei Arten, wobei zwei Arten eng verwandt und nur weit verwandt mit der dritten Art sind, dann werden beide eng verwandten Arten zur dritten Art etwa die gleiche Anzahl von Unterschieden aufweisen, doch nicht zwingend dieselben.

Boten-RNA ► mRNA

Degeneration des genetischen Codes Die vier Grundbausteine der Erbinformation (Basen: Adenosin, Cytosin, Guanin und Thymin) lassen 64 Dreierkombinationen (Triplett) zu, die für maximal 22 Aminosäuren, den Beginn und das Ende eines Gens codieren. Deswegen können verschiedene Tripletts zum selben Ergebnis führen.

Duplikation Ein Chromosomenschnitt wird verdoppelt.

Flaschenhals Eine Population erfährt eine drastische Verringerung der Populationsgröße. Nur wenige Individuen erhalten die Population und die ursprüngliche genetische Vielfalt wird erheblich reduziert. Nach dem Durchlaufen eines Flaschenhalses bestimmen insbesondere Zufallseffekte, aber auch Selektion den neuen Evolutionsweg einer Population („bottleneck effect").

Genpool Die Gesamtheit der genetischen Information aller reproduzierenden Individuen einer Population oder Gruppe.

Globine Sauerstoffbindende oder sauerstofftransportierende Proteine.

homologe Gene Gene mit sehr ähnlicher Struktur, die auf ein Gen eines gemeinsamen Vorfahren zurückgeführt werden können.

homologe Proteine Proteine mit einer sehr großen strukturellen Ähnlichkeit, die sich durch den gemeinsamen evolutionären Ursprung erklärt (► homologe Gene).

Hybridisierung Arten: Individuen verwandter Arten können paaren und haben lebensfähige Nachkommen.

Züchtung: Die Kreuzung von Individuen verschiedener Zuchtlinien oder Rassen werden ebenfalls als Hybride bezeichnet. Hybride Organismen können auch mithilfe gentechnischer Methoden geschaffen werden.
Technik: Mischprodukte. In der Molekulargenetik bezeichnet Hybridisierung die Zusammenlagerung von DNA-Einzelsträngen zu einem Doppelstrang.

Infinite-Allel-Modell Dieses Modell nimmt an, dass jede Mutation zu einem neuen allelischen Zustand führt. Das neue Allel unterscheidet sich von allen bisherigen Allelen der Population („infinite **a**llele **m**odel", IAM). Ein sehr theoretisches Modell, doch ist es für mathematische Analysen sehr geeignet!

Introgression Erfolgreiches Eindringen artfremder Gene in den Genpool einer Art. Dieses ist bei höheren Organismen Folge von Hybridisierungsereignissen (▶ G). Bakterien, Viren oder Phagen können artfremde DNA aufnehmen und in ihr Genom integrieren.

Inversion Ein Chromosomenabschnitt oder eine DNA-Sequenz wird in der Leserichtung umgekehrt und wieder ins Chromosom eingefügt.

Kalibrierung Ermittlung einer korrekten Skalierung von Evolutionszeiträumen mithilfe bekannter Messdaten. Hierbei muss auch die Präzision beziehungsweise der Fehler der Methode berücksichtigt werden.

Kreationismus Die Entstehung des Universums, des Lebens und die des Menschen werden auf der Grundlage einer Glaubenslehre erklärt. Im Christentum beziehen sich die Kreationisten auf die Bibel.

mRNA Abkürzung von „**m**essenger **RNA**". Die komplementäre Abschrift eines Gens, die in eine Aminosäurekette übersetzt wird.

Outgroup-Spezies Eine Art, die weit verwandt zu Arten ist, deren Eigenschaften verglichen werden. Die Mitbetrachtung von Outgroup-Spezies beim genetischen Artenvergleich ist notwendig, um einen Evolutionsweg möglichst eindeutig zu beschreiben.

Pseudogen Eine DNA-Sequenz, die oftmals aus der Duplikation (▶ G) eines funktionellen Gens entstanden ist, und sich im Genom erfolgreich etablieren konnte. Entweder hat das Gen bereits beim Duplikationsprozess seine Funktion verloren oder Mutationen führen in den nachfolgenden Generationen zum Funktionsverlust.

Schrittweise-Mutationsmodell Eine Modellvorstellung, die mutationsbedingte Veränderungen an einem Locus mit zwei Zuständen erklärt – Die Vorwärtsmutation führt zu einem neuen Allel in der Population; die Rückwärtsmutation erzeugt einen allelischen Zustand, der schon zuvor am Locus vorhanden war („**s**tepwise **m**utation **m**odel", SMM). Als ein Beispiel dienen Mikrosatelliten.

Semantit Hier verwenden wir dieses Wort im Sinn von Zeichen- oder Bedeutungsgeber für Evolutionsvorgänge. Zum Beispiel kann man von DNA-Strukturen auf Evolutionszeiträume schließen, aber auch Aminosäuresequenzen können hierfür dienlich sein.

Translokation Die Position eines DNA-Abschnitts wird verändert. Ein DNA-Abschnitt wird auf ein anderes Chromosom verlagert.

Wegeners Kontinentaldrift Alfred Wegener hat als erster die Dynamik der Erdoberfläche beschrieben. Die auffällige Übereinstimmung der Küstenformation verschiedener Kontinente, wie bei einem Puzzle, erklärte er damit, dass die Erdoberfläche sich stetig verändert. Kontinente sind ständig in Bewegung. Heute wissen wir, dass die verschiedenen Kontinentalplatten auf dem zähflüssigen Erdmantel „schwimmen."

Aufgaben

Aufgabe 1. Lassen phänotypische oder morphologische Unterschiede zwischen Arten sicher auf den Evolutionszeitraum schließen, den diese Arten trennen?

Aufgabe 2. Was müssen wir bedenken, wenn wir Aminosäuresequenzen zur phylogenetischen Analyse heranziehen?

Aufgabe 3. Wann können wir die Variation von Proteinloci nutzen, um die genetische Ähnlichkeit von Arten und die zugehörigen Evolutionszeiten zu schätzen?

Aufgabe 4. Aus welchem Grund benötigen wir eine Outgroup-Spezies für die Schätzung der genetischen Distanz zwischen verwandten Arten?

Aufgabe 5. Welche Informationen können wir verwenden, um die molekulare Uhr zu kalibrieren?

Aufgabe 6. Was unterscheidet Untersuchungen von eng und sehr weit verwandten Arten, mit denen wir die genetische Ähnlichkeit der Arten feststellen wollen?

Literatur

Ayala FJ (1999) Molecular clock mirages. BioEssays 21:71–75

Huang S (2008) The genetic equidistance result of molecular evolution is independent of mutation rates. J Comp Sci Syst Biol 1:92–102

Kimura M (1968) Evolutionary rate at the molecular level. Nature 217:624–626

Kumar S (2005) Molecular clocks: four decades of evolution. Nat Rev Genet 6:654–662

Margoliash E (1963) Primary structure and evolution of cytochrome. Proc Natl Acad Sci USA 50:672–679

Zuckerkandl E, Pauling LB (1962) olecular disease, evolution, and genetic heterogeneity. In: Kasha M, Pullman B (Hrsg) Horizons in Biochemistry. Academic Press, New York, S 189–225

Zuckerkandl E, Pauling LB (1965) Evolutionary divergence and convergence in proteins. In: Bryson HV (Hrsg) Evolving Genes and Proteins. Academic Press, New York, S 97–166

Molekulare Anthropologie

Jürgen Tomiuk, Volker Loeschcke

J. Tomiuk, V. Loeschcke, *Grundlagen der Evolutionsbiologie und Formalen Genetik*,
DOI 10.1007/978-3-662-49685-5_9,

Im Jahr 1856, in einer Zeit, als viele Forscher wie Darwin und Mendel sich Gedanken über die Evolution machten, wurden einige fossile Knochen im Neandertal bei Düsseldorf gefunden. Arbeiter des Kalksteinbruchs bargen menschliche Überreste, die bereits damals der Lehrer Johann Fuhlrott und der Anthropologe Hermann Schaaffhausen richtig als Skelettfragmente eines Urzeitmenschen erkannten. Dagegen kam der berühmte Arzt Rudolf Virchow zum Schluss, dass es sich nur um die krankhaft veränderten Knochen eines Mannes aus der Neuzeit handelt. Die Vorstellung eines steten Wandels der Arten passte zu dieser Zeit einfach noch nicht in das wissenschaftliche Gedankengebäude der meisten Gelehrten. Wohl haben vor Darwin andere Naturforscher wie Lamarck Arten aufgrund von morphologischen Ähnlichkeiten gruppiert, aber eine Synthese unter evolutionsbiologischen Gesichtspunkten, wie es schließlich Darwin gelang, wurde von ihnen nicht vollzogen.

Darwin beschreibt 1871 in seinem Buch „Die Abstammung des Menschen" nicht nur seine Gedanken zum evolutionären Ursprung des Menschen, er geht auch auf die Entstehung menschlicher Rassen ein (Darwin 1871). Seine vergleichenden Studien von morphologischen Merkmalen ließen ihn erkennen, dass der moderne Mensch, *Homo sapiens*, ein Mitglied der **Anthropoiden** ist (▶ G, Menschenaffen: Gorilla, Schimpanse, Orang-Utan, Gibbon) und dem Menschen aufgrund seiner großen Ähnlichkeiten mit den großen Affen keine eigene Familie, Unterfamilie und auf keinen Fall eine eigene Ordnung zusteht. Die Unterschiede zwischen den menschlichen Rassen befand er als zu gering und die Merkmalsvariation innerhalb der Rassen zu groß, um damit eine klare Trennung machen zu können. Diese Erkenntnis ist in der Tat etwa 100 Jahre nach Darwin auf genetischer Ebene belegt worden – die genetische Unterschiede zwischen Menschen innerhalb eines Rassenkreises können größer sein als zwischen Individuen aus verschiedenen Rassen (Bodmer und Cavalli-Sforza 1976).

9.1 Ursprung der Menschheit

Die naturwissenschaftliche Disziplin der Anthropologie macht anhand von Fossilien Rückschlüsse auf die Herkunft des modernen Menschen. Im Wesentlichen werden heute drei Hypothesen zum Ursprung der modernen Menschheit diskutiert:

- Die Wiege der Menschheit befand sich in Afrika. In einer Übergangsperiode entwickelte sich aus der Urmenschenart *Homo erectus* der moderne Mensch *Homo sapiens*.
- Die geografische Verteilung der menschlichen Rassen erklärt sich durch eine multiregionale (▶ Multiregional-Hypothese), fast gleichzeitige Entstehung des modernen Menschen aus seiner Vorgängerart *Homo erectus* (Allerdings würde nur eine ungewöhnlich hohe Mobilität unserer Ahnen die genetische Homogenität der heutigen menschlichen Bevölkerung erklären.).
- Die letzte Hypothese ist eine Synthese aus den beiden ersten Denkmodellen: Zuerst verbreiteten sich Individuen des *Homo erectus* über die Welt und passten sich an die geografischen Begebenheiten an. Nach der Auswanderung des modernen Menschen aus Afrika trafen dessen Individuen in den verschiedenen geografischen Regionen der Welt auf Individuen der verschiedenen Rassen des alten *Homo erectus*. Die geografische Verteilung der heutigen Rassen ist damit das Ergebnis der genetischen Vermischungen der **Schwesterarten** (▶ G).

Bereits Darwin argumentierte, wegen der Unwahrscheinlichkeit der Parallelität gleicher Evolutionsereignisse, gegen ein unabhängiges multiregionales Entstehen der Menschheit, wie es in der zweiten Hypothese postuliert wird. Er schloss aus der großen Ähnlichkeiten zwischen den menschlichen Rassen sowie zwischen Mensch und Menschenaffen, dass die „Stammeltern" der Menschheit in Afrika zu suchen seien.

Auf dem Weg zur Klärung der Frage nach dem geografischen Ursprungsort des modernen Menschen stand zunächst einmal das Verwandtschaftsverhältnis von Mensch und Großaffen zur Diskussion. Die kleineren Gibbonarten wurden bereits zu Beginn der Untersuchungen zur Gruppe der Menschenaffen gezählt. Sie wurden aber als weit entfernte Verwandte der großen Affenarten betrachtet. Bei den verbleibenden Arten und dem Menschen stand man mit ausschließlich morphologischen Merkmalen vor der unlösbaren Aufgabe zu entscheiden, ob Gorilla, Schimpanse oder Orang-Utan der nächste Verwandte von *Homo sapiens* ist. Unsere nächsten äffischen Verwandten haben wir daher mit sehr anthropozentrischen Argumenten ausgewählt. So wurde der Gorilla wegen seiner mächtigen Gestalt und Kraft häufig favorisiert, doch die Intelligenz des Schimpansen überzeugte wiederum andere Betrachter, und schließlich blieb noch der Waldmensch (Orang-Utan) mit seinem ansprechenden menschenähnlichen Gesichtsausdruck.

Die tatsächlichen Verwandtschaftsverhältnisse zwischen den Menschenaffen blieben zunächst ungeklärt. Erst die Entwicklung von verfeinerten molekulargenetischen Untersuchungsmethoden eröffnete ab Mitte des 20. Jahrhunderts einen Zugang zur Beantwortung dieser Frage. Im Jahr 1967 boten Sarich und Wilson mit ihrer Arbeit einen ersten tieferen Einblick in die Evolutionsgeschichte der Menschenaffen. Mit immunologischen Methoden verglichen sie die strukturelle und funktionelle Ähnlichkeit von Proteinen in verschiedenen Arten. Ihre Untersuchungstechnik basierte auf der Eigenschaft von Antikörpern gegen Proteine, die unterschiedlich stark auf die strukturellen Unterschiede von „gleichen" Proteinen verschiedener Arten reagieren. Hierbei war die grundlegende Idee, dass Mutationen auch zu Strukturveränderungen von Proteinen führen können und dieser Vorgang in den einzelnen Arten unabhängig abläuft. So reagieren artspezifische Antikörper schwächer auf die Proteine einer anderen Art, und die Reaktionsstärke nimmt mit der evolutionären Entfernung von Arten ab. Sarich und Wilson (1967) haben in ihren Untersuchungen die Antikörperreaktionen auf Albumine von verschiedenen Primatenarten analysiert. Das Ergebnis unterstützte die Vorstellungen der klassischen Taxonomie: Zuerst haben sich die Gibbonarten und die Linie der großen Menschenaffen getrennt, danach kam es zur Aufspaltung von Orang-Utan und den afrikanischen Großaffen: Am Ende blieb schließlich nur noch die damals unlösbare *Trichotomie* von Mensch, Schimpanse und Gorilla (◘ Abb. 9.1).

Der Vergleich der Immunreaktionen von **Altweltaffen** (► G) führte zu einer der ersten Schätzungen für die Entwicklungszeit der menschlichen Linie aus der gemeinsamen Stammpopulation von Mensch und afrikanischen Großaffen. Die Behauptung, dass der gemeinsame Vorfahre von Mensch und Affe vor nur 5 Millionen Jahren lebte, rief große Aufregung und Ablehnung bei den Kollegen der klassischen Anthropologie hervor. Vor der Veröffentlichung von Sarich und Wilson (1967) wurden eher Zeiten von mehr als 15 Millionen Jahren favorisiert. Die „hohen" geistigen und kulturellen Fähigkeiten des Menschen erschienen derart komplex, dass eine so kurze Evolutionszeit für deren Entwicklung unvorstellbar war.

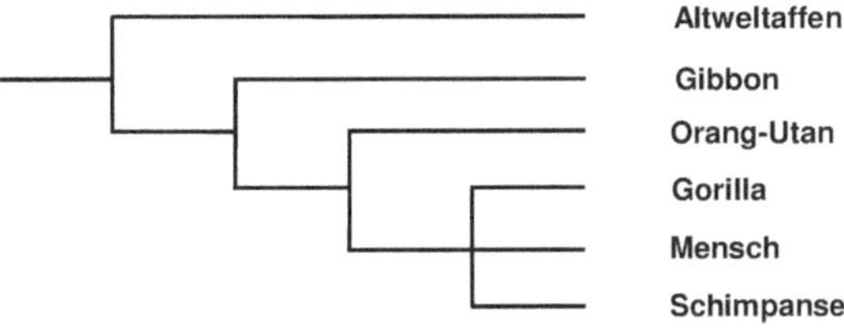

◘ Abb. 9.1 Verwandtschaft des Menschen mit Menschenaffen und Altweltaffen (Meerkatzenverwandten, *Cercopithecidae*). Bis Mitte der 1980er-Jahre war die Trichotomie Mensch-Gorilla-Schimpanse genetisch nicht eindeutig auflösbar

Einige Jahre später zeigte eine vergleichende Studie von Schimpanse und Mensch, dass sehr viele Proteinstrukturen eine erstaunlich große Übereinstimmung haben – die genetische Ähnlichkeit beider Arten wurde auf etwa 99 % geschätzt (King und Wilson 1975). Das Ergebnis seiner Doktorandin King festigte die Meinung von Wilson, dass die Evolutionszeit zwischen Schimpanse und Mensch maximal 5 Millionen Jahre beträgt. Allein akademische Neugier führte zu vielen weiteren genetischen Analysen, um die am nächsten verwandte Art des Menschen – Gorilla oder Schimpanse – eindeutig zu bestimmen. Anfang der 1980er-Jahre stellten Sibley und Ahlquist (1984) die Ergebnisse von **DNA-DNA-Hybridisierungen** (► G) vor. Aufgrund vorangegangener Untersuchungen an vielen Vogelarten hatten Sibley und Ahlquist schon große Erfahrung mit derartigen Experimenten und der populationsgenetischen Analyse solcher Daten. Ebenso wie in den früheren evolutionsbiologischen Studien zur genetischen Verwandtschaft von Affen ergab sich für die weiter entfernten Arten, wie Meerkatzenverwandte (Cercopithecini), Gibbon und Orang-Utan, das altbekannte Bild. Jedoch gelang es Sibley und seinem Schüler, die Arten Gorilla, Schimpanse und Mensch entsprechend ihrer genetischen Ähnlichkeiten zu gruppieren. Schimpanse und Mensch sind, bis

heute allgemein anerkannt, die engsten Verwandten in der Gruppe der Menschenaffen. Sibley und Ahlquist (1984) schätzten die Zeiten der Abspaltung einzelner Primatengruppen von einer gemeinsamen Stammlinie:
27–33 Millionen Jahre: Meerkatzenverwandte,
18–22 Millionen Jahre: Gibbon,
13–16 Millionen Jahre: Orang-Utan,
8–10 Millionen Jahre: Gorilla,
6–8 Millionen Jahre: Schimpanse und Mensch.

Die Frage nach den Verwandtschaftsverhältnissen innerhalb der Großaffen gilt heute gelöst. Dennoch sind immer wieder neue vergleichende genetische Studien durchgeführt worden, um die Evolutionszeiträume immer genauer erfassen zu können. Ein Jahr nach Sibley und Ahlquist beschrieben Hasegawa und Kollegen (1985) einen neuen theoretischen Ansatz für die Schätzung von Evolutionszeiträumen am Beispiel eines mitochondrialen Datensatzes. Ihre Schätzungen ergaben wesentlich kürzere Zeiträume der Verzweigungspunkte im Stammbaum der Menschenaffen:
12–15 Millionen Jahre: Gibbon,
10–12 Millionen Jahre: Orang-Utan,
3–4 Millionen Jahre: Gorilla,
2–3 Millionen Jahre: Schimpanse und Mensch.

Die Richtigkeit einzelner Schätzverfahren ist allerdings schwer überprüfbar, da bisher nur wenige nichthumane Primatenfossilien gefunden wurden. Doch erlaubte die ständig anwachsende Informationsfülle über die Struktur von Genomen genauere Schätzungen von Evolutionszeiten. Die Analysen von Stauffer und Kollegen (2001) basieren auf einem umfangreichen Satz von Genen des Kerngenoms. Sie nehmen an, dass der Zeitpunkt der Abspaltung der Menschenaffen von den anderen Affenarten der alten Welt vor 23 Millionen Jahren stattfand. Diese Annahme führt zu einer ähnlich kurzen Zeitspanne für die Abspaltung von Gibbon und Orang-Utan von einer gemeinsamen Menschenaffenlinie, wie sie von Hasegawa und Kollegen (1985) vorgeschlagen wurde, nur die Trennungszeiten des Trios Gorilla-Schimpanse-Mensch haben sich um den Faktor zwei verlängert:
14–15 Millionen Jahre: Gibbon,
10–12 Millionen Jahre: Orang-Utan,
6–7 Millionen Jahre: Gorilla,
5–6 Millionen Jahre: Schimpanse und Mensch.

Schließlich halten wir fest, dass die Abspaltung der menschlichen Linie von den äffischen Verwandten in einen Zeitraum vor 4 bis 8 Millionen Jahren gelegt wird. Die zeitliche Bewertung von Fossilienfunden und geologischen Ereignissen, die in die Kalibrierung der Evolutionsuhr eingeht, stellt hierbei den wesentlichen Unsicherheitsfaktor dar (s. ▶ Kap. 8).

Neuere Analysemethoden geben uns tiefere Einblicke in das evolutionäre Geschehen. DNA-Vergleiche und Computersimulationen gestatten uns, die Bedeutung von Selektionskräften und der Populationsdynamik im Lauf der Entstehung von Arten aufzudecken. Unser Blick zurück in die Vergangenheit lässt uns auch die genetischen Strukturen von Populationen erkennen, aus denen verwandte Arten entstanden. Der Tübinger Immunologe Klein hatte bereits 1993 mit seinen beiden Kollegen Ayala und Takahata die Ergebnisse solcher Analysen veröffentlicht. Sie untersuchten den Genkomplex, dessen Gene das Immunsystem von Säugern bestimmt – die Gene des **Haupthistokompatibilitätskomplexes** (▶ MHC, „major histocompatability complex"). Die einzelnen Loci dieses Genkomplexes zeigen eine ungewöhnlich große allelische Vielfalt, was natürlich bei der immensen Anzahl von Infektionsquellen für Tiere durchaus Sinn macht. Die vergleichende Studie der Genstrukturen des Menschen mit denen des Schimpansen führte zu einem überraschenden Ergebnis. Allele einiger Loci des Menschen und Schimpansen waren sich ähnlicher als die Allele innerhalb der Arten. Die Folgerung aus diesem Befund konnte nur sein, dass heute verwandte Arten durchaus noch Gene von ihrer gemeinsamen Stammart besitzen, aus der sie vor langer Zeit hervorgegangen sind. Der Zeitpunkt der Trennung von Arten kann also wesentlich jünger sein als das Alter von gemeinsamen „Eva"- oder „Adam"-Sequenzen.

Wie schwierig es ist, Evolutionsvorgänge richtig zu interpretieren, die vor vielen Millionen Jahren stattgefunden haben, zeigt auch die Diskussion um den geografischen Ursprung des modernen Menschen. Die Hypothese des multiregionalen Ursprungs des *H. sapiens* durch mehrfache unabhängige Evolutionsereignisse in den verschiedenen Weltregionen wird heute nicht mehr ernsthaft in

Erwägung gezogen. Doch immer noch diskutieren wir heftig darüber, ob nach der Auswanderung aus Afrika und der weltweiten Ausbreitung des modernen Menschen eine Anpassung an die lokalen Umweltbedingungen folgte, die zur Ausbildung der menschlichen Rassen führte, oder ob die Entstehung der heutigen Rassen auf eine Vermischung von „modernen" afrikanischen Auswanderern mit lokalen engverwandten Vertretern der bereits auf dem eurasischen Kontinent verbreiteten Menschenart *Homo erectus* zurückgeht. Die erste Hypothese besagt, dass alle Personen auf der Erde in verwandtschaftlicher – wenn auch sehr weitläufiger – Beziehung stehen und von einer „relativ kleinen" Gruppe gemeinsamer afrikanischer Ahnen abstammen. Die alternative Hypothese eines multiregionalen Ursprungs bedeutet, dass wir wohl alle Gene von gemeinsamen afrikanischen Ahnen haben, aber auch noch das Erbe unserer noch älteren Ahnen von lokalen *Homo-erectus*-Rassen in uns tragen.

Die Einsicht, dass jedes Gen die Kopie eines elterlichen Gens ist und allein Mutationen strukturelle Veränderungen der DNA nach sich ziehen, erlaubt uns, genetische Ähnlichkeiten von Gruppen, Populationen und Arten zu bewerten. Vor 1990 war die Bestimmung der strukturellen Variation von Sequenzen vieler Gene des Kerngenoms von vielen Individuen noch sehr teuer und zeitintensiv, doch konnte man bereits die Struktur des relativ kleinen mitochondrialen Genoms studieren. Zwei Eigenschaften machen das mitochondriale Genom zudem äußerst wertvoll für Evolutionsstudien – Mitochondrien werden fast ausschließlich von der Mutter weitergegeben, und es gibt keine Rekombination (► G). Somit führen uns die heutigen Unterschiede zwischen mitochondrialen Sequenzen (Haplotypen) zurück in die Vergangenheit.

Cann, Stoneking u. Wilson veröffentlichten 1987 die Ergebnisse ihrer Untersuchungen zur mitochondrialen Variabilität von 147 Personen aus fünf geografischen Regionen. Die enorme Datenmenge dieser Studie konnte nur mithilfe eines Computerprogramms analysiert werden (Cann et al. 1987). Das Programm ermittelte alle möglichen Verknüpfungen verwandtschaftlicher Beziehungen zwischen einzelnen Individuen und Gruppen. Danach wurde jenes Ähnlichkeitsgeflecht (Stammbaum) bevorzugt, das sich durch die wenigsten Mutationsereignisse erklären lässt („principle of parsimonity"). Die Ergebnisse von Cann und Kollegen waren überzeugend, und dies auch, weil sie ins bestehende wissenschaftliche Bild passten – „die Wiege des modernen Menschen stand in Afrika!" Ein weiteres schlagkräftiges Indiz für unseren afrikanischen Ursprung ist die große genetische Variabilität der Bevölkerung auf dem afrikanischen Kontinent. Dieser Unterschied erklärt sich aus dem wesentlich längeren Zeitraum des Bestehens afrikanischer Populationen im Vergleich zu den nichtafrikanischen Bevölkerungsgruppen. Darüber hinaus wurde nur ein geringer Anteil der genetischen Variabilität der afrikanischen Urpopulation von wenigen Auswanderern in andere Regionen der Welt getragen. Die kleinen Horden außerhalb Afrikas besaßen daher nur eine relativ geringe genetische Variabilität, die erst über viele Generationen und in einer wachsenden Bevölkerung durch Mutationen ansteigen konnte. Wilson und seine Mitarbeiter haben mit ihren molekulargenetischen Untersuchungen die Diskussion um die Hypothesen der Entstehung des modernen Menschen wieder angeworfen: Sie vertraten die **Out-of-Africa-Hypothese** und widersprachen damit den Vertretern jeder Multiregional-Hypothese. Um weitere Indizien für die Out-of-Africa-Hypothese zu finden, sequenzierten Vigilant et al. (1991) die variable Kontrollregion des Mitochondriums. Die statistische Auswertung dieser Arbeit rief schnell eine Gegenreaktion bekannter Populationsgenetiker hervor. Ein Argument war, dass durch die zeitliche Begrenzung der Laufzeit eines Programms und der enormen Anzahl von möglichen Stammbäumen stets nur wenige „optimale" Konstruktionen zufällig angeboten werden können. Die eingeschränkte Auswahl lässt uns daher nicht immer die beste und richtige Antwort finden. So stellte Templeton (1992) fest, dass die Computerauswertung unzureichend war und eine umfassendere Analyse der Ergebnisse einen Ursprung außerhalb von Afrika nicht ausschließen lässt. Hedges et al. (1992) interpretieren die Ergebnisse ebenfalls mit Zurückhaltung. Sie stellten fest, dass wohl eine gewisse, doch keine statistisch signifikante Tendenz für die Out-of-Africa-Hypothese gegeben ist.

Mit den Computerauswertungen von Wilsons Arbeitsgruppe, die 200.000 Jahren zurück nach Afrika zur Urahnin der heutigen Menschheit führten, war die These **Eve-out-of-Africa** geboren. Natürlich vermuteten sofort einige Kritiker einen religiös motivierten Versuch, die Schöpfungsgeschichte zu beweisen. Doch Wilson und seine Arbeitsgruppe suchten natürlich nicht nach naturwissenschaftlichen Argumenten für die Richtigkeit der Schöpfungsgeschichte. Anhand der genetischen Ähnlichkeiten von Mitochondrien schlossen sie, dass die heutigen weiblichen Abstammungslinien in die Vergangenheit nach Afrika führen. Sicherlich gab es viele solcher Wege, die schließlich zu einer Gruppe weiblicher Ahnen in Afrika führen. Darüber hinaus sind viele mitochondriale Linien im Lauf der Evolution verlorengegangen, weil Frauen keine Kinder oder nur Söhne hatten.

Im Jahr 2000 veröffentlichten Thomson und Kollegen sowie Underhill und Kollegen ihre Ergebnisse über die Variation menschlicher Y-Chromosomen in der heutigen Erdbevölkerung. Damit griffen sie die Idee und das Versuchsdesign von Wilson auf. Ebenso wie X-Chromosomen werden Y-Chromosomen geschlechtsgekoppelt vererbt. Y-Chromosomen werden nur vom männlichen Geschlecht weitergegeben und ein großer Abschnitt des Y-Chromosoms rekombiniert nicht mit dem heterologen X-Chromosom (▶ heterologe Chromosomen). Beide Arbeitsgruppen untersuchten die Variabilität von Y-Chromosomen und bestimmten die männlichen Haplotypen in ihren weltweiten Stichproben. Die Ergebnisse sind denjenigen von Wilsons Arbeitsgruppe sehr ähnlich. Ausgehend von heutigen Y-Chromosomen können wir einem Weg zurück in die Vergangenheit nach Afrika folgen. Entsprechend der Eve-out-of-Africa-Hypothese haben wir nun die Hypothese **Adam-out-of-Africa**. Darüber hinaus können wir aus dem Stammbaum, der auch die genetische Ähnlichkeit der menschlichen Rassen widerspiegelt, die erste Auswanderungswelle moderner Menschen aus Afrika vor etwa 50.000 Jahren festlegen. Mit der Schätzung von Evolutionszeiträumen erhalten wir zudem Vertrauensintervalle, in denen mit 95%iger Sicherheit der Schätzwert liegt: Underhill und Kollegen ermittelten, dass die Auswanderung vor 44.000 Jahren stattfand, frühestens allerdings vor 89.000 und spätestens vor 35.000 Jahren. Thomson und seine Kollegen geben die Auswanderung mit 59.000 Jahren an und der Vertrauensbereich reicht von 40.000 bis 140.000 Jahren! Interessant ist nun der Vergleich, wann die ersten weiblichen und männlichen Individuen des modernen Menschen aus Afrika auswanderten. Rechnerisch verließen einige Frauen in einer Zeit vor 90.000 bis 180.000 Jahren die afrikanische Heimat des *H. sapiens* (Cann et al. 1988) und ihre männlichen Partner folgten ihnen etwas später vor 40.000 bis 140.000 Jahren (Underhill et al. 2000, Thomson et al. 2000).

Der Populationsgenetiker Takahata und seine Kollegen (2001) analysierten die Häufigkeitsverteilung von bekannten Haplotypen auf Chromosomen und des mitochondrialen Genoms in menschlichen Populationen. Die Ergebnisse schließen die Möglichkeit einer Hybridisierung (▶ G) zwischen verschiedenen Menschenformen nicht aus, aber 90 % der Haplotypenvariabilität führt uns wieder zurück nach Afrika. So mag es sein, dass lokale Vermischungen zwischen *H. erectus* und dem modernen Menschen stattgefunden haben, doch deren Folgen erscheinen vernachlässigbar.

9.2 Strukturen der menschlichen Gründerpopulation

Im Folgenden gehen wir von einem afrikanischen Ursprung der modernen Menschheit aus und stellen die Frage nach der Populationsgröße unserer afrikanischen Ahnen. Bestand die menschliche Gründerpopulation aus wenigen, vielleicht doch nur zwei Individuen, oder war es eine relativ große Gruppe? Computersimulationen von Takahata, die verschiedene Zufalls- und Selektionsszenarien durchspielten, ergaben, dass die Gründerpopulation des modernen Menschen mehrere 1000, wenn nicht sogar mehr als 10.000 Individuen umfasste. Sicherlich haben wir damit ein starkes Indiz gegen die extreme Hypothese „Eine-Frau-und-ein-Mann".

9.2.1 Die jüngste Geschichte des modernen Menschen

Mit Beginn der routinemäßigen Anwendung von PCR-Techniken (▶ G) am Ende der 1980er-Jahre öffneten sich auch neue Wege für evolutionsgenetische Untersuchungen. Die Methoden wurden ständig verfeinert, sodass wir heute in der Lage sind, kleinste DNA-Mengen zu untersuchen.

Bis zur Mitte der 1980er-Jahre basierten unsere Interpretationen vergangener Evolutionsprozesse auf fossilen Funden und dem Rückschluss aus genetischen Ähnlichkeiten lebender Populationen. Es war wieder die Gruppe um Wilson, die nach genetischen Spuren in vergangenen Populationen suchte, um Evolutionsvorgänge aufzuklären. Russel Higuchi et al. (1984) isolierten erfolgreich die DNA eines Individuums von der Zebraart Quagga (*Equus quagga*), die vor etwa 100 Jahren auf dem amerikanischen Kontinent ausstarb. Aus Muskelgewebe konnte eine kleine Menge DNA gewonnen werden, die nach der verflossenen Zeit jedoch erheblich degradiert (▶ DNA-Degradation) war und nur noch ein geringes Molekulargewicht hatte. Doch reichte diese Menge aus, um die DNA von mitochondrialen Fragmenten zu sequenzieren. Der Vergleich mit heute lebenden Zebras (*Equus zebra*) belegte, dass beide Arten genetisch eng verwandt sind. Ein Jahr danach zeigt Svante Pääbo (1985), dass der Schritt zurück in die Vergangenheit noch beträchtlich größer sein kann. Er isolierte DNA aus einem Hautstückchen einer Frau, die vor mehr als 2000 Jahren mumifiziert wurde. Mithilfe von DNA-Hybridisierungen gelang ihm der Nachweis von zwei charakteristischen menschlichen Sequenzen, den sog. Alu-Sequenzen, im Probenmaterial. Der Weg zurück in die Vergangenheit wurde immer länger und die Jagd nach noch älterer DNA („ancient **DNA**" oder aDNA) führte sogar noch über versteinerte Saurierknochen hinaus. Die positiven Befunde der chinesischen Forscher An et al. (1995) sowie Li et al. (1995) wurden jedoch kurz darauf mit dem Nachweis von Kontaminationen durch Algen und Pilzen widerlegt (Wang et al. 1997).

Kehren wir aber zurück zur Suche nach der Vergangenheit des Menschen – 1988 konnten Pääbo und seine Kollegen einen früheren Befund mit dem DNA-Nachweis bei einer Hirnprobe eines 7000 Jahre alten Indianers übertrumpfen. Es gelang ihnen, ein Stückchen mitochondriale DNA zu entschlüsseln, und sie entdeckten einen bis dahin unbekannten Haplotypen bei Indianern. Dieses Ergebnis legte den Schluss nahe, dass wir von mindestens drei Einwanderungswellen in der frühen Besiedlungsgeschichte von Amerika ausgehen müssen.

Der nächste größere Schritt in unsere Vergangenheit ist fast schon zwingend und knüpft an die Entdeckung von menschlichen Knochen im Neandertal an. Der Neandertaler wird als die eurasische Rasse des Urmenschen *H. erectus* betrachtet und Fossilienfunde lassen den Zeitraum seiner Existenz von 400.000 bis vor 30.000 Jahren annehmen. Sein Verbreitungsgebiet umfasst die eisfreien Zonen von Europa bis hin ins südliche Sibirien, zum Kaukasus und Vorderasien. Vorgänger des klassischen Neandertalers wurden in Spanien gefunden und ihr afrikanischer Ursprung wird auf eine Zeit vor 500.000 Jahren geschätzt (Bischoff et al. 2007).

Die DNA-Analyse des Neandertalers führt zur Diskussion über mehrere Fragen: Muss der Neandertaler als eine eigenständige menschliche Art angesehen werden oder ist er eine Schwesterart des modernen Menschen, deren Individuen durchaus das Potenzial hatten, mit *H. sapiens* erfolgreich gemeinsame Nachkommen zu haben? Naheliegenderweise setzen wir bei diesen Fragen voraus, dass durchaus zeitliche und räumliche Rahmenbedingungen vorlagen, damit sich Neandertaler und moderne Menschen auch treffen konnten. In der Tat wird das evolutionäre Ende des Neandertalers auf eine Zeit geschätzt, die mit der zeitlichen Ausbreitung des modernen Mensch *H. sapiens* im südlichen Europa und Vorderasien zusammenfällt.

Der Arbeitsgruppe von Svante Pääbo gelang es schließlich, erfolgreich mitochondriale DNA aus Knochen eines Neandertalers zu isolieren (Krings et al. 1997), und besondere Bedeutung kam der anschließenden Sequenzierung zu. Der Vergleich mit den Sequenzen des modernen Menschen und Schimpansen belegte eindeutig, dass die genetischen Unterschiede zwischen Schimpanse und modernem Menschen sowie zwischen Schimpansen und Neandertaler in etwa gleich sind. Dagegen weisen *H. sapiens* und Neandertaler eine sehr große genetische Übereinstimmung auf. Die genetische Distanz zwischen beiden Menschenformen war allerdings so groß, dass man sie als eigenständige Arten betrachtete (◘ Abb. 9.2). Die Diskussion, ob es sich um eigenständige Arten (*H. sapiens* via *H. neanderthalensis*) oder Schwesterarten (*H. sapiens* via *H. sapiens neanderthalensis*) handelt, schien gelöst.

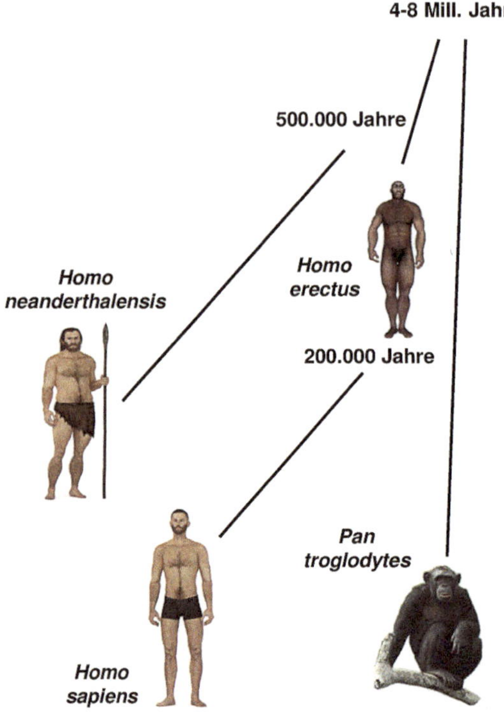

Abb. 9.2 Evolutionswege von *Homo*-Spezies (*H. erectus, H. neanderthalensis* und *H. sapiens*, Fotos von Bilderdatenbank Fotolia) und Schimpanse *Pan troglodytes* (Foto von Petra Lahann, Universität Hamburg)

Wenige Jahre nach der Publikation von Krings et al. bestätigte eine andere Arbeitsgruppe mithilfe von DNA-Hybridisierungen die Ergebnisse der Sequenzierung (Scholz et al. 2000).

Jetzt stellt sich noch die Frage, ob allein die genetische Distanz zwischen den beiden Menschenarten gegen Hybridisierungsereignisse spricht. Aufgrund der maternalen Weitergabe der Mitochondrien müssen wir hinterfragen, ob tatsächlich Mitochondriengenome des Neandertalers in Populationen des heutigen Menschen entdeckt werden können. Sollten wir also nicht vielmehr der Forderung von Hedges et al. (1992) folgen und nach Genen aus dem Kerngenom (► G) des Neandertalers suchen, die in unserer menschlichen Bevölkerung einen geografischen Polymorphismus zeigen? Solche gemeinsamen Gene in Neandertaler und modernem Menschen sind Indiz für eine Vermischung beider eng verwandten Arten. Die Identifikation von *H.-sapiens*-Genen im Genom des Neandertalers gelang einer Reihe von Wissenschaftlern: Lalueza-Fox et al. (2007) beschreiben ein Gen (MC1R), das an der Pigmentierung der Haut beteiligt ist, und schließen, dass Neandertaler ebenso wie der moderne Mensch eine große Variabilität bezüglich seiner Hautfarbe besaß. Eine interessante Schlussfolgerung aus dieser Arbeit war, dass sich die allelische Vielfalt des MC1R-Locus in beiden Arten unabhängig voneinander entwickelt haben muss. Krause et al. (2007) finden das Gen FOXP2, das mit der Ausbildung einer gewissen Sprachfähigkeit verbunden ist. Und schließlich wird noch ein Gen beschrieben, das homolog zum menschlichen 0-Gen des AB0-Blutgruppenlocus ist (Lalueza-Fox et al. 2008) und es wurde ein weiteres Gen entdeckt, das Bedeutung für unseren Geschmackssinn hat (Lalueza-Fox et al. 2009).

Die neuen Entwicklungen bei den genetischen Untersuchungstechniken, die neue Generation von **Hochdurchsatzsequenzierern**, erlauben uns heute die schnelle Analyse ganzer Genome und damit auch die des Neandertalers. Green et al. (2010) publizierten eine DNA-Sequenz des Kerngenoms von Neandertalern. Sie schätzten, dass in der heutigen europäischen Bevölkerung noch 1–4 % Neandertaler-Gene vorhanden sind. Basierend auf einer umfangreichen Analyse von Haplotypen besticht die größere genetische Ähnlichkeit von Neandertalern mit Europäern und Asiaten als die von Neandertalern mit Zentralafrikanern. Die Befunde insgesamt führen nun anders als vor Jahren zum Schluss, dass durchaus eine Vermischung von Neandertaler und *H. sapiens* sehr wahrscheinlich stattgefunden hat.

Jüngste Untersuchungen von mitochondrialer DNA eines fossilen menschlichen Handwurzelknochens aus dem südlichen Sibirien werfen die weitere Frage auf, ob es sein kann, dass zu Beginn der Entwicklung des *H. sapiens* mehr als zwei Menschenformen koexistierten, die alle Einfluss auf unsere Evolution nehmen konnten. Die isolierte DNA unterschied sich von der des modernen Menschen und des Neandertalers und führt uns noch weiter, über den Zeitpunkt der Entstehung von Neandertaler und *H. sapiens* hinaus, in die Vergangenheit. Die **mitochondriale Eva** von Neandertaler, Mensch und sibirischem Urmenschen (Denisova-Mensch) muss etwa vor einer Million Jahren gelebt haben, während die geologischen Analysen die fossilen Funde in einen Zeitraum vor 30.000 bis 50.000 Jahren datieren. Stimmen die Schlussfolgerungen, die wir aus den genetischen Daten ziehen, dann lebten durchaus mehrere *H.-erectus*-Varietäten zeitgleich mit dem modernen Menschen, während dieser sich über die Erde ausbreitete. Dass weitere Formen des *H. erectus* zeitgleich mit *H. sapiens* existierten, wurde bereits 2004 nach der Entdeckung menschlicher Überreste auf der indonesischen Insel Flores diskutiert. Morwood et al. schließen anhand der gefundenen Knochenfragmente auf eine zwergwüchsige Menschenart des *H. erectus* (*H. floresiensis* oder ▶ Hobbit). Dieser Sichtweise traten allerdings Pusch et al. mit dem Argument entgegengetreten, dass es sich auch um pathologische Veränderungen bei modernen Menschen handeln kann. Eine genetische Klärung der Frage lässt der Zustand der Fossilien allerdings nicht zu, da bisher keine erfolgreiche Isolation von DNA möglich war.

Aufgrund neuerer Funde können wir nun auch unsere jüngere Geschichte untersuchen. Im Jahr 1991 wurde am Fuß eines Gletschers in den Ötztaler Alpen in Südtirol der Steinzeitmensch *Ötzi* gefunden, der vor etwas mehr als 5000 Jahren lebte. Mithilfe moderner Untersuchungsmethoden wurden einige Eigenschaften und Spuren von Infektionserkrankungen des Gletschermanns erkannt (Konrad Spindler, 1939–2005). Schließlich führten Haplotypenanalysen des Y-Chromosoms die Forscher nach Korsika und Sardinien. Dort leben heute noch Männer mit der seltenen Variante des Y-Chromosoms von Ötzi.

Der Tübinger Paläogenetiker Carsten Pusch und seine Kollegen waren an der Untersuchung von Knochenfunden aus Keltengräbern bei Nebringen (Böblingen, Süddeutschland) beteiligt (Scholz et al. 1999). Dieses Gräberfeld liegt in der Nähe eines ehemaligen keltischen Handelswegs. Zwei Denkmodelle waren naheliegend: Unverwandte Personen waren auf ihrem Weg verstorben und wurden hier bestattet, oder es handelt sich um den Friedhof einer dort ansässigen Familie. Die Grabanlage legte aufgrund der Beigaben und des Alters der Personen nahe, dass es sich sehr wohl um Familienangehörige handeln könnte. Mit der erfolgreichen Genotypisierung mehrerer Mikrosatelliten von einigen Personen wurde festgestellt, dass die nebeneinander bestatteten Personen eine hohe genetische Ähnlichkeit besaßen. Dieses Ergebnis spricht eher für eine Anlage von Familiengräbern als für Gräber von unverwandten Personen.

Vor Kurzem gelang es der Arbeitsgruppe um Zahi Hawass (Nationalmuseum, Kairo) die Verwandtschaft von mumifizierten Personen zu bestimmen, die der Familie von Tutenchamun zugerechnet werden. Erfolgreich wurde DNA aus Gewebe isoliert und die Personen konnten für mehrere Mikrosatellitenloci genotypisiert werden. Mit großer Sicherheit konnten die Eltern von Tutenchamun aus einer Gruppe von Mumien identifiziert werden und diese waren zudem noch Geschwister (Hawass et al. 2010). Neben den Fragen nach der Abstammung von Personen kann uns die Untersuchung von aDNA auch Aufschluss über Erkrankungen in der Vergangenheit geben, da zum Beispiel bakterielle Infektionen ihre genetischen Spuren im Körper eines Individuums hinterlassen können. Der Tübinger Krause und seine Kollegen (Schuenemann et al. 2011) isolierten aus den Knochen von Personen, die in London während der Pestepidemie in der Zeit von 1347 bis 1351 starben, die DNA des Pestbakteriums, *Yersinia pestis*. Sie konnten diese anschließend vollständig sequenzieren. Der genetische Code des mittelalterlichen Pestbakteriums ist mit dem des heutigen Pesterregers (*Y. pestis*) fast identisch und hat sich damit über die letzten 600 Jahre nur unwesentlich verändert. Die außerordentliche Gefährlichkeit des mittelalterlichen Bakteriums rief daher nach einer neuen Erklärung. Ein Denkansatz sieht die damalige hohe Ansteckungsgefahr im veränderten Infektionsweg. Das Übertragen des Erregers fand nicht mehr von der Ratte zum Menschen, sondern sehr wahrscheinlich von Mensch zu Mensch statt.

▪ Probleme mit der alten DNA

Die Untersuchung von alter DNA birgt eine Reihe von methodischen Problemen. Das größte Hemmnis für eine erfolgreiche Isolation von reiner fossiler DNA ist die Kontamination durch Bakterien und Pilze. Auch Konservierungsverfahren können Spuren von Fremd-DNA hinterlassen. Denken wir hierbei an den Knochenleim, mit dem früher knöcherne Fossilien behandelt wurden. Aber auch die DNA des Untersuchers oder Sammlers kann Proben verunreinigen und zu einer falschen Interpretation der ermittelten DNA-Strukturen führen. Letzteres ist natürlich ein großes Problem bei vergleichenden Untersuchungen des modernen Menschen und verwandten Menschenformen.

Da wir nicht die Originalsequenzen einer anderen Menschenart wie die des Neandertalers kennen, verwenden wir bei PCR-gestützten Techniken zunächst Primer des *H. sapiens* (► Primer). Haben wir nun eine Probe mit unbekannter DNA und minimalen Verunreinigungen durch menschliche DNA, werden die eingesetzten Primer sicherlich bevorzugt an die vorhandene DNA des modernen Menschen hybridisieren und schließlich wird während der PCR die DNA des *H. sapiens* angereichert. Daher ist eine strikte Forderung, dass DNA-Analysen in Labors gemacht werden, in denen auf keinen Fall Routineuntersuchungen von Proben des modernen Menschen gemacht werden. Für die korrekte Bearbeitung von Untersuchungsmaterial wurde ein Katalog von Forderungen aufgestellt, um das Problem der Kontamination möglichst klein zu halten. Doch trotz aller Versicherungen der Reinheit bzw. der minimalen Kontamination müssen immer wieder Befunde korrigiert werden (Beispiele sind die jüngste Sequenzierung des gesamten Neandertalergenoms). Green et al. (2006) schätzen in ihrer Arbeit die Verunreinigung von Neandertal-Proben durch DNA des *H. sapiens* auf weniger als 6 %. Dieser vermeintlich kleine Fehler kann allerdings eine sichere Bewertung von genetischen Ähnlichkeiten von sehr eng verwandten Arten erschweren – bedenken wir, dass die genetische Ähnlichkeit zwischen Mensch und Schimpanse auf nahezu 99 % geschätzt wird.

Die physikochemischen Bedingungen der Einlagerung von biologischem Material stellen ein weiteres Problem der Analyse dar. Proteine und DNA werden nach dem Tod eines Individuums abgebaut. Nur in einem Gewebe, das einen gewissen Schutz bietet, sei es durch Konservierung des Gewebes, wird der Zerfall verlangsamt. Weiterhin wissen wir, dass Änderungen von DNA-Sequenzen durch Umweltfaktoren hervorgerufen werden können. Nicholson et al. (2002) zeigten mit ihrer Arbeit, dass z. B. die Beimengung von Mangan oder fossilem Material die DNA jüngster menschlicher Proben abändert. In diesem Fall fällt es dann offensichtlich schwer zu entscheiden, ob Änderungen durch eine evolutionäre Folge von Mutationen entstanden sind oder postmortal durch die Umwelt hervorgerufen wurden. Das Alter von Fossilien und das Milieu, in das sie eingebettet waren, bestimmt also die Qualität der DNA und damit auch die Zuverlässigkeit unserer Schlussfolgerungen.

Glossar

Altweltaffen Affenarten, die in Afrika und Eurasien beheimatet sind. Sie teilen sich in zwei große Gruppen, die geschwänzten Affen (Meerkatzenverwandte, Cercopithecoidea) und die Menschenartigen (Menschenaffen und Gibbons). Der Mensch gehört zu den Menschenaffen. Die Halbaffen, denen auch die Lemuren von Madagaskar zugeordnet sind, stehen außerhalb der Altweltaffen (Catarrhini, Schmalnasenaffen).

Anthropoiden Menschenaffen (► Altweltaffen).

DNA-Degradation Umwelteinflüsse führen im Lauf der Zeit zu Veränderungen und zum Zerfall von DNA.

DNA-DNA-Hybridisierung Komplementäre DNA-Stränge binden aneinander (► DNA). Die Bindungsstärke zweier DNA-Stränge ist umso stärker, je mehr die Basenfolge beider Stränge komplementär ist. Diese Eigenschaft wird auch genutzt, um die Ähnlichkeit von DNA-Molekülen zu messen und zu bewerten.

heterologe Chromosomen Unterschiedlich strukturierte Chromosomen, oftmals Geschlechtschromosomen (Gonosomen).

Hobbit Auf der indonesischen Insel Flores wurden menschliche Knochen entdeckt, die einer ehemaligen kleinwüchsigen Menschenart (*Homo floresiensis*) zugeordnet werden. Wegen ihrer kleinen Körpergröße wurden die Individuen dieser Art nach dem Phantasiewesen Hobbit benannt.

Hybridisierung Arten: Individuen verschiedener Arten können sich paaren und haben eine lebensfähige Nachkommenschaft.
Züchtung: Die Kreuzung von Linien oder Rassen einer Art werden ebenfalls als Hybride bezeichnet.
Technik: Mischprodukte.

Kerngenom Die genetische Information von Chromosomen im Zellkern eukaryotischer Zellen.

MHC Abkürzung von „**m**ajor **h**istocompatibility **c**omplex". Ein Genkomplex, dessen Gene auf Chromosomen in Kopplungsgruppen vorliegen und die genetische Basis für die Immunabwehr von Säugern sind.

„major histocompatibility complex" ► MHC.

Multiregional-Hypothese Hypothese, die den Ursprung der heutigen menschlichen Rassen durch die „gleichzeitige" Entstehung des modernen Menschen in verschiedenen geografischen Populationen des Urmenschen erklärt.

PCR Abkürzung von „polymerase chain reaction" (Polymerasekettenreaktion). Eine Technik, die es erlaubt, kleine DNA-Mengen so zu vermehren, dass diese einer technischen Analyse zugänglich werden.

Primer Kurze Basenfolgen, die synthetisch hergestellt werden, um an den Anfang und das Ende eines einzelsträngigen DNA-Abschnitts zu binden, der untersucht werden soll.

Rekombination Austausch von genetischer Information zwischen Informationsträgern eines Individuums (z. B. Chromosomen).

Schwesterarten Sehr eng verwandte Arten, deren Individuen sich zum Teil noch miteinander paaren und lebensfähige Nachkommen haben können (▶ Hybridisierung).

Aufgaben

Aufgabe 1. Warum konzentrierte man sich bei den ersten Untersuchungen von alter DNA (aDNA, „ancient DNA") auf das mitochondriale Genom?

Aufgabe 2. Was kann die Unterschiede zwischen den Schätzungen der Ursprungszeiten von Adam und Eva erklären?

Aufgabe 3. Nenne die Kontaminationsquellen für alte DNA, die bei PCR-gestützten Verfahren zu falschen genetischen Ähnlichkeiten führen können.

Literatur

Verwendete Literatur

An CC, Li Y, Zhu YX (1995) Molecular cloning and sequencing of the 18S rDNA from specialized dinosaur egg fossil found in Xixia Henan, China. Acta Sci Nat Univ Pekinensis 31:140–147

Bischoff JL, Williams RW, Rosenbauer RJ, Aramburu A, Arsuaga JL, Garcia N, Cuenca-Besos G (2007) High-resolution U-series dates from the Sima de los Huesos hominids yields 600 kyrs: Implications of the early Neanderthal lineages. J Archael Sci 34:763–770

Bodmer WF, Cavalli-Sforza LL (1976) The genetics, evolution and man. Freeman, San Francisco, California

Cann RL, Stoneking M, Wilson AC (1987) Mitochondrial DNA and human evolution. Nature 325:31–36

Darwin C (1871) The descent of man, and selection in relation to sex. John Murray, London

Green RE, Krause J, Ptak SE, Briggs AW, Ronan WT, Simons JF, Du L, Egholm M, Rothberg JM, Paunovic M, Pääbo S (2006) Analysis of one million base pairs of Neanderthal DNA. Nature 444:330–336

Green RE, Krause J, Briggs AW, Maricic T, Stenzel U, Kircher M, Patterson N, Li H, Zhai W, Fritz MH, Hansen NF, Durand EY, Malaspinas AS, Jensen JD, Marques-Bonet T, Alkan C, Prüfer K, Meyer M, Burbano HA, Good JM, Schultz R, Aximu-Petri A, Butthof A, Höber B, Höffner B, Siegemund M, Weihmann A, Nusbaum C, Lander ES, Russ C, Novod N, Affourtit J, Egholm M, Verna C, Rudan P, Brajkovic D, Kucan Z, Gusic I, Doronichev VB, Golovanova LV, Lalueza-Fox C, de la Rasilla M, Fortea J, Rosas A, Schmitz RW, Johnson PL, Eichler EE, Falush D, Birney E, Mullikin JC, Slatkin M, Nielsen R, Kelso J, Lachmann M, Reich D, Pääbo S (2010) A draft sequence of the Neandertal genome. Science 328:710–722

Hasegawa M (1985) Dating of the human-ape splitting by a molecular clock of mitochondrial DNA. J Mol Evol 22:160–174

Hawass Z, Gad YZ, Ismail S, Khairat R, Fathalla D, Hasan N, Ahmed A, Elleithy H, Ball M, Gaballah F, Wasef S, Fateen M, Amer H, Gostner P, Selim A, Zink A, Pusch CM (2010) Ancestry and pathology in king Tutankhamun's family. JAMA 303:638–647

Hedges SB, Kumar S, Tamura K, Stoneking M (1992) Human origins and analysis of mitochondrial sequences. Science 255:737–739

Higuchi R, Bowman B, Freiberger M, Ryder OA, Wilson AC (1984) DNA sequences from the quagga, an extinct member of the horse family. Nature 312:282–284

King MC, Wilson AC (1975) Evolution of two levels in humans and chimpanzees. Science 188:107–116

Krause J, Lalueza-Fox C, Orlando L, Enard W, Green RE, Burbano HA, Hublin JJ, Hänni C, Fortea J, de la Rasilla M, Bertranpetit J, Rosas A, Pääbo S (2007) The derived FOXP2 variant of modern humans was shared with Neandertals. Curr Biol 17:1908–1912

Krings M, Stone A, Schmitz RW, Krainitzki H, Stoneking M, Pääbo S (1997) Neandertal DNA sequences and the origin of modern humans. Cell 90:19–30

Lalueza-Fox C, Römpler H, Caramelli D, Stäubert C, Catalano G, Hughes D, Rohland N, Pilli E, Longo L, Condemi S, de la Rasilla M, Fortea J, Rosas A, Stoneking M, Schöneber T, Bertranpetit J, Hofreiter M (2007) A Melanocortin 1 Receptor allele suggests varying pigmentation among Neanderthals. Science 318:1453–1455

Lalueza-Fox C, Gigli E, de la Rasilla M, Fortea J, Rosas A, Bertranpetit J, Krause J (2008) Genetic characterization of the ABO blood group in Neanderthals. BMC Evol Biol 8:342

Lalueza-Fox C, Gigli E, de la Rasilla M, Fortea J, Rosas A (2009) Bitter taste perception in Neanderthals through the analysis of the TAS2R38 gene. Biology Letters 5:809–811

Li Y, An CC, Zhu YX (1995) DNA isolation and sequence analysis of dinosaur DNA from Cretaceous dinosaur egg in Xixia Henan, China. Acta Sci Nat Univ Pekinensis 31:148–152

Nicholson GJ, Tomiuk J, Czarnetzki A, Bachmann L, Pusch CM (2002) Detection of bone glue treatment as a major source of contamination in ancient DNA analyses. Am J Phys Anthropol 118:117–120

Pääbo S (1985) Molecular cloning of ancient Egyptian mummy DNA. Nature 314:644–645

Pääbo S, Gifford JA, Wilson AC (1988) Mitochondrial DNA sequences from a 7000-year-old brain. Nucl Acids Res 16:9775–9787

Sarich VM, Wilson AC (1967) Immunological time scale for hominid evolution. Science 158:1200–1203

Scholz M, Hald J, Dicke P, Hengst S, Pusch CM (1999) Das frühlatènezeitliche Gräberfeld von Gäufelden-Nebringen. Neue Erkenntnisse zur inneren Gliederung unter Anwendung archäobiologischer Analyseverfahren. Arch Korrbl 29:223–235

Scholz M, Bachmann L, Nicholson GJ, Bachmann J, Giddings I, Rüschoff-Thale B, Czarnetzki A, Pusch CM (2000) Genomic differentiation of Neanderthals and anatomically modern man allows a fossil-DNA-based classification of morphologically indistinguishable hominid bones. Am J Hum Genet 66:1927–1932

Schuenemann VJ, Bos K, DeWitte S, Schmedes S, Jamieson J, Mittnik A, Forrest S, Coombes BK, Wood JW, Earn DJD, White W, Krause J, Poinar HN (2011) Targeted enrichment of ancient pathogens yielding the pPCP1 plasmid of Yersinia pestis from victims of the Black Death. Proc Natl Acad Sci USA 108:E746–E752

Sibley CG, Ahlquist JE (1984) The phylogeny of the hominoid primates, as indicated by DNA-DNA hybridization. J Mol Evol 20:2–15

Stauffer RL, Walker A, Ryder OA, Lyons-Weiler M, Blair Hedges S (2001) Human and ape molecular clocks and constraints on paleontological hypotheses. J Heredity 92:469–474

Takahata N, Lee SH, Satta Y (2001) Testing multiregionality of modern human origins. Mol Biol Evol 18:172–183

Templeton AR (1992) Human origins and analysis of mitochondrial sequences. Science 255–737

Thomson R, Pritchard JK, Shen P, Oefner PJ, Feldman MW (2000) Recent common ancestry of human Y chromosomes: Evidence from DNA sequence data. Proc Natl Acad. Sci USA 97:7360–7365

Underhill PA, Shen PP, Lin AA, Jin L, Passarino G, Yang WH, Kauffman E, Bonné-Tamir B, Bertranpetit J, Francalacci P, Ibrahim M, Jenkins T, Kidd JR, Mehdi SQ, Seielstad MT, Wells RS, Piazza A, Davis RW, Feldman MW, Cavalli-Sforza LL, Oefner PJ (2000) Y chromosome sequence variation and the history of human populations. Nat Genet 26:358–361

Vigilant L, Stoneking M, Harpending H, Hawkes K, Wilson AC (1991) African populations and the evolution of human mitochondrial DNA. Science 253:1503–1507

Wang HL, Yan ZY, Jin DY (1997) Reanalysis of published DNA sequence amplified from cretaceous dinosaur egg fossil. Mol Biol Evol 14:589–591

Weiterführende Literatur

Krause J, Fu Q, Good JM, Viola B, Shunkov MV, Derevianko PA, Pääbo S (2010) The complete mitochondrial DNA genome of an unknown hominin from southern Siberia. Nature 464:894–897

Kulturelle und genetische Evolution des Verhaltens

Jürgen Tomiuk, Volker Loeschcke

J. Tomiuk, V. Loeschcke, *Grundlagen der Evolutionsbiologie und Formalen Genetik*,
DOI 10.1007/978-3-662-49685-5_10,

» Gemeinsam sind wir stark, und jeder ist sich selbst der Nächste! (Unbekannt)

In sozialen Gemeinschaften sind Kooperation und die Verweigerung zur Zusammenarbeit Verhaltensweisen, deren Nutzen für das einzelne Individuum von den gegebenen Bedingungen abhängt. Änderungen der Bedingungen können auch Änderungen des Verhaltens nach sich ziehen. Hierbei bestimmen Gewinn und Verlust der möglichen Verhaltensstrategien, ob sich nur eine oder mehrere Verhaltensweisen bewähren und durchsetzen. Etwas naiv mögen hier die anarchistischen Gedanken des russischen Prinzen Pjotr Kropotkin (1842–1921) klingen: Er glaubte an das Gute im Menschen als eine innere Kraft. Diese Kraft soll eine Gesellschaft organisieren helfen und deren Wohl allein durch die positive Einsicht jedes einzelnen Individuums schaffen. So können „gute" Menschen selbst organisierende Einheiten wie die Genossenschaften und das Miteinander auch ohne staatliche Organe regeln. Natürlich kann ein solches ideales Gemeinwesen nur bestehen, wenn alle Individuen zur selben positiven Einsicht gelangen. Wenn allerdings persönliche und unterschiedliche Interessen das individuelle Handeln bestimmen, dann folgt Konkurrenz.

In diesem Kapitel werden wir Gedanken vorstellen, die die Evolution von Verhaltensweisen erklären. Zunächst werden wir auf einige Modelle der Spieltheorie eingehen und ihre Bedeutung in der Zoologie besprechen. Abschließend leiten wir einen Zusammenhang zwischen Verhalten und Genetik her, mit dem wir das Entstehen eines altruistischen Verhaltens und die Evolution sozialer Insektenstaaten erklären (► Altruismus).

10.1 Spieltheoretische Modelle

Die Grundidee spieltheoretischer Modellierung ist, den Gewinn bestimmter Handlungsweisen zu optimieren. Die Akteure in einer Population können verschiedene Handlungsstrategien verfolgen, und im Evolutionsspiel setzt sich schließlich das vorteilhafteste Verhalten durch. Doch ist auch denkbar, dass bestimmte Bedingungen das Nebeneinander unterschiedlicher Verhaltensweisen ermöglichen. Diese Modellvorstellungen entsprechen genau dem Evolutionskonzept, dass ein elementares Ziel in der Optimierung der Populationsfitness sieht, die sich aus der Gesamtheit aller Fitnesswerte der Individuen einer Population ergibt (► Fitness).

Verhaltensweisen können wir auch als Spielstrategien ansehen. Mit Blick auf Evolutionsvorgänge muss daher gefragt werden, welche Verhaltensweise (**Strategie**) erfolgreich ist und sich durchsetzen kann. Anhand des Spiels Tit-for-Tat (Wie Du mir, so ich Dir!) kann die Grundidee der Spieltheorie verständlich gemacht werden. Im einfachsten Fall müssen zwei Spieler A und B zwischen zwei alternativen Aktionen wählen: Spieler können kooperativ sein (1) oder sich einer Kooperation verweigern (2). Im ersten Spielzug entscheidet sich ein Spieler für ein bestimmtes Verhalten: Spieler A handelt z. B. kooperativ (A-1), worauf nun der zweite Spieler reagieren kann. Danach folgt wieder der erste Spieler und so weiter. Anhand einer kleinen Vierfeldertafel können die verschiedenen möglichen Handlungen der Spieler bewertet werden (◘ Tab. 10.1). Jedes Treffen der beiden Spieler, die eine bestimmte Strategie (A-1, A-2 und B-1, B-2) verfolgen, kann mit einem Betrag bewertet werden. Hierbei muss darauf geachtet werden, dass es sehr wohl darauf ankommt, in welcher Reihenfolge die Spieler agieren. Wenn Spieler A die Strategie 1 verfolgt und Spieler B antwortet mit der Strategie 2, dann können wir nicht einfach die Abfolge von Aktion und Reaktion umkehren und gleichsetzen (► kommutativ). Die Vorgabe von Spieler B mit Strategie 2, auf die Spieler A mit der Strategie 1 antwortet, kann zu einem anderen Ergebnis führen als dem zuvor!

Das Gefangenendilemma ist ein weiteres Beispiel dafür, was bei der Bewertung von Handlungsaktionen beachtet werden muss: Zwei Verbrecher werden dingfest gemacht und eines gemeinsamen Schwerverbrechens beschuldigt. Sie werden in getrennte Zellen eingesperrt. Der Vorschlag des Kommissars an jeden Gefangenen besteht darin, dass er eine Strafminderung bekommt, wenn er die Tat gesteht. Beiden Verbrechern ist bewusst, dass ihnen wohl eine gewisse Strafminderung gewährt wird, wenn jeder die Tat gesteht, aber falls beide nichts zugeben, kann die Bestrafung allein aufgrund von Indizien ebenfalls mild ausfallen.

Nach unserer Bewertung der Aktionen bekommt jeder Gefangene eine Strafe von sechs Jah-

■ **Tab. 10.1** Zwei Spieler A und B wählen zwischen den beiden Handlungsweisen Kooperation (1) und Ablehnung (2). So gibt es vier Kombinationsmöglichkeiten

Reaktion des Spielers A	Reaktion des Spielers B	
	Kooperativ (B-1)	Ablehnend (B-2)
Kooperativ (A-1)	A-1/B-1	A-1/B-2
Ablehnend (A-2)	A-2/B-1	A-2/B-2

■ **Tab. 10.2** Gefangenendilemma. Strafen (Jahre) bei vier Reaktionskombinationen

Gefangener A	Gefangener B	
	Geständnis	Aussageverweigerung
Geständnis	6/6	2/10
Aussageverweigerung	10/2	3/3

ren, falls beide gestehen (■ Tab. 10.2). Schweigt allerdings ein Kandidat, dann kann er nie sicher sein, dass sein Mitstreiter nichts ausplaudert und er eine Strafe von zehn Jahren aufgebrummt bekommt, während der Verräter nur zwei Jahre im Gefängnis einsitzen muss. So wird wohl jeder gestehen, um einer allzu hohe Strafe zu entgehen. Haben beide Strategen allerdings kameradschaftliche Gefühle, dann sollten sie die Aussage verweigern, und jeder die Strafe von drei Jahren absitzen.

Am Kaufmannsdilemma werden Kosten und Nutzen einer Zusammenarbeit deutlicher. Die Bedingungen entsprechen denen vom Gefangenendilemma. Nur sitzen jetzt zwei Kaufleute zusammen und führen ein Verkaufsgespräch. Sie einigen sich darauf, dass der Verkäufer seine Ware an einem sicheren Ort deponiert und dass der Käufer an einem ebenso sicheren, aber anderen Ort das Geld hinterlegt. Bei einem erfolgreichen Diebstahl hat der Betrüger sicherlich den höchsten Gewinn und der Betrogene geht leer aus. Doch werden die beiden Kaufleute nach einem Betrug mit hoher Wahrscheinlichkeit in Zukunft kein Geschäft mehr miteinander machen. Was tun? – Die Antwort hängt sicherlich von der Höhe eines möglichen Gewinns und der nachhaltigen Nutzung der Beziehung ab.

Wird eine zeitliche Nachhaltigkeit der Wirkung einer Handlung verlangt, verkompliziert sich das Spiel. Zum Beispiel bestimmt beim Schmarotzerdilemma die Toleranzschwelle einer sozialen Gemeinschaft, wie lange Ausbeuter akzeptiert werden (■ Abb. 10.1). Während einer Exkursion teilten wir die Kosten des Abendessens einfach durch die Anzahl der Teilnehmer. Ein paar Restaurantbesucher nutzten die Gelegenheit, zusätzlich aufwendige Mixgetränke und Nachtische auf Kosten der anderen zu bestellen. Nach drei weiteren derartigen Aktionen bestellten die restlichen Teilnehmer für sich eine teure Flasche Wein. Diese Aktion stieß nun bei den „Nachtischen" nach einiger Zeit auf Widerspruch, und fortan bezahlte jeder seinen persönlichen Anteil am Essen! Ein ähnlicher Konflikt besteht auch in fast allen Fällen einer ausbeuterischen Ressourcennutzung durch einzelne Interessengruppen.

Das Ausreißerproblem beim Radrennen kann ebenfalls mit einem spieltheoretischen Ansatz analysiert werden. Die Ausreißergruppe kann nur mit einem kooperativen Kraftakt das Hauptfeld auf Distanz halten. Der mögliche zukünftige Sieg zwingt jeden Ausreißer zunächst zur Zusammenarbeit, da die Wahrscheinlichkeit eines eigenen Gewinns in einer kleinen Gruppe größer wird. Während der Kooperationsphase muss aber jeder Mitspieler auch Kräfte sparen, um für den siegreichen Endspurt gewappnet zu sein.

Ein kooperatives Verhalten von Mitgliedern einer Gruppe, das nur den Gewinn für ein Mitglied oder weniger Individuen der Gruppe nach sich zieht, findet sich ebenfalls in den sog. Junggesellenverbänden von Löwen: Geschlechtsreife männliche Jungtiere werden aus dem Rudel verstoßen. Gemeinsam attackieren sie den Herrscher eines fremden Verbands und versuchen, ihn zu vertreiben. Gelingt der Überfall, dann können ein oder mehrere Junggesellen den Verband von Weibchen übernehmen.

Den bisherigen Modellen liegen zwei Strategien zugrunde – Kooperation versus Verweigerung einer Kooperation. Wie schon erwähnt, lässt sich das Spiel mit weiteren Strategien komplizierter gestalten. Beim Kinderspiel Schnick-Schnack-Schnuck (Papier-Schere-Stein) wird der Gewinner nach

Abb. 10.1 Jungkuckuck und fütternder Rohrsänger (Foto von Bilddatenbank Shutterstock)

einer geringen Anzahl von Einzelspielen ermittelt. Selten wird ein Spieler stets nur eine Variante (▶ reine Strategie) wählen. In den meisten Fällen wechselt jeder Spieler die Strategien (▶ gemischte Strategie).

In einem Gedankenexperiment stellen wir uns eine Gruppe mit reinen Strategen vor, jeder von ihnen folgt einer der drei Strategien. Alle Spieler wählen zufällig einen Gegenspieler und wir fragen, wie die Gruppe zusammengesetzt sein muss, damit die Gewinnrate optimiert wird. Ohne groß zu rechnen, verraten wir das Ergebnis: Die Gruppe muss aus je einem Drittel der verschiedenen Strategen bestehen. Natürlich ist eine solche reine Strategie in Wirklichkeit nicht sinnvoll, da ein reiner Stratege, wenn er auf einen Gegenspieler mit einer gemischten Strategie trifft, ohne weitere Sonderbedingungen hoffnungslos untergeht. Der gemischte Stratege lernt sicherlich nach einiger Zeit, dass er mit der Wahl einer angepassten Strategie seinen Gewinn optimieren kann.

Ein weiteres Gedankenexperiment zeigt, wie Zusatzbedingungen die Wertung von „bester" und „schlechter" Strategie ändern können. Nehmen wir eine große Gruppe mit N Individuen an, deren Mitglieder reine Strategen sind und wie zuvor jeweils eine der drei Strategien S_1, S_2 und S_3 verfolgen. Nun erscheint ein gemischter Stratege (S_1, S_2, S_3) in der Gruppe. Er schlägt vor, dass bei einem Treffen zweier Individuen, die dieselbe Strategie haben, an beide Spieler ein Euro ausgezahlt wird. Die Frage stellt sich, ob der gemischte Stratege den reinen Strategen überlegen ist. Bei der Bewertung dieser Situation hilft eine einfache Gewinn-Verlust-Rechnung weiter:

Die Häufigkeit der reinen Strategen in der Gruppe ist $(N-1)/N$ und für den gemischten Strategen bleibt $1/N$ übrig. Jetzt folgt die Berechnung, wie oft und wie viel jeder Stratege gewinnt oder verliert. Der Gewinn W(Strategie) ermittelt sich aus dem zufälligen Treffen mit seinen Gegenspielern:

$$\begin{aligned} &\text{W(reine Strategie)} = \text{Gewinn aus den } (N-1)/N \\ &\text{Treffen mit reinen Strategen plus dem Gewinn} \\ &\text{aus den } 1/N \text{ Treffen mit gemischten Strategen} \\ &\text{W(gemischte Strategie)} = \text{Gewinn aus den} \\ &(N-1)/N \text{ Treffen mit reinen Strategen plus} \\ &\text{dem Gewinn aus den } 1/N \text{ Treffen mit} \\ &\text{gemischten Strategen} \end{aligned}$$

Da zu Beginn des Experiments nur von einem gemischten Strategen in der großen Gruppe ausgegangen wird, kann das Treffen mit gemischten Strategen vernachlässigen werden:

$$\begin{aligned} &W(\text{reine Strategie}) \approx \text{Gewinn aus den } (N-1)/N \\ &\text{Treffen mit reinen Strategen} \end{aligned} \tag{10.1}$$

$$\begin{aligned} &W(\text{gemischte Strategie}) \approx \\ &\text{Gewinn aus den} (N-1)/N \\ &\text{Treffen mit reinen Strategen} \end{aligned} \tag{10.2}$$

Die reinen Strategen tragen aus ihren Treffen immer den konstanten Gewinn von etwa einem Euro davon, denn die Treffen mit den anderen beiden reinen Strategen führen im Mittel zu keinem Gewinn oder Verlust. Treffen sie allerdings auf denselben Strategen, erhalten sie etwa einen Euro. Es gilt:

$$\begin{aligned} &W(\text{reiner Stratege trifft auf reinen Strategen}) \approx \\ &(N-1)/N \,€. \end{aligned} \tag{10.3}$$

Der gemischte Stratege spielt dagegen die drei Strategien (S_1, S_2 und S_3) mit den Häufigkeiten r_1, r_2 und

Tab. 10.3 Gewinn und Verlust beim Spiel Papier-Schere-Stein mit Spieler A und Spieler B. Der Gewinn wird mit „1" und der Verlust mit „–1" bewertet

Spieler B	Spieler A		
	Papier (S_1)	Schere (S_2)	Stein (S_3)
Papier (S_1)	0/0	1/–1	–1/1
Schere (S_2)	–1/1	0/0	1/–1
Stein (S_3)	1/–1	–1/1	0/0

r_3, wobei $(r_1+r_2+r_3)=1$ ist (Jede Strategie wird mit einer bestimmten Wahrscheinlichkeit gespielt. Da immer eine der drei Strategien gewählt wird, muss die Summe der Wahrscheinlichkeiten 1,0 beziehungsweise 100 % ergeben).

Jetzt betrachten wir die Situation, in der ein reiner Stratege (S_1) auf eine gemischte Strategie trifft:

$$W(S_1 \text{ trifft gemischten Strategen}) \approx (N-1)/N \cdot (r_1 \cdot S_1 + r_2 \cdot S_1 + r_3 \cdot S_1)\,€ \quad (10.4)$$

Nehmen wir die Zahlen aus der obigen Tab. 10.3 und akzeptieren die Spielregel, dass bei einem Unentschieden ein Euro ausbezahlt wird, dann gilt:

$$W(S_1 \text{ trifft gemischten Strategen}) = (N-1)/N \cdot (r_1 \cdot \text{Unentschieden} - r_2 + r_3)\,€ \quad (10.5)$$

$$= (N-1)/N \cdot (r_1 - r_2 + r_3)\,€. \quad (10.6)$$

Eine solche Beziehung kann, bis auf vertauschte Vorzeichen in der Gleichung, ebenfalls für die beiden anderen Strategien hergeleitet werden.

Die Behauptung ist nun, dass der Gewinn der reinen Strategen größer ist als jener der gemischten Strategen. Mit dieser Annahme müsste für die S1-Strategen Folgendes gelten:

$$(N-1)/N > (r_1 - r_2 + r_3) \cdot (N-1)/N. \quad (10.7)$$

Kürzen wir $(N-1)/N$, dann bleibt

$1 > (r_1 - r_2 + r_3)$. Wir wissen aber, dass $r_1+r_2+r_3=1$ und damit $r_1+r_3=1-r_2$ ist. Nutzen wir diesen Zusammenhang für die Ungleichung, dann gilt:

$$1 > (1-r_2) - r_2 = 1 - 2r_2. \quad (10.8)$$

Diese Ungleichung gilt immer, wenn r_2 größer als null ist, und darüber hinaus gelten diese Zusammenhänge für alle drei reinen Strategien.

Die Konsequenz aus dieser Überlegung ist, dass alle reinen Strategen die gemischte Strategie ablehnen müssen, da die gemischte Strategie unter den gegebenen Bedingungen die anderen reinen Strategien nicht unterwandern kann. Hätte der gemischte Stratege jedoch vorgeschlagen, dass bei einem Unentschieden beide Spieler einen Euro auf eine Bank einzahlen, dann hätte er Erfolg gehabt. Die gemischte Strategie hätte sich durchgesetzt und hätte die anderen reinen Strategien vollständig verdrängt. Eine neue **evolutionär stabile Strategie** (ESS, ► G) würde dann die Gruppe beherrschen.

Aus dem Papier-Schere-Stein-Spiel lernen wir, dass kleine Unterschiede in den Rahmenbedingungen für ein Spiel durchaus eine große Bedeutung haben können. Obwohl die Spieler beim Unentschieden in Bezug auf ihre Kosten-Nutzen-Bilanz gleich behandelt werden, schlägt sich der unterschiedliche Auszahlungsmodus auf den Erfolg oder Misserfolg einer Strategie nieder.

Die Interaktionen von „Falken und Tauben" können ebenso wie zuvor durch Kosten und Nutzen bilanziert werden: Treffen zwei Falken aufeinander, dann fliegen die Fetzen und jedem entstehen Kosten. Sieht ein Falke eine Taube, dann greift er diese an und hat den höchsten Gewinn. Sieht eine Taube einen Falken, dann geht sie diesem geflissentlich aus dem Weg (Abb. 10.2). Treffen sich zwei Tauben,

Abb. 10.2 Wanderfalke *Falco peregrinus* und Ringeltaube *Columbia palumbus* (Fotos von Ralph Martin, Universität Freiburg)

dann machen sie sich zu ihrer eigenen Erbauung einen gemütlichen Nachmittag. In Tab. 10.4 bewerten wir unsere Treffen.

Das ursprüngliche Spiel beschreibt weniger ein biologisches jedoch mehr ein politisches Szenario (Aggression versus Friedfertigkeit). Auch hier können wir wieder nach der optimalen Gruppenzusammensetzung suchen, die eine stabile Situation widerspiegelt. Nehmen wir an, dass in der Gruppe Falken mit einer Häufigkeit von p und Tauben mit einer Häufigkeit von q vorkommen (es gilt $p+q=1$):

$$W(\text{Falke}) = \text{Grundkosten} + p\text{-mal Treffen mit Falken} + q\text{–mal Treffen auf Taube} \tag{10.9}$$

$$W(\text{Taube}) = \text{Grundkosten} + p\text{-mal Sehen von Falken} + q\text{-mal Treffen mit Taube} \tag{10.10}$$

Es gilt:

$$W(\text{Falke}) = \text{Grundkosten} + p \cdot (-1) + q \cdot 3 \tag{10.11}$$

$$= \text{Grundkosten} - p + 3 \cdot q \tag{10.12}$$

$$W(\text{Taube}) = \text{Grundkosten} + p \cdot 0 + q \cdot 1 \tag{10.13}$$

$$= \text{Grundkosten} + q \tag{10.14}$$

Tab. 10.4 Gewinn und Verlust, wenn Falke und Taube zusammentreffen

	Falke	Taube
Falke trifft	−1	3
Taube sieht	0	1

In einem stabilen Zustand haben beide Strategen die gleiche Kosten-Nutzen-Bilanz und es folgt:

$$W(\text{Falke}) = W(\text{Taube}), \tag{10.15}$$

$$\text{Grundkosten(Falke)} - p + 3 \cdot q = \text{Grundkosten(Taube)} + q, \tag{10.16}$$

$$\text{Grundkosten(Falke)} - \text{Grundkosten(Taube)} = p - 2 \cdot q. \tag{10.17}$$

Mit $p=1-q$ gilt:

$$\text{Grundkosten(Falke)} - \text{Grundkosten(Taube)} = 1 - 3 \cdot q. \tag{10.18}$$

Ergeben sich für beide Spieler einfachheitshalber die gleichen Grundkosten, dann setzt sich die Gruppe aus zwei Drittel Falken und einem Drittel Tauben zusammen.

Ebenso wie zuvor kann eine gemischte Strategie unter bestimmten Rahmenbedingungen die reinen Strategen verdrängen. Netterweise wird diese gemischte Strategie als **bourgeoise** (bürgerliche) **Strategie** bezeichnet – frei nach dem Motto: „Hast Du was, dann bist Du stark, und hast Du nichts, dann bist Du schwach!" Kann der Stratege frei zwischen den beiden Strategien wählen, dann ist die optimale Strategie, bei zwei Drittel der Treffen den Falken zu spielen. Die bürgerliche Strategie passt in der Tat zum Verhalten einiger Tierarten. Ein bekanntes Beispiel ist die Revierverteidigung von Stichlingsmännchen während der Laichzeit. Selbst ein körperlich unterlegenes Männchen kann sein Revier in den meisten Fällen gegen einen stärkeren Eindringling erfolgreich verteidigen. Ähnliche Beispiele kennt man auch bei Primaten. Kummer et al. (1974) machten ein Experiment zur Paarbindung bei äthiopischen Mantelpavianen (*Papio hamadryas*, ◘ Abb. 10.3). Sie setzten ein Männchen mit einem Weibchen in einen Käfig, sodass sich eine Paarbindung aufbauen konnte. Ein weiteres Männchen, das aus der gleichen Horde wie das erste Männchen stammte, konnte dem Geschehen aus einem abgegrenzten Käfig zusehen. Nach kurzer Zeit durften sich alle drei in einem gemeinsamen Käfig frei bewegen. Es kam weder zu Kämpfen noch zum Partnertausch. Später wurde das Experiment mit den beiden Männchen aber mit einem anderen Weibchen unter umgekehrten Bedingungen durchgeführt. Bei der Zusammenführung der drei Tiere wurde die gleiche friedliche Akzeptanz der Partnerverhältnisse wie beim ersten Experiment gefunden. Ein wenig anders verlief das Experiment bei Männchen aus verschiedenen Affenhorden. Nach der Freilassung des isolierten Männchens kam es erst einmal zu häufigen Attacken, doch ein Partnertausch konnte selten beobachtet werden. Hier hat sich also eine Verhaltensstrategie entwickelt, die Aggressionen innerhalb von Gemeinschaften minimiert.

10.2 Kulturelle und biologische Evolution

Die Verbreitung einer neuen Verhaltensstrategie konnte bei Japanmakaken (Rotgesichtsmakake oder Schneeaffen; *Macaca fuscata*) beobachtet werden. Diese Affen sind u. a. für ihre Vorliebe für winterliche Bäder in den heißen Quellen im Norden Japans bekannt (◘ Abb. 10.4). Die Affenhorde, um die es in unserer Geschichte geht, lebt auf der kleinen Insel Kōjima (Glücksinsel) im Süden von Japan. Der Japaner Masao Kawai beobachtete Anfang der 1950er-Jahre ein junges Weibchen, das er *Imo* nannte. *Imo* begann die als Futter ausgelegten Kartoffeln zu waschen! Dieses Verhalten übernahmen ziemlich schnell auch ihre Schwestern und später wurde es dann auch von einigen Alttieren, doch nur von Weibchen übernommen. Von ihren Müttern, die das Kartoffelwaschen gelernt hatten, lernten Nachkommen ebenfalls das Waschverhalten. Auf diese Weise hat sich das neue Essverhalten verbreitet.

◘ **Abb. 10.3** Mantelpavian *Papio hamadryas* (Foto von Bilddatenbank Fotolia)

Kulturelle und biologische Evolution beruhen beide auf dem Prinzip der Informationsweitergabe von einer zur nächsten Generation. Unter kultureller Evolution des Verhaltens versteht man das Imitieren, Lehren und Lernen von Handlungsweisen. Ein Beispiel ist, wie Jungtiere von ihren Eltern lernen, welche Nahrungsquellen zu welchen Zeiten geeignet sind und was gemieden werden muss. Dies ist ein Verhalten, das keine offensichtliche genetische Ursache hat und von jeder Generation erlernt werden muss. So ist auch das Kartoffelwaschen der Japanmakaken ein schönes Beispiel, wie die Erfindung eines einzelnen Individuums eine neue kulturelle Entwicklung anstoßen kann.

Bei den bisher vorgestellten Beispielen wurden keine genetischen Grundlagen für Verhaltensweisen gefordert. Allein Umweltbedingungen oder zufällige Ereignisse haben die Übernahme von Verhaltensstrategien durch Individuen in einer Gruppe bewirkt. Gewisse Verhaltensweisen legen allerdings einen genetischen Zusammenhang nahe. Warum sollte ein

Abb. 10.4 Badende Japanmakaken im Winter (Rotgesicht- oder Schneemakaken, *Macaca fuscata*) (Foto von Bilddatenbank Shutterstock)

Murmeltier (*Marmota marmota*, Abb. 10.5) bei der Entdeckung eines Steinadlers (*Aquila chrysaetos*) seine Gemeinschaft mit lauten Pfeiftönen warnen und, indem es die Aufmerksamkeit des Feindes auf sich zieht, sich selbst gefährden (▶ altruistisches Verhalten)? Warnende Individuen sind in sozialen Tiergesellschaften weit verbreitet und bieten sogar Tieren über die Artgrenzen hinweg Schutz.

Verlassen Erdmännchen (*Suricata suricatta*, Abb. 10.6) ihren Bau zur Futtersuche oder suchen sich einfach einen Platz an der südafrikanischen Sonne, dann halten immer ein paar Tiere nach Feinden Ausschau. Bei Gefahr warnen sie ihre Mitbewohner mit Belllauten und jedes Tier eilt in den Bau zurück.

Bei frei lebenden Wellensittichen (*Melopsittacus undulatus*, Abb. 10.7) in Australien stößt der Vogel, der als erster einen potenziellen Feind sieht, Warnrufe aus, und der gesamte Schwarm erhebt sich zur Flucht.

Mitte des letzten Jahrhunderts erkannte zuerst William D. Hamilton und nach ihm John Maynard Smith, dass dieses individuelle Investment nur Sinn unter einem genetischen Aspekt macht. Der Gedanke, die Kosten-Nutzen-Rechnung von Verhaltensstrategien in einem sozialen Verband mit genetischen Eigenschaften zu verbinden, führte zu **synergetischen Effekten** (▶ G). Nicht die Fitness des einzelnen Individuums war entscheidend, sondern die sozialen und genetischen Strukturen der gesamten Gruppe. Es war ein Überlegungsansatz, der auch zur kontrovers diskutierten Theorie der **Gruppenselektion** (▶ G) führte (Wilson 1975):

Abb. 10.5 Murmeltier *Marmota marmota* (Foto von Gernot Segelbacher, Universität Freiburg)

» Die Fitness eines Individuums wird durch seine eigene Fitness, aber auch durch die Fitness von den anderen Mitgliedern der eigenen Gruppe bestimmt.

Wird die Evolution von Verhaltensstrategien auf der Basis von Darwins Theorie begründet, dann muss die Ursache in der Variation der Fitness von Individuen mit verschiedenen Strategien in der Population liegen. Hierbei gilt auch wieder, dass eine höhere Fitness mit einer höheren Reproduktionsrate einhergeht und infolgedessen ein Individuum mehr von seinen Genen in die nächste Generation weitergeben kann als sein schwächerer Konkurrent. In einer einfachen Modellwelt stellen wir uns nun eine Gruppe von k Individuen vor. Die Gruppe unterteilt sich in m Individuen, deren Genotyp A zu einem kooperativen Verhalten führt, und in n Individuen mit Genotyp B, der für ein egoistisches Verhalten verantwortlich ist ($k = m + n$). Natürlich profitieren alle Individuen einer Gemeinschaft, auch die Egoisten, vom Vorhandensein der kooperativen Mitglieder. Diesen Gesamtgewinn für die Gruppe bezeichnen wir im Folgenden mit b. Ein kooperatives Individuum erfährt jedoch durch sein selbstloses Handeln einen Verlust c. Jetzt wird die Fitness eines kooperativen Individuums $W(\mathrm{A})$ und die ei-

Abb. 10.6 Erdmännchen *Suricata suricatta* (Foto von Bilderdatenbank Fotolia)

Abb. 10.7 Wellensittiche *Melopsittacus undulatus* (Foto von Bilderdatenbank Fotolia)

nes Egoisten $W(\mathrm{B})$ ermittelt. Die Fitness eines Individuums ist durch die Anzahl der kooperativen Individuen p in der verbleibenden Gruppe von $(k-1)$ Individuen bestimmt (jeder der p Kooperativen gibt ja seinen kleinen Beitrag zum Fitnessgewinn von jedem Gruppenmitglied). Der Fitnesszugewinn für jedes Mitglied ist:

$$\frac{p \cdot b}{k-1}. \quad (10.19)$$

Schließlich soll jedes Individuum der Gruppe eine gewisse „Grundfitness" $W(0)$ unabhängig von seiner Strategie haben, und man erhält damit die Fitnesswerte für unsere Strategen A und B:

$$W(\mathrm{A}) = W(0) - c + \frac{p \cdot b}{k-1} \quad \text{und}$$
$$W(\mathrm{B}) = W(0) + \frac{p \cdot b}{k-1}. \quad (10.20)$$

Offensichtlich gewinnt unter den gewählten Bedingungen der Stratege B. Er hat einfach keine Kosten, sondern nur einen Gewinn aus dem Handeln der kooperativen Individuen. Um Kooperation in der Evolution erfolgreich zu machen, benötigen wir einen zusätzlichen Vorteil s, der aus einem solchen Handeln erwächst. Stellen wir uns eine Zweiergruppe vor und hinterfragen, welchen Vorteil oder Nachteil ein Individuum durch sein Handeln davonträgt. Der Verweigerer hat zunächst einmal nur seine Grundfitness $W(0)$. Doch wenn ein kooperativer Partner vorhanden ist, dann erfährt er einen Gewinn b. Dagegen erhält der kooperative Partner vom Verweigerer keinen Fitnesszugewinn, er bleibt auf seinen Kosten c sitzen. Haben wir schließlich zwei kooperative Individuen, dann erhält jedes den Fitnesszugewinn b durch das Handeln des anderen; doch muss zusätzlich noch einen Bonus s für die Kooperation gefordert werden, ansonsten bleiben die Verweigerer im Vorteil (Tab. 10.5)!

Zu Beginn der 1960er-Jahre erkannte Hamilton, dass sich altruistisches Verhalten einzelner Tiere innerhalb einer Gruppe durch die Verwandtschaftsbeziehungen zwischen den Individuen erklären lässt. Er berücksichtigte bei der Kosten-Nutzen-Rechnung noch den Verwandtschaftsgrad (s. ▶ Kap. 5) der Individuen in einer Gruppe. Heute kennen wir diese Beziehung als **Hamiltons Regel**, mit der bei

Tab. 10.5 Kosten-Nutzen-Bilanz für Paare von Verweigerern einer Zusammenarbeit und kooperativen Individuen. $W(0)$ Grundfitness, b Fitnessgewinn, c Fitnesskosten, s synergetischer positiver Effekt der Kooperation

	Verweigerer	Kooperatives Individuum
Verweigerer trifft auf	$W(0)$	$W(0)+b$
Kooperatives Individuum trifft auf	$W(0)-c$	$W(0)+b-c+s$

sexuell reproduzierenden Individuen ein altruistisches Verhalten erklärt werden kann:

$$b \cdot r > c, \qquad (10.21)$$

wobei weiterhin die bisherigen Bezeichnungen bleiben (b = Gewinn und c = Kosten). Der neue Parameter r beschreibt den Verwandtschaftsgrad des Strategen in der Gruppe. Hamiltons Regel besagt also, dass sich ein Verhalten in der Evolution durchsetzen kann, wenn die Kosten kleiner sind als das Produkt aus Gewinn und Verwandtschaftsgrad. Daraus folgt auch, je geringer der Verwandtschaftsgrad ist, desto größer muss der Gewinn durch das Verhalten sein. Hamiltons einfache Regel konnte bei einigen sozialen Insekten und auch bei afrikanischen Wildhunden bestätigt werden.

Mit Hamiltons Regel können wir nun auch erklären, warum Arbeiterinnen der Hausbiene keine eigene Nachkommenschaft haben, obwohl sie dazu durchaus in der Lage wären. Die kurze Antwort ist, dass Arbeiterinnen mit der Königin, ihrer Mutter, kooperieren, indem sie die Brutpflege der Schwestern übernehmen!

Bevor wir weiter die Verwandtschaftsverhältnisse im Bienenstaat besprechen, müssen wir kurz auf die Biologie der Hausbiene eingehen. Die europäische Honigbiene *Apis mellifera* gehört zur Ordnung der Hautflügler (Hymenoptera). Sie bildet ein soziales Staatengebilde aus einer Königin und deren Töchtern, den Arbeiterinnen. Die ständige Sekretion eines Hormons durch die Königin verhindert, dass ihre Töchter ebenfalls Eier legen. Die Arbeiterinnen sorgen für die Erhaltung des Staats und füttern die Larven, die aus den königlichen Eiern schlüpfen. Vom Frühjahr bis Sommerbeginn werden auch männliche Tiere, Drohnen, großgezogen, die jedoch keine staatserhaltenden Arbeiten ausüben. Fliegen Jungköniginnen zum Hochzeitsflug aus, dann werden diese von den Drohnen bereits erwartet und begattet. Die befruchteten Jungköniginnen bilden anschließend ihre eigenen neuen Staaten.

Die Königin und ihre Arbeiterinnen haben einen diploiden Chromosomensatz (► diploid). Die Drohnen sind dagegen haploid (► G), da sie aus unbefruchteten Eiern der Königin hervorgegangen sind. Alle Arbeiterinnen eines Staats sind Schwestern, auch die Königin ist eine Schwester der Arbeiterinnen. Die Diät, das Gelée Royale, mit der die königliche Larve gefüttert wurde, erklärt allein den Unterschied zwischen Königin und ihren Arbeiterinnen. Bei vielen Arten der Hautflügler (Hymenoptera), wie Ameisen, Termiten, Hornissen, Wespen oder Bienen, entstehen verschiedene Geschlechter aus befruchteten und unbefruchteten Eiern. Bei Bienen entwickeln sich die Männchen aus unbefruchteten, haploiden Eizellen und die Weibchen aus befruchteten, diploiden Zygoten. Arten, bei denen das Geschlecht auf diese Weise festgelegt wird, sind **haplodiploide Spezies** (► G).

Nach dieser Einführung können wir uns an die Bestimmung des Verwandtschaftsgrads der Mitglieder des Bienenstaats machen (kurz zur Wiederholung: Der Verwandtschaftsgrad gibt den Anteil gleicher Gene zweier Verwandter an).

Königin und Tochter Aus den befruchteten königlichen Eizellen entstehen diploide Zygoten. Nach der Gründung eines neuen Bienenstaats durch eine Königin entwickeln sich aus den abgelegten und befruchteten Eizellen Arbeiterinnen. Erhalten die diploiden Larven eine spezielle Diät (Gelée royale), dann entstehen auch neue Königinnen! Die befruchteten Eizellen einer Königin tragen, wie bei anderen sexuell reproduzierenden Arten, die Hälfte ihres Chromosomensatzes (Gene). Die Königin und ihre weiblichen Nachkommen stimmen also in 50 % ihrer Gene überein (s. ► Kap. 5).

Königin und Sohn Drohnen entwickeln sich aus den unbefruchteten Eizellen. Sie haben natürlich nur Gene der Königin und sind haploid. Der königliche Sohn trägt damit ebenfalls 50 % der mütterlichen Gene.

Schwester und Schwester Einfachheitshalber nehmen wir an, dass die Königin nur von einer Drohne befruchtet worden ist. In diesem Fall tragen zwei verschiedene königliche Eizellen stets die Hälfte des Chromosomensatzes der Königin. Doch die Chromosomen beider Eizellen stimmen nur zu 25 % überein. Jede befruchtete Eizelle hat jedoch dieselben Gene des haploiden Drohnenvaters bekommen und somit haben die Schwestern 25 % gleiche mütterliche Gene und 50 % gleiche väterliche Gene erhalten. Die schwesterlichen Genome haben also eine 75 %ige Übereinstimmung (In der Natur werden Königinnen von mehreren Drohnen befruchtet. Dies mindert wohl den Nutzen unserer Kostenrechnung, die qualitativen Schlussfolgerungen bleiben jedoch bestehen.).

Bruder und Bruder Hier gilt einfach, dass Brüder zu 50 % genetisch übereinstimmen.

Schwester und Bruder Wie bei Schwestern gilt, dass ihre Eizellen zu 25 % genetisch identisch sind. Doch auch hier (s. Königin und Sohn) gilt, dass nur ein Achtel der Gene des Bruders mit denen seiner Schwestern identisch ist.

Verbinden wir nun unsere Verwandtschaftsanalyse mit der Idee, dass der Transfer von eigenen Genen in die nächste Generation als Nutzen betrachtet wird. Diese eigenen Gene werden ebenfalls von den Genen unserer Verwandten repräsentiert, die von einem gemeinsamen Vorfahren stammen! Kosten stellen das Investment in die Aufzucht der Bienenschwestern dar. Jetzt fehlt nur noch der Vergleich mit den Verwandtschaftsverhältnissen in einer Art, die sowohl aus diploiden Männchen wie auch diploiden Weibchen besteht. Hier gilt, dass Mutter und Tochter, aber auch Schwestern, eine 50 %ige Übereinstimmung haben. Bei Haplodiploidie lohnt sich also das Investment der Schwestern, in die Aufzucht ihrer Schwestern zu setzen, da auf diese Weise mehr ihrer eigenen Gene in die nächste Generation gelangen, als wenn sie selbst Nachwuchs hätten. Hamiltons Regel ist nicht allgemeingültig, wir kennen genügend solitär lebende Bienenarten, in denen sich eine schwesterliche Kooperation vermeintlich nicht auszahlt! Sie bietet aber ein gutes Argument dafür, dass Haplodiploidie die Ausbildung von sozialen Staatensystemen begünstigen kann.

■ **Abb. 10.8** Rothirsch *Cervus elaphus* (Foto von Bilderdatenbank Fotolia)

Die Spieltheorie hilft uns, einige Verhaltensweisen besser zu verstehen. So erklärt eine Kosten-Nutzen-Analyse das altruistische Verhalten, das Territorial- und Konkurrenzverhalten einiger Arten und schließlich auch die Ausbildung von sozialen Gruppenstrukturen. Doch liefert dieser auf der Wahrscheinlichkeitstheorie basierende Ansatz nicht ein allgemeines Handwerkszeug zum Bearbeiten evolutionsgenetischer Fragestellungen in der Verhaltensbiologie. Gerade Modellansätze führen manches Mal in die Irre, wenn wir unbewusst eine vom Menschen eingefärbte Weltsicht mit einbringen.

10.3 Weitere Beispiele zur Evolution des Verhaltens

Beobachtungen der Rothirschpopulation auf der schottischen Insel Rhum brachten zutage, dass männliche Platzhirsche oftmals von ranghohen Weibchen abstammen (*Cervus elaphus*, ■ Abb. 10.8). Setzen also ranghohe Weibchen auf einen männlichen Nachwuchs, weil dieser später ein Rudel übernehmen und damit die mütterlichen Gene zahlreich in die Enkelgeneration tragen kann? – Weit gefehlt! Auch Hirsche können nicht das Geschlecht ihres Nachwuchses bestimmen. Einfacher ist die Lösung, dass ranghohe Weibchen besseren Zugang zu Futterressourcen haben und damit die physische Kondition und als Folge die Überlebens-

Abb. 10.9 Blaumeise *Parus caeruleus* (Foto von Ralph Martin, Universität Freiburg)

chance ihrer Nachkommen unter harschen winterlichen Bedingungen verbessern. Die Futterverfügbarkeit ist sicherlich von großer Bedeutung für die etwas anfälligeren männlichen Jungtiere. Man braucht also keine Genetik, um sich vorzustellen, dass nach dem Überwintern das Geschlechterverhältnis bei Jungtieren von rangniederen Weibchen zu Ungunsten des männlichen Geschlechts ausfällt, während bei ranghohen Weibchen kein signifikanter Effekt gegeben ist (Clutton-Brock et al. 1986).

Seit Beginn der experimentellen Populationsgenetik stand die Frage nach der Bedeutung von genetischer Variabilität in Populationen, aber auch die genetische Heterogenität (Unterschiede in den elterlichen allelischen Informationen) eines Individuums im Zentrum von Untersuchungen. In der Verhaltensbiologie sind über die letzten drei Jahrzehnte die Paarbindung und damit die Stabilität dieser kleinsten Fortpflanzungsgemeinschaften von Interesse gewesen. Die Blaumeise (*Parus caeruleus*, Abb. 10.9) wurde hierfür zur „Drosophila" des Verhaltensbiologen und Ökologen.

Verschiedene Arbeitsgruppen fanden Hinweise, dass die genetische Ähnlichkeit der Partner einen Einfluss auf ihren Reproduktionserfolg hat. Ist dies vielleicht ein Beweis dafür, dass genetisch ähnliche Eltern Nachwuchs mit einer geringeren genetischen Heterogenität und damit einen Fitnessverlust haben? Aber auch die genetische Konstitution der Paare in monogamen Arten sollte sich in ihrer Treue zueinander niederschlagen (▶ Monogamie). Es wurde argumentiert, dass Weibchen mit einem genetisch suboptimalen Partner eher fremdgehen als Weibchen in einer optimalen Partnerschaft. Hinter diesen Ansätzen stehen im Wesentlichen drei Hypothesen, die sich jedoch alle nur sehr unscharf voneinander unterscheiden lassen:

Das „gute" Gen Es gibt in der Population „gute" Gene, die sich positiv auf die individuelle Fitness niederschlagen. Diese einfache Annahme würde aber sofort zur Folge haben, dass ein solch vorteilhaftes Gen sich rasch in der Population durchsetzt und am Schluss kein Individuum mehr einen Vorteil hat, weil alle das gleiche Gen tragen.

Heterozygotenvorteil Ein Individuum trägt verschiedene elterliche Allele an einem fitnessrelevanten Locus. Der heterozygote Zustand erhöht die Fitness des Individuums. Eine Voraussetzung hierfür ist, dass elterliche Gene verschieden sind. Optimale Paarungspartner mit „guten" Genen sind folglich Individuen mit unterschiedlichen Genen.

Genomische Heterogenität (▶ G): Unterscheiden sich die elterlichen Allele an vielen Genorten im Genom eines Individuums, dann verläuft oftmals die Entwicklung eines Individuums störungsfreier als bei hoher Homozygotie. Die negativen Konsequenzen ähneln also denen von Inzucht. Das Fitnesskonzept genomischer Heterogenität stellt also eine Erweiterung der Heterozygotie-Hypothese auf mehrere Loci dar (▶ Heterozygotie).

Der Mensch wurde bei den Untersuchungen zur Partnerwahl und deren genetischen Grundlagen natürlich nicht ausgenommen. Der Schweizer Wissenschaftler Claus Wedekind (Universität Zürich) ließ eine Gruppe von weiblichen und männlichen Studenten einen Schnuppertest machen. Die Studentinnen sollten den „Duft" der T-Shirts ihrer männlichen Kommilitonen nach deren Attraktion bewerten. Natürlich wurden im Vorfeld der Versuche viele Auflagen an die Studenten gemacht, damit ihr Körperduft nicht verändert wird, wie z. B. durch Zigarettenrauchen oder Körperspray. Frauen durften auch keine Antibabypillen nehmen, um einen hormonellen Einfluss bei der Duftwahrnehmung zu vermeiden. Alle Teilnehmer des Versuchs wurden an den gängigen Loci charakterisiert, die für die Immunabwehr verantwortlich sind (▶ MHC, „**m**ajor **h**istocompatibility **c**omplex"; s.Box MHC und

MHC und HLA

Das Immunsystem von Säugetieren wird genetisch von einer Vielzahl von Genen bestimmt. Viele dieser Gene liegen als Kopplungsgruppe (► G) in einem bestimmten Abschnitt eines Chromosoms des Kerngenoms vor (Mensch: Chromosom 6; Maus: Chromosom 17). Allgemein wird diese Genregion als Hauptkompatibilitätskomplex („**m**ajor **h**istocompatibility **c**omplex", MHC) bezeichnet. Beim Menschen spricht man im Allgemeinen vom HLA-System („**h**uman **l**eukocyte **a**ntigene"), da seine Bedeutung für die Immunabwehr eines Individuums zum ersten Mal bei Untersuchungen von weißen Blutkörperchen (► Leukozyten) erkannt wurde.
Der MHC ist die Grundausstattung sowohl für angeborene wie auch erworbene Immunitäten. Die genetische Ausstattung des MHC bestimmt auch die Effektivität der Immunabwehr eines Individuums.
Je vielfältiger die allelische Variation der Loci des MHC, desto besser ist ein Körper gegen die ständigen Attacken von Krankheitserregern oder das Eindringen von fremden Proteinen gewappnet.
Auf diesen Erkenntnissen basieren viele Untersuchungen zur Fitness und dem Reproduktionspotenzial von Individuen. Der Reproduktionserfolg wird an der Lebensfähigkeit der Nachkommen gemessen. Ein Nachkomme, der von seinen Eltern die gleiche genetische Ausstattung erhält, ist an diesem Genkomplex (► G) vollständig homozygot und hat damit nur eine minimale genetische Grundausstattung für die Entwicklung seiner Immunabwehr. Die Immunabwehr von Individuen, die unterschiedliche elterliche Allele an den Loci erhalten, kann dagegen auf die vielfältigen Herausforderungen einer „feindlichen" Umwelt viel besser reagieren.

HLA). Das überraschende Ergebnis war, das die Studentinnen die T-Shirts von Studenten mit einer unterschiedlichen allelischen Ausstattung attraktiv fanden. Außerdem drehte sich bei Pilleneinnahme die weibliche Präferenz um. Leider konnte der Versuch von anderen Arbeitsgruppen nicht bestätigt werden, dabei hätten die Ergebnisse doch interessante Gedankenspiele zugelassen. Man könnte etwa über die negativen evolutionären Folgen philosophieren, die eine Pilleneinnahme und die damit verbundene suboptimale Partnerwahl nach sich ziehen. Erhöht sich z. B. die Scheidungsrate in dem Lebensabschnitt, in dem Frauen die Pille endgültig absetzen, weil sie dann erkennen, dass sie sich den falschen Partner ausgewählt haben?

Glossar

Altruismus Selbstlose Aktivitäten eines Individuums zum Nutzen aller Mitglieder einer Gemeinschaft oder Gruppe. Hierbei wird Nutzen mit dem Reproduktionspotenzial der Gemeinschaft gleichgesetzt.

Chromosomensatz Das Kerngenom jedes eukaryotischen Lebewesens (Pilze, Pflanzen und Tiere) enthält eine für die Art charakteristische Anzahl von Chromosomen. Bei geschlechtlicher Vermehrung erhält ein Lebewesen von beiden Elternteilen die gleiche Anzahl von Chromosomen. In jeder Zelle finden wir also Paare elterliche Chromosomen, die sich in ihrer mikroskopisch sichtbaren Struktur gleichen (diploid, homologe Chromosomen). Doch die mütterlichen und väterlichen Erbanlagen auf den homologen Chromosomen können sich in einzelnen Chromosomenabschnitten (Loci) unterscheiden. Es gibt allerdings auch Organismen, die mehr als zwei Kopien eines Chromosoms tragen (triploid, tetraploid, …, polyploid).

diploid ► Chromosomensatz.

ESS ► evolutionär stabile Strategie.

evolutionär stabile Strategie (ESS) Verhaltensstrategie, die andere Strategien verdrängt und von keiner anderen Strategie verdrängt werden kann.

Fitness Genetischer Beitrag eines Individuums oder Genotyps zur Folgegeneration.

Genkomplex Mehrere nah benachbarte Loci auf einem Chromosom. Sie haben oftmals gleiche oder ähnliche Funktionen.

Gruppenselektion Nicht das einzelne Individuum, sondern die gesamte Gruppe ist Einheit der Selektion, die das evolutionäre Schicksal der Gruppe und damit auch der einzelnen Individuen bestimmt.

Haplodiploidie Individuen einiger Arten haben entweder nur einen oder zwei elterliche Chromosomensätze. Bei der Hausbiene sind verschiedene Chromosomensätze mit dem Geschlecht verbunden (Drohnen entstehen aus der mütterlichen Eizelle), sie sind haploid (► G). Die Königin und ihre Arbeiterinnen entstehen aus der befruchteten Eizelle, sie sind diploid (► G).

haploid Das Kerngenom eukaryotischer Zellen (Pilze, Pflanzen und Tiere) umfasst eine Anzahl von Chromosomen (► Chromosomensatz), die charakteristisch für die Art ist. Chromosomen können mikroskopisch unterschieden werden.

Gibt es von jedem Chromosom nur ein Exemplar, dann liegt ein haploider Chromosomensatz vor.

Heterozygotie Die elterlichen Erbinformationen eines Individuums in einem homologen Chromosomenabschnitt sind unterschiedlich.

„human leukocyte antigene" (HLA) Oberflächenstrukturen der weißen Blutkörperchen (Leukozyten), die von den Antikörpern des menschlichen Immunsystems erkannt werden.

kommutativ Die Abfolge von Einzelschritten einer Handlung kann verändert werden, ohne dass sich das Ergebnis ändert.

Kopplungsgruppe Zwei oder mehrere Loci liegen in Nachbarschaft auf einem Chromosom.

Leukozyt Eine Zelle des Bluts (weißes Blutkörperchen), die noch einen Zellkern besitzt und bei der Immunabwehr aktiv ist. Reife, rote Blutkörperchen (Erythrozyten) besitzen keinen Zellkern mehr.

„major histocompatibility complex" (MHC) Eine Vielzahl von gekoppelten Gene, die im Wesentlichen das Immunsystem von Säugern bestimmen.

Monogamie Feste Paarbildung bei sexuell reproduzierenden Tieren zur Aufzucht der Nachkommen.

reine Strategie Individuen verfolgen stets die gleiche Strategie und können diese nicht abändern.

synergetischer Effekt Ein Ergebnis aus der Wirkung mehrerer Faktoren, das sich nicht allein durch die Summe der Wirkungen einzelner Faktoren erklärt. Interaktionen der Faktoren fördern zusätzlich die Gesamtwirkung.

Aufgaben

Aufgabe 1. Was unterscheidet ein haplodiploides System der Geschlechtsbestimmung von einem geschlechtsbestimmenden Mechanismus, bei dem die Kombination XX von Geschlechtschromosomen zu Weibchen und nur ein X-Chromosom (X0) zu Männchen führt?

Aufgabe 2. Erkläre den Unterschied von Heterozygotie und genomischer Heterogenität.

Aufgabe 3. Die Fitness eines Individuums beruht auf dessen Reproduktionsfähigkeit bzw. der Fähigkeit, die eigenen Gene in der Folgegeneration erfolgreich zu etablieren. Wie erklärt sich die Opferbereitschaft bis hin zur Selbstaufgabe von einzelnen Individuen in einer Gruppe?

Literatur

Verwendete Literatur

Clutton-Brock TH, Albon SD, Guinness FE (1986) Great expectations: dominance, breeding success and offspring sex ratios in red deer. Anim Behav 34:460–471

Kummer H, Götz W, Angst W (1974) Triadic differentiation: An inhibitory process protecting pair bonds in baboons. Behaviour 49:62–87

Wilson DS (1975) A Theory of group selection. Proc Natl Acad Sci USA 72:143–146

Weiterführende Literatur

Borkenau P, Riemann R, Spinath M (1999) Gene, Umwelt und Verhalten: Einführung in die Verhaltensgenetik. Hans Huber, Bern (Übersetzung des Buchs: Plomin R, DeFries JC, McClearn GE, McGuffin P, Behavioral Genetics von Palgrave Macmillan, London New York)

Hamilton WD (1964) The Genetical Evolution of Social Behavior. J Theor Biol 7:1–16

Maynard Smith J (1992) Evolutionsgenetik. Georg Thieme, Stuttgart New York

Tomiuk J, Segelbacher G, Wöhrmann K (2006) Partnerwahl und Seitensprung. In: Expedition in die Wissenschaft, Bd. I. Wiley-VCH, Weinheim, S 245–259

Umwelt, Stress und Genetik

Volker Loeschcke, Jürgen Tomiuk

J. Tomiuk, V. Loeschcke, *Grundlagen der Evolutionsbiologie und Formalen Genetik*,
DOI 10.1007/978-3-662-49685-5_11,

11.1 Umweltstress reduziert Fitness

In biologischen Fachdisziplinen verstehen wir unter **Stress** (▶ G) die negativen Auswirkungen von Umweltbedingungen, die physiologische und biochemische Reaktionen in Individuen hervorrufen und auch Verhaltensänderungen nach sich ziehen können. Es gibt noch andere Beschreibungen für Stress, doch allen Definitionen ist gemeinsam, dass ein gestresster Organismus nicht im Gleichgewicht mit seiner Umwelt ist. Denkt man z. B. an Temperaturen, die maßgeblich die Verbreitung einer Art bestimmen und deren Populationsgröße und -dichte regulieren, so gibt es für jeden Organismus einen optimalen Temperaturbereich, innerhalb dessen seine **Überlebensfähigkeit** (▶ Viabilität) oder **Fruchtbarkeit** (▶ Fertilität) langfristig erhalten bleibt. Außerhalb dieses optimalen Temperaturbereichs sind Individuen Einflüssen ausgesetzt, die ihre Viabilität und/oder Fertilität und damit auch ihre Fitness (▶ G) erheblich vermindern können (◼ Abb. 11.1).

Temperaturen, die Stress induzieren, können unterschiedliche Auswirkungen auf verschiedene fitnessrelevante Merkmale haben, wobei auch die Expositionsdauer von Bedeutung ist (◼ Abb. 11.1). Folglich bestimmt die Kombination von extremen Temperaturen und Expositionsdauer die Auswirkungen von temperaturbedingtem Stress. Wenn Temperaturen allerdings dauerhaft außerhalb kritischer Schwellenwerte liegen, wird das Überleben von Individuen und ganzer Populationen gefährdet. Lang anhaltende, extrem niedrige oder hohe Temperaturen können z. B. zu männlicher Sterilität oder zu Entwicklungsstörungen führen (◼ Abb. 11.2).

11.1.1 Reaktionen auf Umweltstress

Erfahren Organismen klimatischen Stress, dann können sie diesem unterschiedlich begegnen, um negative Auswirkungen zu vermeiden oder wenigstens klein zu halten. Anders als Pflanzen können viele Tiere mit verschiedenen Verhaltensweisen auf hohe Temperaturen reagieren. Zum Beispiel können sie die Sonne meiden, indem sie schattige Plätze oder in ihrem Verbreitungsgebiet Bereiche mit zuträglicherem Mikroklima (▶ G) aufsuchen. Schließlich bleibt noch die Möglichkeit, in neue Gebiete mit erträglichen klimatischen Bedingungen auszuwandern. Inwieweit Stressvermeidung durch bestimmte Verhaltensweisen möglich ist, hängt allerdings von den Gegebenheiten des jeweiligen Lebensraums ab. In industrialisierten Ländern gleichen die meisten „natürlichen" Lebensräume einem Flickenteppich und die einzelnen Teilgebiete im Verbreitungsgebiet einer Art sind oftmals von anderen Habitatformen umgeben. Eine solche Fragmentierung behindert oder schließt die Verbreitung von Individuen aus und kann damit die genannten Optionen zur Stressvermeidung zunichtemachen. Schließlich können Ortsveränderungen auch mit einem erhöhten Sterberisiko einhergehen, da ungeeignete Habitattypen durchquert werden müssen.

Neben einem angepasstem Migrations- oder Mobilitätsverhalten können Tiere auf Stresssituationen plastisch reagieren, indem sie ihren Phänotyp an die veränderten Umweltbedingungen adaptieren (s. nachfolgender Abschnitt Phänotypische Plastizität). Darüber hinaus können sich Populationen an Umweltstress genetisch anpassen. Dieser evolutionäre Prozess vollzieht sich allerdings über viele Generationen und ist mit einer Änderung der genetischen Zusammensetzung von Populationen verbunden. Falls keine geeignete Antwort auf lang anhaltende Stressbedingungen gegeben werden kann, stirbt die Population aus.

▪ Phänotypische Plastizität

Der Phänotyp ist die Gesamtheit aller Merkmale eines Organismus und umfasst morphologische, verhaltensmäßige, biochemische und physiologische Eigenschaften. Phänotypische Plastizität ist das Vermögen eines Organismus/Genotyps, die Ausprägung von Merkmalen in Abhängigkeit von der erfahrenen Umwelt zu verändern (gepunktete Linie in ◼ Abb. 11.3). Solche Veränderungen können für ein Individuum **adaptiv** (vorteilhaft), **maladaptiv** (nachteilig) oder **neutral** (unbedeutend) sein. Es gibt eine Vielzahl plastischer Reaktionen: Änderungen können für ein bestimmtes Lebensstadium spezifisch sein, sie können entweder umkehrbar oder dauerhaft sein, und sie können innerhalb von Minuten, Stunden, Tagen oder Monaten ausgelöst werden. Bekannte Beispiele sind die Bildung dickerer Schalen bei Süßwasserschnecken in Anwesenheit

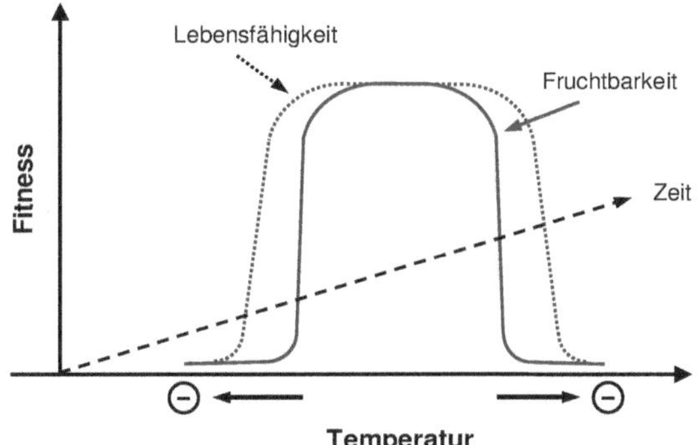

■ **Abb. 11.1** Fitnesskomponenten wie die Überlebensfähigkeit und Fruchtbarkeit in Abhängigkeit von Temperatur. Die *Pfeile* unterhalb der Temperaturskala kennzeichnen den Beginn der Temperaturbereiche, in denen die Fitness deutlich reduziert wird. In der Natur ist ohne Zweifel auch die Dauer der erfahrenen Stressbedingungen von Bedeutung, dies wird mit der *gestrichelten* Zeitachse angedeutet

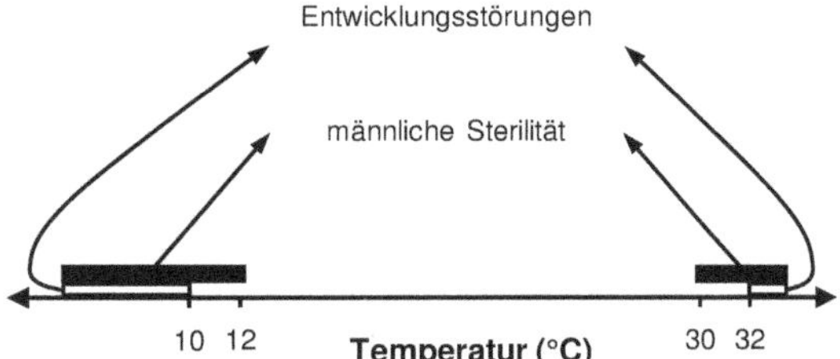

■ **Abb. 11.2** Konsequenzen von anhaltend extremen Temperaturen am Beispiel der Fruchtfliege (Drosophilaarten): Männliche Sterilität stellt sich bei Temperaturen unterhalb von 12 °C und oberhalb von 30 °C ein; Entwicklungsstörungen treten bei Temperaturen unter 10 °C und über 32 °C auf. Nur wenige Drosophilaarten können auf Dauer Temperaturen über 32 °C ertragen. Ähnliche Auswirkungen von temperaturbedingtem Stress finden wir auch bei anderen Tier- und Pflanzenarten

von Fressfeinden, der Fell- und Gefiederwechsel bei Säugetieren und Vögeln. Das gesamte Ausmaß der möglichen Variation des Phänotyps bezeichnen wir auch als **Reaktionsnorm** (▶ G).

11.1.2 Akklimatisierung und Hitzeschockproteine

Eine Reihe von Mechanismen ermöglicht Individuen, auf extreme Umweltbedingungen zu reagieren. Individuen, die einem milden Stress ausgesetzt sind, können nachfolgend gegen größeren Stress der gleichen Art besser gerüstet sein. Dieses Phänomen der erworbenen Resistenz gegen Stress wird als **Akklimatisierung** (▶ G) bezeichnet. Oftmals wird hierbei unterstellt, dass Akklimatisierung stets mit einem Vorteil verbunden ist („beneficial acclimation"), doch dies trifft nicht in allen Fällen zu. Wenn z. B. ein Individuum bei sehr tiefen Temperaturen akklimatisiert wird, sinkt typischerweise seine Hitzetoleranz in nachfolgenden warmen Perioden.

Im englischen Sprachgebrauch wird oftmals zwischen der Akklimatisierung im Labor („acclimation") und unter natürlichen Bedingungen („acclimatization") unterschieden. Bei kurzzeitiger Akklimatisierung wird auch der Begriff **Abhärtung** (▶ G) verwendet („hardening"). Sehen wir uns nun ein Beispiel zur vorteilhaften Akklimatisierung an (■ Abb. 11.4). Bei Fliegen, die eine Stunde bei 36 °C abgehärtet wurden, steigt in den folgenden 24 Stunden zunächst die Hitzetoleranz, danach fällt die Überlebensrate langsam wieder auf das Ausgangsniveau. Die Überlebensrate bei 39 °C diente als Maß für die Hitzetoleranz.

Die physiologische Antwort auf einen erträglichen und kurzzeitigen Temperaturstress (**Hitzeschock**) führt zu einer vorteilhaften Akklimatisierung. Da hohe Temperaturen die Strukturen von Proteinen verändern oder zerstören (Denaturierung), reagieren Zellen mit einer erhöhten Synthese von **Hitzeschockproteinen** (▶ G) („heat-shock proteins", Hsp). Hitzeschockproteine sind zum einen in der Lage, die Struktur von Proteinen zu stabilisieren und diese vor Schäden zu schützen. Zum anderen können sie denaturierte Proteine durch Neufaltung der Aminosäureketten wiederherstellen („refolding") oder beschädigte Proteine „entsorgen", wenn ihre Reparatur nicht mehr möglich ist.

Aufgrund ihrer lebenswichtigen Bedeutung sind Gene, die für Hitzeschockproteine codieren, im Lauf der Evolution strukturell bewahrt worden, und wir finden ähnliche Hitzeschockprotein-Gene in vielen Arten, angefangen von Bakterien bis hin zu Säugern. Die bekanntesten und am besten erforschten Hitzeschockproteine sind Hsp60, Hsp70 und Hsp90. Sie haben ein Molekulargewicht von 60, 70 oder 90 kDalton (▶ G). Oftmals bezeichnen wir Hitzeschockproteine allgemeiner als **Stressproteine** (▶ G), da neben Hitze auch andere Stressbedingun-

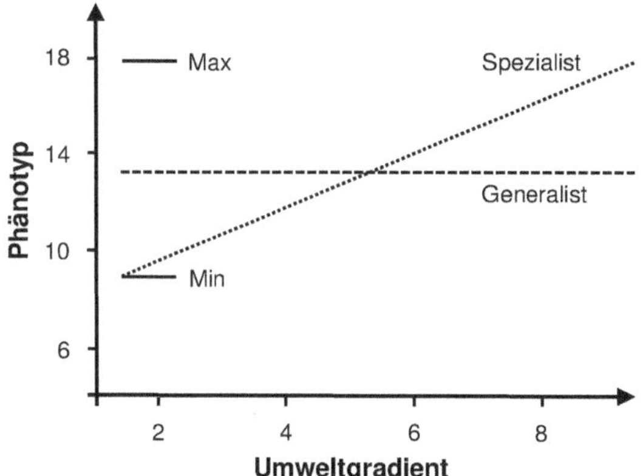

Abb. 11.3 Phänotypische Reaktion auf Umweltbedingungen. Zum Beispiel können Temperatur, Feuchtigkeit, UV-Strahlung, Schwermetallbelastung oder Nahrungsqualität als Umweltgradient dienen. Die waagerechte, *gestrichelte Linie* beschreibt die Reaktion eines Generalisten, ein solcher Genotyp kann sich in allen Umwelten aufhalten. Dagegen besitzt der Spezialist (*gepunktete Linie*) eine gewisse Plastizität und reagiert mit unterschiedlichen, angepassten Phänotypen auf verschiedene Umwelten. Der phänotypischen Variation als Antwort auf Umweltbedingungen sind Grenzen gesetzt (*Max* und *Min*)

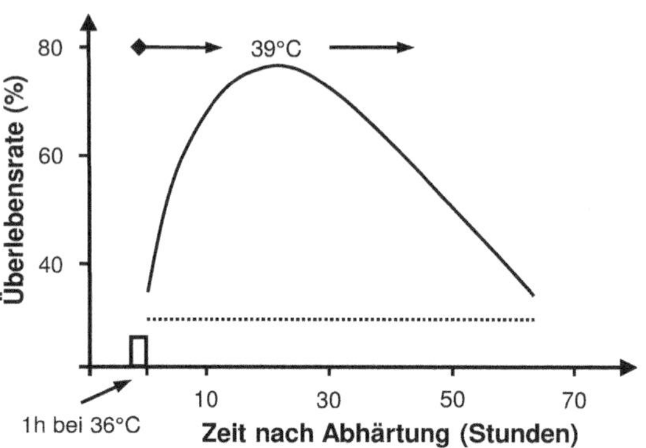

Abb. 11.4 Hitzetoleranz bei Fruchtfliegen in Abhängigkeit von der Zeit (2–64 Stunden) nach einer nichtletalen Hitzebehandlung. Die Fliegen wurden eine Stunde bei 36 °C gehalten und anschließend nach unterschiedlichen Zeiträumen der extremen Temperatur von 39 °C ausgesetzt. Hitzetoleranz wird als Überlebensrate (%) gemessen. Die Anpassung ist von vorübergehender Natur und reversibel. Nach etwa drei Tagen verschwindet der Vorteil der Akklimatisierung. Nichtakklimatisierte Fliegen überleben im Durchschnitt nur zu 30 % (gestrichelte Linie)

gen zur Ausschüttung (Expression) dieser Proteine in den Zellen führen. Beispiele hierfür sind eine hohe Populationsdichte von Insektenlarven, Kälte, Sauerstoffmangel (Hypoxie), Inzucht, Entzündungen und die Anwesenheit von Parasiten oder Räubern. Das Ausmaß des Stresses, den ein Individuum erfährt, spiegelt sich in der Konzentration der Stressproteine wider (Abb. 11.5). Die Produktion von Stressproteinen ist die Reaktion von Zellen auf Stress, um schädliche Produkte abzubauen und die zellulären Funktionen aufrechtzuerhalten („housekeeping"). Die höheren Hsp70-Werte in Tieren von kühleren Standorten (Abb. 11.5) können damit erklärt werden, dass für diese Fruchtfliegen 37 °C stressvoller sind als für Tiere von wärmeren Standorten. Diese Erklärung beruht auf der Annahme, dass sich die Populationen den an ihrem Ursprungsort herrschenden Temperaturbedingungen evolutionär angepasst haben.

Akklimatisierung kann also unter akutem Stress die Überlebenschance erhöhen, doch können für das einzelne Individuum auch Kosten entstehen, insbesondere wenn es großem Stress ausgesetzt ist. Zum Beispiel können eine zeitlich begrenzte und oftmals reversible Verminderung der Fruchtbarkeit oder der Toleranz gegen andere Stressfaktoren Folgen von Akklimatisierung sein. Letzteres wird häufig beobachtet, wenn Organismen an verschiedene klimatische Stressfaktoren akklimatisiert werden. In vielen dieser Fälle wird die Toleranz gegenüber anderen Stressfaktoren vermindert.

Milder Stress und Hormesis

Milder Stress kann neben einer Akklimatisierung für einen bestimmten Stressfaktor auch positive Auswirkungen auf weitere Eigenschaften eines Individuums haben. Zum Beispiel kann milder Hitzestress, den Fruchtfliegen früh in ihrem Leben erfahren, ihre durchschnittliche Lebensdauer um mehr als zehn Prozent erhöhen. Solche positiven Auswirkungen milden Stresses nennen wir **Hormesis** (► G). Hormesis ist für viele unterschiedliche Stressfaktoren beschrieben worden und Zusammenhänge, die bei Tieren aufgedeckt worden sind, lassen auch Rückschlüsse auf den Menschen zu – vollständig stressfreie Umwelten sind für den Menschen nicht notwendigerweise vorteilhaft. Der Volksmund sagt: „Ein bisschen Dreck schadet nicht!" Eine Erkenntnis, die wir heute dadurch erklären, dass unser Immunsystem in bakterienarmen Umwelten nur unzureichend stimuliert wird.

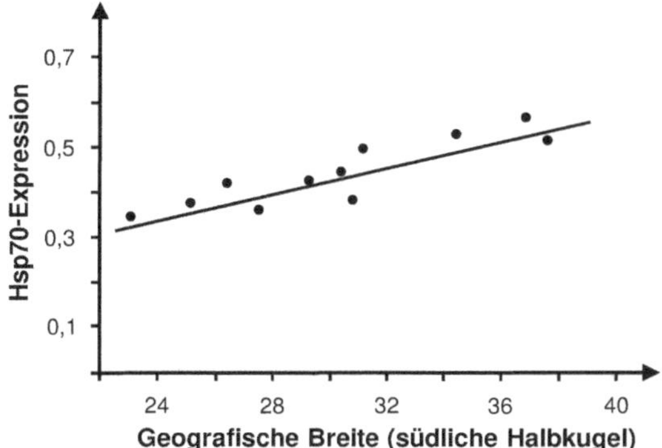

Abb. 11.5 Expression des Hitzeschockproteins Hsp70 in Larven der Fruchtfliege *D. buzzatii* nach Abhärtung für 60 min bei 37 °C. Die Fliegen stammen aus Populationen, die entlang eines Breitengradgradienten (südlich 23–40°S) eingesammelt worden sind, der auch einen ansteigenden Temperaturgradienten widerspiegelt

Eine Stimulierung des Immunsystems durch Impfungen kann z. B. auch als milder Stress für einen Organismus betrachtet werden und einen positiven Einfluss auf die allgemeine Gesundheit haben, die über die gestärkte Immunität gegenüber dem Erreger, gegen den die Impfung gerichtet war, hinausgeht.

Im Allgemeinen bestimmt das Verhältnis von Kosten und Nutzen die Folgen von milden Stresseinwirkungen. Hierbei kann der Nutzen die Aktivierung der Immunabwehr oder bestimmter zellulärer Stoffwechselvorgänge sein, während Nachteile oftmals in Form einer reduzierten Fertilität, eines reduzierten Wachstums oder verminderter Aktivität und Mobilität auftreten. Letzteres kann das Entweichen von stressvollen Umweltbedingungen erschweren. Die positiven und negativen Wirkungen können auch zeitlich versetzt eintreten, was z. B. in der Schädlingsbekämpfung ausgenutzt werden kann. Natürliche Feinde von schädlichen Insekten können vor ihrer Freilassung an die jahreszeitlich typischen Temperaturen akklimatisiert werden und nach einer kurzzeitigen anfänglichen Reduktion in der Mobilität als Respons auf die Akklimatisierung danach einen Vorteil gegenüber nicht akklimatisierten Feinden haben. In jedem Fall müssen wir immer bedenken, dass die Folgen von mildem Stress und deren Kosten und Nutzen vom Genotyp, dem Geschlecht und der jeweiligen Umwelt abhängig sind.

11.1.3 Umweltstress und seine ökologische Relevanz

Die gleichen Stressfaktoren, die wir oben besprochen haben, können unterschiedliche Bedeutungen für ein Individuum in seinen verschiedenen Lebensphasen haben. Bei vielen Tierarten beobachten wir, dass erwachsene Individuen beweglicher als Individuen in den vorausgehenden Entwicklungsstadien sind. Dadurch können sie stressvolle Umwelten besser meiden. Bei Insekten sind die immobilen Stadien wie Eier und Puppen nicht in der Lage, aktiv Stress aus dem Weg zu gehen. Wollen wir die Folgen von Stress in Arten untersuchen, deren Individuen verschiedene Entwicklungsstadien mit unterschiedlicher Mobilität durchlaufen, dann gilt es, die kritischen Lebensstadien zu identifizieren, in denen Stressfaktoren eine selektive Bedeutung zukommt. Bei Insekten hat man z. B. gezeigt, dass die gleichen hohen Temperaturen für Larven und Adulte letal sein können, die für Eier und Puppen nicht kritisch sind. Da Adulte sich besser als Larven ein Mikrohabitat aussuchen können, um hohen Temperaturen zu entgehen, sind die Larvenstadien häufig die kritischen Entwicklungsstadien.

Die meisten Organismen erfahren in ihrer natürlichen Umwelt selten konstante Klimabedingungen. So unterliegen Temperaturen oftmals zeitlichen Fluktuationen: Den niedrigeren Temperaturen während der Nacht folgen steigende Temperaturen im Lauf des Tages. Die Temperaturen erreichen nachmittags ihr Maximum und fallen danach wieder. Diese täglichen Schwankungen variieren von Tag zu Tag (■ Abb. 11.6) und zwischen den Jahreszeiten: Im Winter herrschen niedrigere Temperaturen als im Sommer. In den Tropen sind die tageszeitlichen Schwankungen und die Unterschiede zwischen Winter- und Sommertemperaturen geringer als in den gemäßigten Breiten.

Sehen wir uns ein Beispiel mit täglichen Temperaturschwankungen an (■ Abb. 11.6). Im November messen wir im Süden der kanarischen Insel Teneriffa die Temperaturen innerhalb von faulenden Sprossen („cladodes") von Feigenkakteen. Der Feigenkaktus ist Wirtspflanze für die nichtadulten Entwicklungsstadien der Fruchtfliege *D. buzzatii*. In der Mittagszeit werden Temperaturen über 40 °C gemessen. Derart hohe Temperaturen können für

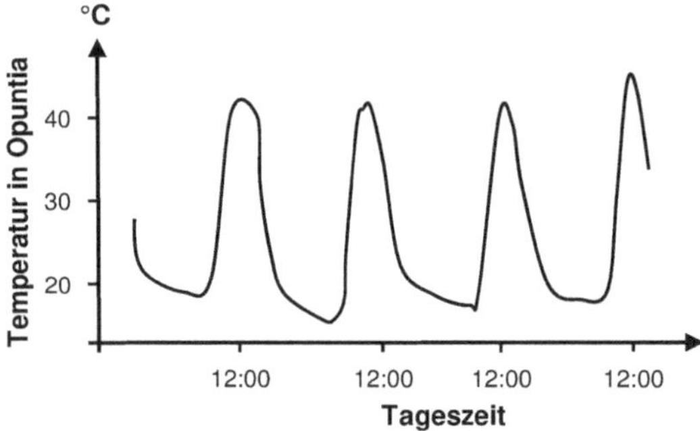

Abb. 11.6 Tägliche Temperaturschwankungen innerhalb von faulenden Sprossen („cladodes") von Feigenkakteen. In den Sprossen legen Fruchtfliegen der Art *D. buzzatii* Eier ab, aus denen Larven schlüpfen, die sich später innerhalb der Sprossen verpuppen. Adulte Fliegen schlüpfen aus den Puppenkokons und verlassen die Sprossen

einige Stunden täglich von den Fliegen ertragen werden, aber bei anhaltenden hohen Temperaturen schließen sie das langfristige Überleben von Individuen dieser Fruchtfliegenart aus (Abb. 11.2). Wenn man im Labor Temperaturen langsam anhebt (0,1 °C/min), kann diese Fliegenart kurzfristig Temperaturen bis zu 42 °C ertragen.

In den meisten Laborversuchen zur Temperaturanpassung wurden Organismen konstanten Temperaturen ausgesetzt. Eine solche Versuchsanordnung entspricht sicherlich nicht natürlichen Umweltbedingungen, doch erhalten wir erste Einblicke in die Bedeutung von Stress für einen Organismus. In den letzten Jahren haben Forschergruppen sich bemüht, ihre Experimente besser an die natürlichen ökologischen Gegebenheiten anzupassen. Neben den Auswirkungen von konstanten Temperaturen wurde die Bedeutung von regelmäßig oder zufällig fluktuierenden Temperaturen analysiert. In Abb. 11.7 werden drei Versuchsbedingungen für tägliche Temperaturänderungen vorgestellt:

K: eine über den Tag konstante Temperatur von 23 °C,

VF: vorhersagbare fluktuierende Tagestemperaturen (VF) mit einem Mittelwert von 23 °C, einem Maximum von 28 °C um 16 Uhr und einem Minimum von 13 °C um 4 Uhr,

ZF: zufällig fluktuierende Temperaturen, die denselben Mittelwert wie VF haben. Die maximale und minimale Temperatur schwanken von Tag zu Tag, wobei sie nie den Temperaturbereich von VF über- oder unterschreiten.

Interessanterweise zeigte sich, dass das Szenario mit nicht vorhersagbaren, zufällig fluktuierenden Temperaturen (*ZF*) im Durchschnitt zu den niedrigsten Stresstoleranzen führt und dass fluktuierende Temperaturen (*VF* und *ZF*) zu einer höheren Hitzetoleranz führen als konstante Temperaturen (*K*).

Der maximale Temperaturbereich, in dem Organismen existieren können, steht ebenfalls im Mittelpunkt des Interesses der Stressforschung. Laborversuche zeigten bald deutlich, dass die obere und untere Grenze des tolerablen Temperaturbereichs eng mit den Versuchsbedingungen in Zusammenhang stehen. Werden z. B. die Temperaturen nicht plötzlich von „normalen" auf stressige Bedingungen verändert, sondern schrittweise (für Insekten z. B. 0,1 °C/min), dann können sich die kritischen Unter- und Obergrenzen stark ändern. Die ermittelten Maximalwerte werden häufig mit CT_{max} und CT_{min} bezeichnet („**c**ritical **t**hermal **max**imum" bzw. „**min**imum").

Plastische Reaktionen können, wie oben erläutert, mit Kosten verbunden sein. Insbesondere in einer sich jahreszeitlich verändernden Umwelt kann dieses von Bedeutung sein. Im Frühling kann sich z. B. die vom Winter stammende Kälteakklimatisierung nachteilig auswirken. So sind viele Anpassungen in einer Umwelt günstig und unter anderen Umweltbedingungen weniger günstig. In sich ständig ändernden Umwelten müssen sich Organismen daher fortwährend anpassen, um mit den Veränderungen der Umwelt Schritt halten zu können und um nicht ins evolutionäre Hintertreffen zu geraten (Rote-Königin-Hypothese, „**Red-Queen-Hypothesis**", nach Lewis Carolls Buch „Alice im Wunderland", s. ► Kap. 7).

Individueller Umweltstress kann auch Spuren der Selektion auf Populationsebene hinterlassen. Selektionsbedingte Änderungen in der genetischen Zusammensetzung einer Population führen über Generationen hinweg zu einer besseren Anpassung an herrschende Umweltbedingungen. Das Ergebnis ist, dass Individuen weniger stressanfällig werden. Selektionsversuche im Labor offenbaren in vielen Fällen eine schnelle Selektionsantwort auf Stressbedingungen. Aber für einige Merkmale kann das

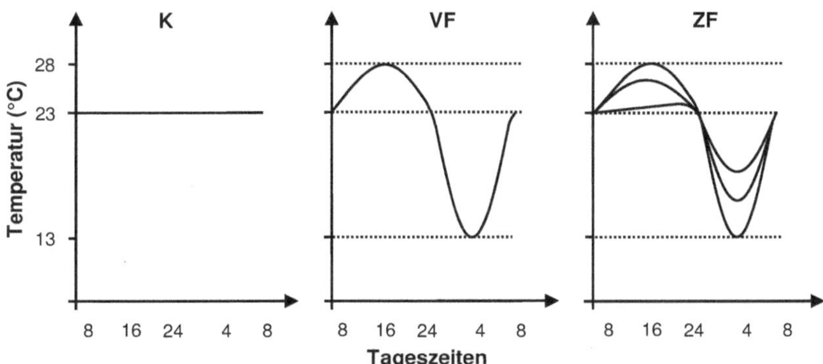

Abb. 11.7 Beispiele für tägliche Temperaturverläufe, die genutzt werden, um den Einfluss von Temperaturvariation auf Lebenszyklusmerkmale zu untersuchen. Für alle Versuchsanlagen werden die gleichen mittleren Temperaturen gewählt. *VF* und *ZF* unterscheiden sich dadurch, dass *VF* regelmäßig und damit voraussagbar fluktuiert, wohingegen maximale und minimale Temperaturen im Model *ZF* zufallsabhängig von Tag zu Tag variieren, aber nie die Maximal- oder Minimalwerte vom Szenario *VF* überschreiten. *K* konstante Temperatur (nach Manenti et al. 2014)

Selektionspotenzial gering sein, wie unser Beispiel für die Hitzetoleranz bei Fruchtfliegen zeigt. Merkmale, auf denen über Hunderte von Generationen kein Selektionsdruck lastete, können ihr Potenzial zur evolutiven Anpassung verlieren (s. ▶ Kap. 16, additive genetische Varianz); z. B. haben einige Drosophilaarten des australischen Regenwalds eine geringe Toleranz gegen Trockenheit und den damit verbundenen Verlust von Körperflüssigkeit.

Bei vielen Selektionsexperimenten treffen wir eine bewusste Auswahl von Individuen aus einer Laborpopulation. Diese Tiere dienen dann als Eltern für die nächste Generation (künstliche Selektion). Neben künstlicher Selektion benutzen wir heute auch einen Selektionsmodus, den man experimentelle Evolution („experimental evolution") oder natürliche Selektion im Labor („laboratory natural selection") nennt. In diesem Fall werden die Laborpopulationen über eine Anzahl von Generationen experimentellen Bedingungen ausgesetzt, ohne dass wir dabei in jeder Generation die Eltern für die nachfolgenden Generationen auswählen. Bei der Wahl von Modellorganismen (s. nachfolgenden Abschnitt Modellorganismen) mit kurzer Generationszeit wie Bakterien und in reduzierten Umfang auch bei Fruchtfliegen und Fadenwürmern, kann man experimentell die Reaktion auf stressvolle Umweltbedingungen leicht über Hunderte von Generationen verfolgen und so das Anpassungspotenzial von Populationen untersuchen.

▪ Modellorganismen

Modellorganismen haben normalerweise eine kurze Generationszeit. Sie sind leicht und ohne große Kosten im Labor zu halten, erfordern wenig Platz und haben auch den Vorteil, dass ihre Genomstrukturen bekannt sind. Klassische Modellorganismen sind die Fruchtfliege *Drosophila melanogaster*, das Bakterium *Escherichia coli*, die Hefe *Saccharomyces cerevisiae* und der Fadenwurm (Nematode) *Caenorhapditis elegans* – bei Säugern sind Mäuse, Ratten und Schweine oft benutzte medizinische Versuchstiere. Mit der Verwendung von Modellorganismen möchten wir biologische Zusammenhänge aufdecken, die wir nicht am Organismus unseres eigentlichen Interesses, wie z. B. beim Menschen, untersuchen können. Für diesen Rückschluss nehmen wir an, dass Gene und ihre Funktion über Arten hinweg eine ähnliche Bedeutung haben.

11.1.4 Molekulargenetische Methoden

Das Genom vieler Modellorganismen ist vollständig kartiert. Neue molekularbiologische Verfahren erlauben es, **Kandidaten-Gene** (▶ G) zu identifizieren, die in engem Zusammenhang mit Resistenzen gegen verschiedene Stressfaktoren stehen.

Viele Gene sind nicht artspezifisch, und es gibt ähnliche Gene bei verschiedenen Arten, die alle die gleichen oder sehr ähnlichen Aufgaben erfül-

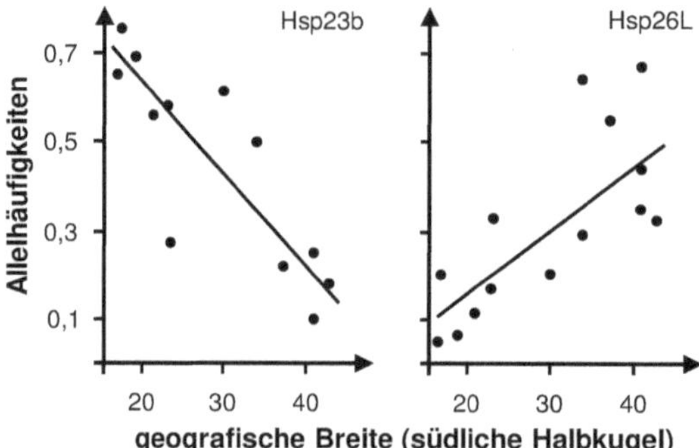

Abb. 11.8 Allelhäufigkeiten von zwei Genen, die für zwei kleine Hitzeschockproteine (Hsp23 und Hsp26) codieren. Die Häufigkeiten der Allele Hsp23b und Hsp26L sind in Abhängigkeit vom geografischen Breitengrad aufgetragen. Die Stichproben stammen aus lokalen Populationen der Fruchtfliege *D. melanogaster*, die entlang der Ostküste von Australien von Queensland bis Tasmanien leben (nach Frydenberg et al. 2003)

len (► homologe Gene). Zum Beispiel sind Gene, die für Hitzeschockproteine codieren, nicht nur bei Fruchtfliegen Kandidaten-Gene für Hitzeresistenz und zelluläres „housekeeping" (Aufrechterhaltung von zellulären Funktionen), sondern auch bei den meisten Insekten, bei Fadenwürmern (Nematoden) und verschiedenen höheren Organismen. Identifizieren wir in Laborpopulationen Kandidaten-Gene für Hitze- oder Kälteresistenz, dann können wir nachfolgend die Variabilität dieser Genorte in natürlichen Populationen untersuchen, die unter verschiedenen Temperaturen leben, und testen, ob die natürliche Variation in den Kandidaten-Genen mit der Temperaturtoleranz in Verbindung steht. Schließlich können wir auch Gene einzelner Individuen mithilfe von molekulargenetischen Techniken ausschalten („knock-out"), um damit eine veränderte Toleranz des **Knock-out-Organismus** zu studieren.

Als Folge der Erderwärmung erwarten wir Veränderungen in der Häufigkeitsverteilung von Allelen an Genorten, die in einem Zusammenhang mit der Anpassungsfähigkeit an Temperaturen stehen. Um eine derartige Anpassung an Umweltbedingungen als Produkt eines evolutionären Prozesses deuten zu können, müssen wir viele Populationen untersuchen, da Unterschiede in den lokalen Umweltbedingungen einzelner Populationen auch eine gewisse Variation mit sich bringen können (Abb. 11.8; s. auch Abb. 11.5). Die Aussagekraft solcher Daten wäre jedoch beträchtlich besser, wenn wir die Möglichkeit hätten, Populationen über viele Jahre zu verfolgen. Dadurch wären wir in der Lage, zu erkennen, ob sich Allelfrequenzen gerichtet und nicht zufällig verändern. Doch leider haben wir meistens keinen Zugriff auf Daten, die über längere Zeiträume erhoben worden sind. Als Alternative bietet sich die Untersuchung allelischer Variation von Kandidaten-Genen in Populationen an, die entlang eines klimatischen Gradienten, wie der geografischen Breite oder der Meereshöhe, leben (Abb. 11.8). Weiterhin ist es bei dem Test von Anpassung wichtig, Populationen und Arten zu untersuchen, die sich in verschiedenen geographischen Gebieten unabhängig voneinander entwickelt haben, um zufällige Unterschiede nicht als Resultat von Anpassungsprozessen falsch zu interpretieren.

11.1.5 Phylogenetische Begrenzungen im Anpassungspotenzial

In Verbindung mit der Anpassung an klimatischen Stress stellt sich weiterhin die wichtige Frage, inwieweit die phylogenetische Verwandtschaft von Arten sich auch in der Anpassungsfähigkeit von Arten widerspiegelt (► Phylogenie): Gibt es phylogenetische Begrenzungen, die dazu führen, dass dem Anpassungspotenzial von nahe verwandten Arten ähnliche Grenzen gesetzt sind? Eine solche phylogenetische Vorgabe würde die Anpassungsfähigkeit einzelner Arten erheblich einschränken. Neuere Forschungsansätze weisen darauf hin, dass Kälte-, Hitze- und Trockenheitstoleranz (Resistenz gegen den Mangel von Körperflüssigkeit) in der Tat enge phylogenetische Grenzen vorgegeben sind. Interessanterweise hat die geografische Herkunft von Drosophilaarten nur eine geringe Bedeutung für deren Hitzetoleranz, wohingegen die Kältetoleranz mit den Minimumtemperaturen und die Trockenheitstoleranz mit den durchschnittlichen Niederschlagsmengen an den Herkunftsorten in einen engen Zusammenhang gebracht werden können. Der Vergleich von Klimadaten, die in den Verbreitungsgebieten von 96 tropischen und subtropischen Drosophilaarten erhoben wurden, belegt, dass Arten in subtropischen Habitaten des Öfteren extremeren Hitzegraden ausgesetzt sind als tropische Arten, die im Durchschnitt höhere Niederschlagsmengen erfahren. In diesem Zusammenhang diskutieren wir heute, ob tropische Arten in höherem Maß als subtropische Arten durch das Ansteigen und die Schwankungen der durchschnittlichen Tagestemperaturen gefährdet sind.

Glossar

Abhärtung Eine kurzfristige Behandlung oder Akklimatisierung mit einer extremen Temperatur, die nachfolgend einen Einfluss auf die Temperaturtoleranz eines Organismus haben kann.

Akklimatisierung Im Grunde stellt jedes Exponieren an eine Umweltbedingung eine Akklimatisierung dar, die eine Bedeutung für spätere Reaktionen auf andere Umweltbedingungen haben kann. Zum Beispiel können Organismen, die einem milden Stress ausgesetzt worden sind, nachfolgend besser gerüstet sein, einen mehr extremen Stress gleicher Art zu tolerieren. Die Behandlung, die zu diesem Phänomen führt, wird Akklimatisierung genannt, und der Ausdruck wird oft in Verbindung mit vorteilhafter Akklimatisierung („beneficial acclimation") verwendet.

Fertilität Fruchtbarkeit. Die Anzahl der Nachkommen, die von einem Weibchen produziert werden.

Fitness Eigenschaft, die einen Teil der Gesamtfitness eines Organismus/Genotyp ausmacht, z. B. die Überlebensfähigkeit, die Fertilität und die Entwicklungszeit.

„heat-shock protein" (Hsp) Proteine, deren Expression durch Hitze oder andere Stressfaktoren induziert wird. Diese Proteine werden nach ihrer Molekülgröße in kiloDalton (kD) beschrieben. Eines dieser Proteine ist Hsp70, das zelluläre Funktionen wie das Neufalten denaturierter Proteine oder das Entsorgen von denaturierten Proteinen übernimmt.

Hitzeschockprotein ►„**h**eat-**s**hock **p**rotein" (Hsp).

Kandidaten-Gen Gen, das vermutlich eine Rolle bei der Ausprägung von bestimmten Merkmalen spielt. So gibt es Gene, die z. B. für die Kälte- und Hitzetoleranz wichtig sind, und andere, die für den zirkadianen Rhythmus eine Bedeutung haben. Aber es können auch Gene sein, die für unsere Untersuchung von Bedeutung sein können, und bei denen es sich lohnt, diese weiter und genauer zu untersuchen.

kDalton Einheit des Molekülgewichts, die auch für die Bezeichnung von Hitzeschockproteinen (z. B. für Hsp70, Hsp60 und Hsp90) genutzt wird.

Mikroklima Die klimatischen Bedingungen in der ganz direkten Umgebung eines Organismus. Diese kann z. B. durch lokale Bedingungen wie die Feuchtigkeit stark beeinflusst sein und sich von den ambienten Bedingungen unterscheiden.

Phylogenie Beschreibung der evolutionären Geschichte von Lebewesen.

Stress Eine für einen Organismus nachteilige Umweltänderung, die physiologische, biochemische und verhaltensmäßige Reaktionen hervorruft. Eine oft verwandte Definition von Stress sind Bedingungen, die die Fitness merklich vermindern.

Stressprotein ►„**h**eat-**s**hock **p**rotein" (Hsp).

Viabilität (Überlebensfähigkeit) Fitnesskomponente, die die Überlebenswahrscheinlichkeit von der befruchteten Eizelle (Zygote) bis zum Erwachsenenstadium (Adulte) misst.

Aufgaben

Aufgabe 1. Erkläre, warum Fliegen, die unter fluktuierenden Temperaturen aufwachsen, oft bei gleichen durchschnittlichen Temperaturen eine höhere Hitzetoleranz aufweisen als Fliegen, die unter konstanten Temperaturen aufwachsen.

Aufgabe 2. Diskutiere mögliche Gründe dafür, warum Szenario VF in ◘ Abb. 11.7 weniger stressvoll ist als Szenario ZF, obwohl VF immer höhere und tiefere Extremwerte zeigt.

Aufgabe 3. Erkläre, warum es wichtig ist, viele unabhängige geographische Stichproben zu bearbeiten, wenn man Temperaturanpassungen entlang von Breitengradgradienten untersuchen will?

Aufgabe 4. Wie entscheidet man, welches Entwicklungsstadium eines Organismus für die Untersuchung von Hitzetoleranz am geeignetsten ist?

Aufgabe 5. Was unterscheidet die Anpassung durch phänotypische Plastizität von evolutionärer Anpassung?

Literatur

Verwendete Literatur

Frydenberg J, Hoffmann AA, Loeschcke V (2003) DNA sequence variation and latitudinal associations in *hsp23*, *hsp26* and *hsp27* from natural populations of *Drosophila melanogaster*. Mol Ecol 12:2025–2032

Manenti T, Sørensen JG, Moghadam NN, Loeschcke V (2014) Predictability rather than amplitude of temperature fluctuations determines stress resistance in a natural population of *Drosophila simulans*. J Evol Biol 27:2113–2122

Weiterführende Literatur

Angilletta MJ (2009) Thermal Adaptation: a Theoretical and Empirical Synthesis. Oxford University Press, Oxford

Huey RB, Deutsch CA, Tewksbury JJ, Vitt LJ, Hertz PE, Perez HJA (2009) Why tropical forest lizards are vulnerable to climate warming. Proc R Soc B Sci 276:1939–1948

Kellermann V, Overgaard J, Hoffmann AA, Fløjgaard C, Svenning JC, Loeschcke V (2012) Upper thermal limits of Drosophila are linked to species distributions and strongly constrained phylogenetically. Proc Natl Acad Sci USA 109:16228–16233

Kristensen TN, Hoffmann AA, Overgaard J, Sørensen JG, Hallas R, Loeschcke V (2008) Costs and benefits of cold acclimation in field released Drosophila. Proc Natl Acad Sci USA 105:216–221

Sørensen JG, Kristensen TN, Loeschcke V (2003) The evolutionary and ecological role of heat shock proteins. Ecol Letters 6:1025–1037

Formale Genetik

Suche nach Genen

Jürgen Tomiuk, Volker Loeschcke

J. Tomiuk, V. Loeschcke, *Grundlagen der Evolutionsbiologie und Formalen Genetik*,
DOI 10.1007/978-3-662-49685-5_12,

Zu Beginn des letzten Jahrhunderts suchten viele Biologen nach den Trägern der Erbinformation. Chromosomen aber auch Proteine galten als die aussichtsreichsten Kandidaten. Für die Untersuchung von Chromosomen eignete sich die Fruchtfliege mit ihren Riesenchromosomen, deren Zahl und Strukturen unter dem Mikroskop studiert werden konnten. Im Labor des Amerikaners Thomas Morgan zeigte Calvin Bridges im Rahmen seiner Doktorarbeit, dass Gene des Gonosoms X die Augenfarbe der Fruchtfliege mitbestimmen (► Gonosom). Bridges' Werk wurde 1916 im ersten Heft der renommierten Fachzeitschrift *Genetics* als wissenschaftlicher Beitrag publiziert.

Die Kenntnis über bereits eindeutig definierte genetische Eigenschaften ist also notwendig, um einen Genort/Locus zu finden. Bridges nutzte die bekannte charakteristische Form des Geschlechtschromosoms X der Fruchtfliege zu dessen Identifizierung. Nun stellt sich die unmittelbare Frage, welche Eigenschaft es uns gestattet, einen bestimmten Genort einem **Autosom** (► G) zuzuschreiben, um ausgehend von einem ersten Locus die gesamte Struktur eines Chromosoms zu erfassen. Es musste ein vom Geschlecht unabhängiges, aber chromosomenspezifisches Merkmal gefunden werden! Mit der Bänderungstechnik für Chromosomen war dieser Schritt getan. Theophilus S. Painter und seinen Kollegen gelang es um 1930, die Riesenchromosomen von Drosophila mit ihren charakteristischen Bandenmustern darzustellen. In einem wissenschaftlichen Aufsatz stellte Painter (1934) seine Methode vor, mit der einzelnen Chromosomenabschnitten bestimmte Genen zugeordnet werden konnten. Ihr Analyseverfahren basierte auf mikroskopisch sichtbaren Deletionen von Chromosomen und phänotypischen Merkmalen der Fruchtfliege, die einem **dominant-rezessiven** Erbgang folgten. In heterozygoten Fliegen mit einem normalen Chromosomensatz wird die rezessive Eigenschaft vom dominanten Gen überdeckt, während bei Fliegen, die ein normales und ein deletiertes Chromosom besitzen, rezessive Gene im nichtdeletierten Chromosomenabschnitt zum Tragen kommen. So konnten mit der **Deletionskartierung** einzelnen Chromosomenabschnitten Genorte zugewiesen werden, indem das Produkt von Genen mit mikroskopisch sichtbaren Deletionen verknüpft wurde. Der Beginn der Kartierung von menschlichen Chromosomen musste allerdings noch einige Zeit warten. Erst nach der Entwicklung von Präparationstechniken zur mikroskopischen Darstellung von menschlichen Chromosomen konnte Donahue mit der Arbeitsgruppe von McKusick (1968) auf dem Chromosom 1 einen Genort (Blutgruppe Duffy) lokalisieren. Ihre Familienuntersuchungen führten zum Erfolg, weil einzelne Familienmitglieder eine vergrößerte Zentromerregion des Chromosoms 1 trugen, die mikroskopisch sichtbar war. Damit brachten Donahue und Kollegen die serologisch nachweisbaren Blutgruppeneigenschaften mit den zytogenetisch (► G) unterschiedlichen Varianten des Chromosoms 1 in Verbindung. Mit der erfolgreichen Kultur von hybriden Mensch-Tier-Zelllinien wurde Ende der 1960er-Jahre ein weiterer Grundstein für die Kartierung des menschlichen Genoms gelegt. Das Prinzip entspricht der früher angewandten Deletionskartierung bei Drosophila – Man schleust ein bestimmtes menschliches Chromosom oder ein Chromosomenfragment in die Zellen von Mäusen und versucht dann Genprodukte, wie z. B. Enzyme, nachzuweisen.

Im Lauf der Evolution haben viele Proteine strukturelle Veränderungen (► Mutation) erfahren, aber ihre Aufgaben selbst in verwandten Arten beibehalten. Die strukturellen Unterschiede lassen uns Proteine mit gleicher Funktion und gleichem evolutionären Ursprung bei verschiedenen Arten unterscheiden. Ist also das menschliche Gen in der Mauszelllinie aktiv, dann kann sowohl das Produkt des menschlichen Gens wie auch das der Maus mit biochemischen Analyseverfahren nachgewiesen werden. So kann das menschliche Gen dem eingeschleusten humanen Chromosom oder Chromosomenabschnitt zugeordnet werden. Nach und nach wurden auf diese Weise Loci mithilfe der Funktion von Genen im menschlichen Genom lokalisiert und bildeten damit das Grundgerüst für die weitere Feinkartierung des Genoms mit den sog. **Kopplungsanalysen** (► G).

Mit unseren bisherigen Ausführungen haben wir stillschweigend hingenommen, dass die Analysen zur Nachbarschaft von Loci bei **diploiden** und **sexuell reproduzierenden** Organismen durchgeführt wurden. Diese Einschränkungen wollen wir in den nachfolgenden Verfahren weiterhin beibehalten.

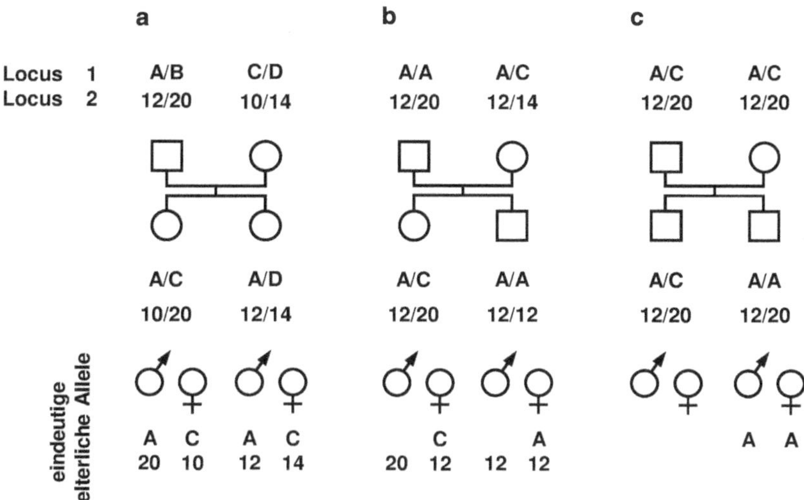

Abb. 12.1 a–c Informative und nichtinformative Genotypkonstellationen in Familien. Zwei variable Loci mit kodominanten Allelen werden betrachtet. **a** Für beide Loci kann der elterliche Ursprung der Allele und sogar der Allelkombinationen eindeutig festgestellt werden. **b** Für beide Nachkommen kann das väterliche Allel A des Locus 1 nicht eindeutig identifiziert werden. Die Verteilung der Allele 12 des Locus 2 auf die Nachkommen ist dagegen eindeutig. **c** Beim heterozygoten Nachkommen (A/C-12/20) kann die elterliche Herkunft der Allele nicht ermittelt werden. Nur Nachkommen, bei denen beide Loci bewertet werden können, werden in einer Kopplungsanalyse berücksichtigt

12.1 Gensuche mit Familienanalysen

12.1.1 Kopplung von zwei polymorphen Loci mit kodominanten Allelen

Die einfachsten Bedingungen für die Überprüfung der Nachbarschaft/Kopplung von zwei Loci und der Schätzung des Abstands zwischen beiden Loci sind gegeben, wenn beide Loci **polymorph** sind und **kodominante Allele** (▶ G) haben. Die Idee des Verfahrens werden wir nur am Beispiel von Familien mit beiden Elternteilen und zwei Kindern vorstellen. Weiterhin fordern wir, dass für Allele von beiden Loci eines Nachkommen auf deren Herkunft von genau einem elterlichen Allel bzw. einer Allelkombination geschlossen werden kann. Ist eine solche Aussage für Allelkombinationen beider Loci nicht möglich, können diese nicht für die Kopplungsanalyse verwendet werden (Abb. 12.1).

Offensichtlich können wir eine eindeutige Zuordnung nicht vornehmen, wenn Elternteile einen homozygoten Genotyp tragen. Auch bei Eltern, die denselben heterozygoten Genotyp besitzen, sind nur homozygote Nachkommen informativ. Die informativste elterliche Genotypkombination liegt vor, wenn beide Eltern heterozygot sind und außerdem noch unterschiedliche Allele tragen (Abb. 12.1a).

Das weitere Vorgehen bei den informativen Eltern-Kind-Genkombinationen ist einfach: Wir vergleichen die Allelkombinationen beider Loci von Eltern und Kindern. Die große Hoffnung ist, dass bei den Kindern nicht alle Kombinationen realisiert sind, sondern nur bestimmte Allelpaare auftreten. Eine solche Abweichung von einer zufälligen und unabhängigen Weitergabe von Genen zweier Loci (3. Mendelsche Regel) lässt uns vermuten, dass die beiden Genorte benachbart auf einem Chromosom liegen. Schließlich müssen am Ende einer Familienuntersuchung die Ergebnisse noch mit einem statistischen Test bewertet werden. Wir müssen unterscheiden, ob die Allele beider Loci unabhängig vererbt oder als **Kopplungsgruppe** (▶ Haplotyp) weitergegeben werden.

- Die minimale Voraussetzung für eine Kopplungsanalyse bei **Kodominanz** (▶ G) beider beteiligter Loci ist, dass beide Elternteile und mindestens zwei Kinder genotypisiert werden können. Um aus solchen Kernfamilien genügend Information für eine Bewertung für oder

wider eine Kopplung zu erhalten, müssen wir sehr viele Familien untersuchen!
- Großfamilien mit mehreren Generationen und vielen Nachkommen bieten uns die umfangreichste Information.

12.1.2 Suche nach Genen eines phänotypischen Merkmals

Trotz der „vollständigen" Sequenzierung des menschlichen Genoms sind wir heute noch weit davon entfernt, die Bedeutung der gesamten Basenfolgen zu verstehen. Eine Vielzahl von Genen und ihre Lokalisation im Genom sind bekannt, doch für viele phänotypische Auffälligkeiten oder Merkmale sind die verantwortlichen Gene und ihr Wechselspiel mit anderen Genen noch unbekannt. In diesem Kapitel wollen wir einige klassische Verfahren vorstellen, mit denen wir nach einem Chromosomenabschnitt suchen können, dessen genetische Information für eine phänotypische Eigenschaft verantwortlich ist. Ziel einer solchen Untersuchung ist also:
- das Chromosom zu identifizieren, auf dem der Genort liegt, dessen Allele die untersuchte Merkmalsausprägung bestimmen.
- die Stelle des Genorts auf dem Chromosom möglichst genau zu ermitteln.

Unsere heutigen technischen Mittel lassen auch die Untersuchung von **multifaktoriellen Merkmalen** (► G) zu, dennoch wollen wir hier die klassischen Verfahren vorstellen, da diese uns einen einfachen Einblick in das Grundprinzip der Gensuche geben.

Bevor wir mit unseren Kopplungsanalysen beginnen, müssen wir eindeutige Hinweise über die Erblichkeit des Merkmals sammeln (► Heritabilität, s. ► Kap. 17). Das heißt, wir müssen zuerst abklären, ob und in welchem Ausmaß Umweltfaktoren auf die phänotypische Variabilität Einfluss nehmen, und anhand von Familienanalysen den Erbgang ermitteln (s. ► Kap. 4). Bestehen Hinweise für einen Zusammenhang zwischen der Variabilität eines Merkmals und einem unbekannten mitochondrialen Gen, dann gestaltet sich unsere Suche nach dem Genort etwas einfacher. Wir kennen alle 37 Gene des Mitochondriums und können somit jene Genorte auswählen, deren Funktion eine Bedeutung für die Ausprägung des Phänotyps haben könnte (► Kandidaten-Gen). Die allelische Variation dieser Loci bestimmen wir im Folgenden in einem Personenkreis (Familie oder unverwandte Personen), in der Hoffnung, dass die unterschiedliche phänotypische Ausprägung mit der allelischen Variation in Zusammenhang gebracht werden kann. Etwas aufwendiger ist die Suche nach Genorten im menschlichen Kerngenom.

12.1.3 Kopplungsanalysen mit Familien mit mindestens zwei Generationen

Am Beispiel eines monogenen, dominant-rezessiven Erbgangs werden im Folgenden Suchstrategien vorgestellt, mit denen wir Genorte identifizieren können, deren Allele eine Bedeutung für eine phänotypische Auffälligkeit haben. Die Suche nach einem solchen Genort ist am einfachsten, wenn wir eine dichotome Einteilung der Merkmalsvariation, wie z. B. auffällig und nicht auffällig oder gesund und krank, vornehmen können. Am Ende werden wir schließlich noch auf einige Schwierigkeiten eingehen, die sich bei der Suche nach den genetischen Ursachen komplexer oder multifaktorieller Merkmale ergeben.

Die Gensuche stützt sich auf **polymorphe Loci** mit **kodominanten Allelen**, deren **Position im Genom** bekannt ist. Wir benötigen eine Vielzahl dieser sog. **Markerloci**, um die Position des noch unbekannten Locus für eine erbliche Auffälligkeit ausfindig zu machen. Grundlage für eine optimale Suche ist eine Gruppe von Loci, die über das Genom mit einem möglichst gleichmäßigen Raster verteilt sind. Heute gibt es hierfür kommerzielle Angebote, die mehr als 400 Mikrosatellitenloci im menschlichen Genom erfassen können, oder es stehen Microarrays zur Verfügung, die den Genotyp einzelner Individuen an einer enormen Anzahl von SNP bestimmen.

Als erstes steht die Bewertung der Eignung oder des Informationsgehalts der Markerloci (► G) für eine Kopplungsanalyse im Mittelpunkt unserer Analyse. Der Informationsgehalt eines Markerlocus wird mit der Wahrscheinlichkeit angegeben, dass wir vom Genotyp eines Nachkommens mit

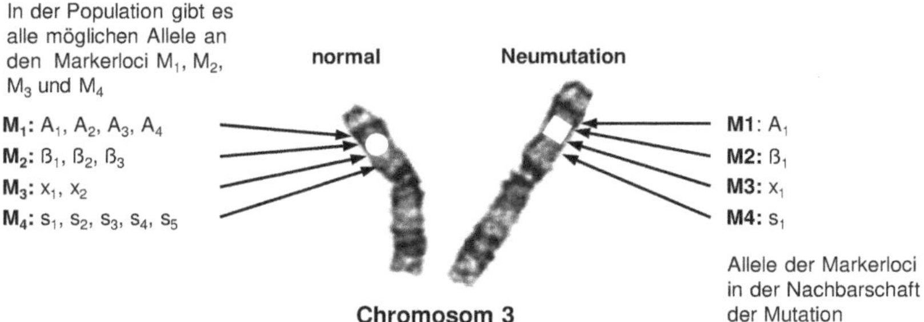

Abb. 12.2 Das menschliche Chromosom 3. Schematische Darstellung einer Neumutation an einem Auffälligkeitslocus und der spezifischen allelischen Nachbarschaft der vier Markerloci M_1, M_2, M_3 und M_4. Der *weiße Fleck* markiert die Chromosomenregion mit dem Gen von Interesse (*rund* keine Auffälligkeit, *quadratisch* Mutation, Auffälligkeitsgen)

dominantem Merkmal auf elterliche Genotypen zurückschließen können. Botstein et al. (1980) definierten das Maß für den **Informationsgehalt** eines polymorphen Markerlocus (PIC_K) folgendermaßen

$$PIC_K = 1 - \sum_{i=1}^{n} p_i^2 - 2 \cdot \sum_{i=1}^{n-1} \sum_{j=i+1}^{n} p_i^2 p_j^2, \tag{12.1}$$

wobei ein Locus mit n Allelen und den zugehörigen Häufigkeiten p_i ($i = 1, \ldots, n$) bewertet wird. Dieses Maß beschreibt den Anteil von informativen Genotypen in einer Population: Die erste Summe schließt alle homozygoten Träger aus. Die zweite Summe berücksichtigt, dass nur die Hälfte der Nachkommen von zwei heterozygoten Individuen mit demselben Genotyp informativ ist.

Anmerkung Die Berechnung beruht auf der Annahme, dass die Genotypverteilung in unserer Population einer Hardy-Weinberg-Verteilung genügt!

Natürlich ist zu Beginn unserer Untersuchung der Chromosomenabschnitt unbekannt, in dem das Gen unseres Interesses liegt. Daher bleibt uns nichts Weiteres übrig, als mit einigen zufällig ausgewählten Markerloci zu beginnen und alle Familienmitglieder für diese Loci zu genotypisieren. Die Suche geht solange weiter, bis wir Markerloci finden, deren allelische Variation auf einen engen Zusammenhang mit den unterschiedlichen Ausprägungen des betrachteten Merkmals hinweist und uns daher vermuten lässt, dass sich der Markerlocus in der Nachbarschaft des **Auffälligkeitsgens** (▶ G) befindet (▶ Kopplungsgruppe von ▶ Markerlocus und ▶ Auffälligkeitsgen). In unserem Beispiel (■ Abb. 12.2) wählten wir vier Markerloci, die einen Auffälligkeitslocus (Punkt und Kreis) umrahmen. Der Haplotyp A_1-$ß_1$-x_1-s_1, ist kurz nach dem Mutationsereignis (Punkt mutiert zum Kreis) für diesen Chromosomenabschnitt sehr charakteristisch, während der Auffälligkeitslocus vor der Mutation (Punkt) von verschiedenen Haplotypen umschlossen ist.

Eine typische Allelkombination von eng benachbarten Loci (▶ Kopplungsungleichgewicht), können wir allerdings nur über eine begrenzte Anzahl von Generationen beobachten, weil Rekombination und Mutation diese mit fortschreitender Generationenzahl auflösen. An einem benachbarten Locus unseres Auffälligkeitsgens werden wir nach einigen Generationen nicht nur ein bestimmtes Allel, sondern auch andere Allele dieses Locus vorfinden, und schließlich werden sich die Nachbarschaftsstrukturen des Auffälligkeitsgens nicht mehr von denen des „normalen" Gens unterscheiden. Auf Populationsebene können wir dann mithilfe einer Genotypisierung von auffälligen und unauffälligen Individuen keine Unterscheidung beider Gruppen mehr treffen (s. unten Fall-Kontroll-Studie). Anders ist jedoch die Situation innerhalb von Familien! Hier haben wir es mit Nachbarschaftsstrukturen zu tun, die für genetisch nahe Verwandte spezifisch sind, da über wenige Generationen hinweg Veränderungen durch Rekombination und insbesondere Mutation selten auftreten. Daher kann es uns aufgrund der allelischen Konstellationen innerhalb einer Familie gelingen, die Chromosomenregion mit dem Auffälligkeitsgen zu identifizieren.

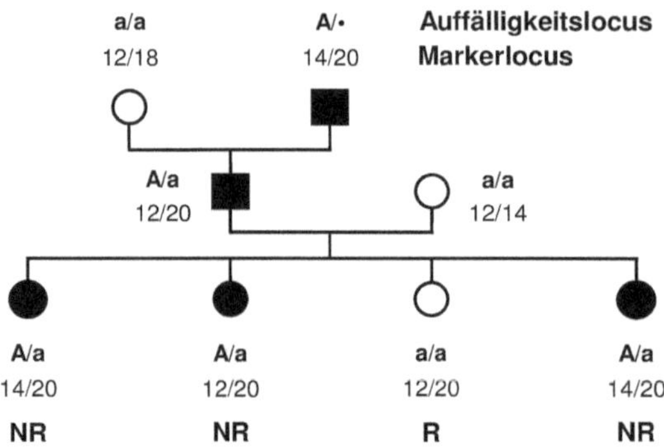

■ **Abb. 12.3** Ideale, informative Familie für eine Kopplungsanalyse. Die Großmutter und ihr Sohn können für das Auffälligkeitsgen eindeutig genotypisiert werden, der großväterliche Genotyp ist allerdings wegen der dominanten phänotypischen Ausprägung des Gens nicht eindeutig (entweder A/A oder A/a). Die Genotypen des Markerlocus haben nummerische Bezeichnungen. *R* sind rekombinante und *NR* nichtrekombinante Genotypen

Eine Familie mit drei Generationen und vielen Nachkommen ist eine ideale Ausgangslage für die Gensuche. Auch bei solchen Familien fordern wir, dass auffällige und unauffällige Personen in jeder Generation auftreten und genetisch untersucht werden können (■ Abb. 12.3).

Warum ist mit etwas Glück ein Stammbaum mit drei Generationen und vielen Nachkommen ideal für unsere Gensuche? Zeigen die großelterlichen Genotypen eines Markerlocus keine allelische Übereinstimmung, dann können wir eindeutig die Herkunft der Allele in deren Nachkommen bestimmen. In unserem Beispiel (■ Abb. 12.3) hat die Großmutter das Allel 12 und der Großvater das Allel 20 an den Sohn weitergegeben. Beide, der Großvater wie sein Sohn, tragen das auffällige Merkmal, folglich hat der Großvater ebenfalls das dominante Allel A weitergegeben.

Allerdings ist noch nicht bewiesen, dass sich der Markerlocus in der Nachbarschaft des Auffälligkeitslocus befindet. Eine vermutete Kopplung müssen wir statistisch belegen oder verwerfen, indem wir weitere Informationen aus unserem Stammbaum nutzen. Daher formulieren wir jetzt unsere zu prüfende Arbeitshypothese – Wir nehmen an, dass das Markerallel 12 des Großvaters in der Nähe des Auffälligkeitsgens A liegt, und postulieren daher einen Haplotyp mit der **Kopplungsphase** 12-A (► G). In der gegebenen Drei-Generationen-Familie sind wir in der glücklichen Lage, die Kopplungsphase 12-A zwischen Markerlocus und Auffälligkeitsgenort festzulegen. Das Schicksal des vermuteten Haplotyps kann nun in der Enkelgeneration weiter untersucht werden. Die Hoffnung ist, dass die Allele 12 und A gemeinsam von einer zur nächsten Generation, bis auf Rekombination und Mutation, in einem Päckchen weitergeben werden. Mit einer einfachen beschreibenden Statistik ermitteln wir zuerst, wie häufig das Allelpaket 12-A in der Enkelgeneration zu finden ist. Die Genotypen der Enkel werden als nichtrekombinante (NR) und rekombinante (R) Kombinationen klassifiziert. Selbst wenn ausschließlich Nichtrekombinanten gefunden werden, ist dies allerdings kein Beweis für die Nachbarschaft. Das viermalige Auftreten des Haplotyps 12-A könnte durchaus ein seltenes zufälliges Ereignis sein (einmal unter 1296 Würfen kann es geschehen, dass wir vier Mal hintereinander eine Sechs würfeln!), und daher müssen wir unsere Folgerungen aus dem Versuchsergebnis zum Schluss noch statistisch bewerten (s. unten Abschnitt Statistik von Drei-Generationen-Familien).

Unsere beiden Beispiele (■ Abb. 12.3) legen nahe, dass eine große Anzahl von Haplotypkombinationen untersucht werden muss, um eine Entscheidung für oder wider eine Kopplung fällen zu können. Um unsere Kopplungshypothese statistisch zu untermauern, genügt es in den meisten Fällen nicht, nur eine Familie zu untersuchen. Der Stichprobenumfang, also die Anzahl Nachkommen, muss genügend groß sein, damit wir von einem signifikanten Ergebnis sprechen können. In der Tat erlaubt die klassische Kopplungsanalyse, dass mehrere nicht miteinander verwandte Familien in der Statistik berücksichtigt werden können. Natürlich dürfen nur Familien berücksichtigt werden, bei denen eine eindeutige Bewertung der Phänotypen möglich ist. Werden jedoch Familien mit ähnlichen Phänotypen analysiert, denen unterschiedliche genetische Ursachen zugrunde liegen (► Heterogenie), führt die Statistik auf einen falschen Weg oder in die Sackgasse.

Fassen wir nochmals kurz zusammen, warum Drei-Generationen-Familien für die Kopplungsanalyse ideal sein können. Mit etwas Glück können wir aus den großelterlichen und elterlichen Genotypen eine Kopplungsphase für die Allele des Markerlocus und des Auffälligkeitslocus postulieren. In der Enkelgeneration kann dann diese Kopplungsphase statistisch bewertet werden. Betrachten wir die Familienstrukturen unserer heutigen menschlichen Gesellschaft oder die Altersstrukturen von natürlichen Populationen, dann stellen wir allerdings fest, dass eine ausreichend große Stichprobe von „idealen Familien" oftmals schwer zu finden sein wird. Um dennoch die klassische Kopplungsanalyse durchführen zu können, müssen wir die Forderungen an unsere Familienstrukturen und die Bewertung der Verknüpfung von Markerallel und Auffälligkeitsgen etwas abschwächen. Wir begnügen uns mit einem Elternpaar und mindestens zwei Nachkommen, wobei ein Elternteil die Auffälligkeit zeigt und mindestens ein Nachkomme ebenfalls betroffen ist. Anhand einer solchen Kernfamilie können wir nunmehr keine Hypothese für eine bestimmte Kopplungsphase (Kombination von Allelen von mehreren benachbarten Loci) aufstellen. Für die Bewertung der Kopplung nehmen wir daher einfach an, dass jedes der beiden Markerallele des betroffenen Elternteils mit gleicher Wahrscheinlichkeit mit dem Auffälligkeitsgen gekoppelt sein kann (s. unten Abschnitt Statistik von Zwei-Generationen-Familien). Eine Folge dieser Unsicherheit ist natürlich, dass wir wesentlich mehr Familien als zuvor bei den Drei-Generationen-Familien benötigen, um die gleiche statistische Aussagestärke zu erhalten.

Die Kopplungsanalyse überprüft die Nachbarschaft von zwei Loci und schätzt die Rekombinationsrate zwischen den Loci. Naheliegenderweise gilt, dass je näher die Loci benachbart sind, desto geringer ist die Austauschrate (Rekombinationsrate). Hierbei muss man beachten, dass die Beziehung zwischen Rekombinationshäufigkeit und genetischem Abstand (Anzahl Nukleotide) nicht linear ist: Ein Rekombinationsereignis kann andere in der Nachbarschaft unterdrücken (► Interferenz), oder die Rekombinationsraten zwischen verschiedenen Loci ist nicht konstant. Nur für kleine Rekombinationsraten gilt, dass zum Beispiel ein Prozent Rekombinationshäufigkeit etwa 1.000.000 Basen = **1 Megabase** (1 Mb) entspricht. Nach dem Genetiker Morgan ist die Maßeinheit für Rekombinationsereignisse benannt worden: ein Prozent Rekombination entspricht einem **centiMorgan** (cM).

▪ Statistik von Drei-Generationen-Familien

Das Ziel dieses Verfahrens ist die Bewertung, mit welcher Sicherheit wir aufgrund unserer Ergebnisse eine Kopplung zwischen zwei Loci annehmen können. Die Wahrscheinlichkeit eines Rekombinationsereignisses zwischen zwei Loci wird mit dem griechischen Buchstaben θ angegeben. Es gilt: Je kleiner θ ist, desto enger sind die Loci benachbart. Nehmen wir das Beispiel aus ◘ Abb. 12.3 mit drei rekombinanten und einem nichtrekombinantem Genotyp, dann ist die Wahrscheinlichkeit W, eine solche Nachkommenschaft zu beobachten:

$$W = \Theta \cdot \Theta \cdot \Theta \cdot (1 - \Theta). \quad (12.2)$$

Die Argumentation ist dieselbe wie beim Würfeln: Dreimal hintereinander die Sechs und danach einmal nicht die Sechs zu würfeln ist gleich $\frac{1}{6} \cdot \frac{1}{6} \cdot \frac{1}{6} \cdot \left(1 - \frac{1}{6}\right)$. Allgemein gilt

$$W = \Theta^n \cdot (1 - \Theta)^m, \quad (12.3)$$

wobei n die Anzahl der Rekombinanten und m die Anzahl der Nichtrekombinanten ist. Die gegebene Situation vergleichen wir nun mit dem Fall, dass unsere zwei Loci nicht gekoppelt sind, also auf verschiedenen Chromosomen liegen und die beobachteten Allelkombinationen rein zufällig sind. Betrachten wir kurz zwei Loci mit jeweils zwei Allelen (Locus 1 mit Allelen A und B; Locus 2 mit Allelen 1 und 2) mithilfe eines kleinen Kreuzungsquadrats

		Locus 1	
		Allel A	**Allel B**
Locus 2	**Allel 1**	A-1	B-1
	Allel 2	A-2	B-2

Wir nehmen an, dass A mit 1 und B mit 2 gekoppelt ist und dass die beiden anderen Kombinationen Rekombinanten sind. Unabhängig davon, mit welcher Allelkombination wir starten, gilt immer, dass bei unabhängigen Loci (3. Mendelsche Regel) wir ein 1:1 Verhältnis von „Nichtrekombinanten" zu „Rekombinanten" haben. Aus dieser Überlegung folgt, dass für unabhängige Loci die (maximale) Rekombinationsrate gleich 0,5 ist. Die Wahrscheinlichkeit, bei Unabhängigkeit der Loci eine Kombination von

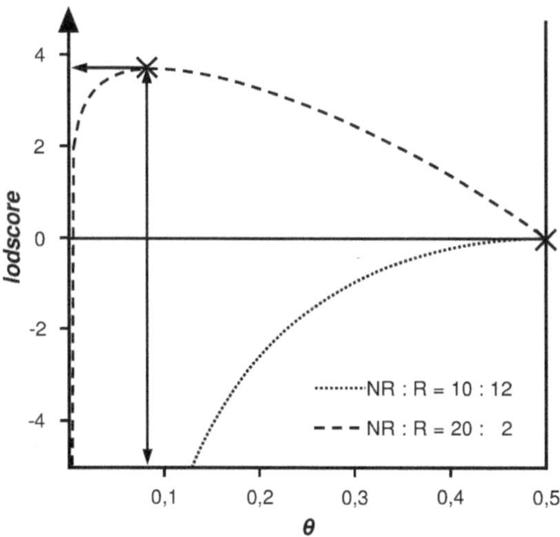

Abb. 12.4 Lodscore-Funktionen in Abhängigkeit von der Rekombinationsrate. Aus dem Maximum der Lodscore-Funktion ergibt sich die Rekombinationsrate θ und mit dem Lodscore-Wert die Signifikanz des Ergebnisses (*Pfeile*)

n Rekombinanten und m Nichtrekombinanten zu finden, ist:

$$W = \left(\frac{1}{2}\right)^{n+m}. \tag{12.4}$$

Damit haben wir schon alle Größen für unsere Teststatistik abgeleitet. Das Ergebnis bewerten wir mithilfe der Likelihood-ratio-Statistik, die den Quotienten von Beobachtung und Zufall vergleicht:

$$\begin{aligned} L(\Theta, n, m) &= \frac{\Theta^n \cdot (1-\Theta)^m}{0{,}5^{n+m}} \\ &= 2^{n+m} \cdot \Theta^n \cdot (1-\Theta)^m. \end{aligned} \tag{12.5}$$

Hieraus ergibt sich der sog. **Lodscore** (10er-Logarithmus von $L(\theta, n, m)$; ► G):

$$\text{lodscore}(\Theta, n, m) = \log_{10} L(\Theta, n, m). \tag{12.6}$$

Was hilft uns die Lodscore-Funktion bei der Bewertung des Experiments, wenn die Rekombinationsrate unbekannt ist? Mit der Likelihood-ratio-Statistik haben wir ein Verfahren zur Schätzung der Rekombinationsrate. Die beste Schätzung der Rekombinationsrate für unsere Beobachtung ermittelt sich aus dem Maximum der **Lodscore-Funktion**. Jetzt müssen wir uns an die Kurvendiskussion im Mathematikunterricht erinnern! Die grafische Lösung unseres Problems wird in ◻ Abb. 12.4 vorgestellt. Die Abszisse des maximalen Werts gibt uns die beste Rekombinationsrate für unser Problem und seine Ordinate den zugehörigen Lodscore-Wert.

Mit der Lodscore-Funktion vergleichen wir die Wahrscheinlichkeit, die unsere Beobachtung durch die Kopplung der Loci erklärt, mit der Wahrscheinlichkeit, die den Befund als zufälliges Ergebnis bewertet. Zum Beispiel besagt ein Lodscore-Wert von $3 = \log_{10}(1000)$, dass die Wahrscheinlichkeit für eine Kopplung 1000-mal größer ist als die Wahrscheinlichkeit für ein zufälliges Ereignis.

Die Ergebnisse aus Kopplungsanalysen werden folgendermaßen bewertet:

- Ergibt sich ein maximaler Lodscore-Wert von über 3, dann sprechen wir von einer signifikanten Kopplung von Markerlocus und dem gesuchten Genort.
- Ein maximaler Lodscore-Wert zwischen 3 und −2 führt zu keiner statistischen Entscheidung und legt nahe, die Anzahl von Familien beziehungsweise informativen Nachkommen zu vergrößern, in der Hoffnung, dass man schließlich eine Kopplung statistisch signifikant belegen kann.
- Bei Werten unter −2 erscheinen der Aufwand und das Risiko eines Fehlschlags beim Nachweis einer Kopplung zu groß, dass man von weiteren und umfangreicheren Untersuchungen absieht.

Statistik von Zwei-Generationen-Familien

Stehen für unsere Untersuchungen und Berechnungen des Lodscores keine Großeltern zur Verfügung, dann können wir in dem obigen Beispiel (◻ Abb. 12.3) nicht eindeutig das Auffälligkeitsgen mit dem Markerallel 12 verknüpfen. Wir nehmen an, dass mit einer Wahrscheinlichkeit von 50 % durchaus auch eine Nachbarschaft von Allel 20 und dem Auffälligkeitsgens bestehen kann. Das heißt, in der Hälfte aller Fälle gilt die Klassifizierung in Nichtrekombinanten und Rekombinanten, wie es oben angegeben ist (NR, NR, R, NR). Die zugehörige Wahrscheinlichkeit W_1 ist

$$W_1 = \frac{1}{2} \cdot (1-\Theta) \cdot (1-\Theta) \cdot \Theta \cdot (1-\Theta) = \frac{1}{2} \cdot \Theta \cdot (1-\Theta)^3 \qquad (12.7)$$

Doch kann auch mit der gleichen Wahrscheinlichkeit von 0,5 der komplementäre Zustand (R, R, NR, R) zutreffend sein, und wir erhalten die Wahrscheinlichkeit W_2

$$W_2 = \frac{1}{2} \cdot \Theta \cdot \Theta \cdot \Theta \cdot (1-\Theta) = \frac{1}{2} \cdot \Theta^3 \cdot (1-\Theta). \qquad (12.8)$$

Mit der Summe von W_1 und W_2 erhalten wir die Gesamtwahrscheinlichkeit, dass eine Kopplung vorliegt. Diese wird wie zuvor bei der Drei-Generationen Familie mit der Wahrscheinlichkeit, dass keine Kopplung vorliegt, verglichen

$$L(\Theta, n, m) = \frac{W_1 + W_2}{(\frac{1}{2})^4} = 2^4 \cdot (W_1 + W_2). \qquad (12.9)$$

Allgemein gilt

$$L(\Theta, n, m) = 2^{n+m-1} \cdot [\Theta^n \cdot (1-\Theta)^m + (1-\Theta)^n \cdot \Theta^m], \qquad (12.10)$$

und

$$\text{lodscore}(\Theta, n, m) = \log_{10} L(\Theta, n, m), \qquad (12.11)$$

wobei n die Rekombinanten und m die Nichtrekombinanten in der Hälfte der Fälle sind und für die andere Hälfte genau die komplementäre Situation zutreffen soll.

12.1.4 Einschränkungen für Kopplungsanalysen

Die Kopplungsanalyse durch Genotypisierung von Familienmitgliedern wird heute vorwiegend bei dominant vererbten Eigenschaften durchgeführt. Einschränkend für die Anwendung können Familienstrukturen und die Stärke der Merkmalsausprägung sein, aber auch das Alter, in dem das Merkmal phänotypisch sichtbar wird (▶ Manifestationsalter), kann von Bedeutung sein. Wir benötigen auf jeden Fall ein Elternpaar mit wenigstens zwei Kindern, und Informationen über die **Penetranz** (▶ G) und **Expression** (▶ G) des dominanten Gens. Gerade beim Menschen treten einige erbliche Auffälligkeiten erst im fortgeschrittenen Alter auf und ergeben so Probleme beim Auffinden von informativen Familien. Weiterhin werden bei einer geringen Penetranz und variablen Expression von Genen die Möglichkeiten eingeschränkt, die zugehörige Merkmalsausprägung über Generationen verlässlich verfolgen zu können. Bei **polygenen** und **multifaktoriellen Merkmalen** (▶ G) ergeben sich oftmals weitere Probleme. Einzelne Gene haben einen stärkeren Einfluss auf die Merkmalsausprägung als andere Gene. Doch die Bedeutung der am Merkmal beteiligten Gene muss nicht in allen Familien identisch sein (▶ **„major gene“** und **„minor gene“**). Ein signifikanter Hinweis auf ein bestimmtes Chromosom in einer Familie muss daher nicht im Widerspruch mit einem signifikanten Befund für ein anderes Chromosom in einer anderen Familie sein. Werden allerdings solche Familien in einer gemeinsamen Kopplungsanalyse untersucht, dann wird die Suche nach den verantwortlichen Genen oftmals nicht erfolgreich enden. Die Schizophrenie mag ein gutes Beispiel für die Schwierigkeiten sein, die sich bei der Gensuche ergeben können, wenn die gleiche phänotypische Merkmalsausprägung verschiedene genetische Ursachen haben kann. So werden heute in der Literatur Genorte auf fast allen Chromosomen beschrieben, deren Variation im Zusammenhang mit Formen der Schizophrenie stehen soll.

Tritt eine Auffälligkeit nur bei homozygoten Trägern von rezessiven Genen auf, kann unsere klassische Kopplungsanalyse nur bedingt angewendet werden. Der rezessive Erbgang muss mit einer größeren Vorstudie abgesichert werden. In diesem Fall können wir dann von einem auffälligen Nachkommen auf den Genotyp der Eltern schließen und unsere Kopplungsanalyse, wie zuvor vorgestellt, durchführen.

Wird das Merkmal, das das Interesse auf sich gezogen hat, X-chromosomal vererbt, treten Rekombinationsereignisse nur zwischen den X-Chromosomen der Mutter auf. Das heißt, dass wir die Geschlechter bei der Bewertung der Kopplungsgruppen unterscheiden müssen und dann die Berechnung des Lodscore-Werts mit den Mutter-Tochter-Kombinationen vornehmen können.

Resümee Die genetischen Verwandtschaftsverhältnisse zwischen allen Familienmitgliedern müssen in jedem Fall geklärt werden, damit Unstimmigkeiten die Kopplungsanalyse nicht zunichtemachen. Im Allgemeinen stellt uns diese Forderung vor kein Problem, da mit der Genotypisierung der Familienmitglieder an vielen Markerloci auch Vaterschaftsgutachten oder genetische Identitätsnachweise verbunden sind. Darüber hinaus muss auch die Merkmalsausprägung genau definiert sein, damit nur Familien mit demselben Phänotyp gemeinsam analysiert werden. Naheliegenderweise werden mindestens zwei Markerloci benötigt, um den Chromosomenabschnitt zu erfassen, in dem mit großer Wahrscheinlichkeit das Gen unseres Interesses liegt.

Die bisherige Erfahrung hat gezeigt, dass wir uns sehr glücklich schätzen können, wenn wir in die Nähe von einem Prozent Rekombinationshäufigkeit zum Merkmals-Genort gelangen (▶ centiMorgan). Selbst mit 400 Mikrosatellitenloci, die über das menschliche Genom gleichmäßig verteilt sind, ergibt sich nur ein Raster von etwa 10 Mb = 10.000.000 Nukleotiden zwischen den Markerloci. In diesem langen Chromosomenabschnitt, der identifizierten Kandidatenregion, liegt das Gen, das wir in seiner Struktur und Funktion genauer bestimmen wollen.

Kopplungsanalysen zum Auffinden von Genorten sind heute wohl etabliert. Daher sind Untersuchungen, die sich an die Bestimmung der Position eines Locus anschließen, wissenschaftlich viel spannender:

- Welche Bedeutung hat die allelische Variation für den Phänotyp?
- Warum sind manche Genprodukte nachteilig für das Individuum und andere nicht?
- Wie werden die entdeckten Gene reguliert?
- Welche Bedeutung haben die Umwelt und andere Gene für die phänotypische Variation?

12.2 Gensuche mit Fall-Kontroll-Studien

In vielen Fällen sind die Voraussetzungen für eine klassische Kopplungsanalyse mit Familien nicht gegeben. Eine Alternative bietet die Fall-Kontroll-Studie. In einer solchen Studie werden Individuen untersucht, die die gleiche Merkmalsausprägung zeigen (z. B. Träger einer bestimmten Krankheit) – die sog. **Fallgruppe**. Diese Fallgruppe wird mit einer Gruppe von Individuen verglichen, die sich in der Merkmalsausprägung unterscheiden (z. B. Personen ohne diese Krankheit) – die **Kontrollgruppe**. Ebenso wie in der Familienanalyse verwenden wir eine große und zufällige Auswahl von Markerloci, um unser Auffälligkeitsgen zu finden.

Zuerst möchten wir das genetische Modell vorstellen, das für unsere Gensuche vorausgesetzt wird und statistisch testbar ist:

- Die genetische Ursache für eine neue Merkmalsausprägung geht auf **ein einmaliges Foundererereignis** in einer Population zurück. Das heißt, dass eine Mutation oder wenige Migranten eine neue genetisch bedingte Merkmalsausprägung in eine Population getragen haben. Nachkommen, deren Abstammung auf den/die ehemaligen Träger mit der besonderen Merkmalsausprägung zurückgehen, sollten in der Nachbarschaft des Gens, das das Allel für die andersartige Merkmalsausprägung trägt, weitgehend identisch sein. Wie wir wissen, wird sich diese typische Nachbarschaftsstruktur von Generation zu Generation nur durch Mutation und Rekombination auflösen.

Wenige Generationen nach dem erstmaligen Auftreten einer Auffälligkeit in einer Population (**Foundererereignis**) erwarten wir in der Gruppe mit auffälligen Individuen, dass die genotypische und allelische Variabilität von Markerloci in der Nachbarschaft des Auffälligkeitsgens relativ gering ist und sich von der Hardy-Weinberg-Verteilung dieser Markerloci in der Kontrollgruppe unterscheidet (s. ▶ Kap. 5).

Nach der Genotypisierung unserer Individuen in beiden Gruppen schließt sich die statistische Analyse der genetischen Daten an. Hierfür müssen wir eine repräsentative Stichprobe wählen:

- Die Stichprobe darf keine Individuen enthalten, die eng miteinander verwandt sind. Ansonsten besteht die Gefahr, dass wir neben dem Chromosomenabschnitt, der den Genort des Merkmales umschließt, aufgrund der verwandtschaftlichen genetischen Ähnlichkeit von Individuen auch andere Chromosomenabschnitte erfassen.
- Die Individuen der Kontrollgruppe müssen zufällig aus der gleichen Population, aus der die auffälligen Merkmalsträger stammen, ausgewählt werden. In der Kontrollgruppe muss folglich die Genotypverteilung an allen Markerloci einer Hardy-Weinberg-Verteilung folgen.

Diese strengen Forderungen haben über lange Zeit die Fall-Kontroll-Studie etwas in den Hintergrund gedrängt. Zum Beispiel ist es oftmals schwer möglich, exakt zu definieren, welche Population einer Studie zugrunde liegt. So ist die Bevölkerung von Süddeutschland eher ein Völkergemisch als eine homogene Fortpflanzungsgemeinschaft.

Heute haben Fall-Kontroll-Studien wieder an Bedeutung gewonnen. Neue Untersuchungsansätze, wie eine sehr große Anzahl von Loci und neue statistische Verfahren, lassen uns die genetischen Strukturen von Stichproben analysieren und eine geeignete Auswahl von Individuen für unsere Kontrollgruppe treffen. Die statistischen Auswertungsmethoden sind relativ einfach:

- Wir überprüfen die genotypischen Verteilungen in unseren Gruppen auf Abweichungen von einer Hardy-Weinberg-Verteilung. In der Kontrollgruppe müssen die genotypischen Verteilungen der Markerloci einer Hardy-Weinberg-Verteilung folgen.
- Mit dem Vergleich der allelischen und genotypischen Häufigkeiten von beiden Gruppen möchten wir signifikante Unterschiede an einzelnen Markerloci aufdecken und hoffen, dass sich diese Loci in der Nachbarschaft des Genorts vom untersuchten Merkmal befinden.
- Das Kopplungsungleichgewicht zwischen den Markerloci wird überprüft. Es könnte durchaus ein Indiz dafür sein, dass mehrere Gene, die auf verschiedenen Chromosomen liegen, an der Auffälligkeit beteiligt sind.

Am Ende der statistischen Auswertung besteht die Hoffnung, dass eine kleine Anzahl von Markerloci signifikante Unterschiede zwischen der Fall- und der Kontrollgruppe zeigt. Die Chromosomenregionen mit diesen Markerloci bezeichnen wir als Kandidatenregionen, in denen wir den Genort unseres Merkmals vermuten. Bisher haben wir nur eine statistische Beziehung zwischen Merkmalsvariation (auffällig und nicht auffällig) und allelischer/genotypischer Variation von Markerloci hergestellt und nicht, wie im Fall der Kopplungsanalyse, den genetischen Abstand zwischen zwei Loci geschätzt. Damit steht schließlich noch der Nachweis für die Nachbarschaft von Markerloci und Genorten des Merkmals aus. Aufgrund dieser Unsicherheit wird die statistische Analyse einer Fall-Kontroll-Studie auch als Assoziationstest bezeichnet (s. ▶ Kap. 18). Die Vorteile einer Fall-Kontroll-Studie im Vergleich zu einer Kopplungsanalyse sind:

- Mit etwas Glück gelangt man sehr nahe an den Genort des Interesses (Die Kopplungsanalyse lässt uns wegen der begrenzten Verfügbarkeit informativer Familien nur selten näher als eine Megabase an den Genort gelangen.).
- Die phänotypische Ausprägung des untersuchten Merkmals muss nicht einem bestimmten Erbgang folgen. Komplexe Merkmale können untersucht werden und in einigen Fällen können sogar mehrere Gene identifiziert werden, die gemeinsam eine Bedeutung für die Merkmalsausprägung haben (▶ QTL). Hierfür eignet sich insbesondere eine breit angelegte Genotypisierung mit SNP, mit der verschiedene Chromosomenregionen mit auffälligen Genotypkombinationen aufgespürt werden können.

12.3 Kopplungsanalyse mit Eltern-Kinder- oder Geschwisterkombinationen

Einschränkungen der Kopplungsanalyse, wie die minimale Anforderung an die Familiengröße, und die oben erwähnten Einschränkungen von Fall-Kontroll-Studien führten zu alternativen Untersuchungsverfahren. Ohne Probleme finden wir in der heutigen Bevölkerung Familien mit einem

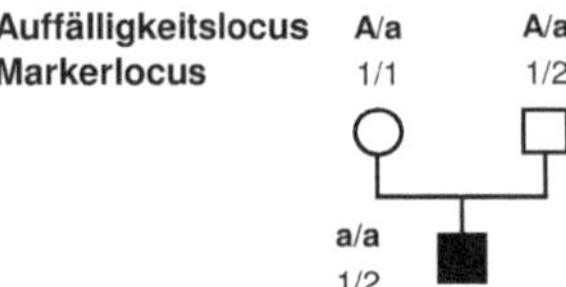

◘ Abb. 12.5 Transmission-Disequilibrium-Test (TDT). Bei einem Kind tritt ein rezessiv vererbter Phänotyp in Erscheinung, somit sind die unauffälligen Eltern heterozygot am Auffälligkeitslocus. Die Genotypen der Familienmitglieder sind an einem biallelischen Markerlocus bestimmt worden

Kind. Für diese Situation wird der **T**ransmission-**D**isequilibrium-**T**est (TDT) vorgeschlagen. Dieses Testverfahren ist eine Kombination aus Familienanalyse und Assoziationstest. Der klassische Ansatz geht von einem dominant-rezessiven Erbgang und einem Markerlocus mit nur zwei Allelen (▶ SNP) aus. Haben wir zwei Eltern mit einem betroffenen Nachkommen, dann müssen wir nur noch einfach abzählen, wie oft ein Allel gemeinsam mit einer bestimmten Merkmalsausprägung weitergegeben wird (◘ Abb. 12.5). Die Untersuchung wird mit einem einfachen Vier-Felder-Test statistisch abgeschlossen.

Heute stehen uns eine Reihe von Verfahren und Computerprogrammen zur Verfügung, die alle möglichen verwandtschaftlichen Konstellationen berücksichtigen und die informativen sogar selbstständig aus bestehenden Stammbäumen auswählen.

12.4 Gensuche bei rezessiven Eigenschaften – der Autozygotietest

Beobachten wir eine phänotypische Eigenschaft, die sich nur bei homozygoten Trägern eines rezessiven Gens ausprägt, dann bietet sich ein Verfahren an, das auf Familien zurückgreift, in denen verwandte Personen diese Eigenschaft zeigen. Allerdings müssen wir hierbei darauf achten, dass diese Personen nicht zu nahe verwandt sind! Wir wollen nicht die gesamte genetische Ähnlichkeit erfassen, die sich aufgrund der gemeinsamen Abstammung ergibt, sondern nur die Ähnlichkeit bezüglich des Auffälligkeitsgens aufdecken. Ebenso wie bei den vorangegangenen Verfahren nehmen wir an, dass die Nachbarschaft des Genorts für die phänotypische Eigenschaft (▶ Auffälligkeitsgen) sehr charakteristisch ist. Folglich erwarten wir bei einem homozygoten Träger der rezessiven Eigenschaft, dass auch Markerloci in der Nachbarschaft des Auffälligkeitsgens homozygot sind. Daher sollte bei Verwandten, die homozygot für die rezessive Eigenschaft sind, auch die nähere Umgebung beider Auffälligkeitsgene sehr ähnlich, wenn nicht sogar vollständig homozygot sein. Für den Autozygotietest bieten sich SNP an, die über das gesamte Genom verteilt sind und von denen eine enorme Anzahl bei einzelnen Individuen dargestellt werden können. Wir suchen also nach „längeren" Abschnitten im Genom, in denen mehrere engbenachbarte SNP homozygot auftreten. Oftmals werden mehrere Chromosomenabschnitte gefunden, die sich in ihrer komplementären Strukturen weitgehend entsprechen. Bei einer überschaubaren Anzahl bezeichnen wir diese Chromosomenabschnitte wieder als unsere Kandidatenregionen, die wir im Nachfolgenden genauer analysieren.

12.5 Suchstrategie – Kandidatenregion und Auffälligkeitsgen

Alle Verfahren, die wir für die Suche von Genen vorgestellt haben, basieren auf der gleichen Idee und haben dasselbe Ziel, aus der enormen Größe des Kerngenoms ein oder wenige für uns interessante Chromosomenabschnitte herauszufiltern. Die Hoffnung ist, dass sich in diesen **Kandidatenregionen** Gene befinden, die Einfluss auf das untersuchte Merkmal nehmen. Die Größe der Kandidatenregionen macht heute die Identifizierung eines Gens immer noch aufwendig, daher sollten wir zuerst in Datenbanken schauen und hoffen, dass wir dort Gene finden, deren Funktion mit dem untersuchten Merkmal in Zusammenhang gebracht werden können. Diese **Kandidaten-Gene** werden nun mithilfe eines Mutationsscreenings in den Individuen mit und ohne die auffällige Merkmalsausprägung untersucht. Schließlich kommen wir nicht mehr umhin, diese Gene zu sequenzieren. Mit etwas Glück können wir bei den Untersuchungen eine allelische Variante in einem Kandidaten-Gen in der Fallgruppe finden, die sich nicht in der Kontrollgruppe etabliert hat. Im nächsten Schritt müssen wir dann zeigen, dass die genetische Variation funktionell etwas mit der Auffälligkeit zu tun. So stellt sich die Frage, warum die Allelprodukte zu unterschiedlichen Phänotypen führen. Dieser letzte Schritt ist sicherlich der interessanteste, aber auch aufwendigste Teil unserer Untersuchungen.

Was können wir aber tun, wenn keine Gene in der Datenbank gefunden werden, wir aber fest davon überzeugt sind, dass das Gen in dem gefundenen Chromosomenabschnitt liegt? In diesem Fall bleibt uns nur noch die eigene Suche nach neuen Genen durch Sequenzanalysen. Doch auch für diesen aufwendigen Ansatz gibt es schon computergestützte Techniken, die Strukturen, die auf Gene hinweisen, zu identifizieren.

Unsere bisherigen Suchstrategien führen von auffälligen genetischen Strukturen zum Phänotyp. Natürlich können wir auch Informationen über die Struktur und den Stoffwechsel eines Merkmals nutzen, um damit auf die Beteiligung von bereits bekannten Genen zu schließen. Heute liefern uns Datenbanken umfangreiche Informationen über die Position eines Genorts, Funktion und Bedeutung von Genen für einen Organismus. Diese Informationen können wir für unsere Gensuche nutzen, indem wir eine Auswahl von Kandidaten-Genen treffen, deren Bedeutung wir anhand von geeigneten Familien und Fall-Kontroll-Studien überprüfen.

▪ Stolpersteine

Neben den Vorteilen einer Fall-Kontroll-Studie müssen wir auch Einschränkungen beachten:

- Sind viele Generationen seit dem Foundereignis vergangen, dann haben Mutation und Rekombination die spezifische allelische Struktur in der Nachbarschaft des Genorts der Auffälligkeit aufgelöst. An den Markerloci unterscheiden sich die Genotyphäufigkeiten von Fall- und Kontrollgruppe nicht mehr signifikant. Daher gibt uns eine solche Studie keinen Hinweis auf Kandidatenregionen, in denen sich ein Genort für das phänotypische Merkmal verbergen könnte.
- Haben mehrere Foundereignisse unabhängig voneinander das Auffälligkeitsgen in die Population getragen, dann scheitert in den meisten Fällen eine Fall-Kontroll-Studie. Die verschiedenen Auffälligkeitsgene haben keine gemeinsame allelische Nachbarschaft, und somit geben die Markerloci der Fallgruppe keine Information zur genetischen Unterscheidung von der Kontrollgruppe.
- Die genetischen Folgen bei mehreren Mutationsereignissen, die zur selben Auffälligkeit führen, entsprechen denen von mehrmaligen Foundereignissen.
- Wir müssen auch bedenken, dass Mutationen an verschiedenen Genorten zur phänotypisch gleichen Auffälligkeit führen können, d. h. der gleiche Phänotyp hat unterschiedliche genetische Ursachen (▶ Heterogenie). Auch in diesem Fall können wir keine Beziehung zwischen den genotypischen Strukturen an Markerloci und dem phänotypischen Merkmal herstellen.
- Schließlich müssen wir noch berücksichtigen, dass einige nichtcodierende DNA-Sequenzen sehr große Ähnlichkeiten mit Genen haben und uns in die Irre führen können. Solche Sequenzen sind Pseudogene und Duplikate von funktionellen Genen, die oftmals keine Funktion haben.

Glossar

Auffälligkeitsgen Ein Gen, das zur Ausprägung eines phänotypischen Merkmals führt, das vom Normalzustand des Phänotyps abweicht. Ein Suszeptibilitäts-Gen (Anfälligkeits-Gen) ist eine auffällige Variante eines Gens, dessen Funktion zu einer Erbkrankheit führt oder eine erhöhte Krankheitsanfälligkeit zur Folge hat.

Autosom Chromosom, das keine Bedeutung für die Ausprägung der primären Geschlechtsmerkmale hat (durchaus können aber einzelne Erbinformationen auf Autosomen liegen, die mit geschlechtsspezifischen Funktionen verbunden sind).

variable Expression Umwelt und genetische Interaktionen können die Wirkung von dominanten Genen modifizieren und bei verschiedenen Individuen mit demselben Genotyp zu unterschiedlichen Kombinationen von auffälligen Merkmalsausprägungen führen, auch innerhalb einer Familie.

Gonosom Geschlechtschromosom. Chromosom des Kerngenoms von Eukaryoten, dessen Gene hauptsächlich an der Ausprägung der Geschlechtsmerkmale beteiligt sind. Die Kombination von Gonosomen bestimmt das Geschlecht.

Haplotyp Kombination von Allelen verschiedener Loci, die normalerweise in einem bestimmten Chromosomenabschnitt liegen.

Hardy-Weinberg-Verteilung Ideale Verteilung der Genotypen eines oder mehrerer Loci in einer sexuell reproduzierenden Population mit Zufallspaarung. Es gibt keine genetischen Unterschiede zwischen den Geschlechtern. Selektion, Mutation, Migration sind ausgeschlossen.

Heritabilität Ein Maß zur Schätzung des genetischen Anteils an einem phänotypischen Merkmal.

Heterogenie Gene verschiedener Loci führen zum gleichen Erscheinungsbild (Phänotyp).

Interferenz Unterdrückung weiterer Rekombinationsereignisse in der Umgebung eines Rekombinationsvorgangs zwischen zwei Loci.

Kandidaten-Gen Gene, von denen wir annehmen, dass sie für unsere Untersuchungen eine Bedeutung haben können, und bei denen es sich lohnt, diese weiter und genauer zu untersuchen.

Kodominanz Verschiedene elterliche Allele eines Locus tragen in gleichem Maße zur Ausbildung eines phänotypischen Merkmales bei.

Kopplungsanalyse Verfahren zur Ermittlung der Nachbarschaft von Loci. Loci sind gekoppelt, wenn sie in Nachbarschaft auf einem Chromosom lokalisiert sind: Allele von eng benachbarten Loci werden als Kopplungsgruppe (► G) mit großer Wahrscheinlichkeit gemeinsam an die Nachkommenschaft weitergegeben. Nur Mutation und Rekombination lösen diese Struktur auf.

Kopplungsgruppe Kombination von Allelen verschiedener (engbenachbarter) Genorte eines Chromosoms.

Kopplungsphase Eine angenommene oder tatsächlich vorgefundene Kombination von Allelen verschiedener Loci eines Individuums.

Kopplungsungleichgewicht Man betrachtet die genotypische Konstellation von mehreren Loci und analysiert die Häufigkeiten der Gesamtgenotypen. Weichen die beobachteten Genotyphäufigkeitsverteilungen von der erwarteten Hardy-Weinberg-Verteilung (► G) ab, dann sprechen wir von einem Kopplungsungleichgewicht. Die enge Nachbarschaft der Loci lässt eine zufällige Kombination ihrer Allele (► Haplotypen) nicht zu. Aber auch Selektion kann bestimmte Allelkombinationen begünstigen.

Lodscore Das Maximum einer Lodscore-Funktion führt zu einem Schätzungswert für die Rekombinationshäufigkeit/Abstand zwischen zwei Loci. Der maximale Lodscore-Wert ist eine statistische Kennzahl, die über das Für und Wider einer Kopplung entscheidet.

Markerlocus Ein polymorpher Locus, der nicht direktes Ziel unserer Forschung ist, sondern dazu dient, andere Zusammenhänge (z. B. Verwandtschaft, Kopplung zu benachbarten Genen) aufzudecken. Für die Kopplungsanalyse muss auch die Position des Markerlocus im Genom bekannt sein.

„major gene" Das Gen, das neben anderen Genen hauptsächlich an einer komplexen Merkmalsausprägung beteiligt ist.

Mikrosatellit Ein kurzes Basenmotiv (1–10 Basen), das tandemartig wiederholt wird (z. B. CAGCAGCAGCAGCAG). Die Basenzahl von 1–10 ist nicht festgeschrieben, je nach Literaturstelle finden wir andere Angaben, doch alle Definitionen bewegen sich um maximal 10 Basen.

„minor gene" Ein Gen, das neben anderen Genen einen untergeordneten Einfluss auf eine komplexe Merkmalsausprägung ausübt.

multifaktorielles Merkmal Viele Gene und Umweltfaktoren bestimmen die Merkmalsausprägung.

Mutation Die Kopie der Erbinformation unterscheidet sich vom Original.
Penetranz Die Wirkung eines elterlichen Gens bestimmt die Merkmalsausprägung. Doch eine ansonsten dominante auffällige Eigenschaft wird im heterozygoten Individuum nicht immer vollständig ausgebildet: Untersucht man eine Gruppe von Individuen, die alle denselben heterozygoten Genotyp tragen, doch nur ein Teil von ihnen die Auffälligkeit zeigen, dann beschreibt der relative Anteil der auffälligen Individuen den Grad der Penetranz:
Vollständig penetrant: 100 %
Unvollständig penetrant: < 100 %.

polygenes Merkmal Ein Merkmal, dessen Ausprägung durch viele, z. T. unbekannte Gene bestimmt wird.

polymorph Ein Locus ist polymorph, wenn mindestens zwei Allele in der untersuchten Population vorhanden und deren Allelhäufigkeiten kleiner als 99 % sind. Diese Bewertung eines Locus gilt für eine Population und kann sich für andere Populationen einer Art unterscheiden. Trifft für einen Locus diese Eigenschaft nicht zu, dann wird er als monomorph bezeichnet. Im Allgemeinen haben SNP nur zwei Allele, was die Umkehrung der Definition gestattet: Ein Locus ist polymorph, wenn sein seltenes Allel eine Häufigkeit von mehr als einem Prozent hat.

QTL Abkürzung von „**q**uantitative **t**rait **l**oci" (Loci eines quantitativen Merkmals). Mithilfe neuer Untersuchungstechniken können Chromosomenabschnitte identifiziert werden, in denen Gene des quantitativen Merkmals lokalisiert sind.

SNP Abkürzung von „**s**ingle **n**ucleotide **p**olymorphism". Homologe Chromosomen tragen an einer bestimmten Basenposition unterschiedliche Erbinformationen (▶ Nukleotide). Genügen die Häufigkeiten der Basen unserer Definition eines Polymorphismus (▶ polymorph), dann sprechen wir von SNP (im Deutschen *Snip* ausgesprochen).

Zytogenetik Teilgebiet der Genetik, das sich mit der Darstellung und mit Strukturen und Veränderungen von Chromosomen beschäftigt.

Aufgaben

Aufgabe 1. Warum ist die Rekombinationsrate θ maximal 0,5?

Aufgabe 2. Warum kann eine Familie mit drei Generationen für eine Kopplungsanalyse informativer sein als eine Familie mit nur zwei Generationen?

Aufgabe 3. Was sind mögliche Vorteile einer Fall-Kontroll-Studie beim Suchen nach Genen (im Vergleich zur Familienuntersuchung)?

Aufgabe 4. Wann ist eine Fall-Kontroll-Studie kaum noch möglich?

Aufgabe 5. Schlag ein Verfahren vor, mit dem die Genorte eines polygenen Merkmals gesucht werden können.

Aufgabe 6. Welche Voraussetzungen sollten bei einer Kopplungsanalyse mit Familien gegeben sein?

Aufgabe 7. Was sind Markerloci und wie viele Markerloci sind mindestens notwendig, um eine Kandidatenregion zu erfassen?

Computerprogramme

Theorie und Statistik von Kopplungsanalysen und Fall-Kontroll-Studien führen bei vielen Lesern zu Unbehagen. Doch keine Bange, diese Dinge werden heute alle mit Programmen gelöst [Terwilliger JD, Ott J (1994)Handbook of Human Genetik Linkage. The John Hopkins University Press, Baltimore und London]. Jurg Ott und seine Arbeitsgruppe bieten eine Vielzahl von Software an, die eine Versuchsplanung und statistische Auswertung von den verschiedensten Gruppenstrukturen (Eltern-Kinder, Geschwister und Verwandte sowie Fall-Kontroll-Gruppen) ermöglicht. Diese Programme können die Information von Programmen, mit denen Stammbäume grafisch dargestellt werden können, für ihre eigene Analyse verwenden, d. h., ausgehend von einem Stammbaum können die statistischen Analysen durchgeführt werden.

Für die Auswertung von Fall-Kontroll-Studien benötigen wir populationsgenetische Programme, mit deren Hilfe wir die Genotypverteilungen auf ihre Verträglichkeit mit der Hardy-Weinberg-Verteilung prüfen und die Allel- und Genotyphäufigkeiten von Fall- und Kontrollgruppe vergleichen können. Darüber hinaus möchten wir uns noch über das Kopplungsungleichgewicht unserer Markerloci informieren. Mit ARLEQUIN (Version 3.5) können wir die grundlegenden populationsgenetischen Analysen bewerkstelligen (Excoffier et al. 2005, 2010; ▶ http://cmpg.unibe.ch/software/arlequin3).

Das Programm STRUCTURE (Version 2.3.4) ermöglicht uns, die Analyse von Populationsstrukturen und die Auswahl von Individuen für die Kontrollgruppe (Pritchard et al. 2000; Falush et al. 2003, 2007; Hubish et al. 2009; ▶ http://pritch.bsd.uchicago.edu/structure.html).

Schließlich bietet uns das Programm HAPLOVIEW (Version 4.2) verschiedene Verfahren zur Analyse und Beschreibung von Nachbarschaftsbeziehungen mehrerer Loci (Barrett et al. 2005; ▶ http://www.broadinstitute.org/haploview/haploview).

Literatur

Verwendete Literatur

Botstein D, White RL, Skolnick M, Davis RW (1980) Construction of a genetic linkage map in man using restriction fragment length polymorphisms. Am J Human Genet 32:314–331

Painter TS (1934) A new method for the study of chromosome aberrations and the plotting of chromosomes in *Drosophila melanogaster*. Genetics 19:175–188

Weiterführende Literatur

Barrett JC, Fry B, Maller J, Daly M (2005) Haploview: analysis and visualization of LD and haplotype maps. Bioinformatics 21:263–265

Bridges CB (1916) Non-disjunction as proof of the chromosome theory of heredity. Genetics 1:1–52

Donahue RP, Bias WB, Renwick JH, McKusick VA (1968) Probable assignment of the Duffy blood group locus to chromosome 1 in man. Proc Natl Acad Sci USA 61:949–955

Falush D, Stephens M, Pritchard JK (2003) Inference of population structure using mulitlocus genotype data: Linked loci and correlated allele frequencies. Genetics 164:1567–1587

Falush D, Stephens M, Pritchard JK (2007) Inference of population structure using mulitlocus genotype data: Dominant markers and null alleles. Mol Ecol Notes 7:574–578

Hubish MJ, Falush D, Stephens M, Pritchard JK (2009) Inferring weak population structure with the assistance of sample group information. Mol Ecol Resources 9:1322–1332

Pritchard JK, Stephens M, Donnelly P (2000) Inference of population structure using mulitlocus genotyp data. Genetics 155:945–959

Vaterschaft und genetische Identität

Jürgen Tomiuk, Volker Loeschcke

J. Tomiuk, V. Loeschcke, *Grundlagen der Evolutionsbiologie und Formalen Genetik*,
DOI 10.1007/978-3-662-49685-5_13,

Vaterschaft des dritten US-Präsidenten Thomas Jefferson

Thomas Jefferson (1743–1826) war von 1801 bis 1809 Präsident der USA. Schon während seiner Dienstzeit wurde die Frage aufgeworfen, ob er der Vater eines Sohnes seiner Sklavin Sally Hemings war. Eugene Foster et al. (1998) untersuchten genetisch die vermutete Vaterschaft. Wie kann man aber 200 Jahre nach so einem Ereignis eine Antwort auf diese Frage geben und wie sicher sind die Schlussfolgerungen aus solchen Studien?

Zunächst wurde unterstellt, dass Jefferson der Vater von Sallys Sohn Thomas war, der kurz nach einer Frankreichreise von Jefferson, bei der auch seine Sklavin Sally mitreiste, geboren wurde. Dem später geborenen Sohn Easton wurde darüber hinaus auch noch eine äußerst große Ähnlichkeit mit dem Präsidenten nachgesagt. Bei der Vaterschaft von Easton gingen jedoch die Meinungen auseinander, so wurde dessen Ähnlichkeit mit dem Präsidenten damit erklärt, dass einer der Söhne von Jeffersons Schwester, Samuel oder Peter Carr, der Vater von Easton war.

Gewebeproben der direkt Beteiligten standen den Wissenschaftlern um Foster nicht zur Verfügung, und daher rekrutierten sie Personen aus der Nachkommenschaft der Familien Jefferson, Carr und „Sally" (Woodson und Hemings; ◘ Abb. 13.1). Mit Nachkommen, die mehrere Generationen nach ihrem Vorfahren leben, kann dessen Verwandtschaft allerdings nicht mehr mithilfe allelischer Variation von autosomalen Loci geprüft werden (► Allel, ► Kerngenom). Zu viele Unsicherheiten bezüglich der verwandtschaftlichen Beziehungen zwischen den Personen häufen sich von Generation zu Generation an. Der Anteil autosomaler Gene, die identisch durch ihre Abstammung sind, nimmt rasch ab (s. ► Kap. 5). Anders liegt der Fall bei Y-Chromosomen, von diesen werden Kopien vom Vater an den Sohn weitergegeben. Weiterhin werden Rekombinationen nur zwischen kleinen Bereichen der heterologen Chromosomen (X-Chromosom und Y-Chromosom) beobachtet (► pseudoautosomale Region), d. h. mit Ausnahme von seltenen Mutationsereignissen wird eine identische Kopie eines großen Abschnitt des Y-Chromosoms vererbt.

Naheliegenderweise lässt sich eine Bestimmung von männlichen Abstammungslinien über mehrere Generationen nach ihrem gemeinsamen Ursprung nur dann durchführen, wenn ausgehend vom männlichen Ahnen in jeder Generation männliche Nachkommen geboren werden und diese wiederum Söhne haben. Diese Idee griff Eugene Foster auf und genotypisierte männliche Mitglieder der Familien, die freiwillig an der Studie teilnahmen. Sie charakterisierte mithilfe von 19 Loci (sieben **SNP** (► G), elf **Mikrosatelliten** (► G), ein **Minisatellit** (► G); s. ► Kap. 3) bei den männlichen Nachkommen die konservierte Region des Y-Chromosoms (► Haplotyp). Die hohe Anzahl untersuchter Loci ermöglicht die Unterscheidung vieler Varianten des Y-Chromosoms, die wir in der menschlichen Weltbevölkerung finden! In vier Nachkommen von Field Jefferson, dem Vetter von Präsident Jefferson, wurde drei Mal der gleiche Haplotyp gefunden und einmal ein Haplotyp mit einer neuen Variante an nur einem Locus; diese Veränderung wurde als Mutationsereignis interpretiert.

Der „Jefferson-Genotyp" konnte bisher noch nicht außerhalb der Jefferson-Familie beobachtet werden und seine Häufigkeit wird auf etwa ein Promille in der weißen Weltbevölkerung geschätzt. Allein bei den Nachkommen von Easton Hemings J. fand sich dieses seltene Y-Chromosom. Dieser Befund legt nahe, dass der Vater von Sallys Sohn Easton bei den männlichen Mitgliedern der Jefferson Familie, die zur fraglichen Zeit lebten, zu suchen ist. Eine verwandtschaftliche Beziehung zwischen den anderen männlichen Nachkommen von Sally und den Familien Jefferson und Carr konnte nicht belegt werden. Die hier gegebene Interpretation der Ergebnisse fällt vorsichtiger aus als in der ursprünglichen Veröffentlichung von Foster – mithilfe der genetischen Struktur der Y-Chromosomen können wir heute selbstverständlich nicht unterscheiden, welches männliche Mitglied der Familie damals eine Verbindung mit Sally Hemings hatte. Eine weitere interessante Erklärungsmöglichkeit für den Befund stellte Gary Davis vom Evanston Hospital (Illinois, USA) vor: Die Bewohner einer Plantage im Süden der USA um 1800 bildeten eine relativ geschlossene Gemeinschaft. Die Sklaven waren Eigentum der Besitzer und blieben auch über die Generationen hinweg im Besitz der Familien. Daher ist es auch denkbar, dass ein oder zwei Generationen vor Sally ein Knabe geboren wurde, der das Kind einer Sklavin

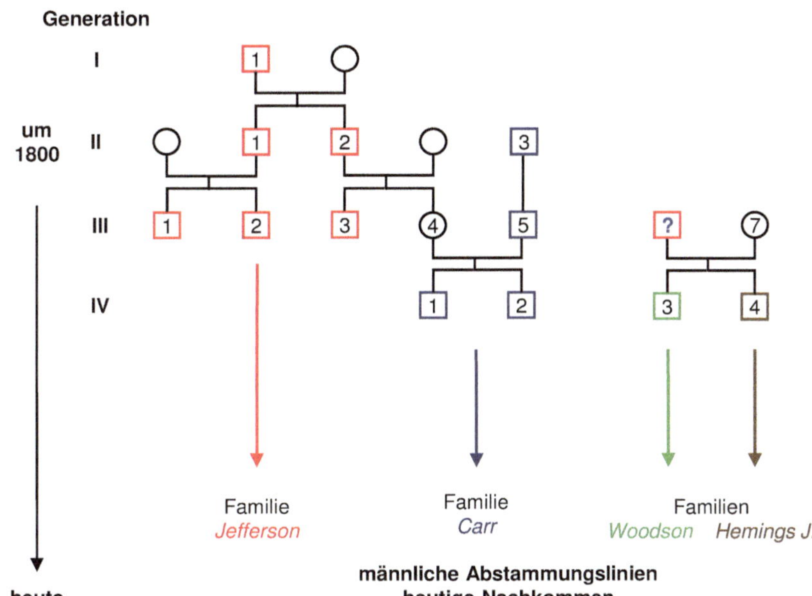

Abb. 13.1 Welches männliche Mitglied der Großfamilie Jefferson-Carr ist Vater (*rot-blaues Fragezeichen*, Generation III) von Sallys Söhnen Thomas (*grün*, IV-3) und Easton (*braun*, IV-3)? Sally Hemings ist Person (III-7). Die männlichen Mitglieder der Familie Jefferson: Großvater Thomas Jefferson II (I-1), Onkel Field (II-1) und Vater Peter (II-2) von Präsident Jefferson (III-3) sowie zwei Söhne (III-1 und III-2) des Onkels. Die männlichen Mitglieder der Familie Carr (Schwester des Präsidenten, III-4): Großvater John (II-3), Vater Dabney (III-5) und zwei Neffen des Präsidenten, Samuel (IV-1) und Peter (IV-2)

und eines Jeffersons war. Natürlich würde auch dieser Mann das Jefferson-Y-Chromosom tragen und an seine männlichen Nachkommen weitergeben. Vielleicht war also Easton das Kind von Sally und einem Sklaven, der das Jefferson-Y-Chromosom trug?

Einzelne männliche Abstammungslinien können ausgeschlossen werden, wenn eine der eingeheirateten Frauen ihrem Ehemann nicht treu war! Innerhalb der Woodson-Familie wurde ein Haplotyp aufgedeckt, der darauf schließen lässt, dass in einer vergangenen Generation der soziale Vater nicht der biologische Erzeuger war! Die große Übereinstimmung der restlichen Haplotypen innerhalb der Familienclans (bis auf einzelne Mutationen) bestätigt jedoch die Abstammung dieser familiären Linien von einem gemeinsamen männlichen Urahn.

13.1 Anfänge der Vaterschaftsbegutachtung

Rechtliche Ansprüche fordern in einigen Fällen eine genetische Identifizierung von Personen. So werden zur Sicherung des Unterhalts von unehelichen Kindern oder einer möglichen Erbschaft genetische Gutachten zum Verwandtschaftsverhältnis von Personen erstellt. Aber auch Rechtsmediziner möchten die Identität von vermissten Personen aufklären oder im Rahmen von Ermittlungsverfahren Spuren am Tatort dem Täter zuordnen.

Vor der Beschreibung genetischer Variabilität in menschlichen Populationen mithilfe der elektrophoretischen Auftrennung von Proteinen und Enzymen (Harris 1966) war eine genetische Charakterisierung von einzelnen Personen zur Vaterschaftsbegutachtung nur eingeschränkt möglich. Mitte des letzten Jahrhunderts standen wohl Nachweistechniken für einige Blutgruppensysteme zur Verfügung, bei denen Unterschiede zwischen Personen aufgedeckt worden sind, wie z. B. die Hauptblutgruppe AB0 und das Rhesus-System (► Serologie). Doch die Beweiskraft dieser Untersuchungen war oftmals relativ gering und so wurden zusätzlich noch erbbiologische Gutachten (► G) erstellt. Diese Gutachten erforderten eine langjährige Erfahrung und eine Begabung zur Mustererkennung, da körperliche Merkmale wie die Ohren- und Nasenform sowie Augen- oder Mundpartien, aber auch Fingerabdrücke auf vererbte Ähnlichkeiten überprüft und ausgewertet wurden. Naheliegenderweise ist es nicht verwunderlich, dass mit diesen Untersuchungen keine statistisch gesicherte Aussage zur Familienzugehörigkeit gemacht werden konnte, sondern man begnügte sich mit Empfehlungen wie „mit großer Sicherheit“ oder „mit größter Sicherheit“.

Ebenso war mit den damaligen kriminaltechnischen Untersuchungsmethoden eine eindeutige genetische Analyse von Probenmaterial oftmals nicht möglich – die erfolgreiche Bestimmung der Blutgruppe mit serologischen Techniken hing von der Qualität der gefundenen Blutmengen ab.

Mit der breiten Erfassung kodominanter allelischer Vielfalt in verschiedenen Bevölkerungsgruppen (z. B. mit Proteinloci (► G), Mikrosatelliten, SNP, s. ► Kap. 3) und der Genotypisierung einzelner Individuen konnte schließlich die genetische Identität von Personen auch statistisch bewertet werden. Zunächst genügten Blutproben, später kleine Gewebeproben von den beteiligten Personen eines Falls, um einzelne Individuen mithilfe ihres Genotyps zu charakterisieren und einer Gruppe von verwandten Individuen oder den genetischen Spuren eines Tatorts zuordnen zu können.

13.1.1 Eignung eines Locus für den Identitätsnachweis

Die Aussagekraft eines genetischen Identitätsnachweises beruht auf der Wahrscheinlichkeit, mit der eine bestimmte Genotypkombination in einer Population vorkommt. Zur Berechnung dieser Wahrscheinlichkeit sollten die Eigenschaften der genetischen Marker weitgehend von gerichteten Einflüssen wie Selektion frei sein. Die erste und einfachste Überprüfung der Zufälligkeit einer Verteilung genotypischer Variabilität in einer Population ist der Vergleich von beobachteten Genotyphäufigkeiten mit den theoretischen Werten der Hardy-Weinberg-Verteilung (s. ► Kap. 5).

■ Segregationsanalyse durch Familienanalysen

Bevor wir unseren Identitätsnachweis für ein Individuum durchführen, müssen wir formal zuerst überprüfen, ob die Genotypen eines gewählten Locus zufällig aufspalten. Dies kann einfach in einer groß angelegten Analyse von Familien geschehen (allerdings nur, wenn die Mutter-Kind-Vater-Beziehungen sicher geklärt sind). Stellen wir uns einen autosomalen Locus mit zwei Allelen, A und B, und den zugehörigen drei Genotypen vor. Wir müssen nun möglichst viele Familien für unsere Untersuchung gewinnen, um alle möglichen Konstellationen zu erfassen (◘ Tab. 13.1).

In den ersten beiden Spalten unserer Tabelle sind die elterlichen Genotypen aufgelistet, danach folgt die Anzahl der Elternpaare mit jeweils einem Kind. Die letzten drei Tabellenspalten listen die beobachtete und erwartete Anzahl an Kindern mit einem von drei möglichen Genotypen auf. Kombinieren die elterlichen Allele zufällig, dann sollten die Genotypen der Kinder in einem bestimmten Verhältnis auftreten (◘ Tab. 13.2): Betrachten wir die Elternkombination AA x AA, dann ist sicher, dass nur Kinder mit dem Genotyp AA möglich sind (Mutationen ausgeschlossen!). Ein Stichprobenfehler ist nicht möglich und so bietet sich auch kein statistischer Test an. Bei der Elternkombination AB x AB erwarten wir in der Gruppe ihrer Kinder ein Spaltungsverhältnis von 1:2:1 (AA:AB:BB). Theoretisch sollten wir bei 140 Kindern 35-mal den Genotyp AA, 70-mal den Genotyp AB und 35-mal den Genotyp BB vorfinden. Da fast keine Stichprobe unsere Erwartung perfekt trifft, müssen wir mit einem statistischen Test belegen, dass die Unterschiede zwischen beobachteten und erwarteten Zahlen zufällig (klein) sind und nicht durch eine systematische Abweichung erklärt werden können (s. ► Kap. 18). In unserem Beispiel können wir belegen, dass die elterlichen Allele zufällig an die Nachkommenschaft weitergegeben werden.

13.1.2 Segregationsanalyse mit einer Mutter-Kind-Statistik

Alternativ zur Familienanalyse bleibt uns die Mutter-Kind-Statistik. Mit diesem Test zur zufälligen Aufspaltung elterlicher Genotypen müssen wir uns auch nicht mehr auf die tatsächliche Vaterschaft des Mannes verlassen! Die Grundidee des Analyseverfahrens ist, dass die Genotypverteilung in der Bevölkerung einer Hardy-Weinberg-Verteilung folgt (s. ► Kap. 5). Damit können wir den väterlichen Genotyp einfach durch die entsprechende Erwartung (aus der Hardy-Weinberg-Verteilung) ersetzen. Zur Vereinfachung nehmen wir auch dieses Mal einen autosomalen Locus mit zwei Allelen, A und B, und den drei möglichen Genotypen AA, AB

Tab. 13.1 Familienanalyse zum Nachweis der zufälligen Aufspaltung der Genotypen eines autosomalen Locus mit zwei Allelen A und B. Die möglichen Genotypkombinationen von 730 Elternpaaren sind aufgelistet; von jedem Elternpaar wird nur ein Kind in die Studie aufgenommen. In kursiver Schrift sind die erwarteten Werte angegeben

Genotyp		Anzahl		Anzahl Kinder mit		
Mutter	Vater			Genotyp AA	Genotyp AB	Genotyp BB
AA	AA	50	Beobachtet Erwartet (100 %)	50 50		
AA	AB	80	Beobachtet Erwartet (1:1)	45 40	35 40	
AA	BB	100	Beobachtet Erwartet (100 %)		100 100	
AB	AA	90	Beobachtet Erwartet (1:1)	43 45	47 45	
AB	AB	140	Beobachtet Erwartet (1:2:1)	30 35	70 70	40 35
AB	BB	50	Beobachtet Erwartet (1:1)		30 25	20 25
BB	AA	80	Beobachtet Erwartet (100 %)		80 80	
BB	AB	60	Beobachtet Erwartet (1:1)		28 30	32 30
BB	BB	80	Beobachtet Erwartet (100 %)			80 80
Gesamtzahl		730				

und BB, an. Das Allel A hat in der Bevölkerung eine Häufigkeit von p und die des Allels B ist q. Mit diesen wenigen Angaben können wir unsere Erwartungen berechnen, mit den Beobachtungswerten vergleichen und dann mit einem statistischen Test bewerten (Tab. 13.3).

Am Beispiel einer heterozygoten Mutter und ihrer heterozygoten Kinder möchten wir kurz das Vorgehen erklären. Zunächst müssen die Häufigkeiten der Allele in der Population geschätzt werden. Danach wird sichergestellt, dass die Genotypverteilung einer Hardy-Weinberg-Verteilung entspricht (2. Spalte). Unter diesen Bedingungen finden wir eine heterozygote AB-Frau mit einer Wahrscheinlichkeit $2pq$ in der Population. Zufällig kann sie einen Partner mit dem Genotyp AA, AB oder BB wählen. Die Partnerkonstellation AB x AA tritt $2pq \cdot p^2$-Mal auf ($2pq$ für die Frau mal p^2 für den Mann), und nur die Hälfte ihrer Kinder aus dieser Verbindung ist heterozygot. Also finden wir in der Population $pq \cdot p^2$ heterozygote Kinder, die von einem Paar AB x AA abstammen. Entsprechend können wir auch bei der Partnerkombination AB x BB argumentieren – hier gibt es $pq \cdot q^2$ heterozygote Kinder. Im Fall einer heterozygoten Mutter und eines heterozygoten Vaters (die Häufigkeit in der Population ist $2pq \cdot 2pq$) finden wir die drei möglichen Genotypen der Kinder, AA, AB und BB, im Verhältnis 1:2:1 auf, so ist nur die Hälfte ihres Nachwuch-

Tab. 13.2 Kreuzungstafeln für einen Locus mit den Allelen A und B. In der linken Spalte sind die Allele des mütterlichen Genotyps, in der oberen Zeile die Allele des väterlichen Genotyps angegeben. Die Kombinationen der elterlichen Allele bilden die möglichen Genotypen der Kinder, aus denen sich das erwartete Spaltungsverhältnis ergibt (s. Tab. 13.1), wenn wir eine zufällige Weitergabe der elterlichen Allele annehmen

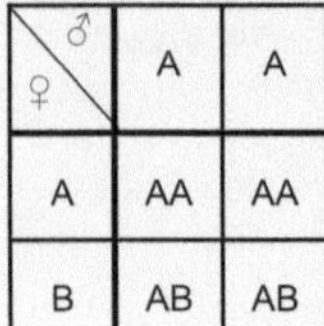

♀ \ ♂	A	A
A	AA	AA
B	AB	AB

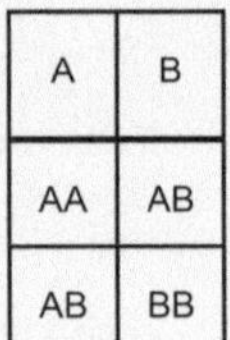

A	B
AA	AB
AB	BB

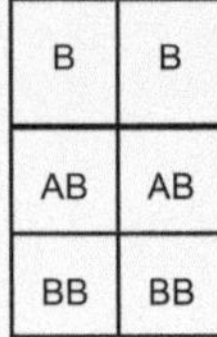

B	B
AB	AB
BB	BB

Tab. 13.3 Erwartungswerte (relative Häufigkeiten) zur Mutter-Kind-Statistik

	Häufigkeit in Bevölkerung	Genotypen der Kinder		
mütterlicher Genotyp		AA	AB	BB
AA	p^2	$p^2p^2 + p^2pq = p^3$	$p^2pq + p^2q^2 = p^2q$	–
AB	$2pq$	$pqp^2 + pqpq = p^2q$	$pqp^2 + 2pqpq + pqq^2 = pq$	$pqq^2 + pqpq = q^2p$
BB	q^2	–	$q^2pq + p^2q^2 = q^2p$	$q^2q^2 + q^2pq = q^3$

ses wieder heterozygot, $2p^2q^2$. Die Summe der drei Kombinationen AB♀ x AA♂, AB♀ x AB♂ und AB♀ x BB♂ ergibt den mittleren Wert in der Tabelle. Um die absoluten Erwartungswerte zu berechnen, müssen wir nur noch die relativen Häufigkeiten mit unserem Stichprobenumfang multiplizieren. So können wir auch bei diesem Verfahren die Beobachtungs- und Erwartungswerte miteinander vergleichen und mit einem statistischen Test bewerten (s. ► Kap. 18).

Natürlich ist unser Ziel, Loci mit möglichst vielen Allelen, also einem hohen Informationswert, zu wählen. Dies gestattet uns, einzelne Individuen eindeutig genetisch zu charakterisieren. Unsere Wahl fällt sofort auf Mikrosatellitenloci mit ihren vielen Allelen. Doch machen solche hochvariablen Loci eine sehr große Stichprobe notwendig, damit alle möglichen Genotypkombinationen erfasst werden. In der Praxis ist dies ein fast unmögliches Unterfangen. Unsere heutigen Kenntnisse über molekulargenetische Zusammenhänge lassen jedoch, auch ohne die obigen Tests, eine Auswahl geeigneter Loci zu: Wir suchen Loci, für die beide elterliche Allele mit unserer Untersuchungsmethode dargestellt werden können und die nicht im Zusammenhang mit einer Genfunktion stehen. Diese Auswahlkriterien garantieren eine einfache Auswertung der Untersuchungsergebnisse und legen die Zufälligkeit der Weitergabe von elterlichen Genen nahe. Darüber hinaus sollen verschiedene Loci auf verschiedenen Chromosomen lokalisiert sein, damit die elterlichen Allele verschiedener Loci unabhängig an die Nachkommen weitergegeben werden können (Mendels Unabhängigkeitsregel, 3. Regel).

Haben wir eine geeignete Auswahl an Loci gefunden, um die Identität von Personen oder die Verwandtschaft zwischen Personen zu prüfen, dann steht auch der Informationswert der ausgewählten Loci im Mittelpunkt des Interesses. Wiederum setzen die nachfolgenden Überlegungen voraus, dass elterliche Allele der Loci unabhängig voneinander weitergegeben wurden und ihre Genotypverteilungen einer Hardy-Weinberg-Verteilung folgen. Zunächst können wir fragen, wie groß die Wahrscheinlichkeit ist, dass zufällig zwei unverwandte Personen in einer Bevölkerungsgruppe die gleiche Genotypkombination tragen.

13.1.3 Gleichheit von Genotypen in einer Population

Die Wahrscheinlichkeit, dass zwei Genotypen in einer Hardy-Weinberg-Population gleich sind, ist

$$P_k = \sum_{i=1}^{N_k} p_i^4 + \sum_{i=1}^{N_k} \sum_{\substack{j=1 \\ i<j}}^{N_k} (2 p_i p_j)^2 \qquad (13.1)$$

und für mehrere Loci multiplizieren wir einfach die einzelnen Wahrscheinlichkeiten

$$P_{ID} = \prod_{k=1}^{M} P_k. \qquad (13.2)$$

Darüber hinaus geben die Allelhäufigkeiten der Loci in einer Bevölkerungsgruppe auch Auskunft darüber, wie sicher ein Mann mit einem bestimmten Genotyp von der Vaterschaft ausgeschlossen werden kann.

13.1.4 Allgemeine Vaterschaftsausschlusschance (AVACH)

Sei $p_{i,k}$ die Allelhäufigkeit am k-ten Locus, mit $k = 1, \ldots, M$ und $i = 1, \ldots, N_k$. Dann ist die allgemeine Ausschlusswahrscheinlichkeit A_k dieses Locus (d. h. wie sicher ein Mann mit dem k-ten Allel als Vater von einem Mutter-Kind-Paar in einer Bevölkerung ausgeschlossen werden kann)

$$A_k = \sum_{i=1}^{N_k} p_{i,k}(1 - p_{i,k})^2 - \sum_{i=1}^{N_k} \sum_{\substack{j=1 \\ j \neq i}}^{N_k} p_{i,k}^2 p_{j,k}^2 \left(2 - \frac{3}{2} p_{i,k} - \frac{3}{2} p_{j,k}\right). \qquad (13.3)$$

Damit gilt sofort, dass die Wahrscheinlichkeit, diesen Mann *nicht* ausschließen zu können, $(1 - A_k)$ ist. Betrachten wir alle Loci, dann müssen wir für die Berechnung der Gesamtwahrscheinlichkeit, dass wir die Person nicht ausschließen können, die Wahrscheinlichkeiten $(1 - A_k)$ von allen Loci miteinander multiplizieren. Wir erhalten die gesamte Ausschlusswahrscheinlichkeit A mit

$$A = 1 - \prod_{k=1}^{M} (1 - A_k). \qquad (13.4)$$

Die maximale Ausschlusswahrscheinlichkeit wird erreicht, wenn die Allelhäufigkeiten an jedem unserer Loci gleich groß sind (s. Weir 1996).

13.2 Analysen zur genetischen Identität

Die Molekulargenetik bietet uns für verschiedene Fragestellungen Methoden, die eine schnelle Untersuchung und die Feststellung der genetischen Zusammengehörigkeit von Personen mit großer Sicherheit gestatten. Die DNA bzw. der genetische Fingerabdruck, den eine Person hinterlässt und der mithilfe der heutigen Methoden erfasst werden kann, ist in den meisten Fällen so einmalig, dass nur

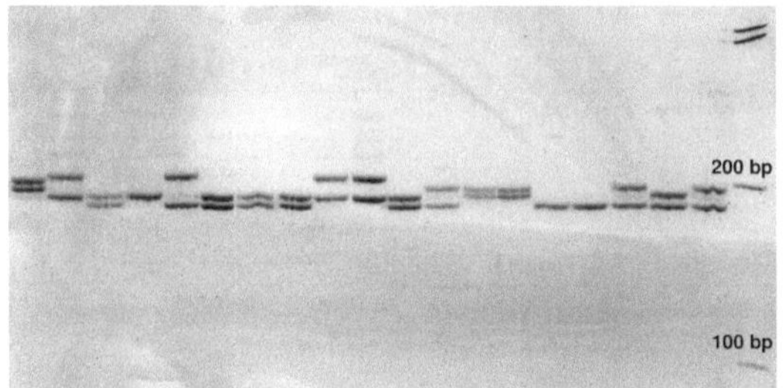

Abb. 13.2 Genotypische Variabilität eines Mikrosatelliten der Kohlmeisen (*Parus major*). Die Auftrennung erfolgte durch Polyacrylamid-Gelelektrophorese. In der rechten Spur wurde ein Längenmarker aufgetragen (Länge der DNA-Fragmente in Basenpaaren, bp)

im Fall von eineiigen Zwillingen keine eindeutige Zuordnung zu einer Person möglich ist. Trotz dieser Verbesserungen müssen wir aber mit unseren Schlussfolgerungen in einigen Fällen vorsichtig sein (s. Fall Jefferson).

Mit dem Verfahren der Polymerase-Kettenreaktion (s. ► Kap. 3) genügen bereits minimale DNA-Proben, um Personen genotypisieren zu können. Dagegen mussten früher ausreichend große Blutproben für die Analysen zur Verfügung stehen, wobei Menge und Qualität manches Mal grenzwertig waren. In der „Prä-PCR-Zeit" waren die gefundenen Spuren bei Gewaltdelikten oftmals so minimal, dass eine genetische Analyse mit den damals verfügbaren Methoden nicht möglich war. Heute reichen ein Abstrich der Mundschleimhaut oder auch ein benutzter Zigarettenfilter aus, um genügend DNA für die Genotypisierung einer Person zu gewinnen. Selbst altes, eingetrocknetes Probenmaterial kann noch untersucht werden, um nicht geklärte Delikte auch noch Jahre nach der Tat aufzuklären. Ein weiterer Vorteil unserer heutigen DNA-Techniken liegt darin, dass gereinigte DNA über die Jahre stabiler ist als Blutproben.

Für eine Vaterschaftsanalyse werden heute die beteiligten Personen an mehreren Mikrosatellitenloci genotypisiert. Deren große allelische Vielfalt erlaubt es, dass nur etwa 10 Loci untersucht werden müssen, um die gleiche Auflösung wie zuvor mit 30 Blutproteinen zu erhalten. Viele Mikrosatellitenloci haben mehr als 10 Allele, und der Heterozygotiegrad ist damit deutlich höher als bei Blutproteinen (Abb. 13.2). In den letzten Jahren kommen nun auch immer mehr die biallelischen SNP ins Gespräch, deren Genotypen für ein einzelnes Individuum an einer großen Anzahl von Loci bestimmt werden können. Die im Vergleich zu Mikrosatellitenloci geringe Allelzahl wird bei SNP-Analysen durch die Masse der Loci ausgeglichen (s. nachfolgender Abschnitt).

Tab. 13.4 Die Allelzahl und der erwartete Heterozygotiegrad von 9 Mikrosatellitenloci in der norditalienischen Bevölkerung (von Andreini et al. 2007). Die menschlichen Mikrosatelliten haben entsprechend einer internationalen Nomenklatur einen Identifizierungscode. Für nichtcodierende Marker wie D3S1358 gilt: *D* DNA, *3* 3. Chromosom, *S* einmaliges DNA-Segment, *1358* Identifikationsnummer. Mikrosatelliten, die mit einem Gen verbunden sind, werden meist mit einem Kürzel bezeichnet, das auf die Funktion des Gens hinweist: *vWA* Von-Willebrand-Faktor *A*, *FGA* Fibrinogen *α*

Locus	Allelzahl	Heterozygotie
D3S1358	7	0,798
vWA	7	0,798
FGA	13	0,859
D8S1179	9	0,816
D21S11	17	0,847
D18S51	14	0,872
D5S51	7	0,710
D13S317	8	0,785
D7S820	8	0,808

▪ Mikrosatellitenvariabilität und Single-nucleotide-Polymorphismus

Mikrosatellitenloci, die zur Genotypisierung von Individuen herangezogen werden, zeichnen sich durch eine große Anzahl von Allelen und einen hohen Heterozygotiegrad aus (Tab. 13.4, Abb. 13.2). Diese Eigenschaft gestattet, einzelne Individuen in einer Population genetisch zu charakterisieren; dabei müssen wir aber auch auf Mutationen achten, die die Ursache der großen Variabilität sind. Hohe Mutationsraten können auch Verwandtschafts- oder Stammbaumanalysen stören und zu Widersprüchen führen!

Tab. 13.5 Vergleich der möglichen Genotypkombinationen von 10 Mikrosatelliten und 10.000 SNP

Locus	Allelzahl/Locus	Genotypen/Locus	mögliche Anzahl von Genotypkombinationen
Mikrosatelliten	12	78	$78^{10} \approx 10^{19}$
SNP	2	3	$3^{10.000} \approx 2 \cdot 10^{4771}$

Nach und nach werden Mikrosatelliten durch SNP bei der Genotypisierung von Individuen verdrängt. Auch wenn die meisten SNP nur zwei Allele haben, so gleicht die Zahl der Loci, die in einem Untersuchungsschritt analysiert werden können, diese Informationsschwäche der einzelnen Loci bei Weitem aus (mehrere 10.000 und sogar mehr als 100.000 können in einem Experiment untersucht werden). Vergleichen wir die Genotypkombination von 10 Mikrosatelliten mit jeweils 12 Allelen mit 10.000 SNP, die zwei Allele tragen (Tab. 13.5), ergeben sich in beiden Fällen unglaublich große Zahlen für die möglichen Genotypkonstellationen. Schließlich bleibt allein die Entscheidung, welches Markersystem (► G) vom Zeitaufwand, den Kosten, aber auch mit der Laboreinrichtung untersucht werden kann.

13.2.1 Wichtige Vorbedingungen für die statistische Absicherung genetischer Befunde

Um Wahrscheinlichkeiten für die Zugehörigkeit einer Person zu einer Gruppe zu berechnen, brauchen wir Informationen über die Allelverteilungen von Loci in den jeweiligen Populationen. Die Genotyphäufigkeiten der einzelnen Loci müssen einer Hardy-Weinberg-Verteilung folgen (s. ► Kap. 5). Schließlich müssen unsere Loci noch unabhängig voneinander sein, das heißt, sie sollten möglichst auf verschiedenen Chromosomen lokalisiert sein (Mendels Unabhängigkeitsregel, 3. Regel). Am einfachsten ist, wenn wir nur Loci auf Autosomen in unseren Analysen wählen und sicherstellen, dass die Verteilung der Allele bei beiden Geschlechtern in der Bevölkerung gleich ist.

13.2.2 Vaterschaftsanalyse

Als kleinste Gruppe betrachten wir nun eine Familie, die aus Mutter und Kind sowie dem möglichen Vater des Kindes besteht – es handelt sich also um die einfachste Konstellation für eine Vaterschaftsanalyse.

> Findet man einen Locus, der einen Widerspruch zur Vaterschaft zeigt, bezeichnet man dies als **singulären Ausschluss.** Ein solcher Ausschluss ist allerdings nicht beweiskräftig, da wir Mutationsereignisse bei allen unseren genetischen Analysen mit einbeziehen müssen. Soll ein Mann von der Vaterschaft ausgeschlossen werden, dann muss dieser Ausschluss naheliegenderweise an mehreren Loci beobachtet werden. Die Wahrscheinlichkeit ist gering, dass an mehreren unabhängigen Loci gleichzeitig Mutationen aufgetreten sind. So wird ein Beschuldigter bei einem Ausschluss an mehr als zwei Loci nicht mehr verdächtigt.

In jedem Routinetest, bei dem wir Mikrosatelliten verwenden, müssen wir uns zunächst aus Zeit- und Kostengründen mit einer begrenzten Anzahl von Loci begnügen. Im Fall, dass wir mit unserer Auswahl von Loci kein Für oder kein Wider belegen können, muss und kann die Anzahl von Loci ohne Probleme erhöht werden. Können wir einen eindeutigen Ausschluss beweisen, dann sind natürlich keine weiteren statistischen Überlegungen notwendig. Falls dies nicht erreicht werden kann, muss mit einer möglichst großen Wahrscheinlichkeit eine Vaterschaft belegt werden, z. B. mit 99,99 % – d. h. nur einer von 10.000 Männern ist mit der gegebenen Mutter-Kind-Konstellation genotypisch verträglich. Somit endet, falls wir ein Individuum nicht ausschließen können, unsere genetische Analyse in einem statistischen Verfahren, das die Wahrscheinlichkeit angibt, mit der ein männlicher Proband dem Mutter-Kind-Paar als Erzeuger zugeordnet werden kann.

■ Theorie zur Vaterschaftsanalyse

Unsere Vorgehensweise ist, dass wir zunächst einmal feststellen, wie häufig eine vorgegebene genotypische Kombination von Mutter-Kind in einer Population zufällig beobachtet werden kann. Zum Beispiel habe die Mutter den Genotyp AB und ihr Kind sei AC. Natürlich muss der mögliche Vater Träger des Allels C sein; Männer ohne dieses Allel sind natürlich von der weiteren Berechnung ausgeschlossen! Wir nehmen an, der beschuldigte Mann habe den Genotyp BC, und die Allelhäufigkeiten in unserer Population seien p_A, p_B und p_C. Damit findet sich der mütterliche Genotyp mit der Wahrscheinlichkeit $2p_Ap_B$ (die Häufigkeit des heterozygoten Genotyps AB nach der Hardy-Weinberg-Regel). Die Mutter gibt zufällig eines ihrer beiden Allele A oder B an ihr Kind weiter. Dass dieses Allel des Kindes mit einem väterlichen C-Allel kombiniert wird, passiert mit der Populationshäufigkeit p_C. Fassen wir die einzelnen Schritte zusammen, dann ergibt sich für unsere Mutter-Kind-Konstellation eine Wahrscheinlichkeit, diese in der Population zufällig vorzufinden, von

$$2p_A p_B \cdot \frac{1}{2} \cdot p_C = p_A p_B p_C. \qquad (13.5)$$

Die Wahrscheinlichkeit Y, dass wir rein zufällig aus der Population sowohl die Mutter-Kind-Genotypkombination AB-AC mit Wahrscheinlichkeit $p_Ap_Bp_C$ wie auch ein männliches Individuum mit dem Genotyp BC mit seiner Häufigkeit in der Population $2p_Bp_C$ auswählen, ist

$$Y = p_A p_B p_C \cdot 2p_B p_C = 2p_A p_B^2 p_C^2. \qquad (13.6)$$

Wir berechnen also zunächst die Wahrscheinlichkeit des Ereignisses, dass zufällig eine genotypisch verträgliche Kombination von Mutter-Kind und nichtverwandtem Mann gefunden wird. Naheliegenderweise berechnen wir im nächsten Schritt die Möglichkeit, dass ein Mann tatsächlich der biologische Vater ist, das heißt, wir berechnen die Wahrscheinlichkeit X, dass sich eine Mutter mit Genotyp AB und ein Vater mit Genotyp BC zufällig in der Population finden und die Mutter das A-Allel und der Vater das C-Allel an ihr Kind weitergeben.

$$X = (2p_A p_B \cdot \frac{1}{2}) \cdot (2p_B p_C \cdot \frac{1}{2}) = p_A p_B^2 p_C. \qquad (13.7)$$

Der letzte Schritt unserer Berechnung ist einfach. Wir überprüfen nun, wie häufig in einer Population das Ereignis einer tatsächlichen Vaterschaft X im Verhältnis zur Wahrscheinlichkeit einer zufälligen Kombination von Mutter-Kind mit einem nichtverwandten Mann Y ist. Der **Vaterschaftsindex** (▶ G, „paternity index") PI ist

$$PI = \frac{X}{Y} = \frac{p_A p_B^2 p_C}{2p_A p_B^2 p_C^2} = \frac{1}{2p_C}. \qquad (13.8)$$

Der Vaterschaftsindex verändert sich natürlich in Abhängigkeit von den Mutter-Kind-Genotypen und dem Genotypus des Mannes. Entsprechend den Hardy-Weinberg-Häufigkeiten müssen die elterlichen Genotypen gewählt werden; und in Abhängigkeit vom jeweiligen Genotyp muss die Wahrscheinlichkeit, dass ein bestimmtes Allel an das Kind weitergeben wird, berücksichtigt werden (homozygote Mütter können nur eine Allelform weitergeben – also geht der Weitergabefaktor von 1 in unsere Formel ein).

Für m Loci gilt, dass der Gesamtindex PI_G gleich dem Produkt der einzelnen Vaterschaftsindizes PI_k ist

$$PI_G = \prod_{k=1}^{m} PI_k, \qquad (13.9)$$

wobei $k = 1, \ldots, m$ ist.

Wir wägen mit unserem Quotienten die Wahrscheinlichkeit des Auftretens einer mit der einer anderen Möglichkeit (Hypothese) ab. In der Statistik wird ein solches Verhältnis als Likelihood-Ratio bezeichnet. Dabei muss man jedoch bedenken, dass „likelihood" im Deutschen auch mit „Wahrscheinlichkeit" übersetzt wird. Im vorliegenden Fall haben wir ein Verhältnis, das nur beschreibt, wie häufig ein Zustand in der Population im Vergleich zu einem anderen ist! Essen-Möller (1938) schlug einen Weg vor, den Vaterschaftsindex eines Locus in eine Wahrscheinlichkeit zu transformieren

$$W_k = \frac{X_k}{X_k + Y_k} = \frac{PI_k}{1 + PI_k}, \quad (13.10)$$

wobei X_k, Y_k und PI_k die Parameter des k-ten Locus sind. Für mehrere Loci ergibt sich eine Gesamtwahrscheinlichkeit W_G von

$$W_G = \frac{PI_G}{1 + PI_G}. \quad (13.11)$$

Finden wir weitere nichtgenetische Hinweise, die für oder gegen die Vaterschaft eines Mannes sprechen und können wir dies mit einer Vorabwahrscheinlichkeit (A-priori-Wahrscheinlichkeit) p belegen, dann gilt

$$W_{G,p} = \frac{p \cdot PI_G}{1 - p + p \cdot PI_G}. \quad (13.12)$$

Für Vaterschaftsanalysen wird allerdings stets empfohlen, keine der Hypothesen zu bevorzugen. Das heißt, wir wählen $p = 0{,}5$ und damit auch die einfache Gl. (13.11).

■ Rechenbeispiel für eine einfache Vaterschaftsanalyse

Informationen über Allelhäufigkeiten von Mikrosatellitenloci innerhalb lokaler Populationen werden immer mehr zugänglich. So beschreibt eine Veröffentlichung die Allelhäufigkeiten von neun Loci in Stichproben aus der nord- und süditalienischen Bevölkerung (Andreini et al. 2007). Solch detaillierte Schätzungen lassen eine präzisere Aussage zur Zugehörigkeit von Personen zu, basieren doch unsere Wahrscheinlichkeitsberechnungen auf Häufigkeiten in einer Bevölkerung. Aus der ► Gl. 12.8 wird ersichtlich, dass der Vaterschaftsindex groß wird, wenn das fragliche Allel, das von einem möglichen Vater an sein Kind weitergegeben wurde, eine geringe Häufigkeit hat. Für unser Beispiel werden wir die Allelhäufigkeiten in der italienischen Bevölkerung verwenden (◘ Tab. 13.6).

Trotz der geringen Unterschiede zwischen den einzelnen Allelhäufigkeiten unterscheiden sich die beiden Populationen in ihrer genetischen Struktur (s. Andreini et al. 2007). Wir nehmen nun an, dass eine norditalienische Mutter einen süditalienischen Mann als Erzeuger ihrer beiden Kinder angibt. Die genotypische Analyse der vier Personen ergibt:
Mutter:11/13,
Kind-1:13/13,
Kind-2:13/15,
Mann:13/15.

◘ Tab. 13.6 Allelhäufigkeiten eines Mikrosatellitenlocus in der nord- und süditalienischen Bevölkerung (nach Andreini et al. 2007). Norditalien $n = 139$ Personen, Süditalien $n = 150$ Personen

Allel	Häufigkeit	
	Norditalien	Süditalien
8	0,004	0,010
9	0,047	0,040
10	0,061	0,060
11	0,306	0,380
12	0,399	0,327
13	0,176	0,163
14	0,007	0,017
15	–	0,003

Folgen wir der ► Gl. 13.8, erhalten wir im Fall des ersten Kindes einen Vaterschaftsindex $PI_{D5S818} = 1/2p_{13} = 1/(2 \cdot 0{,}163) = 3{,}062$ und eine Wahrscheinlichkeit für die Vaterschaft $W_{D5S818} = 3{,}062/(1 + 3{,}062) = 0{,}754$.

Das seltene Allel 15 des Mannes findet also keine Berücksichtigung in unserer bisherigen Berechnung! Offensichtlich reicht ein einzelner Locus noch nicht für eine sichere Bewertung aus. Beim zweiten Kind kommt bei der Berechnung die Seltenheit des väterlichen Allels 15 zum Tragen: $PI_{D5S818} = 151{,}515$ und $W_{D5S818} = 0{,}993$.

In einer kleinen Tabelle können die Ergebnisse zusammengefasst werden (◘ Tab. 13.7). Weiterhin kann in Tabellenform festgehalten werden, wie groß der Anteil von Männern in der Population ist, die nicht als Väter in Frage kommen; d.h. wie viele Männer in der Bevölkerung tragen nicht das Allel 13 bzw. 15. Natürlich wird alles unter der Vo-

Tab. 13.7 Die Einzelergebnisse unseres Gutachtens für den Locus D5S818. Der Anteil Männer in der Population, die nicht das väterliche Allel am betrachteten Locus tragen, ist mit AVACH (**A**llgemeine **V**aterschafts**a**usschluss**ch**ance) angegeben

	Väterliches Allel	Vaterschaftsindex	Essen-Möller-Wert	AVACH
Kind-1	13	3,062	0,754	70,01
Kind-2	15	151,515	0,993	99,40

raussetzung berechnet, dass Hardy-Weinberg-Proportionen vorliegen.

Problemfall

Ein beschuldigter Mann besteht darauf, dass sein Bruder der biologische Vater ist. Der Bruder und die Eltern der beiden Brüder stehen nicht für eine Untersuchung zur Verfügung. Können wir nun diesen Fall klären? Die Vorgehensweise ist wie in unserem einfachen Ansatz: Der Genotyp des zunächst Beschuldigten sei gegeben und wir wissen aus den Untersuchungen von Mutter und Kind, welches Allel des Kindes von seinem Vater stammen muss. Zunächst können wir die Wahrscheinlichkeit berechnen, dass der Beschuldigte der Vater ist. Dann geht in die weitere Berechnung nur noch ein, mit welcher Wahrscheinlichkeit das väterliche Allel des Kindes vom beschuldigten Mann stammen kann (0,5 bei einem heterozygoten Mann und 1,0 beim homozygoten Genotyp). Für die Vaterschaftswahrscheinlichkeit des Bruders müssen wir die möglichen Genotypen von dessen Eltern berücksichtigen. In diese Betrachtung fließt der Genotyp des Bruders, aber auch die allelische Variation in der Population ein (wir kennen ja die Genotypen der Eltern nicht und müssen von allen möglichen Genotypkombinationen ausgehen!). Schließlich müssen wir einen brüderlichen Genotyp konstruieren, der auch mit dem Kind verträglich ist. Am Ende können wir wieder einen Likelihood-Quotienten angeben, der die beiden Hypothesen (Bruder gegen Bruder) in Relation setzt. Doch sei Vorsicht geboten! Hier entsteht eine Situation, die zu einem Fehlschluss führen kann. Es hilft nicht zu sagen, dass ein Bruder mit größerer Wahrscheinlichkeit der Vater des Kindes ist als der andere. Allgemein gilt, dass es keine Rolle spielen darf, ob ein Individuum eine Wahrscheinlichkeit von 0,99 oder von 0,90 hat – beide Fälle sind sehr gut möglich. Was in solchen Fällen bleibt, ist die Untersuchung von weiteren Loci, bis eine Person sicher ausgeschlossen werden kann. Erinnern wir uns an die Definition des Verwandtschaftsgrads (s. ► Kap. 5). Geschwister haben eine genetische Ähnlichkeit über alle autosomale Loci von 50 %. Dies heißt auch, dass mit der heutigen Vielzahl von variablen Loci, die uns für unsere Untersuchungen zur Verfügung stehen, sicher einer der Brüder ausgeschlossen werden kann. Allerdings kann bei Fällen, in denen mehrere eng verwandte Personen involviert sind, es in der Tat zu einem vielfach erhöhten Untersuchungsaufwand kommen.

Ein weiteres Beispiel eines einfachen Falls der Vaterschaftsanalyse

Es wird ein Locus untersucht, an dem unter anderem die Allele A und C gefunden wurden. Wir nehmen an, dass eine Mutter einen Mann beschuldigt, der Vater ihres Kindes zu sein. Die Mutter habe den Genotyp AA, das Kind AC und der Mann CC. Die Allele liegen mit den Häufigkeiten p_A und p_C in der Population vor.

Zufällig werden wir unsere beobachtete Mutter-Kind-Kombination mit $(p_A^2 \cdot 1) \cdot p_C$ in der Population vorfinden (Der mütterliche Genotyp hat die Häufigkeit p_A^2. Die Mutter kann nur das Allel A weitergeben, und daher wird die Genotyphäufigkeit mit 1 multipliziert. Das väterliche Allel C kommt mit einer Häufigkeit p_C in der Population vor). Somit gilt, dass unsere Mutter mit Kind (AA und AC) in Kombination mit einem nichtverwandten Mann (CC) zufällig mit einer Häufigkeit Y

$$Y = (p_A^2 \cdot p_C) \cdot p_C^2 = p_A^2 \cdot p_C^3 \tag{13.13}$$

in der Population auftritt, wobei p_C^2 die Häufigkeit des CC-Genotyps ist. Jetzt gilt es noch, unter der

Voraussetzung, dass der unter Verdacht stehende Mann der Vater ist, die Wahrscheinlichkeit für die Mutter-Kind-Vater-Kombination zu berechnen. Beide Eltern können nur eine Allelform an ihr Kind weitergeben, daher gilt

$$X = (p_A^2 \cdot 1) \cdot (p_C^2 \cdot 1) = p_A^2 \cdot p_C^2. \quad (13.14)$$

Unser Vaterschaftsindex *PI* ist

$$PI = \frac{X}{Y} = \frac{p_A^2 \cdot p_C^2}{p_A^2 \cdot p_C^3} = \frac{1}{p_C} \quad (13.15)$$

Der *PI*-Wert ist also beim homozygoten Mann doppelt so groß wie bei einem heterozygoten Mann (vergleiche mit ► Gl. 13.8).

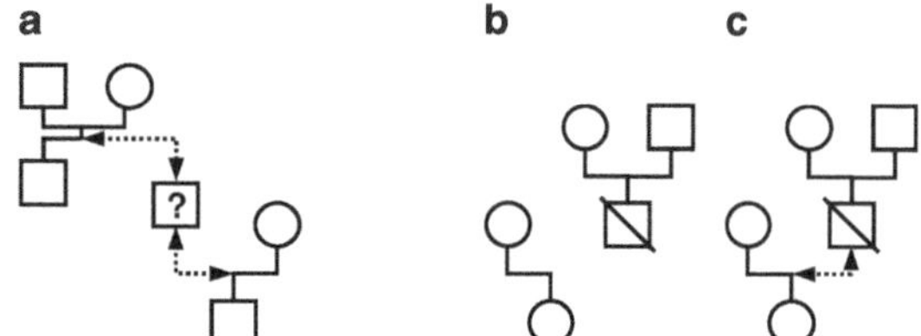

Abb. 13.3 **a** Eine aufgefundene männliche Person (?) wird möglichen Verwandten zugeordnet (*gestrichelte* Verbindungslinie), um die Wahrscheinlichkeit der Familienzugehörigkeit zu ermitteln. **b** und **c** Defizienzfall: Die Eltern eines möglichen Vaters können untersucht werden, jedoch nicht der Sohn. Zwei Hypothesen werden verglichen. **b** In der Bevölkerung finden wir eine zufällige Kombination von Mutter-Kind und den vermeintlichen Großeltern. **c** Die Eltern des Mannes sind tatsächlich die Großeltern des Kindes

▪ Forensische Fragestellungen

Neben der Täterermittlung, bei der die am Tatort gefundenen genetischen Spuren mit dem genetischen Profil der möglichen Täter verglichen werden, muss oftmals überprüft werden, ob eine aufgefundene Person mit einer Person, die in der Vermisstenliste geführt wird, identisch ist. Ist relativ intakte DNA vorhanden und gibt es noch lebende Verwandte der Person, dann können wir wie bei unseren Vaterschaftsgutachten vorgehen (◘ Abb. 13.3a).

In der Forensik genügt in manchen Fällen ein beschreibender Vergleich genetischer Muster; d. h. dass nicht mit Wahrscheinlichkeiten argumentiert wird, sondern es genügt die Feststellung, dass eine Übereinstimmung vorliegt. In solchen Fällen kann man sich auch mit einem klassischen Multilocus-Fingerprint begnügen (s. ► Kap. 3). Dieses Verfahren ist wegen seiner Einschränkungen in der genetischen Interpretation bei Vaterschaftsgutachten in Deutschland allerdings nicht zugelassen!

▪ Defizienzfälle

A) Ein möglicher Vater kann nicht untersucht werden, doch dessen Eltern stehen für eine genetische Untersuchung zur Verfügung. Das Vorgehen bei einem solchen Defizienzfall entspricht ebenfalls der Vorgehensweise wie beim einfachen Vaterschaftsgutachten. Zunächst werden die vermeintlichen Großeltern und die Mutter mit ihrem Kind an mehreren Loci genotypisiert. Danach wird berechnet, wie häufig eine Genotypkonstellation, wie sie bei den Eltern des Mannes gefunden wurde, zufällig in der Population auftritt. Ebenso stellen wir fest, wie wahrscheinlich die Genotypkombination von Mutter und Kind ist. Das Produkt beider Wahrscheinlichkeiten ergibt die Wahrscheinlichkeit Y, dass die beobachteten Genotypkombinationen von den Eltern des Mannes und von der Mutter mit ihrem Kind zufällig aus der Bevölkerung ausgewählt wurden – dass also keine verwandtschaftlichen Beziehungen bestehen (◘ Abb. 13.3b). Schließlich nehmen wir an, dass die Eltern des Mannes die Großeltern des Kindes sind (◘ Abb. 13.3c). In diese Betrachtung fließt nun die Wahrscheinlichkeit ein, dass von den Großeltern das väterliche Allel an das Kind weitergegeben wurde – der mögliche Genotyp des Vaters wird mithilfe seiner elterlichen Genotypen konstruiert. Aus diesen Überlegungen resultiert die Wahrscheinlichkeit der Verwandtschaft von Kind und Großeltern X. Am Ende unseres Verfahrens müssen wir nur noch den Vaterschaftsindex und den Essen-Möller-Wert berechnen.

B) Der Vater einer Familie ist verstorben, und neben seiner Frau und seinen ehelichen Kindern macht eine weitere Frau für ihr Kind Ansprüche geltend (◘ Abb. 13.4). Mit unserem Test wollen wir herausfinden, ob die Nachkommen tatsächlich Halbgeschwister oder nicht miteinander verwandt sind. Natürlich müssen hierfür viele Loci untersucht werden. Doch

Abb. 13.4a,b Defizienzfall – neben den Erben der Familie eines Mannes werden weitere Erbansprüche geltend gemacht. **a** Die genetische Verträglichkeit von Verstorbenem und dem nichtehelichen Mutter-Kind-Paar sind zufällig. **b** Der Verstorbene ist der Vater eines nichtehelichen Kindes

welche Stolpersteine können auf dem Weg zur Feststellung der Vaterschaft liegen? Gerade bei Defizienzfällen, bei denen die Vaterschaft von außerehelichen Kindern festgestellt werden soll, müssen wir Vorsicht walten lassen, wenn wir die Verwandtschaft von Halbgeschwistern belegen wollen – es könnten sich ja auch unter den ehelichen Kindern sog. Kuckuckskinder, also Halbgeschwister, befinden! Daher müssen wir zuerst das Verwandtschaftsverhältnis von einzelnen Geschwistern analysieren und erst anschließend die gesamte Gruppenstruktur berücksichtigen.

Probleme der Abstammung beschäftigen uns ebenfalls bei der Analyse von Stammbäumen, wenn das Risiko für eine Erbkrankheit besteht oder wenn wir bei einer Kopplungsanalyse mithilfe von Familien auf der Suche nach Genen sind (s. ► Kap. 12). Wir müssen stets überprüfen, ob die Genotypen der Eltern und Kinder verträglich sind – und damit unsere Analyse auch verlässlich ist.

Glossar

Allel Die DNA-Sequenz eines bestimmten DNA-Abschnitts des Genoms. Dieser Abschnitt kann codierend (Gen) oder auch willkürlich gewählt sein (Locus). Unterscheiden sich die DNA-Abschnitte homologer Chromosomen, dann sprechen wir auch von allelischer Variation. Zum Beispiel gibt es beim Menschen den Genort für die Hauptblutgruppe AB0. Dieser Genort kann entweder die Erbinformation A, B oder 0 tragen und so geben unsere Eltern an uns entweder das Allel A, Allel B oder Allel 0 weiter.

erbbiologisches Gutachten In einem Gutachten wird überprüft, welche äußeren, körperlichen Merkmale von Personen eine verwandtschaftliche Beziehung belegen oder widerlegen (z. B. Nasen-, Ohrenformen oder Augen- und Kinnpartien).

Haplotyp Kombination von Allelen (► G) verschiedener Loci, die in einem bestimmten Chromosomenabschnitt liegen.

heterozygot, Heterozygotie Die elterlichen Erbinformationen eines Individuums für ein bestimmtes Merkmal (homologer Chromosomenabschnitt) sind unterschiedlich.

Homozygotie Die elterlichen Erbinformationen eines Individuums für ein bestimmtes Merkmal (homologer Chromosomenabschnitt) sind gleich.

Kerngenom Die genetische Information, die auf den Chromosomen des eukaryotischen Zellkerns gespeichert ist.

Kodominanz Verschiedene elterliche Allele (► G) eines Locus tragen in gleichem Maß zur Ausbildung eines Merkmals bei.

Markerlocus Ein bestimmter Locus, der nicht direktes Ziel unserer Forschung ist, sondern dazu dient, andere Zusammenhänge (z. B. Verwandtschaft, Kopplung zu benachbarten Genen) aufzudecken.

Markersystem Auswahl von Markerloci (► G) für eine Studie.

Mikrosatellit Ein kurzes Basenmotiv (1–10 Basen), das tandemartig wiederholt wird (z. B. CAGCAGCAGCAGCAG). Die Basenzahl von 1–10 ist nicht festgeschrieben, je nach Literaturstelle finden wir andere Angaben, doch alle Definitionen bewegen sich um maximal 10 Basen(► Minisatellit).

Minisatellit Ein Basenmotiv von etwa 15–65 Basenpaaren, das tandemartig wiederholt wird. Ebenso wie bei Mikrosatelliten sind die Zahlen nicht festgeschrieben. Die Wiederholungsmotive eines Minisatelliten zeigen nicht mehr die weitgehende Übereinstimmung der Mikrosatellitenmotive.

Proteinlocus Locus, der für ein Protein codiert.

pseudoautosomale Region Die strukturell unterschiedlichen Geschlechtschromosomen (Gonosomen) einer Art besitzen Chromosomenabschnitte, die sich entsprechen (homolog) und damit für die korrekte Paarung während der Meiose wichtig sind. Diese Regionen verhalten sich wie Autosomen und können auch rekombinieren.

Serologie Ein Teilgebiet der Immunologie, das sich mit Antigen-Antikörper-Reaktionen des Bluts beschäftigt.

Single-nucleotide-Polymorphismus ► SNP.

SNP Abkürzung von „**s**ingle **n**ucleotide **p**olymorphism". Homologe Chromosomen tragen an einer bestimmten Basenposition unterschiedliche Erbinformationen (Nukleotide). Genügen die Häufigkeiten der Basen unserer Definition eines Polymorphismus (► G), dann sprechen wir von SNP (im Deutschen *Snip* ausgesprochen).

Vaterschaftsindex Das Verhältnis zwischen den Wahrscheinlichkeiten einer bestimmten Familienstruktur mit ihren gegebenen Genotypen und der Genotypkombination von Mutter-Kind sowie dem Genotyp eines genetisch verträglichen Mannes, wie sie zufällig in der Population vorkommen.

Aufgaben

Aufgabe 1. Selbst wenn alle Voraussetzungen für die genetischen Untersuchungen gegeben sind, in welchem Fall führt ein Vaterschaftsgutachten selten zum Erfolg?

Aufgabe 2. Genügt bei einem Vaterschaftsgutachten allein ein genetischer Beweis?

Aufgabe 3. Ist es für den Nachweis oder das Widerlegen der Vaterschaft eines Mannes hilfreich, wenn das Kind eine seltene Genotypkonstellation trägt? (Begründung!)

Aufgabe 4. Wie viele Mikrosatellitenloci werden heute für eine Vaterschaftsanalyse herangezogen und wie begründet sich diese Zahl?

Aufgabe 5. Wir wollen die Verwandtschaft mit einer mütterlichen Urahnin herleiten, können aber nur auf die heute lebenden Personen zurückgreifen. Welches Markersystem wählen wir? (Begründung!)

Aufgabe 6. Wir finden an einem Locus einen Ausschluss der Mutterschaft. Wie kann dies erklärt werden, und was muss getan werden?

Computerprogramme

Mit Excel (Microsoft Office) können für einfache Vaterschaftsfälle, aber auch für Defizienzfälle (die Genotypen der Eltern des vermeintlichen, aber fehlenden Vaters sind feststellbar) die Berechnungen durchgeführt werden.

Prof. Dr. Michael Krawczak (Universität Kiel, Institut für Medizinische Informatik und Statistik) stellt kostenlos das Programm EASYPAT (▶ http://www.uni-kiel.de/medinfo/mitarbeiter/krawczak/download/easypat.exe) mit der zugehörigen Dokumentation zur Analyse von Einzellocusdaten zur Verfügung. Dieses Programm berücksichtigt drei verschiedene Konstellationen von Verwandtschaftsbeziehungen: (i) Elternschaft vs. Nichtelternschaft bei Eltern-Kind-Paaren, (ii) Vaterschaft in Trios von Mutter-Kind und möglichem Vater sowie (iii) Vollgeschwister vs. Halbgeschwister in Trios mit zwei Kindern und einem Elternteil.

PC-Programme, die alle möglichen Szenarien berücksichtigen können, sind leider nicht frei verfügbar. Programme, die spezielle Fälle der Forensik bearbeiten können, sind darüber hinaus sehr teuer!

Literatur

Andreini E, Frison S, Longhi E, Torelli R, de Frazio N, Poli F (2007) Allele frequencies for nine STR loci (D3S1358, vWA, FGA, D8S1179, D21S11, D18S51, D5S818, D13S17, D7S820) in the Italian population. Forensic Sci Inter 168:e13–e16

Essen-Möller E (1938) Die Beweiskraft der Ähnlichkeit im Vaterschaftsnachweis; theoretische Grundlagen. Mitt Anthrop Gesell (Wien) 68:9

Foster EA, Jobling MA, Taylor PG, Donnelly P, de Knijff P, Mieremet R, Zerjal T, Tyler-Smith C (1998) Jefferson fathered slave's last child. Nature 396:27–28

Harris H (1966) Enzyme polymorphisms in man. Proc Royal Soc London 164B:298–310

Weir BS (1996) Genetic Data Analysis II. Sinauer, Sunderland, Massachusetts, USA

Genetik von Stoffwechselkrankheiten und multifaktoriellen Erkrankungen

Jürgen Tomiuk, Volker Loeschcke

J. Tomiuk, V. Loeschcke, *Grundlagen der Evolutionsbiologie und Formalen Genetik*,
DOI 10.1007/978-3-662-49685-5_14,

Proteine und einige RNA-Moleküle sind die „Exekutivorgane der genetischen Information" und bestimmen das Wachstum, die Zelldifferenzierung, den Stoffwechsel, die Immunabwehr, Bewegung und Reproduktion von lebenden Organismen. Der zelluläre Stoffwechsel (**Metabolismus**) stellt einem Organismus zunächst die Energie zur Verfügung, die zum Aufbau und zur Erhaltung von Strukturen des gesamten Organismus notwendig ist. In vielen kleinen Einzelschritten werden Nukleinsäuren, Aminosäuren, Proteine, Hormone, Kohlenhydrate und Fette aufgebaut, modifiziert und wieder abgebaut. Diese einzelnen Reaktionsschritte werden von Enzymen vollzogen. Enzyme sind Proteine, hiervon ausgenommen sind die RNA-Moleküle, die molekulargenetische Prozesse beeinflussen. Jedes **Enzym** baut sehr genau kontrolliert einen bestimmten Ausgangsstoff (**Substrat**) in ein neues **Produkt** um, indem es die Aktivierungsenergie für diese biochemische Reaktion absenkt und dadurch erleichtert oder sogar erst ermöglicht (▶ Katalyse), ohne dass es dadurch eine strukturelle Veränderung erfährt (◘ Abb. 14.1). Ebenso wie andere Proteine werden Enzyme von Genen codiert und damit können Mutationen zu Struktur- und Funktionsveränderungen von Enzymen führen. Naheliegenderweise dürfen Mutationen die spezifische Funktion eines Enzyms nicht derart verändern, dass Stoffwechselvorgänge gestört werden. Doch die meisten der beobachteten Varianten eines Enzyms haben trotz struktureller Veränderungen eine ausreichende Enzymaktivität erhalten und können ihren Aufgaben im Stoffwechsel nachkommen. Die selektionsneutrale allelische Variation eines Enzymlocus lässt uns mehrere strukturelle Varianten des Enzyms beobachten, die alle dieselbe Substrat-Produkt-Reaktion katalysieren (▶ Allozyme). Enzyme, die von verschiedenen Loci codiert werden, doch die gleiche Reaktion kontrollieren, nennen wir **Isozyme** (▶ G).

Die große Gruppe der Enzyme teilen wir aufgrund ihrer katalytischen Funktionen und mithilfe eines numerischen Ordnungssystems in Untergruppen ein, dabei weisen wir jedem Enzym einen Zahlencode zu, die „enzyme commission number" (EC-Nummer; NC-IUBMB 1992): Zunächst werden Enzyme in sechs biochemische Funktionsklassen eingeteilt: 1. Oxidoreduktasen (▶ G), 2. Transferasen (▶ G), 3. Hydrolasen (▶ G), 4. Lyasen (▶ G), 5. Isomerasen (▶ G) und 6. Ligasen (▶ G). Die einzelnen Funktionsklassen werden dann noch anhand der beteiligten Stoffe und der Strukturen des Substratmoleküls weiter unterteilt. Zum Beispiel gibt es im Alkoholstoffwechsel mehrere Enzyme (Alkoholdehydrogenasen, ADH), die einen Umbau von Alkoholen bewerkstelligen: Eine ADH-Variante benötigt das **Koenzym** (▶ G) NAD als Energieträger, eine andere ADH das Koenzym NADP für ihre Aktivität, und entsprechend trägt die NAD-abhängige ADH die EC-Nummer 1.1.1.1 und die NADP-abhängige ADH die EC-Nummer 1.1.1.2.

14.1 Stoffwechselkrankheiten

Angeborene Stoffwechselkrankheiten haben ihre Ursache in Mutationen, die zu Veränderungen in Proteinen führen und damit eine Fehlfunktion im Stoffwechsel verursachen (◘ Abb. 14.1). In manchen Fällen reicht schon eine kleine Veränderung in der Proteinstruktur aus, um die Funktion oder den Umbau eines Proteins zu stören. Beispiele hierfür sind die Sichelzellanämie (▶ G) und Polyglutaminerkrankungen (▶ G). Im Fall der Sichelzellanämie führte eine Punktmutation im Gen der kurzen β-Hämoglobinkette zur Erkrankung. Das sechste Codon des Gens mutierte von CTT zu CAT, sodass wir in der β-Untereinheit des Hämoglobins an der sechsten Position der Aminosäurekette anstatt der Glutaminsäure das Valin vorfinden (▶ Hämoglobin). Diese kleine Abänderung der Erbinformation führt zu erheblichen strukturellen und funktionellen Veränderungen des Hämoglobins. Die genetischen Veränderungen bei Polyglutaminerkrankungen sind etwas umfangreicher. Im codierenden Bereich von einigen Genen finden wir variable Abschnitte, die für eine Abfolge von mehreren Glutaminen codieren (z. B. CAGCAGCAGCAACAGCAGCAG). Überschreitet die Länge der Glutaminketten in solchen Proteinen eine bestimmte Anzahl, führt dies zu pathologischen Eigenschaften der Proteine (s. ▶ Kap. 18). Im Weiteren wollen wir wegen ihrer zentralen Bedeutung im Stoffwechsel auf Fehlfunktionen von Enzymen (▶ Enzymdefizienz) eingehen.

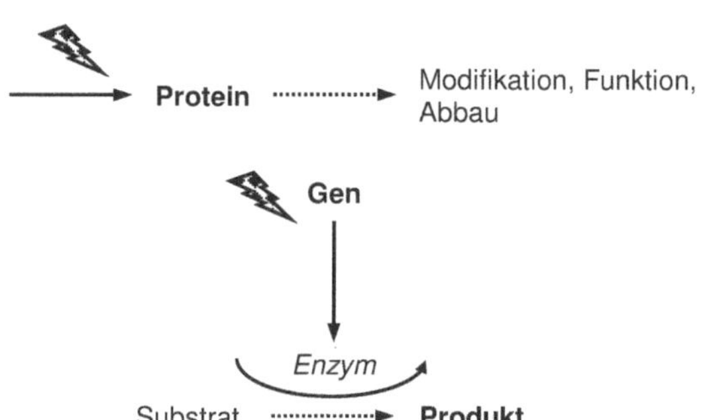

■ **Abb. 14.1** Mutationsbedingte Störungen des Stoffwechsels (*gepunktete Linien*). *Blitze* stehen für Mutationsereignisse

■ **Tab. 14.1** Enzymdefekte im Phenylalanin- und Tyrosin-Stoffwechsel. Die Ziffern entsprechen denen in Abb. 14.2

Enzym	Stoffwechselkrankheit
Phenylalaninhydroxylase (1)	Phenylketonurie (PKU)
Tyrosinase (2)	Albinismus
Dioxygenase (3)	Tyrosinämie (► G)
Iodidperoxidase (4)	Kretinismus (► G)
Homogentisatoxidase (5)	Alkaptonurie

14.1.1 Enzymdefizienzen

Eine Mutation vermag die Funktion eines betroffenen Enzyms so stark herabzusetzen, dass das Substrat nicht mehr ordnungsgemäß verarbeitet werden kann. Diese Enzymdefizienz hat somit einen „Produktionsstau" zur Folge, falls im Stoffwechsel keine alternativen Katalysewege gegeben sind. Da wir im Falle eine autosomalen Erbgangs immer zwei elterliche Varianten eines Enzyms haben, reicht in vielen Fällen eine elterliche funktionstüchtige Variante, um einen reibungslosen Ablauf des Stoffwechselprozesses zu gewährleisten. In solchen Fällen beobachten wir also einen rezessiven Erbgang. Die Stammbäume von Familien betroffener Personen sehen daher häufig „unauffällig" aus, und nur einige Nachkommen von miteinander verwandten Elternpaaren fallen auf. Dagegen ist im Fall eines geschlechtsgekoppelten rezessiven Erbgangs bei einer unauffälligen Überträgerin die Hälfte der männlichen Nachkommen von der Enzymdefizienz betroffen (s. ► Kap. 3). Ein wenig komplizierter wird es noch, wenn verschiedene rezessive allelische Varianten mit einer verminderten Funktion eines Enzyms in einer Bevölkerung vorhanden sind. Treffen zwei solche Varianten zufällig aufeinander, dann sprechen wir von einer zusammengesetzten Heterozygotie („**compound heterozygosity**", ► G); dieser Zustand führt ebenfalls zu einer Enzymdefizienz.

Das Konzept eines angeborenen Fehlers im Metabolismus eines Menschen wurde erstmals vom englischen Arzt Sir Archibald E. Garrod (1902) vorgestellt. Er beschrieb einige Fälle, bei denen sich nach der Geburt die Windel von Neugeborenen blau verfärbte. Die Eltern waren Blutsverwandte 1. Grades; Garrod schloss hieraus, dass die Ursache in einem erblichen Fehler im Alkaptan-Stoffwechsel zu suchen sei (Homogentisinsäure, ■ Abb. 14.2). Aufgrund Garrods Familienanamnesen (► G) erklärte der Genetiker William Bateson das Auftreten dieses Fehlers mit einem rezessiven Erbgang. Wenige Jahre später prägte Garrod (1909) für alle Arten solcher Stoffwechseldefekte den Begriff angeborene Stoffwechselkrankheiten („inborn errors of metabolism)".

▪ Beispiele für Blockaden im Stoffwechsel

Am Beispiel von zwei Aminosäuren, die im tierischen Stoffwechsel essenziell sind und als Ausgangspunkt für die Synthese wichtiger Proteine dienen, wollen wir die Folgen von Enzymdefekten erläutern (■ Abb. 14.2, ■ Tab. 14.1). Von den Aminosäuren Phenylalanin und Tyrosin geht die Synthese von Schilddrüsenhormonen (Thyroxine), blutdrucksteigernden Katecholaminen (Adrenalin) und Melaninpigmenten aus. Defizienzen der Enzyme in dieser Reaktionskette verursachen Stoffwechselblockaden, die zu schweren Erkrankungen führen (■ Tab. 14.1). Unterbrechungen biochemischer Reaktionsketten können unterschiedliche Folgen nach sich ziehen:

- Das Substrat häuft sich in der Zelle vor dem blockierten Reaktionsschritt an. Das angehäufte Substrat und/oder seine Abbauprodukte (Metaboliten) schädigen die Zellen.

Die **P**henyl**k**eton**u**rie (PKU) hat ihre Ursache in einer Mangelvariante des Leberenzyms Phenylalanin-

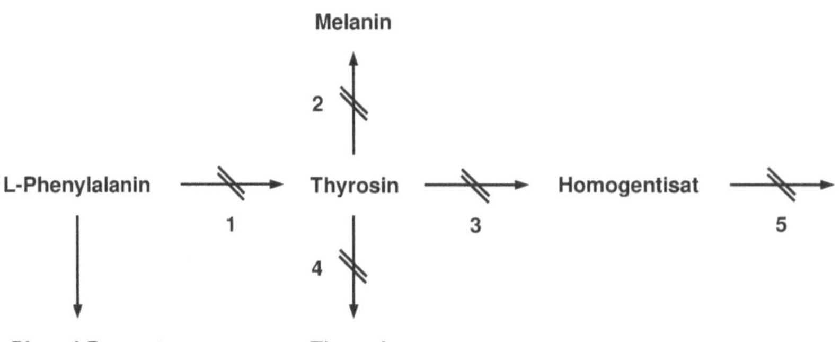

Abb. 14.2 Enzymblockaden (*Doppelstriche*) im Stoffwechsel der aromatischen Aminosäuren Phenylalanin (Phe) und Tyrosin (Tyr) als Ursache angeborener Stoffwechselkrankheiten. *1* Phenylalaninhydroxylase, *2* Tyrosinase, *3* Dioxygenase, *4* Iodidperoxidase, *5* Homogentisatoxidase (s. . Tab. 14.1)

hydroxylase, wodurch der Umbau der Aminosäure Phenylalanin zu Tyrosin nur unzureichend oder gar nicht bewerkstelligt wird (Abb. 14.2). Das überschüssige Phenylalanin, aber auch seine Abbauprodukte, die auf alternativen Stoffwechselwegen entstanden sind (hauptsächlich Phenylpyruvat und Phenylethylamin), treten ins Blut über und werden im Urin ausgeschieden. Das angehäufte Substrat kann Zellen direkt schädigen und darüber hinaus wirkt Phenylalanin auch neurotoxisch. Unbehandelt führt diese Stoffwechselstörung zu einer fortschreitenden Retardierung bis hin zur vollständigen Debilität. Mit einer frühzeitig einsetzenden Diät nach der Geburt – es muss die Einnahme von Phenylalanin bis zum Ende der Pubertät vermieden werden – lässt sich in den meisten Fällen eine normale körperliche und geistige Entwicklung erreichen. Doch ist nach der Pubertät das Problem bei Frauen noch nicht vollständig ausgestanden. Gesunde Frauen mit der genetischen Veranlagung für PKU, die sich nicht rechtzeitig vor einer Schwangerschaft erneut einer strengen Diät unterziehen, bringen Kinder zur Welt, die geistig schwer behindert, mikrozephal (▶ G) und untergewichtig sind und häufig auch einen Herzfehler haben. Schließlich muss noch erwähnt werden, dass der offensichtliche Zusammenhang zwischen Ursache, Diät und Phänotyp noch nicht vollständig abgeklärt ist. So werden auch Familien beobachtet, deren Kinder mit der genetischen Veranlagung für die PKU trotz einer Diät mental behindert sind, während andere sich ohne Diät geistig völlig normal entwickeln.

Die rezessiv vererbte PKU tritt bei europäischen Populationen durchschnittlich bei etwa einem von 10.000 Neugeborenen auf. Daraus leitet sich ab, dass das rezessive Gen mit einer Häufigkeit von etwa einem Prozent in der europäischen Bevölkerung vorkommt und etwa zwei Prozent der Personen heterozygot sind (s. ▶ Kap. 5).

- Die Blockierung einer Reaktion führt zum Mangel des Folgeprodukts und zur Schädigung.

Die Tyrosinase wandelt die Aminosäure Tyrosin in die Aminosäure 3,4-Dihydroxyphenylalanin (DOPA) um. Der Mangel an DOPA infolge einer Defizienz der Tyrosinase (Synonym Tyrosinhydroxylase) führt zu Albinismus (▶ G).

Die Pigmente des Auges, des Innenohrs, der Haut und deren Anhangsgebilde (Haare, Nägel und Drüsen) werden von spezialisierten Zellen, den Melanozyten, gebildet. Melanine sind komplexe Proteinmoleküle, die eine Farbskala von braun-schwarz bis gelb-rot aufweisen. Ihre Synthese geht vom Tyrosin aus (Tyrosinasereaktion). Nach der Melaninbildung wird die Pigmentierung durch einen komplexen Prozess gesteuert. Jeder Einzelschritt wird durch Proteine und damit durch eine Kaskade von Genen geregelt. Albinismus ist daher ein Sammelbegriff für Defizienzen in der gesamten Melaninbiosynthese und nicht nur für eine Tyrosinasedefizienz.

■ Phänotypische Merkmale von Stoffwechselkrankheiten

Erste krankheitstypische Zeichen (Symptome) wie die spontane Blaufärbung der Windel bei Alkaptonurie (▶ G) oder der charakteristische Mäusegeruch von Patienten mit Phenylketonurie sind eher die Ausnahme. Bei den meisten angeborenen Stoffwechselkrankheiten fällt zu Beginn eher eine unspezifische allgemeine Symptomatik auf, wie Gedeihstörung, Erbrechen, Durchfälle oder Anfälligkeit für Infektionskrankheiten. Etwas später prägt ein buntes Mosaik verschiedener organspezifischer Symptome das klinische Erscheinungsbild (▶ pleiotropes Syndrom). Die Wirkung eines Gens auf verschiedene phänotypische Merkmale (▶ Pleiotropie) ist besonders stark ausgeprägt bei organellspezifischen Stoffwechselkrankheiten.

Unbehandelt zeichnen sich angeborene Stoffwechselkrankheiten durch eine fortschreitende Verschlechterung des Gesundheitszustands aus (▶ progredienter Verlauf). Dabei können das Alter des Auftretens der Krankheit (Manifestationsalter), der Schweregrad und die Lebenserwartung von betroffenen Menschen erheblich variieren. In Deutschland wurde 1967 die obligate Untersuchung aller Neugeborenen auf behandelbare Stoffwechselkrankheiten eingeführt (◘ Tab. 14.2). Bei Verdacht auf eine Stoffwechselkrankheit werden weiterführende biochemische und genetische Spezialuntersuchungen veranlasst.

◘ **Tab. 14.2** Häufige angeborene Stoffwechselstörungen, die beim Neugeborenenscreening erfasst werden. Angegeben sind die Häufigkeiten bei Geburten (nach der Statistik der Deutschen Gesellschaft für Neugeborenenscreening, 1996–2000)

Stoffwechselkrankheit	Häufigkeit
Kongenitale Hypothyreose (▶ G) (Schilddrüsenunterfunktion)	1:3824
Hyperphenylalaninämien (▶ G) (pathologisch erhöhte Konzentration von Phenylalanin im Blut)	1:6837
Klassische Phenylketonurie (s. Text)	1:12.304
Adrenogenitales Syndrom (▶ G) (Störung der Hormonsynthese in der Nebennierenrinde)	1:12.520
Klassische Galaktosämie (▶ G) (mangelhafte Enzymfunktion im Zuckerstoffwechsel)	1:47.079
Biotinidasemangel (▶ G) (Störung der Biotinsynthese in der Niere)	1:87.455

▪ Populationsgenetik

Rezessiv vererbte Erkrankungen beobachten wir bei etwa drei von 1000 Neugeborenen (Carter 1977). Einige dieser Erkrankungen sind nur mit Einzelfällen belegt, für andere Erkrankungen gibt es aufgrund der Seltenheit der Erkrankungen nur grobe Schätzwerte. Das Vorkommen häufiger Stoffwechselkrankheiten ist für verschiedene Bevölkerungsgruppen genauer untersucht worden, z. B. wird die zystische Fibrose (▶ G) bei einem von 2500 Mitteleuropäern beobachtet. Bei Studien zum Vorkommen von Stoffwechselkrankheiten müssen wir allerdings mit Sorgfalt auf die Herkunft von Betroffenen achten, da nicht alle Krankheiten mit gleichen Häufigkeiten in allen Bevölkerungsgruppen auftreten. So finden wir für die Mangelvarianten der Glucose-6-Phosphat-Dehydrogenase einen geographischen Polymorphismus. In Gebieten, in denen Malaria heute und in vergangenen Jahren grassierte, sind mehr als 100 Millionen von einer Form der Blutarmut (▶ hämolytische Anämie) betroffen. Personen mit dieser Mangelvariante haben einen gewissen Schutz gegen Malaria. Dagegen kann sich das Gen für die Enzymvariante ohne den Fitnessgewinn durch den Selektionsdruck von Malariainfektionen in Europa nicht durchsetzen. Ein weiterer wohlbekannter geografischer Polymorphismus in der menschlichen Weltbevölkerung ist die Unverträglichkeit für Milch und Milchprodukte (Laktoseintoleranz). An dieser Unverträglichkeit leidet nur jeder fünfte erwachsene Europäer, wohingegen in Afrika (Yoruba, Nigeria), Asien (Thai) und Amerika (Pima, Arizona) über 90 % der Bevölkerung betroffen sind. Schließlich belegen Untersuchungen zur familiären Neigung für einen erhöhten Cholesterinspiegel (Hypercholesterinämie) ebenfalls, dass Individuen aus verschiedenen Bevölkerungen ein unterschiedliches Erkrankungsrisiko haben (◘ Tab. 14.3). Diese Störung des Fettstoffwechsels beruht ebenfalls auf einer genetischen Mangelvariante und führt zu einer pathologisch erhöhten Konzentration des „bösen" Cholesterinanteils („**l**ow density **l**ipo**p**rotein", LDL), weil das Bindungsprotein (▶ LDL-Rezeptor) für das LDL nicht in ausreichender Konzentration im Blut vorliegt oder sogar vollständig fehlt.

Welche Schlussfolgerungen können wir nun aus den geschätzten Häufigkeiten von stoffwechselerkrankten Personen für die Gen- sowie die Genotyphäufigkeiten in der Bevölkerung ziehen? Bei der Antwort zu dieser Frage begegnen wir wieder unserer bekannten Hardy-Weinberg-Regel! Obwohl wir eine nachteilige genetische Veranlagung betrach-

Tab. 14.3 Foundereffekte beim familiär erhöhten Cholesterinspiegel (familiäre Hypercholesterinämie, LDL-Rezeptordefizienz)

Population	Heterozygotenhäufigkeit	Defektallel (Häufigkeit)
Mitteleuropäer	1:500	mehrere Allele (0,2 %)
Frankokanadier in der Provinz Quebec	1:250	French-Canadian (60 %)
Europäer in Transvaal, Südafrika	1:100	Afrikaaner (70 %)
Aschkenasim in Südafrika	1:70	Lithuania (80 %)

ten, nehmen wir an, dass die Genotypverteilung des jeweiligen Locus in unserer Population einer Hardy-Weinberg-Verteilung folgt. Damit können wir bei rezessiven Eigenschaften aus der Häufigkeit der auffälligen homozygoten Individuen q^2, die das rezessive Merkmal zeigen, einfach die Frequenz des rezessiven Allels in der Population (q) und damit auch den Anteil heterozygoter Überträger $2q \cdot (1 - q)$ schätzen. Am Beispiel der rezessiven Galaktosämie stellen wir kurz den Rechengang vor: Bei einem von 40.000 europiden Neugeborenen wird die Galaktosämie festgestellt. Das heißt, dass wir 0,0025 % homozygote Träger für das Defektallel Gt0 in der Bevölkerung finden. Daraus folgt unmittelbar, dass die Häufigkeit des Galaktosämie-Gens 0,5 % beträgt und etwa ein Prozent der Bevölkerung heterozygote Überträger sind. Setzen wir weiterhin die Hardy-Weinberg-Bedingungen voraus, dann erwarten wir unter 10.000 Paaren mit unverwandten Partnern ein Paar, bei dem beide Überträger sind und daher ein Risiko von 25 % haben, ein Kind mit Galaktosämie zu bekommen.

Identische Gene durch Abstammung und der Foundereffekt

In der südwestdeutschen Bevölkerung einer kleinen Region auf der Schwäbischen Alb wurden gehäuft Personen mit der autosomal-rezessiv vererbten Stoffwechselkrankheit Galaktosämie geboren. Die Familienanamnese von den Betroffenen ergab, dass die Familiennamen hauptsächlich in einem kleinen altwürttembergischen Gebiet mit protestantischer Bevölkerung vorkamen, dessen Gemeinden bis 1951 unabhängig von der umgebenden katholischen hohenzollerischen Region verwaltet wurden. Zunächst ergab die Befragung der direkt und indirekt Betroffenen von drei Familien, dass bis hin zu den Großeltern kein Verwandter mit der Krankheit auffällig wurde und zwischen den drei Familien keine verwandtschaftlichen Beziehungen bestehen.

Doch müssen wir wie bei allen Familienuntersuchungen vorsichtig sein und dürfen uns nicht allein auf das Wissen von Familienmitgliedern über ihre verwandtschaftlichen Beziehungen verlassen. Im vorliegenden Fall war eine direkte genetische Verwandtschaftsanalyse der Vorfahren nicht machbar, jedoch können uns ein paar populationsgenetische Überlegungen einen Hinweis geben: Folgen wir den Informationen der Familienmitglieder, dann müssen die gesunden Großeltern der betroffenen Personen heterozygote Überträger des Allels Gt0 gewesen sein. Dass sich die Herkunft der gleichen Mangelvariante in drei Familien mit drei unverwandten Großeltern erklären lässt, setzt eine Wahrscheinlichkeit von 0,01 · 0,01 · 0,01 = 0,000001, also 1:1 Million voraus. Für die Abschätzung einer Nichtverwandtschaft der Großeltern wurden noch weitere genetische Merkmalsysteme herangezogen, dieses führte zu dem unglaublich kleinen Wert von $1{:}39 \cdot 10^9$ und widerspricht somit den Aussagen der Familienangehörigen. In der Tat ergab das spätere Studium der alten Kirchenbücher, dass zwei Großeltern gemeinsame Vorfahren in der siebten und achten Generation hatten. Das seltene Allel Gt0 war also bereits vor vielen Generationen in die Bevölkerung dieser schwäbischen Region getragen worden (Foundereffekt) und hat sich seither zufällig über alle Generationen erhalten.

Seltene Allele, die für rezessive Eigenschaften codieren, werden nur bei wenigen Individuen in einer Population phänotypisch sichtbar; eher findet man dies in kleinen Fortpflanzungsgemeinschaften mit oftmals verwandten Partnern. Die Häufung einer angeborenen schweren Intelligenzminderung (▶ Tay-Sachs-Syndrom, eine lysosomale Speicherkrankheit) und einer ebenfalls angeborenen, schweren Störung des Fettstoffwechsels (▶ Gaucher-Syndrom, ebenfalls eine lysosomale Speicherkrankheit) in der jüdischen Volksgruppe Aschkenasim erklärt sich durch ihre religiöse Isolation und einer mehrmaligen Dezimierung durch schwere Pogrome. Die genetisch bedingte Störung der Synthese des Blutfarbstoffs *Häm* (Porphyria variegata, ▶ G), finden wir ebenfalls häufiger bei weißen Siedlern in Südafrika als in anderen Bevölkerungsgruppen (1:300). Nachweislich kam diese „südafrikanische genetische Porphyria" ab dem Jahr 1688, mit der Besiedlung durch holländische Siedler, nach Südafrika. Die genetisch bedingte Störung im Abbau der Aminosäure Tyrosin (Tyrosinose) kommt durchschnittlich einmal unter 100.000 Europäern vor. Dagegen ist diese Erkrankung im Norden der kanadischen Provinz Québec achtmal häufiger als in Europa. Französische Siedler haben diese seltene Stoffwechselkrankheit nach Kanada mitgebracht.

14.2 Multifaktorielle erbliche Erkrankungen

Multifaktorielle oder komplexe Erkrankungen bilden ein breites Spektrum mit einer enormen Breite der Krankheitsausprägung. Eine Erklärung liefern hierfür angeborene Missbildungssyndrome, chronische Darmentzündungen oder die sog. Zivilisationskrankheiten, die eine genetische Komponente besitzen und durch Umwelteinflüsse modifiziert werden. Weitere Beispiele für komplexe Erkrankungen der menschlichen Bevölkerung sind Neuralrohrdefekte bei Neugeborenen mit etwa 0,5 % und Herzfehler von Neugeborenen mit einem Prozent; endogene Psychosen (Schizophrenie, manisch depressive Störungen) kommen in der deutschen Bevölkerung mit einer Häufigkeit von 1,5 % vor. Eine gesundheitspolitische Herausforderung stellen auch die sog. Zivilisationskrankheiten wie Diabetes mellitus Typ 2 „Altersdiabetes" [Zuckerkrankheit; die Weltgesundheitsorganisation (WHO) schätzt die Häufigkeit von Diabetikern in den westlichen Industrienationen auf etwa 10 %], Adipositas (Fettsucht), Hypertonie (Bluthochdruck), Erkrankung der Herzkranzgefäße und Apoplexie (Schlaganfall) dar.

An der Ausbildung von komplexen Merkmalen und insbesondere multifaktoriellen Erkrankungen ist eine Vielzahl von Genen beteiligt. Im Fall von Krankheiten sprechen wir hier von Anfälligkeitsloci, die eine unterschiedlich große Bedeutung für den Phänotyp der Erkrankung haben können (▶ Hauptanfälligkeitsgen oder Suszeptibilitätsgen). Gene können eine wesentliche Bedeutung für ein komplexes Merkmal haben (▶ „major gene"), andere tragen nur wenig zur Auffälligkeit bei (▶ „minor gene"; s. ▶ Kap. 17). Sind mehrere Gene beteiligt und haben diese auch noch eine unterschiedliche Bedeutung für die Merkmalsausprägung, dann können wir schwerlich einen mendelnden Erbgang feststellen. Doch lässt sich die Art der Merkmalsausprägung in zwei Merkmalsgruppen aufteilen:

- Die Phänotypen von qualitativen Merkmalen zeigen keine fließenden Übergänge zwischen den Formen (z. B. der Altersdiabetes Diabetes mellitus Typ 2).
- Quantitative Merkmale wie die extreme Fettsucht (Adipositas) haben ein kontinuierliches Krankheitsbild.

Die Bedeutung von Umweltfaktoren lässt sich am Beispiel der Stoffwechselerkrankung Phenylketonurie eindrucksvoll belegen.

- **Mütterliche PKU**: Durch eine Diät von der Geburt bis zu Pubertät kann eine Erkrankung vermieden werden. Gesunde „PKU-Mütter" sind genotypisch homozygot für das rezessive Defizienz-Gen des Locus, der für das Enzym Phenylalaninhydrolase codiert. Mit einem unauffälligen Partner bekommen diese Mütter heterozygote Kinder, die schwer geistig und körperlich behindert sind. Diese Kinder tragen das väterliche Normalallel, das eigentlich die Defizienz des mütterlichen Allels kompensieren sollte!
  Natürlich ist der mütterliche Körper die entscheidende Umwelt für den Fetus! Beginnt die Mutter nicht rechtzeitig vor der Schwangerschaft erneut mit der Diät, dann bestimmt die Höhe des mütterlichen Phenylalaninspiegels das Ausmaß der körperlichen Schädigungen des Kindes. Da das Phenylalanin die plazentare Schranke überwinden kann, gelangt auf diesem Weg das überschüssige mütterliche Phenylalanin in den Blutkreislauf des Ungeborenen. Obwohl das Kind heterozygot ist, kann der kindliche Körper dieses Mehr an Phenylalanin nicht abbauen und es folgen schwere Behinderungen.

Tab. 14.4 Spätfolgen der diabetischen Mikroangiopathie (pathologische Veränderungen von kleinen Blutgefäßen)

Erkrankung	Fachbegriff
Erblindung	Retinopathie
Durchblutungsstörungen der Beine (selten Arme)	Gangrän
Nierenversagen	Nephropathie
Chronische Nervenentzündung	Neuropathie

Natürlich sind Genetiker zuallererst daran interessiert, die Gene zu identifizieren, die Auffälligkeiten verursachen. Im Fall von multifaktoriellen Merkmalen versagen unsere klassischen Methoden der Gensuche. Wir können jedoch aus Familienanalysen auf die Erblichkeit (**Heritabilität**, s. ► Kap. 17) eines Merkmals schließen. So wird bei eineiigen Zwillingen eine höhere Übereinstimmung als bei zweieiigen Geschwistern erwartet. Aber auch das Risiko, kranke Kinder zu bekommen, ist bei Personen mit kranken Eltern erhöht. Allgemein stellen wir fest, dass für Verwandte das Risiko zu erkranken erhöht ist, wenn bereits eine nah verwandte Person erkrankt ist. Noch lassen sich nur bei wenigen multifaktoriellen Erkrankungen die komplexe phänotypische Wirkung von Genen und Umweltfaktoren ausreichend plausibel erklären. Am Beispiel Diabetes mellitus möchten wir die Schwierigkeiten der Bestimmung genetischer Ursachen beschreiben.

14.2.1 Das Krankheitsbild

Ein manifester Diabetes liegt vor, wenn morgens die Blutzuckerwerte einer nüchternen Person über 126 mg pro 100 ml (mg%) und nach 24 Stunden Fasten über 140 mg% liegen. Bei Werten über 140 mg% wird der Überschuss an Glukose über die Niere ausgeschieden (Glukosurie). Doch trotz der Hyperglykämie und einer erhöhten Insulinsekretion werden die Zellen nur ungenügend mit Glukose versorgt. Es folgt eine Synthese des Kohlenhydrats Glukose aus organischen Ersatzstoffen wie Pyruvat (Glukoneogenese), die schließlich das metabolische Syndrom mit einer komplexen Störung des Kohlenhydrat-, Fett- und Proteinstoffwechsels hervorruft. Bereits vor dem Ausbruch der Krankheit treten pathologische Veränderungen an den kleinen Blutgefäßen auf (diabetische Mikroangiopathie), die Hauptursache der gefürchteten Spätkomplikationen (Tab. 14.4). Diabetes ist einer der Hauptrisikofaktoren für spontane Durchblutungsstörungen von Organen wie zum Beispiel der Herzkranzgefäße.

Die Schwierigkeiten bei der Suche nach Genen, die an einer Merkmalsausprägung beteiligt sind, werden offensichtlich, wenn gleiche Phänotypen durch allelische Variation verschiedener Loci bestimmt werden (**Heterogenie**). Am Beginn der genetischen Analysen von Diabetes stellte dies die Humangenetik vor eine fast unlösbare Aufgabe. Der amerikanische Humangenetiker Neel sprach 1976 vom „Alptraum des Genetikers". Seither machte die Erforschung der Zuckerkrankheit große Fortschritte und hinsichtlich der Ätiologie (► G), der Pathogenese und der Therapie lassen sich heute drei Hauptformen des Diabetes unterscheiden.

- Erwachsenendiabetes, der bei Jugendlichen auftritt („**m**aturity **o**nset **d**iabetes of the **y**oung", MODY.)
  Die MODY-Formen haben monogene Ursachen, z. B. die autosomal-dominant vererbte Defizienz der Glucokinase der β-Zellen des Pankreas. Diese Krankheitsformen manifestieren sich gegen Ende der Pubertät und lassen sich gut mit Diät und oralen Antidiabetika behandeln.
- Insulinabhängiger Diabetes mellitus (Typ 1; „**i**nsulin-**d**ependent **d**iabetes **m**ellitus", IDDM): Bei der primär insulinpflichtigen Form lassen sich Antikörper gegen Strukturen auf der Oberfläche und im Zytoplasma von insulinproduzierenden β-Zellen nachweisen, die bereits im Kindesalter zum Untergang dieser Zellen führen. Ursächlich werden frühkindliche Virusinfektionen angenommen. Dass die Auslösung der Krankheit umweltbedingt ist, lassen Vergleichsstudien von Zwillingen vermuten. Eineiige Zwillinge zeigen ebenso wie zweieiige Zwillinge nur eine Übereinstimmung von etwa 50 %. Bei Betroffenen europider Herkunft gibt es eine statistisch signifikante Assoziation zu Allelen von Genen, die unsere

Körperabwehr organisieren. Dieser Zusammenhang lässt einen spezifischen genetischen Hintergrund der zellulär vermittelten Immunantwort vermuten. Bei Japanern mit IDDM wurde allerdings dieser Zusammenhang nicht gefunden!

- Nicht insulinabhängiger Diabetes mellitus (Typ 2; „**n**on**in**sulin-**d**ependent **d**iabetes **m**ellitus", NIDDM,)
  Der primär nicht insulinpflichtige „Altersdiabetes" ist die multifaktorielle Form der Diabetes. Er manifestiert sich ab dem 40. Lebensjahr. Er tritt gehäuft in Familien auf. Bei Kindern mit einem betroffenen Elternteil und bei Geschwistern betroffener Kinder ist das empirische Erkrankungsrisiko erhöht, eineiige Zwillinge weisen im Vergleich mit zweieiigen Zwillingen eine Übereinstimmung (Konkordanz) von über 90 % auf. Von Altersdiabetes sind in Deutschland knapp 10 % der Bevölkerung betroffen. Falsche Ernährung, Adipositas und Bewegungsmangel sind die wichtigsten umweltbedingten Risiken.

14.2.2 Gene des multifaktoriellen Diabetes

Hormone, Enzyme, Rezeptor- und Kanalproteine regulieren die Insulinsekretion. Sie steuern die Insulinwirkung an den Zielzellen und kontrollieren die Konstanz des Glukosespiegels und den Stoffwechsel des Fettgewebes. Bei „Naturvölkern" ließen sich im Vergleich mit Europäern eine höhere Basissekretion von Insulin (PIMA-Indianer) und eine pathologische Glukosetoleranz nachweisen (Inuit). In Populationen unterschiedlicher ethnischer Herkunft konnten weiterhin zahlreiche Kandidaten für Anfälligkeits-Gene identifiziert werden, die an irgendeiner Stelle die Aufnahme, Verwertung und Speicherung von Energie kontrollieren.

Populationsgenetik des NIDDM

Die WHO schätzte im Jahr 1985 die Zahl der Diabetiker weltweit auf 30 Millionen und 15 Jahre später bereits auf 170 Millionen. Eine Schätzung für das Jahr 2020 besagt, dass bis dahin die Zahl der Diabetiker auf 370 Millionen ansteigen wird. Die weltweite Zunahme des Diabetes beruht hauptsächlich darauf, dass heute in den bevölkerungsreichen Schwellenländern (China, Indien) immer mehr Personen betroffen sind. Die höchsten Zuwachsraten verzeichnen indessen die Entwicklungsländer wie Papua-Neuguinea mit 15 %. Diese Zahlen legen nahe, dass der „Altersdiabetes" keine genetische Veranlagung von Menschen in ausschließlich westlichen Industriegesellschaften ist, sondern dass etwa 10 % aller Menschen eine genetische Neigung besitzen, die sie unter gewissen Umweltbedingungen an Diabetes erkranken lassen. Von den Nachkommen israelischer Immigranten aus dem Jemen, bei denen bis dahin der Altersdiabetes selten war, erkrankten bereits in der ersten Generation 10 %. Das eindrucksvollste Beispiel stellt das „Neue-Welt-Syndrom" dar: Bis zu Beginn der 90er-Jahre war Altersdiabetes bei einigen Indianerstämmen, Inuit und Polynesiern unbekannt. Durch Anpassung an den amerikanischen Lebensstil entwickelten über 60 % dieser Bevölkerungsgruppen Diabetes, Fettsucht und Gicht.

Erklärungsmodelle für die Interaktion von Genen und Umweltfaktoren liefern das „Konzept von Anlage und Ernährung" („nature nurture concept") am Beispiel des MODY-Diabetes und das „Konzept vom haushaltenden Genotyp" („thrifty genotype concept") am Beispiel des NIDDM. Für den ersten Fall steht die autosomal-dominant vererbte MODY-Form, bei der genetisch unauffällige Neugeborene übergewichtig sind, wenn die Mutter diabetisch ist; dagegen haben diabetische Feten Untergewicht, wenn die Mutter gesund ist. Ein Zusammenhang, der sich dadurch erklärt, dass Insulin als Wachstumsfaktor wirkt und nicht die plazentare Schranke passieren kann. Dagegen können Zuckermoleküle zwischen Mutter und Kind ausgetauscht werden: Ist die Mutter diabetisch und ihr Kind gesund, erhöht der mütterliche hohe Blutzuckerspiegel ebenfalls den ihres Kindes, was dann eine stark erhöhte und damit wachstumsfördernde Insulinsekretion des Kindes nach sich zieht. Ist die Mutter dagegen gesund und ihr Kind diabetisch, dann ist der Blutzuckerspiegel normal, weil der mütterliche Stoffwechsel diesen stabilisiert. Die mangelnde Insulinproduktion des diabetischen Kindes ist jedoch wachstumshemmend (◘ Tab. 14.5).

Tab. 14.5 Das Konzept von Veranlagung und Umwelt am Beispiel des MODY-Diabetes. Die Eigenschaften der Mutter haben eine unterschiedliche Bedeutung für den Fetus in Abhängigkeit von dessen Veranlagung für MODY-Diabetes (ja/nein)

Einfluss-/Zielgrößen	Mutter	Kind		Mutter	Kind
MODY	Ja	Nein		Nein	Ja
Blutzuckerspiegel	Erhöht	Erhöht		Normal	Normal
Insulinspiegel	Niedrig	Erhöht		Normal	Niedrig
Differenz zum durchschnittlichen Geburtsgewicht		+250 g			−250 g

Das Konzept vom haushaltenden Genotyp setzt voraus, dass Gene für Diabetes während der frühen Evolution des *Homo sapiens* durchaus nicht nachteilig waren. Das Energieangebot über hunderttausende von Jahren wies nur einen geringen Brennwert auf. Das damalige Leben war mit einem hohen Energieaufwand verbunden und chronischer Hunger plagte unsere Ahnen, der nur sporadisch durch Nahrungsüberfluss unterbrochen wurde. Unter diesen widrigen Bedingungen waren Mutationen in Genen vorteilhaft, die sich positiv auf die Nahrungsaufnahme und die Speicherung von Energie auswirkten. Doch diese Mutationen machen dick und krank, wenn ständiger zivilisatorischer Überfluss zum Normalzustand wird. Folgen wir diesem Konzept, dann hat die heutige Menschheit im Lauf ihrer Evolution Gene erworben, die ein NIDDM unter gewissen Umweltbedingungen begünstigt. Gene für Diabetes sind also nach diesem Konzept ein evolutionäres Erbe der Menschheit; sie manifestieren sich heute als nachteilig durch den Wandel der Umweltfaktoren.

Glossar

adrenogenitales Syndrom (AGS) Es entsteht durch Blockaden in den Syntheseketten von Hormonen der Nebennierenrinde. Die gestörte Regulation der Hormone führt zu einer massiven Vergrößerung der Nebenniere und zu einem massiven Anstau von Ketosteroiden, die in androgenwirksame Steroide umgewandelt werden; diese verursachen bei weiblichen Feten eine Virilisierung der äußeren Genitalien (Vermännlichung) und bei männlichen Nachkommen Frühreife mit einem Wachstumsstillstand vor der Pubertät.

Ätiologie Die Erforschung von Ursachen, die zu einer Erkrankung führen.

Albinismus Störung der Synthese von Melanin, die helle Haut-, Haar- und Augenfarbe zur Folge hat.

Alkaptonurie Blockierung des Synthesewegs von der aromatischen Aminosäure Phenylalanin zu Tyrosin infolge einer Defizienz des Enzyms Homogentisinsäure-Oxidase. Die überschüssige Homogentisinsäure färbt den Urin blau, sekundäre Metaboliten lagern sich im Knorpel und Bindegewebe ein (Ochronose).

Allozym Proteine, die von den Allelen eines Enzymlocus codiert werden. Diese Proteine unterscheiden sich in ihrer Struktur, doch haben sie immer noch dieselbe Stoffwechselfunktion.

Biotinidase Ein Enzym, das die Bildung des Vitamins Biotin aus Proteinen gewährleistet.

„compound heterozygosity" Zusammengesetzte Heterozygotie. Heterozygote Genotypen mit unterschiedlichen rezessiven Allelen.

zystische Fibrose (Synonym: Mukoviszidose) ist die häufigste angeborene Stoffwechselkrankheit in europiden Populationen (1:2000). Einige Mutationen des CFTR-Gens („cystic fibrosis transmembrane regulator") verursachen bei Homozygoten und Compound-Heterozygoten eine Funktionsstörung eines Zellmembrankanals in Drüsenzellen, der die Salz-/Chloridkonzentration der Zellen regelt. Phänotypisch fallen hauptsächlich zäher Schleim in den Atemwegen, dem Dünndarm und dem Pankreas sowie eine exzessive Sekretion von Schweißelektrolyten ins Auge. Die Folgen sind Lungenerkrankungen mit wiederkehrenden Atemwegsinfektionen, eine Pankreasinsuffizienz, frühkindliche Darmverschlüsse sowie bedrohliche Salzverlustkrisen. Die Lebenserwartung von Betroffenen ist heute durch palliative Therapie (begleitend, ohne zu heilen) auf mehr als 30 Jahre angestiegen.

Enzymdefizienz Mangel oder Verlust der Enzymfunktion.

Familienanamnese Stammbaumanalyse eines Patienten, um die Verbreitung der Erkrankung in seiner näheren Verwandtschaft zu erfassen.

Galaktosämie Rezessive vererbte Stoffwechselerkrankung. Pathologischer Überschuss des Zuckers. Galaktose im Blut aufgrund der Defizienz einer Mutante des Enzymlocus Uridyltransferase.

Gaucher-Syndrom Rezessiv vererbbare Störung des Fettstoffwechsels (lysosomale Speicherkrankheit)

Glucose-6-Phosphat-Dehydrogenase-Mangel In den Erythrozyten wird das Hämoglobin durch das Peptid Glutathion vor Schädigung geschützt. Dabei ist eine konstante Bereitstellung dieses Peptids notwendig. Die Eingangsreaktion des hierfür verantwortlichen Stoffwechselwegs wird durch die Glucose-6-Phosphat-Dehydrogenase (G6PDH) katalysiert. Bei einem Funktionsverlust der G6PDH bricht unter Sauerstoffmangel der Schutz des Hämoglobins zusammen. Das Hämoglobin fällt aus und bildet Einschlusskörper in den Erythrozyten. Phänotypisch entwickelt sich eine hämolytische Anämie mit Gelbsucht, Hämoglobinurie und Retikulozytose.
Das Gen der G6PDH ist auf dem X-Chromosom lokalisiert. Bisher wurden hunderte von verschiedenen Defektallelen beschrieben. Obligat erkranken hemizygote männliche Mutationsträger; die meisten heterozygoten Frauen besitzen Enzymaktivitäten von 50 % der Norm, dies ist ebenso viel wie bei genetisch unauffälligen Männern. Allerdings gibt es auch heterozygote Überträgerinnen, die genauso krank sind wie ihre hemizygoten Söhne. Das Inaktivieren eines X-Chromosoms in der frühen weiblichen Embryonalentwicklung führt zu einem Gewebemosaik. Es gibt also Zelllinien mit normaler G6PDH-Aktivität und solche mit einer Defizienz. Sind Knochenmarkzellen, in denen die roten Blutkörperchen beim Erwachsenen gebildet werden, betroffen, dann fehlt der oxidative Schutz des Hämoglobins.

Häm (Porphyria variegata) Blutfarbstoff, ein Molekül mit einem zentralen Eisenatom. Diese zentrale Molekülgruppe des Hämoglobins gibt dem Blut die Farbe.

Hämoglobin Das Molekül eines Erwachsenen besteht aus zwei langen Aminosäureketten (α-Ketten) und zwei kürzeren β-Ketten, in die das Häm (► G) eingebunden ist. Das Hämoglobin ist wesentlich für unsere Atmung und sorgt für einen geregelten Austausch von Sauerstoff und Kohlendioxid.

hämolytische Anämie Blutarmut, die durch Störungen im Lebenszyklus der roten Blutkörperchen hervorgerufen wird.

Hauptanfälligkeitsgen Gen, das hauptsächlich an der Ausprägung eines auffälligen Merkmals beteiligt ist.

Hydrolase Enzym, das eine doppelte Kohlenstoffbindung spaltet und dabei ein Wassermolekül einbindet; hydrolytische Spaltung.

Hyperphenylalaninämie Stoffwechselerkrankung. Eine Enzymmangelvariante führt zu einer überhöhten, pathologischen Konzentration der Aminosäure Phenylalanin im Blut.

Insulinrezeptor Ein Protein auf der Zelloberfläche, an das ausgeschüttetes Insulin bindet und danach Glukose aus dem Blut in die Zelle einschleust.

Isomerase Enzym, das ein Molekül in eine andere Struktur verwandelt, ohne dabei etwas hinzuzufügen oder wegzunehmen.

Isozym Enzyme mit gleicher Stoffwechselfunktion, doch werden sie von verschiedenen Loci codiert.

Katalyse Einleitung oder Beschleunigung eines chemischen Prozesses durch Stoffe, Katalysatoren wie Enzyme, die nicht selbst verbraucht werden.

Koenzym Eine Substanz (Molekül), die von einem Enzym (► G) benötigt wird, um seine Aufgabe zu erfüllen.

kongenitale oder angeborene Hypothyreose Schilddrüsenunterfunktion. Das Fehlen oder der Mangel von Schilddrüsenhormonen im Embryo führt zu Fehlentwicklungen des Nervensystems und als Folge davon ohne eine frühzeitige Behandlung zur vollständigen geistigen Retardierung.

Kretinismus Urspüngliche Bedeutung ist Schwachsinn. In Zusammenhang mit Schilddrüsenunterfunktionen (► kongenitale Hypothyreose) ist es ein Teil des Krankheitsbilds.

LDL-Rezeptor Membranprotein, an das die Cholesterinvariante LDL („low density lipoprotein") bindet, um anschließend in die Zelle transportiert werden zu können. Die weitere Cholesterinvariante ist HDL („high density lipoprotein"), die im Gegensatz zu LDL nicht mit einer Gefäßverkalkung in Zusammenhang gebracht wird.

Ligase Enzym, das zwei Moleküle miteinander verbindet.

Lyase Enzym, das eine nichthydrolytische Molekülteilung katalysiert.

Lysosom Tierische Zellorganelle, in dem der Abbau von Polysachariden (Mehrfachzucker) in einfache Moleküle stattfindet.

„major gene" Englischer Begriff für Gene, die im Wesentlichen die Ausprägung eines Merkmals bestimmen.

Metabolit Stoffwechselprodukt, das aus einer Reaktion entsteht.

Mikrozephalie Eine Entwicklungsstörung, die den Kopf betrifft. Die Kopfgröße liegt extrem unter dem Populationsmittel.

„minor gene" Englischer Begriff für Gene, die an einem Merkmal beteiligt sind, doch für die Merkmalsausprägung nur eine untergeordnete Bedeutung haben.

Oxidoreduktase Enzym, das Sauerstoffatome auf ein Substrat überträgt; eine Elektronenübergabe/-abgabe wird katalysiert.

Pleiotropie Ein Gen nimmt auf verschiedene phänotypische Merkmale Einfluss.

Polyglutaminerkrankung Erkrankung, die durch die Verlängerung einer Glutamin-(Aminosäuren)-Kette in einigen Proteinen entsteht. Die Veränderungen des Proteins durch die Vergrößerung des Glutaminbereichs führen zu Störungen in seinem Stoffwechsel.

Prävalenz Beobachtete Häufigkeit eines Merkmals in einer Population. Inzidenz ist dagegen die Häufigkeit des Neuauftretens des Merkmals in einer Population oder in einer bestimmten Teilgruppe.

progredienter Verlauf Die Schwere der Symptome einer Krankheit wird im Verlauf gravierender.

Sichelzellanämie Genetisch bedingte Veränderung des Hämoglobins in roten Blutzellen (Erythrozyten). Diese führt bei Sauerstoffmangel zur typischen Sichelform der Erythrozyten. Bei homozygoten Trägern des Sichelzellgen treten erhebliche körperliche Probleme auf, während heterozygote Personen vor Malaria einen gewissen Schutz erfahren.

Suszeptibilitätsgen Anfälligkeits-Gen. Ein Gen, das beim Träger zu einer erhöhten Anfälligkeit für eine Krankheit führt.

Tay-Sachs-Syndrom Rezessiv vererbbare Erkrankung, die zu schweren Entwicklungsstörungen, z. B. des Gehirns, führt.

Transferase Enzym, das eine chemische Substanz von einem Gebermolekül auf ein Zielmolekül transportiert.

Tyrosinämie Rezessiv vererbbare Erkrankung, bei der der Tyrosin-(Aminosäure)-Stoffwechsel gestört ist.

Aufgaben

Aufgabe 1. Warum gleichen Stammbäume für seltene rezessive Erkrankungen denen mit einer dominanten Neumutation?

Aufgabe 2. Beschreibe die Funktion und Eigenschaften von Enzymen.

Aufgabe 3. Was sind Allozyme und Isozyme; und was unterscheidet sie?

Aufgabe 4. Die kongenitale Hypothyreose (Schilddrüsenfehlfunktion) wird im Durchschnitt bei einem von 3824 Neugeborenen gefunden. Heute wissen wir, dass eine rezessive Mutation zu diesem Stoffwechseldefekt führt. Schätze die Häufigkeit der Defektvariante in der Bevölkerung.

Aufgabe 5. In Regionen, in denen Malaria häufig verbreitet ist, finden wir höhere Häufigkeiten einer Mangelvariante des Enzyms Glucose-6-Phosphat-Dehydrogenase als in Europa. Welcher Selektionsmechanismus könnte die geografischen Unterschiede erklären?

Literatur

Carter CO (1977) Monogenic disorders. J Med Genet 14:316–320

Garrod AE (1902) The incidence of alkaptonuria: A study in chemical individuality. Lancet 2:1616–1620

Garrod AE (1909) Inborn errors of metabolism. Frowde. Hodder & Stoughton, London, England

Neel JV (1976) Diabetes mellitus - the geneticist´s nightmare. In: Creutzfeldt W, Köbberling J, Neel JV (Hrsg) The genetics of Diabetes mellitus. Springer, Berlin Heidelberg, S 1–11

Nomenclature Committee of the International Union of Biochemistry and Molecular Biology (NC-IUBMB) (1992) Enzyme Nomenclature. Academic Press, San Diego, California, USA (s. auch http://www.chem.qmul.ac.uk/iubmb/enzyme/)

Epigenetik

Jürgen Tomiuk, Volker Loeschcke

J. Tomiuk, V. Loeschcke, *Grundlagen der Evolutionsbiologie und Formalen Genetik*,
DOI 10.1007/978-3-662-49685-5_15,

Abb. 15.1 Blattlauskolonie mit ungeflügelten und geflügelten Morphen (► G) der großen Rosenblattlaus *Macrosiphum rosae* auf einer Rosenknospe. Häufiger als rotbraune Tiere werden grüne Morphe der Rosenblattlaus beobachtet. (Foto von Bilddatenbank Fotolia)

Viele nord- und mitteleuropäische Röhrenblattläuse (Aphiden) haben einen Lebenszyklus, der ausgesprochen gut an den jahreszeitlichen Wechsel der Vegetation angepasst ist. Im Frühjahr schlüpfen Stammmütter mit parthenogenetischer Vermehrungsweise aus Wintereiern (► Parthenogenese), die im Herbst auf Sträuchern und Bäumen abgelegt wurden. Aufgrund ihrer klonalen Vermehrungsweise (► Klon) können sich die Nachkommen der Stammmütter zu Beginn des Frühjahrs schnell auf ihren Wirtspflanzen ausbreiten. Im späten Frühjahr beobachten wir in den Blattlauskolonien eine zunehmende Anzahl von geflügelten Tieren, die mit ihrer Besiedlung von weiteren Wirtspflanzen die explosionsartige Vermehrung und Ausbreitung der Blattläuse begünstigen (Abb. 15.1). Schließlich finden wir im Herbst in der Nachkommenschaft von Weibchen mit parthenogenetischer Vermehrung Sexualtiere: Männchen und sexuelle Weibchen. Die befruchteten sexuellen Weibchen legen Eier auf holzigen Wirtspflanzen ab. Diese Wintereier überstehen auch sehr strenge Winter und garantieren den Fortbestand der Blattlauspopulationen.

Welche Besonderheiten machen nun Blattläuse zu einem Beispiel für epigenetische Prozesse? Die Tiere einer klonalen Linie sind genetisch identisch. Töchter sind das genetische Ebenbild ihrer Mutter und dennoch haben sie Nachkommen mit unterschiedlichen körperlichen Eigenschaften. Im Frühjahr und Sommer induzieren der Zustand von Wirtspflanzen und die Populationsdichte von Blattlauskolonien die Bildung von geflügelten Morphen. Im Herbst signalisieren dann kürzere Tage und tiefere Temperaturen die Bildung von Sexualtieren. Somit aktivieren oder deaktivieren Umwelteinflüsse Gene, die zu unterschiedlichen Merkmalsausprägungen in der Nachkommenschaft von Blattläusen führen (Tomiuk 1990).

Noch vor Kurzem fragten uns Psychiater, warum sich manche psychische Erkrankungen bei eineiigen Zwillingen nicht gleichermaßen ausprägen, obwohl doch beide Menschen genetisch identisch sind. Natürlich führte man das Argument an, dass Umwelteinflüsse bei komplexen Erkrankungen eine große Rolle spielen und damit die Bedeutung erblicher Komponenten überdecken können. Weiterhin lag bei weiblichen Zwillingen die Vermutung nahe, dass die zufällige X-Inaktivierung (s. unten) oder Mutationen Ursache sein können. Diese Antworten sind nur vordergründig befriedigend, denn eigentlich erwarteten wir bei eineiigen Zwillingen stets eine Erblichkeit, die deutlich über 50 % liegt (► Heritabilität, s. ► Kap. 17). Heute wissen wir, dass nicht allein Gene für die Ausprägung eines Merkmals und so auch für manche genetische Erkrankung von Bedeutung sind, sondern auch welches elterliche Gen aktiv ist und wie stark es exprimiert wird.

Die **Epigenetik** ist eine relativ junge Arbeitsrichtung in der Genetik und betrachtet phänotypische Veränderungen, die sich nicht mit mutationsbedingten Veränderungen der DNA-Struktur erklären lassen. Es werden Mechanismen der Aktivierung bzw. der Inaktivierung von Genen untersucht, die zudem auch eine zeitliche Komponente erfahren können. Erworbene Eigenschaften können an Tochterzellen und möglicherweise auch an die nächste Generation weitergegeben werden. Allerdings muss strikt darauf geachtet werden, dass sich epigenetische Vorgänge nicht mit Mechanismen herkömmlicher Genregulation oder Genexpression (s. ► Kap. 2) erklären lassen. Offensichtlich holt die Epigenetik Lamarcks Idee von erworbenen vererbbaren Eigenschaften zurück in die Genetik.

15.1 Epigenom

Die mitotischen Teilungsprozesse nach der Befruchtung einer Eizelle garantieren die Weitergabe der vollständigen genetischen Information einer

◘ Abb. 15.2 Embryonale Entwicklungsstadien bei *Plazentatieren* (▶ G)

Keimbahn	Prägung der elterlichen Gene wird aufgehoben, dann folgt eine geschlechtsspezifische Prägung der Gene	Xist-Gene inaktiv bei beiden weiblichen X-Chromosomen. Dagegen X und Y in männlichen Zellen deaktiviert
Eizelle Samen		Eizelle: X aktiv Samen: X inaktiv
Zygote 4.-5. Zellteilung **Morula**	keine Spezialisierung der Zellen, **Totipotenz**	schwindende Aktivität des väterlichen Xist-Gens
Blastula	beginnende Spezialisierung der Zellen, eingeschränkte Totipotenz, **Pluripotenz** (Trophoblast, Embryoblast)	im weiblichen Genom Aktivierung eines Xist-Gens
Gastrula	fortschreitende Spezialisierung der Zellen. Organspezifische Keimblätter (Endoderm, Mesoderm, Ektoderm)	Prägungen und X-Inaktivierung werden an Tochterzellen weitergegeben

Zelle an ihre Tochterzellen. In komplexen Organismen differenzieren sich Zelllinien und erhalten während der Entwicklung eines Individuums gewebespezifische Aufgaben. Bei höheren Tieren hat während der ersten Teilungsschritte jede einzelne Zelle noch das vollständige Potenzial sich zu einem eigenen Individuum zu entwickeln (**Totipotenz**). Diese Fähigkeit der Zellen geht aber schon bald mit der Induktion eigener Aufgaben verloren und sie werden während der Entwicklung des Organismus weiter eingeschränkt (**Pluripotenz**). Die Aufgaben tierischer Zellen werden bereits am Anfang der Embryonalentwicklung mit der Ausbildung von Keimblättern festgelegt. Aus den einzelnen Keimblättern entwickeln sich Organe mit ihren spezifischen Körperfunktionen (s. nachfolgender Abschnitt Von der Zygote zum Embryo eines Säugetiers). Gene werden also während unserer Entwicklung an- oder abgeschaltet und einzelne Organe zeichnen sich durch unterschiedliche Muster der Genaktivitäten aus, obwohl alle Zellen dieselbe DNA-Struktur besitzen. Die Programmierung der Zellen während der Entwicklung eines Individuums ergibt ein organspezifisches Expressionsprofil der aktiven Gene, das im jeweiligen Epigenom niedergelegt ist. Hier muss kurz erwähnt werden, dass bei vielen Pflanzen diese Spezialisierung von Zellen nicht gegeben ist; ein Großteil der Zellen vieler Pflanzenarten haben ihr Potenzial bewahrt, das aus fast jeder Zelle wieder ein vollständiger Organismus entstehen kann. Im Nachfolgenden werden wir die Hauptschalter des Genoms besprechen: DNA-Methylierung und Histonmodifikationen.

▪ Von der Zygote zum Embryo eines Säugetiers

Mit der Befruchtung der Eizelle durch eine Samenzelle entsteht eine diploide Zygote. Zu Beginn hat jede einzelne Zelle das Potenzial, sich zu einem vollständigen Individuum zu entwickeln (◘ Abb. 15.2). Zellen mit dieser Eigenschaft nennen wir totipotent. Die Morula ist ein Verband totipotenter Zellen, der während der ersten 4–5 Zellteilungen entsteht. Beim Menschen setzt nach der vierten Teilung eine gewisse Zelldifferenzierung mit der Bildung einer äußeren Membran ein, die die Zellen umschließt. Die Zellen verlieren ein wenig von ihrer Totipotenz, können sich aber noch zu verschiedenen Organen entwickeln (Pluripotenz). Im nachfolgenden Blastulastadium grenzt sich die äußere Zellschicht (Trophoblast) von den inneren Zellen (Embryoblast) ab. Im Gastrulastadium bilden sich die Keimblätter, aus denen die Organe hervorgehen. Bei Bilateria (Tiere mit symmetrischem Körperbau – die rechte Körperseite ist spiegelbildlich zur linken Körperseite) haben wir drei Keimblätter: Entoderm, Mesoderm und Ektoderm. Aus dem Entoderm entstehen z. B. Leber und Schilddrüse, aus dem Mesoderm u. a. die Knochen, das Herz und die Milz und schließlich aus dem Ektoderm die Haut, das Nervensystem und unsere Sinnesorgane. Während der Embryonalentwicklung kommt es also zur zunehmenden Programmierung der Genome von Zellen für bestimmte festgelegte Aufgaben. Nur die adulten Stammzellen haben sich noch eine gewisse Freiheit in ihrer Fähigkeit bewahrt, sich in verschiedene Gewebezellen zu entwickeln.

15.2 Cytidin-Methylierung

Am Ende der 1980er-Jahre manipulierten Genetiker die Blütenfarbe von Petunien und machten eine erstaunliche Beobachtung. Peter Meyer et al. (Max-Planck-Institut für Pflanzenzüchtung, Köln) schleusten ein Mais-Gen in das Petuniengenom ein, das weiße Pflanzen lachsfarben blühen lassen sollte. Da alle Pflanzen die gleichen Gene trugen, wurde ein einheitlicher Phänotyp erwartet. Im Freilandversuch mit 30.000 Pflanzen beobachtete man jedoch ein Mosaik von Färbungen; die lachsfarbenen Blüten bleichten zudem unter den hochsommerlichen Bedingungen aus. Als erstes klärten die Forscher ab, ob das Gen tatsächlich in das pflanzliche Genom integriert wurde. Es stellte sich bald heraus, dass das eingeschleuste Gen wohl vom Pflanzengenom aufgenommen, doch als fremd erkannt und in manchen Zelllinien durch Methylierung abgeschaltet wurde. Das zufällige Abschalten in verschiedenen Zellen einer Pflanze führte zum beobachteten Mosaik. Das Ausbleichen ist dagegen eher der Instabilität des neuen Farbstoffs zuzuschreiben.

Ein wichtiger epigenetischer Prozess ist die DNA-Methylierung von Cytosinbasen (CH_3–Cytosin). Diese Reaktionen werden von einer Gruppe von Enzymen, den DNA-Methyltransferasen, katalysiert. Methylreste werden an Cytosine der Basenpaare Cytosin-Guanin gebunden. Die methylierten Stellen werden von einigen Proteinen als Bindungsstellen erkannt. Proteinkomplexe bedecken die doppelsträngige DNA und machen sie für den Ablesevorgang unzugänglich (▶ Transkription). Bei Säugetieren finden wir die Cytosin-Guanin-Paare gehäuft in genreichen Regionen und oftmals in oder nahe von Promotorsequenzen. Mit der Blockade eines Promotors wird jedoch auch die Transkription des zugehörigen Gens in mRNA und deren nachfolgende Translation in eine Aminosäurekette verhindert. Neben den methylierenden Enzymen wurden zudem Enzyme (DNA-Demethylasen) entdeckt, die die Methylierung wieder entfernen. DNA-Methylierung und DNA-Demethylierung sind somit biochemische Prozesse, die Gene an- und abschalten können.

Das Stilllegen von bestimmten Genen muss während der Ausbildung von Organen erhalten bleiben. So muss während der mitotischen Teilung gewebespezifischer Zellen nicht nur die DNA kopiert, sondern ebenfalls das genomische Methylierungsmuster an die Tochterzellen weitergegeben werden. Während der Replikation (▶ G) eines DNA-Abschnitts bleibt dessen Methylierungsmuster erhalten, doch ist der neu gebildete komplementäre DNA-Strang noch nicht markiert. Eine DNA-Methyltransferase erkennt die ungleichen DNA-Stränge und methyliert nach der Vorlage des Originalstrangs die entsprechenden Cytosinbasen des kopierten Strangs.

Die Instabilität von Cytosinbasen ist auch für den Evolutionsbiologen von Interesse. So kann das Cytosin durch die Desaminierung (an der Position 4 wird die NH_2-Gruppe durch ein Sauerstoffatom ersetzt) zu Thymin mutieren. Beide Basen in der neu entstandenen Fehlpaarung Thymin-Guanin sind Bausteine der DNA und können daher im DNA-Reparaturprozess nicht als richtig oder falsch erkannt werden. Wird Thymin in der Sequenz etabliert, kann das erhebliche Folgen haben (s. ▶ Kap. 2 und 3). Andererseits kann das Methylierungsmuster zur Erkennung von alten und neuen DNA-Strukturen dienen, da nur der Originalstrang das Methylierungsmuster trägt. DNA-Reparatursysteme können diese Unterschiede während der Replikation zur Fehlerkorrektur nutzen.

15.3 Histonmodifikation

In höheren Zellen liegt die Kern-DNA nicht frei vor. Im Chromatin, einem Komplex aus DNA und Proteinen, wird das lange DNA-Makromolekül mithilfe einer geordneten Struktur verdichtet. Die kleinste Verpackungseinheit sind die Nukleosomen: Um einen oktameren Proteinkern (vier Histon-Gene, H2a, H2b, H3 und H4, codieren für jeweils zwei Aminosäureketten) sind 147 Nukleotide gewunden. Der Anzahl an Basenpaaren eines DNA-Abschnitts zwischen zwei Nukleosomen („linker") variiert innerhalb und zwischen Arten.

Die Enden der Histonaminosäureketten sind reich an Lysin und Arginin und verleihen dem Histonkern eine positive Ladung; so kann das negative geladene DNA-Molekül an ihn binden. Die geregelte Veränderung der Ladung an den freien Enden der Histonketten durch enzymatische Reaktionen führt zu einer Erhöhung oder Erniedrigung der Bindungsfähigkeit. Eine Methyltransferase kann die Aminosäuren Lysin und Arginin mit Methylresten beladen (CH_3–Aminosäure). Die Folge davon ist die Kondensation der lokalen Chromatinstruktur und damit ein Stilllegen von Genen in den betroffenen DNA-Abschnitten. Eine enge Bindung des DNA-Strangs an den Histonkern verhindert, dass die genetische Information abgelesen werden kann. Den gegenteiligen Effekt erzielen Acetyl- und Phosphoryltransferasen. Sie öffnen die Bindung der DNA an den Histonkern. Eine Acetylierung erfolgt nur bei Lysin (C_2H_30–Lysin), während Phosphorylierung an den Aminosäuren Serin, Threonin und Tyrosin stattfinden kann PO_4^-. Methylierung, Acetylierung und Phosphorylierung bestimmen somit das Aktivitätsprofil einer Zelle und sind ebenfalls wesentliche Mechanismen, die das Epigenom festlegen.

15.4 Genomische Prägung und die Vererbbarkeit der Schalterstellung

Phänotypische Variation in Abhängigkeit davon, ob ein Allel vom Vater oder der Mutter vererbt wird, hat ihre Ursache in der Prägung des Genoms von Keimzellen („imprinting"). In der frühen Keimbahn werden die vorhandenen genomischen Prägungen aufgehoben und anschließend findet eine geschlechtsspezifische (mütterliche: maternale via väterliche: paternale) Prägung statt. Damit ist auch ein Erkennungsmuster gegeben, das nach der Befruchtung Auskunft über die elterliche Herkunft der genetischen Information erlaubt. In Stammbaumanalysen legen die allelischen Varianten eines Genorts, die eine Prägung erfahren, eine dominant-rezessive und geschlechtsgekoppelte Vererbung nahe. Darüber hinaus ist keine Übereinstimmung mit den Mendelschen Spaltungsregeln erkennbar.

Das klassische Konzept, dass ein Phänotyp das Produkt von Genotyp und modifizierender Umwelteinflüsse ist, muss mit den neuen Erkenntnissen der Epigenetik weiter gefasst werden. Genomische Prägung und Modifikationen kommen als zusätzliche Komponenten hinzu, die den Phänotyp verändern können. Für ihre Erblichkeit gibt es bisher nur sehr wenige Hinweise, die die Lamarcksche Hypothese von erlernten erblichen Eigenschaften im Allgemeinen unterstützen. Noch gibt es wenige Belege dafür, dass Umweltbedingungen genomische Prägungen bewirken und diese vererbt werden. Allein die Weitergabe einer erworbenen Eigenschaft an die nächste Generation ist kein Beweis. Es erhebt sich die Frage, ob Umwelteinflüsse neben der Funktion von elterlichen Zellen, auch die von Zellen der Keimbahn oder embryonale Zellen verändern können. Eine interessante Studie deckt einen Drei-Generationen-Effekt in der Bevölkerung der schwedischen Stadt Överkalix auf: Die Ernährung der Großeltern, insbesondere der Großväter, kann sich im Phänotyp ihrer Enkel niederschlagen (hatten Großväter in ihrer Kindheit einen reich gedeckten Tisch, dann erkrankten mit fortschreitendem Alter ihre Enkelsöhne an Diabetes) (Pembrey et al. 2006). Da wir aber noch weit davon entfernt sind, die gesamte Funktion eines Genoms zu verstehen, können wir diese Frage nicht eindeutig beantworten. Die Idee der Erblichkeit epigenetischer Eigenschaften ist faszinierend, doch erschwert sie auch Lösungsansätze und Vorhersagen für die Evolution genetischer Variabilität, wie sie bisher mit unseren klassischen Selektionsmodellen möglich sind.

15.5 X-Chromosom-Inaktivierung

Bei weiblichen Säugern wird stets ein X-Chromosom fast vollständig inaktiviert. Eine naheliegende Erklärung hierfür ist, dass im Vergleich zum männlichen Genom eine Dosiskompensation stattfinden muss. Allerdings muss bedacht werden, dass in anderen Tierarten wie der Fruchtfliege *D. melanogaster* die Anzahl von X-Chromosomen im Vergleich zu den restlichen Chromosomen geschlechtsbestimmend ist (Superweibchen XXY). Doch falls es nicht ausdrücklich erwähnt wird, beziehen sich unsere nachfolgenden Ausführungen auf das Säugergenom.

Mitte des letzten Jahrhunderts wurde bei weiblichen Katzen das Barr-Körperchen (▶ G) beschrieben (Barr und Bertram 1949). Die Engländerin Mary Frances Lyon stellte 12 Jahre später die Hypothese auf, dass während der Embryonalentwicklung ein Geschlechtschromosom inaktiviert wird. Heute wissen wir um die molekulargenetischen Vorgänge, die die Aktivität der X-Chromosomen bestimmen. Lyons Hypothese konnte experimentell untermauert werden. So sprechen wir im Zusammenhang mit der X-Inaktivierung oft auch von **Lyonisierung**.

15.5.1 Das Xist-Gen – ein Aktivitätsschalter

Die Bedeutung einer Region auf dem X-Chromosom für die Inaktivierung war bereits bekannt, als 1991 Brown und ihre Kollegen ein Gen in dieser Region des menschlichen X-Chromosoms beschrieben. Es wurde erkannt, dass nur das Gen auf dem inaktivierten X-Chromosom (X_i) transkribiert wird, doch nicht in ein Protein umgeschrieben wird. Das Gen konnte dem Inaktivierungszentrum Xic („**X** **i**nactivation **c**entre") auf dem langen Arm des X-Chromosoms (Xq13) zugeordnet werden. Der Chromosomenabschnitt Xq13 ist ebenfalls Ausgangspunkt für die Kondensation eines X-Chromosoms zum Barr-Körperchen. Heute ist vieles über die Funktion des damals entdeckten Gens Xist („**X**$_i$-**s**pecific **t**ranscript") im Inaktivierungsprozess bekannt.

Einzelschritte des X-Inaktivierungsprozesses bei Säugern wurden im Wesentlichen für Mensch und Maus beschrieben. Beuteltiere besitzen kein Xist-Gen, und in weiblichen Tieren wird stets das väterliche X-Chromosom inaktiviert. Daher werden wir die Mechanismen, die zur X-Inaktivierung bei Beuteltieren führen, in den nachfolgenden Betrachtungen nicht weiter besprechen. In den verschiedenen Entwicklungsstadien der Plazentatiere werden X-Chromosomen dagegen an- und abgeschaltet, bis schließlich ein X-Chromosom in weiblichen Zellen endgültig, allerdings nicht vollständig, inaktiviert wird. Weiterhin bleiben einige Gene aktiv und die beiden distal liegenden pseudoautosomalen Regionen sind ebenfalls von der Inaktivierung unbeeinflusst.

In der männlichen Meiose werden beide Geschlechtschromosomen, X und Y, inaktiviert. Das Xist-Gen ist nicht methyliert und damit aktiv. Ein Grund mag in der Ungleichheit beider Chromosomen liegen – es können nur die kurzen homologen pseudoautosomalen Regionen paaren. Dagegen wird in der weiblichen Keimbahn die X-Inaktivierung aufgehoben und in der Eizelle bleibt das Xist-Gen inaktiv. Im Folgenden müssen wir zwei Möglichkeiten betrachten: Bei und nach der Befruchtung der Eizelle durch ein Y-Spermium bleibt das weibliche X-Chromosom aktiv bzw. das Xist-Gen bleibt abgeschaltet. Trifft die Eizelle auf ein X-Spermium mit einem aktiven Xist-Gen, dann wird dieser Zustand kurze Zeit, bis ins frühe Blastulastadium, erhalten. In den Zellen des sich bildenden Embryoblasten werden aber beide X-Chromosomen wieder aktiviert (beide Xist-Gene sind abgeschaltet). Erst mit Beginn der fortschreitenden Zelldifferenzierung im späten Blastulastadium wird ein X-Chromosom in den weiblichen Zellen durch die zunehmende Aktivität seines Xist-Gens inaktiviert. Die Prägung der X-Chromosomen (aktiv und inaktiv) bleibt in jeder Zelllinie erhalten. Das heißt, dass in einer Zelllinie immer dasselbe väterliche oder mütterliche X-Chromosom inaktiviert ist.

Bei Mäusen wurde 1999 ein Gegenspieler zum Xist-Gen entdeckt (Lee et al. 1999). Das Tsix-Gen ist eine „Antisense"-Kopie des Xist-Gens und liegt ebenfalls im Inaktivitätszentrum. Ebenfalls wird RNA transkribiert, doch kein Protein gebildet. Die Tsix-RNA kann bei Mäusen mit der Xist-RNA interagieren und damit deren Aktivität blocken. Das Tsix-Gen wurde ebenfalls beim Menschen gefunden, doch wurde gezeigt, dass diese Interaktion beim Menschen die Aktivität des Xist-Gens nicht beeinflusst (Migeon et al. 2002).

15.5.2 Zufall oder Dominanz der X-Inaktivierung?

Eine zufällige Inaktivierung eines X-Chromosoms während der Entwicklung eines weiblichen Embryos beim Menschen und vermutlich bei allen höheren Säugetieren kann nur gegeben sein, wenn die Aktivitäten aller beteiligter Gene gleich ist. Unser heutiges Wissen lässt uns daher eher vermuten, dass die Dominanz einzelner Gene und Interaktionen zwischen Genen den Inaktivierungsprozess mitbestimmen. In der Tat ist nach der Inaktivierung eine gewisse Zufälligkeit bei der Verteilung der Zelllinien während der Ausbildung der einzelnen Keimblätter gegeben. Ein Beispiel hierfür ist das X-chromosomal vererbte Gen des Enzyms Glucose-6-Phosphat-Dehydrogenase. Dieses Enzym hat eine wichtige schützende Funktion für das Hämoglobin in Erythrozyten. Fällt diese Funktion aus, dann reifen die roten Blutkörperchen nicht aus. Die Folgen hiervon sind Blutarmut, Gelbsucht und das Ausscheiden von Hämoglobin über die Nieren. Dieses Krankheitsbild kann sich bei heterozygoten Trägerinnen eines Defektallels zeigen, wenn X-inaktivierte Zelllinien in das Mesoderm und damit in das Gewebe gelangen, in dem Erythrozyten gebildet werden (beim Embryo hauptsächlich die Leber; beim Erwachsenen das Knochenmark). Der weibliche Säugerorganismus ist also ein Zellmosaik in Bezug auf die X-aktivierten beziehungsweise -inaktivierten Zellen und die damit verbundene allelische Ausprägung von Genen des X-Chromosoms. Derartige Zufälligkeiten während der Embryonalentwicklung sind sicherlich auch eine Ursache dafür, dass eineiige Schwestern nicht immer gleich aussehen müssen.

Ausgehend vom Inaktivierungszentrum bedeckt nach und nach die Xist-RNA das X-Chromosom. Infolgedessen kommt es zur Hypoacetylierung und Methylierung der Histone. Die zunehmende DNA-Methylierung inaktiviert Promotorbereiche und deren Gene. Die Verdichtung des Chromatins führt schließlich dazu, dass fast das gesamte X-Chromosom eine heterochromatische Struktur erhält. Ein solch verdichtetes X-Chromosom ist unter dem Mikroskop sichtbar und wird als Barr-Körperchen bezeichnet. Sieht man beim Menschen mehrere Barr-Körperchen, können numerische Aberrationen der Grund sein: Zum Beispiel das Triple-X-Syndrom (47,XXX) bei Frauen und das Klinefelter-Syndrom (47,XXY) bei Männern. Das Nichtvorhandensein eines Barr-Körperchen lässt nicht den eindeutigen Schluss zu, dass es sich um eine männliche Zelle handelt, da Zellen von Turner-Frauen (45,X) ebenfalls keine Barr-Körperchen ausbilden.

15.6 RNA-Gene

Die Arbeitsgruppen des Niederländers Joseph Mol und des Amerikaners Richard Jorgensen veränderten um 1990 das Erbgut der Petunien gentechnisch, um deren Blütenfarben zu manipulieren. Sie schleusten zusätzliche Petunien-Gene zur Intensivierung der Blütenfarbe in das Genom der Pflanzen ein. Das Einschleusen gelang, doch beobachteten sie keine Intensivierung der Blütenfarbe, sondern eine Abschwächung bis hin zur weißen Blüte. Das Phänomen, dass ein eingeschleustes Gen auch die Funktion des eigenen Gens unterdrücken kann, wurde in Unkenntnis des Prozesses mit dem Begriff Kosuppression belegt. In nachfolgenden Untersuchungen wurde allmählich die Bedeutung verschiedener kleiner RNA-Sequenzen für die Proteinsynthese aufgedeckt. Es wurde erkannt, dass Gene nicht nur an- und abgeschaltet werden, sondern dass auch nach der Transkription Regulationsprozesse stattfinden („post-transcriptional regulation"), an denen RNA-Sequenzen beteiligt sind. 1998 publizierten die beiden Nobelpreisträger Andrew Fire und Craig Mello mit ihren Kollegen ein Experiment, mit dem ihnen das Abschalten von Genen gelang. Den besten Erfolg erzielten sie mit **d**oppel**s**trängiger **RNA** (dsRNA), die komplementäre Sequenzmotive eines Gens vom Fadenwurm *Caenorhabditis elegans* trug. Nach der Injektion der dsRNA in Zellen von *C. elegans* stellten sie fest, dass eine deutliche Verminderung und sogar ein Verlust der Boten-RNA („**m**essenger **RNA**", mRNA) des Gens folgten. Darüber hinaus breitete sich der Effekt vom infizierten Gewebe in den gesamten Körper aus und konnte sogar in der Nachkommenschaft noch festgestellt werden. Der Mechanismus dieser Interferenz von verschiedenen RNA-Molekülen (RNAi) wurde ein Jahr später von Andrew Hamilton und David Baulcombe beschrieben. Kurze einzelsträngige RNA-Sequenzen von etwa 20–25 Nukleotiden kontrollieren die Aktivität der mRNA, indem sie an die mRNA binden, die ein komplementäres Sequenzmotiv besitzt. Diese RNA-RNA-Bindung verlangsamt oder verhindert die Translation der mRNA, die Produktion eines Gens wird durch spezifische kurze RNA-Elemente stillgelegt („gene **si**lencing **RNA**" – siRNA). Die Zelle erkennt dsRNA und baut diese ab. Die evolutionsbiologische Erklärung für den kontrollierten Verdau von doppelsträngiger RNA in eukaryotischen Zellen ist, dass sich dieser Prozess aus der Abwehrreaktion gegen RNA-Viren entwickelt hat.

Bei der Suche nach weiteren interferierenden RNA-Sequenzen stieß man bald auf kleine RNA-Stückchen, die Gruppe der **microRNA** (miRNA). Eine Vielfalt von Genen des Kerngenoms codieren für lange RNA-Sequenzen, die jedoch nicht in Proteine übersetzt, sondern in einem trickreichen Prozess zu den kleinen einzelsträngigen miRNA abgebaut werden. Ebenso wie die „fremden" siRNA hemmen miRNA durch ihre hochspezifische Bindung an bestimmte mRNA die Translation von diesen mRNA. Die Wirkung der miRNA auf die zugehörige mRNA hängt vom Grad der Übereinstimmung zwischen beiden Molekülen ab. Gibt es nur eine „gute" Übereinstimmung, wird die Translation verlangsamt, während bei einer perfekten Übereinstimmung die gebildete dsRNA geschnitten und abgebaut wird. Einhergehend mit der Gewebespezifität von miRNA gilt natürlich auch, dass bestimmte miRNA-Gene in den verschiedenen Entwicklungsstadien aktiv werden. So kann eine Gruppe von miRNA die Pluripotenz von Stammzellen aufrechterhalten. Die Bedeutung von miRNA bei der Tumorentstehung wird ebenfalls untersucht. Weiterhin werden miRNA heute auch als epigenetisch wirkende Faktoren diskutiert, deren Fehlfunktion die Ursache für die Auslösung von Erkrankungen, wie Rheuma sein könnte.

Dass die Aktivität von etwa einem Drittel der menschlichen Gene von miRNA mitbestimmt wird, belegt ihre große Bedeutung für das gesamte Tierreich. Die miRNA-Sequenzen sind evolutionär hoch konserviert. Das heißt, dass die Nukleotidfolge vieler miRNA über Artgrenzen hinweg, wie z. B. bei Säugern, nahezu identisch ist. Ebenso können sich miRNA verschiedener Arten in ihrer Gewebespezifität gleichen. Selbst der Vergleich von Wirbeltieren und Wirbellosen belegt die ungewöhnliche Übereinstimmung der Gene und lässt auf einen gemeinsamen evolutionären Ursprung schließen.

15.6.1 miRNA und weitere epigenetische Prozesse

Viele Abschnitte des Kerngenoms von Pflanzen und Tieren codieren für microRNA (miRNA), die wohl RNA-Sequenzen darstellen, doch zu keiner Aminosäurekette führen. Das Produkt dieser Gene ist die sog. primäre miRNA und wie die Boten-RNA zunächst einsträngig. In diesem Zustand bietet sie keine Angriffsfläche für Proteine, die einen RNA-Verdau induzieren. Die etwa 500–3000 Basenpaar langen Sequenzen bilden Schleifen, die in kürzere Stücke geschnitten werden. Die kurzen RNA-Stücke bilden wiederum dsRNA-Haarnadelstrukturen, die ins Zytoplasma transportiert werden. Diese prä-miRNA werden in einem erneuten Schneideprozess in noch kleinere dsRNA-Fragmente geschnitten und haben nun eine Länge von etwa 20 Basenpaaren (Doppelstrang-miRNA oder ds-miRNA). Im letzten Schritt lösen sich die Doppelstrangstrukturen auf und die einzelsträngige miRNA (reife miRNA) kann durch ihre Bindung an komplementäre Sequenzabschnitte von Boten-RNA hemmend in deren Translation eingreifen.

Weitere epigenetische Prozesse sind Paramutationen, Bookmarking, Positionseffekte, Reprogrammierung, Transvektion, Prozesse bei der Entstehung von Krebsgeschwülsten (Karzinogenese) und die Wirkung von teratogenen Substanzen:

Paramutation Zwei strukturell identische Gene eines Locus haben unterschiedliche epigenetische Zustände. Durch eine allelische Interaktion kann der epigenetische Zustand auf das andere Allel übertragen werden (siehe Petunienversuch zur Intensivierung der Pigmentierung). Die Interaktion zwischen Allelen von homologen Chromosomen wird auch als **Transvektion** bezeichnet.

Bookmarking Übertragung der identischen Genexpressionsmuster von einer Zelle auf ihre Tochterzellen (s. Gewebespezifität bei der Embryonalentwicklung).

Positionseffekt Gene oder DNA-Abschnitte können, wenn sie durch Translokation in eine andere Nachbarschaft gelangen, ihre Aktivität verändern.

Reprogrammierung Zellen erhalten ein neues Expressionsmuster. Stammzellen werden zur Bildung von Gewebe induziert.

Karzinogenese und teratogene Substanzen Mechanismen und Substanzen, die zu einer Fehlentwicklung von Zellen führen. Karzinogenese bezeichnet die Krebsentstehung. Der Kontakt mit teratogenen Substanzen führt zu embryonalen Fehlentwicklungen.

Glossar

Asexuelle Reproduktion Geschlechtslose Vermehrung eines Organismus; einige Eukaryoten können sich (►) mitotisch (ohne Ausbildung von Gameten: Eizellen, Spermien bzw. Pollen) vermehren (Agametogenese). Bakterien vermehren sich ebenfalls asexuell. Asexuell reproduzierende Individuen geben ihre genetische Information – bis auf Mutationen – identisch an ihre Nachkommenschaft weiter.

Autosom Chromosom des Kerngenoms von Eukaryoten (► G), das nicht primär an der Ausbildung des Geschlechts mitwirkt. Doch können sie durchaus Gene tragen, die für geschlechtsspezifische Funktionen codieren.

Basen Bausteine des genetischen Codes – Adenin, Cytosin, Guanin und Thymin bzw. Uracil.

Boten-RNA Die komplementäre Abschrift eines Gens (► Transkription), die in eine Aminosäurenkette übersetzt wird (► Translation). Die Abkürzung mRNA rührt von „**m**essenger **RNA**".

Chromatide Riesenmolekül (DNA-Doppelhelix), das die Erbinformation in linearer Abfolge trägt. Seine wesentlichen Bausteine sind die Nukleotide, die Elemente des genetischen Codes sind. In der aktiven Phase einer Zelle besteht normalerweise ein Chromosom aus einer Chromatide. Vor Mitose und Meiose eukaryotischer Zellen werden Chromatiden „identisch" verdoppelt, und die Schwesterchromatiden (► G) sind durch das Zentromer (► G) verbunden.

Distal Chromosomenabschnitte oder Gene, die nahe am Chromosomenende lokalisiert sind (proximal sind Chromosomenabschnitte in der Nähe des Zentromers).

DNA Abkürzung von „**d**eoxyribo**n**ucleic **a**cid". Ein Riesenmolekül, das aus einer linearen Abfolge von Nukleotiden besteht und einen Teil des genetischen Codes eines Individuums trägt (deutsch: **D**esoxyribo**n**uklein**s**äure, DNS).

Desoxyribose Zuckermolekül mit fünf Kohlenstoffatomen.

Eukaryotische Zelle Zellen von Pflanzen, Pilzen und Tieren. Die Erbinformation dieser Zellen ist von einer Membran (Kernmembran) umgeben. Das sog. Kerngenom besteht aus mehreren Riesenmolekülen. Die Zellen tragen eine variable Anzahl von Mitochondrien. Darüber hinaus können pflanzliche Zellen auch noch Chloroplasten für die Photosynthese enthalten.

Heritabilität Erblicher, genetisch bedingter Anteil phänotypischer Variabilität.

homologe Strukturen Strukturen die sich in ihrer Gestalt entsprechen. Im Fall von Chromosomen gleichen sich homologe Chromosomen in ihrer mikroskopischen Struktur.

Klon, klonal Individuen, die genetisch identisch sind und eine gemeinsame Abstammung haben. Individuen eines Klons sind genetisch identisch.

Metaphase Phase im Zellzyklus einer eukaryotischen Zelle (► G), in der sich die Chromosomen verdichten und an der Äquatorialebene anordnen. Anschließend teilt sich die Zelle und die identische genetische Information der Mutterzelle wird an die beiden Tochterzellen weitergegeben.

Morph Biologische Bezeichnung für die äußere Gestalt eines Individuums. Zum Beispiel werden Sexualtiere wie Männchen und Weibchen auch als Sexualmorphe bezeichnet.

Parthenogenese Vermehrungsweise von einigen Eukaryoten, bei der nur das mütterliche Genom weitergegeben wird. Individuen der weiblichen Klonlinien sind, bis auf Mutationen, identisch (► asexuelle Vermehrung).

Plazentatiere Unterklasse (Eutheria) der Säugetiere (Mammalia). Weitere Unterklassen sind die eierlegenden Kloakentiere (Protheria) und Beuteltiere (Metatheria).

pseudoautosomale Region Die unterschiedlichen Geschlechtschromosomen einer Art besitzen Chromosomenabschnitte, die sich entsprechen (► homologe Strukturen) und damit für die korrekte Paarung während der Meiose von Bedeutung sind. Diese Regionen verhalten sich wie autosomale Chromosomenabschnitte (► G) und können auch rekombinieren (► G).

Rekombination Austausch eines Chromosomenstücks zwischen zwei Informationsträgern (z. B. Chromosomen).

Replikation Bis auf Mutation ein weitgehend identischer Kopiervorgang eines DNA-Fadens vor der Metaphase (► G) in der Mitose oder vor der ersten meiotischen Teilung (► G).

„ribonucleic acid" ► RNA (RNS)

RNA Abkürzung von „**r**ibo**n**ucleic **a**cid" (die deutsche Abkürzung RNS für Ribonukleinsäure ist veraltet). Ein Molekül, das sich von der (► DNA) leicht unterscheidet: So wird die

Base Thymin durch Uracil ersetzt und der Zucker Ribose ist Teil des RNA-Moleküls. Der biologische Stoffwechsel benötigt eine große Anzahl verschiedener RNA-Moleküle: „messenger RNA" (mRNA, Boten-RNA) für die Proteinsynthese; transfer-RNA (tRNA) für den Transport von einzelnen Aminosäuren zur Polypeptidsynthese; ribosomale RNA (rRNA) für den Aufbau von Ribosomen; außerdem eine Vielzahl von kleinen RNA-Molekülen, wie z. B. microRNA und „small interfering RNA", die für die Regulation von Struktur-Genen von Bedeutung sind.

Transkription Für die Synthese von Polypeptiden muss das Gen zuerst in eine RNA (▶ Boten-RNA) umgeschrieben werden.

Translation Nach der Transkription (▶ G) wird die Botschaft der Boten-RNA (▶ G) in die Aminosäurenkette übersetzt.

Aufgaben

Aufgabe 1. Gib einige Beispiele, die für oder gegen epigenetische Prozesse sprechen.

Aufgabe 2. Warum ist es so schwer, die Erblichkeit von epigenetischen Prozessen nachzuweisen? Gibt es klare Grenzen zwischen Genregulation und Epigenetik?

Literatur

Verwendete Literatur

Barr ML, Bertram EG (1949) A morphological distinction between neurones of the male and female, and the behaviour of the nucleolar satellite during accelerated nucleoprotein synthesis. Nature 163:676–677

Lee JT, Davidow LS, Warshawsky D (1999) Tsix, a gene antisense to Xist at the X-inactivation centre. Nature Genetics 21:400–404

Migeon BR, Lee CH, Chowdhury AK, Carpenter H (2002) Species Differences in *TSIX/Tsix* Reveal the Roles of These Genes in X-Chromosome Inactivation. American J Human Genet 71:286–293

Pembrey ME, Bygren LO, Kaati G, Edvinsson S, Northstone K, Sjöström M, Golding J, ALSPAC Study Team (2006) Sex-specific, male-line transgenerational responses in humans. Eur J Human Genet 14:159–166

Tomiuk J (1990) Genetic stability in aphid clones and its implication for aphid-plant interactions. In: Campell RK, Eikenbary RD (Hrsg) Aphid-Plant Genotype Interactions. Elsevier, Amsterdam New York Oxford Tokyo, S 275–288

Weiterführende Literatur

Graw J (2015) Genetik, 6. Aufl. Springer, Heidelberg Berlin New York Tokyo

Jinek M, Doudna JA (2009) A three-dimensional view of the molecular machinery of RNA interference. Nature 457:405–412

Krebs JE, Goldstein ES, Kilpatrick ST (2010) Lewin's Genes X. Jones & Bartlett, Massachusetts, USA

Siomi H, Siom MC (2009) On the road to reading the RNA-interference code. Nature 457:396–404

Statistik

Statistische Grundlagen

Jürgen Tomiuk, Volker Loeschcke

J. Tomiuk, V. Loeschcke, *Grundlagen der Evolutionsbiologie und Formalen Genetik*,
DOI 10.1007/978-3-662-49685-5_16, © Springer-Verlag Berlin Heidelberg 2017

In der biologischen und medizinischen Forschung werden statistische Methoden genutzt, um Erhebungen, Experimente oder Studien zu planen, durchzuführen und zu bewerten. Der erste Schritt der statistischen Analyse von Untersuchungsergebnissen besteht darin, die Originaldaten zu ordnen. Nur in wenigen Ausnahmefällen sind wir in der Lage, unmittelbar aus dem ersten Untersuchungsprotokoll die wesentlichen Ergebnisse einer großen Studie zu erkennen. So muss die Datenfülle zunächst in übersichtlichen Tabellen zusammengefasst und mit grafischen Darstellungen anschaulich vorgestellt werden. Schließlich sollten auch einfache statistische Kennzahlen wie Mittelwerte oder Streuungen bei der ersten Aufarbeitung der Daten Berücksichtigung finden (▶ beschreibende Statistik). Beabsichtigen wir zudem die Verallgemeinerung von Ergebnissen, um aus den Stichproben weiterreichende Schlüsse auf die gesamte Population zu ziehen, dann werden statistische Tests benötigt, die objektiv entscheiden lassen (▶ schließende Statistik).

Dieses Kapitel beabsichtigt nun keineswegs, die Anwendung grundlegender statistischer Methoden im Sinn einer Kurzanleitung vorzustellen. Wir möchten hier das Grundrüstzeug zum Verständnis statistischer Beweisführung vermitteln und verzichten daher auf eine ausführliche mathematisch-statistische Darstellung. Für die Einarbeitung in die Anwendung statistischer Methoden empfehlen wir ein entsprechendes Lehrbuch (s. Literatur am Ende des Kapitels).

16.1 Beschreibende Statistik

Zu Beginn jeder statistischen Behandlung eines wissenschaftlichen Problems steht immer eine eindeutig formulierte Aufgabenstellung und die Entscheidung, welches Untersuchungsmaterial zur Beantwortung der Fragen am besten geeignet ist – Individuen, Gewebeproben oder andere Objekte? Mit der Wahl des Studienobjekts ist auch die Überlegung verbunden, welcher Aufwand für die Lösung der Fragestellung betrieben werden muss. Kann die Gesamtheit der Objekte (▶ Grundgesamtheit) untersucht werden oder muss man sich auf eine zufällige Stichprobe aus der Grundgesamtheit beschränken? Doch ohne die Festlegung, wie und was untersucht werden soll, darf immer noch nicht mit der Datenerfassung begonnen werden. Zuerst muss ein informatives Untersuchungsmerkmal sowie eine geeignete Mess- und Beobachtungsmethode gewählt werden. Erst danach folgt der im Allgemeinen zeitlich und arbeitsmäßig umfangreichste Abschnitt der Untersuchung, die Datenerfassung. Der spannendste Teil der Untersuchungen mit der Reduktion der Daten auf das Wesentliche und der Darstellung in übersichtlichen Tabellen und anschaulichen Grafiken sowie der rechnerischen Analyse und Interpretation erfolgt erst ganz am Schluss. In ◘ Abb. 16.1 werden die Schritte zur Beantwortung von Fragen beim Vorsorgescreening Neugeborener in Deutschland vorgestellt.

Die umfassenden Aufgaben eines Vorsorgescreenings sind natürlich nicht mit einer Stichprobe von Geburten in Tübingen lösbar. Weder ist eine zufällige Auswahl von 30 Jungengeburten ausreichend, noch sind Geburten allein aus einer Stadt für das gesamte Bundesgebiet repräsentativ. Der Rückschluss oder die Verallgemeinerung von der kleinen und lokalen Stichprobe auf alle jährlichen Geburten in Deutschland (Grundgesamtheit) ist sicherlich mit einem sehr großen Fehler behaftet. Der Wahl der zu untersuchenden Merkmale kommt ebenfalls eine große Bedeutung zu, da diese den Aufwand bei der Datenerhebung und den statistischen Auswertungsverfahren bestimmen. Es muss genau festlegt werden, welche Merkmale an den Objekten unserer Stichprobe, den Merkmalsträgern, gemessen und beobachtet werden sollen, um die Fragestellung beantworten zu können. Übertragen wir diese Forderung auf das Beispiel mit den männlichen Neugeborenen, dann ist naheliegend, dass von der Körpergröße nicht verlässlich auf die Gesundheit von Neugeborenen geschlossen werden kann. Andere Merkmale wie das Auftreten von Stoffwechselerkrankungen hätten sicherlich eine höhere Aussagekraft!

Ist eine Totalerhebung ausgeschlossen, dann können wir unsere Fragestellung nur mit einer Stichprobe beantworten und ein Fehler lässt sich nicht vermeiden (▶ Stichprobenfehler). Allerdings kann man diesen Fehler klein halten, indem die Objekte zufällig ausgewählt werden und die Stichprobe einen ausreichenden Umfang besitzt. Darüber hi-

Abb. 16.1 Schema zur Erfassung der Körpergröße von Neugeborenen in Deutschland. Die durchschnittliche Körpergröße wird anhand einer Stichprobe ermittelt

Aufgabe: **Neugeborenenscreening**

Fragestellung: Wie gesund sind Neugeborene in Deutschland?
⇓
Grundgesamtheit: Geburten in Deutschland 2010
⇓
Stichprobe: 30 Jungengeburten in Tübingen 2010
⇓
Objekte, Merkmalsträger: Neugeborene Jungen in Tübingen
⇓
Merkmalsausprägung: Körperlänge in cm nach Geburt
⇓
Messergebnisse in cm: (Stichprobe, n = 30): 54, 51, 48, 52, 51, 48, 52, 52, 51, 52, 51, 46, 55, 53, 50, 52, 49, 47, 51, 49, 53, 51, 52, 51, 43, 51, 51, 53, 50, 51
⇓
Beschreibung der Stichprobe mit einer Häufigkeitstabelle
(Wie oft wird ein Knabe mit einer bestimmten Körperlänge geboren?)

Länge in cm:	43	44	45	46	47	48	49	50	51	52	53	54	55
Beobachtung f_i:	1	0	0	1	1	2	2	2	10	6	3	1	1

$\Sigma f_i = 30$
⇓
Interpretation: Die meisten neugeborenen Jungen haben eine Körperlänge von 51cm
Die kleinste Körpergröße beträgt 43cm, die größte 55cm, und der maximale Unterschied ist 12cm.

naus müssen bei der Stichprobenauswahl auch die Strukturen der Grundgesamtheit Berücksichtigung finden, damit die Rückschlüsse auf die Gesamtheit zutreffend sind. Eine sorgfältige (statistische) Versuchsplanung ist auf jeden Fall angeraten, denn falls Zweifel an der **Repräsentativität** (► G) der Stichprobe bestehen, machen weitere Untersuchungen keinen Sinn!

Wir lösen uns jetzt vom Beispiel des Neugeborenenscreenings und stellen Kriterien für die Merkmalsauswahl vor. Danach werden einige wesentliche statistische Kennzahlen besprochen, um dann am Ende des Kapitels auf das Aufstellen von Hypothesen und die zugehörigen Entscheidungsverfahren einzugehen.

16.1.1 Merkmalsauswahl

Für die Beantwortung einer Fragestellung beobachtet und misst man Merkmale an den Objekten einer Stichprobe (Individuen, Beobachtungseinheiten, Merkmalsträger). Die Eignung der Merkmale und der gewählten Ausprägungen für die Lösung der gestellten Aufgabe müssen an drei Kriterien überprüft werden:

- **Objektivität** (Unabhängigkeit, ► G): Die Ausprägung des Merkmals kann unabhängig vom Versuchsansteller eindeutig festgestellt werden.
- **Reliabilität** (Zuverlässigkeit, ► G): Die Ergebnisse sind jederzeit bei Wiederholungen reproduzierbar.
- **Validität** (Gültigkeit, ► G): Die Merkmale und ihre Ausprägungen sind für die Beantwortung der Fragestellung aussagekräftig.

16.1.2 Skalenniveau

Im Mittelpunkt des Interesses stehen Merkmale, die sich in ihrer Ausprägung bei den verschiedenen Untersuchungsobjekten unterscheiden. Bei der Analyse und der statistischen Datenbearbeitung dieser Variation müssen wir darauf achten, ob bei der Datenerhebung gemessen oder gezählt wird. So kann man das Wetter an einzelnen Tagen als kalt, warm oder heiß klassifizieren (► qualitative Merkmalsausprägung). Darüber hinaus können wir aber auch die mittlere Tagestemperatur bestimmen (► quantitative Merkmalsausprägung). Der Informationsgehalt der Ergebnisse und ihre Aussagekraft wie auch der Arbeitsaufwand bei der Datenerfassung und der statistischen Bearbeitung der Daten sind eng mit den Merkmalsausprägungen verbunden. Die Art und Weise, wie ein Merkmal in seinen Ausprägungen variiert, führt zu vier Skalierungsniveaus.

Tab. 16.1 Merkmalskalen. Entsprechend dem Informationsgehalt sind die Skalierungen in aufsteigender Folge gelistet. Jedes Skalenniveau erfüllt die Anforderungen der niedrigeren Skalen

Skalierung	zugehörige Daten	Eigenschaft qualitativ	Beispiel
Nominal	Kategorien, Gruppen	Gleichwertig	Genotypen, Augenfarbe
Ordinal	Rangplätze, Rangordnungen	Rangplatzdifferenzen	Qualitätsklassen, Medaillenränge
Intervall	Messwerte	Messwertdifferenzen	Temperatur in °C, Geburtsjahr
Verhältnis	Messwerte	Messwertquotienten	Zeit, Länge, Gewicht, Temperatur in K, Lebensalter

- **Nominalskala (qualitative Gleichwertigkeit)**

Das Merkmal hat eine überschaubare Anzahl von Ausprägungen. Die Objekte werden somit entsprechend ihrer Ausprägung gruppiert. Bei der Einteilung in Kategorien (Ausprägungsformen) sind keine Zwischenstufen zugelassen – die gebildeten Kategorien sind diskret.

Beispiel: Die Personen einer ausgewählten Studentengruppe werden nach dem Genotyp eines variablen Locus klassifiziert. Danach wird die Anzahl der Studenten in jeder Genotypkategorie bestimmt.

- **Ordinalskala (Ordnungsbeziehung)**

Die gewählten diskreten Kategorien können zusätzlich in eine Rangfolge gebracht werden. Eine solche hierarchische Ordnung liefert jedoch keine Information über den größenmäßigen Abstand zwischen den Rangplätzen. Im Vergleich zur Nominalskala wurden die Bezeichnungen der Kategorien nur neu codiert, ohne dass sich damit der Informationsgehalt änderte: Wie zuvor wird die Anzahl der Individuen von jeder Kategorie bzw. jedem Rang festgehalten.

Beispiel Studenten eines Jahrgangs werden nach Studienfortschritt klassifiziert (Bachelor, Master, Doktorand). Auch wenn den Kategorien Rangzahlen von 1 bis 3 zugeordnet werden, lassen sich die Unterschiede nicht größenmäßig bestimmen!

Sowohl bei der Nominalskala wie auch bei der Ordinalskala werden qualitativ gleichwertige Objekte diskreten Kategorien zugeordnet (qualitative Merkmale). Doch in vielen Untersuchungen wird nicht nur gezählt, sondern auch gemessen (quantitative Merkmale):

- **Intervallskala (gleiche Differenzen)**

Misst man die Körpertemperatur von Patienten in Grad Celsius, so lassen sich die Messwerte der Größe nach ordnen, und der Abstand (Intervall) zwischen 10 und 30 °C ist ebenso groß wie zwischen 50 und 70 °C. Die Unterschiede zwischen Messwerten sind also vergleichbar. Da der Nullpunkt der Celsius-Skala willkürlich auf den Gefrierpunkt des Wassers festgelegt ist, machen Verhältnisse (Quotienten) von Messwerten keinen Sinn: 30 °C ist nicht dreimal so warm wie eine Temperatur von 10 °C!

- **Verhältnisskala (Quotienten)**

Bei der Kelvin-Skala ist der absolute Nullpunkt bei −273 °C festgelegt. Messen wir nun die Temperatur unserer Patienten in Kelvin, dann ist die Angabe des Verhältnisses zweier Messwerte durchaus von Bedeutung: Eine Temperatur von 400 K (127 °C) ist zweimal so hoch wie die von 200 K (−73 °C).

Alle Messwerte mit einem eindeutig festgelegten absoluten Nullpunkt, wie z. B. die Körpergröße [m], das Gewicht [kg] oder der Blutdruck [mmHg], erlauben den Vergleich sowohl von Differenzen wie auch Quotienten von Messwerten. Dies gilt ebenso für Merkmalsausprägungen, bei denen absolute Anzahlen ermittelt werden, beispielsweise die Anzahl Leukozyten (weiße Blutkörperchen) pro µl oder von Chromosomenbrüchen pro Mitose.

Die Wahl der Skalierung einer Merkmalsausprägung ist von entscheidender Bedeutung für die spätere statistische Auswertung, denn jedes statistische Verfahren hat seine eigene Minimalanforderung an das Skalierungsniveau der Daten (Tab. 16.1)! Ein Mittelwert von fünf Gold-, sieben Silber- und drei Bronzemedaillen oder der Mittelwert von Rangplatz 1, 2 und 3 machen keinen Sinn. Dagegen

Tab. 16.2 Geordnete Liste der Flügellängen von Fruchtfliegen in mm

Flügellängen von Drosophila in mm, Stichprobenumfang $n = 25$									
$x_{min} = 3{,}3$	3,5	3,6	3,6	3,6	3,6	3,8	3,8	3,8	3,8
3,8	3,9	3,9	4,1	4,1	4,2	4,3	4,3	4,3	4,3
4,4	4,4	4,4	4,5	$4{,}7 = x_{max}$					

kann die mittlere Laufzeit in Sekunden [s] der drei Erstplatzierten eines 100-Meter-Laufs durchaus von Interesse sein und lässt sich auch genau erfassen. Bei der Auswahl statistischer Methoden unterscheiden wir zwischen einer Ereignisstatistik mit qualitativen, diskreten Merkmalen, die mit einer Nominal- oder Ordinalskala erfasst werden, und einer Messungsstatistik mit quantitativen, stetigen Merkmalen, denen eine Intervall oder Verhältnisskala zugrunde liegt.

16.1.3 Klasseneinteilung, Tabellen und Grafiken

Können die Versuchsdaten in Kategorien (Nominalskala) eingeteilt oder mit Rangplätzen (Ordinalskala) versehen werden, dann lassen sich die Ergebnisse naheliegenderweise in einer Tabelle darstellen. Diese Tabellen geben die Anzahl der Beobachtungen oder deren relative Häufigkeiten der einzelnen Merkmalskategorien wieder. Werden Merkmale dagegen auf dem Intervall- oder Verhältnisskalenniveau gemessen, dann erhält man zunächst eine ungeordnete Liste (▶ Urliste) von Messwerten, da jeder Wert nach seinem Auftreten notiert wird. Diese Werte werden anschließend in eine geordnete Liste übertragen, aus der sich der kleinste x_{min} und der größte Messwert x_{max} ergeben. So ist der erste statistische Parameter, die **Variationsbreite $V = x_{max} - x_{min}$** gegeben, die die Streuung der Messwerte in der Stichprobe charakterisiert. Im nächsten Schritt überführen wir diese Tabellen mit den geordneten Messwerten in eine übersichtliche Tabelle, indem wir die Einzelwerte zu Klassen zusammenfassen. Dabei gilt:

- Stichprobenumfang n ist die Anzahl von Messwerten in einer Stichprobe.
- Häufigkeitstabellen und Häufigkeitsverteilungen beschreiben die Daten der Stichprobe, bei der grafischen Darstellung der Häufigkeitsverteilung werden der x-Achse das Merkmal und der y-Achse die absoluten oder relativen Häufigkeiten zugeordnet.
- Klasse heißt eine Gruppe von Messwerten innerhalb festgelegter Grenzen, den Klassengrenzen.
- Klassenhäufigkeit f_i ist die Anzahl von Messwerten, die in die i-te Klasse fallen.
- Klassenmitte x_i ist der Repräsentant der Klasse i, also der Mittelwert der beiden Klassengrenzen.
- Klassenbreite b ist die Differenz zweier aufeinanderfolgender Klassenmitten oder zweier Klassengrenzen.

Für eine optimale Klasseneinteilung errechnen wir die Klassenbreite b:

$$b = \frac{V}{1 + 3{,}32 \cdot \log n}. \tag{16.1}$$

Die Vorgehensweise wird nun mit einem Beispiel vorgestellt: Mit Hilfe eines Versuchs wollen wir etwas über die Körperproportionen der Fruchtfliege (Drosophila) erfahren (Daten und Tabellen aus Köhler et al. 2012). Wir messen u. a. die Flügellänge von 25 Fliegen und schließlich ordnen wir die Werte der Größe nach in einer Tabelle (■ Tab. 16.2). Der kleinste gemessene Wert ist $x_{min} = 3{,}3$ mm und der größte Wert beträgt $x_{max} = 4{,}7$ mm.

Der Schätzwert für die Klassenbreite b ist

$$b = \frac{4{,}7 - 3{,}3}{1 + 3{,}32 \cdot \log 25} = \frac{1{,}4}{5{,}648} = 0{,}25.$$

Zur Vereinfachung wird eine Klassenbreite von $b = 0{,}3$ gewählt und die unterste Klassengrenze mit $x_{uK} = 3{,}3$ festgelegt. Nun zählen wir die Werte, die sich innerhalb jeder Klasse befinden und lis-

Tab. 16.3 Klassifizierte Häufigkeitstabelle: Flügellängen von Drosophila in mm

I	Klasse	Klassenmitte x_i	Häufigkeit f_i	Summenhäufigkeit	
				F_i	F_i%
1	$3{,}3 \leq x < 3{,}6$	3,45	$f_1 = 2$	$F_1 = 2$	8
2	$3{,}6 \leq x < 3{,}9$	3,75	$f_2 = 9$	$F_2 = 11$	44
3	$3{,}9 \leq x < 4{,}2$	4,05	$f_3 = 4$	$F_3 = 15$	60
4	$4{,}2 \leq x < 4{,}5$	4,35	$f_4 = 8$	$F_4 = 23$	92
5	$4{,}5 \leq x < 4{,}8$	4,65	$f_5 = 2$	$F_5 = 25$	100

ten die Häufigkeiten in einer neuen Tabelle auf (Tab. 16.3). Darüber hinaus geben wir an, wieviel Werte mit jeder größeren Klasse hinzukommen (**Summenhäufigkeit**, F_i) und berechnen den relativen Anstieg (%) der Summenhäufigkeiten (F_i%).

Zur besseren Veranschaulichung stellen wir die Tabellendaten in einer kleinen Grafik vor (Abb. 16.2). Die Flügellängen der Tiere sind nicht gleichmäßig um einen Mittelwert verteilt. Die zweigipflige Verteilung fordert nach einer Erklärung. Eine mögliche Ursache mag im kleinen Stichprobenumfang liegen, doch kann die Zusammensetzung der Stichprobe den beobachteten Kurvenverlauf besser erklären. Bei der Versuchsplanung wurde nicht zwischen Männchen und den größeren Weibchen unterschieden. Der Versuch wurde mit einer Stichprobe durchgeführt, deren Heterogenität sich in der Verteilung der Merkmalsausprägung widerspiegelt!

Tabellen und Grafiken sind eine einprägsame Form der Informationsvermittlung. Insbesondere Grafiken eignen sich ausgezeichnet zur Vermittlung wesentlicher Ergebnisse der Untersuchung. Bevor die Daten mit weiteren statistischen Methoden und Verfahren bearbeitet werden, empfehlen wir daher als erstes immer eine grafische Auswertung der Daten. Die spätere Wahl für die Darstellung von Ergebnissen anhand von Grafiken hängt in erster Linie davon ab, was man dem Betrachter als Ergebnis der gesamten Untersuchung vermitteln will. Eine besondere Bedeutung kommt hierbei der Skalierung der Koordinatenachsen zu!

Anmerkung Grafiken sollten immer kritisch betrachtet werden, da durch geschickte Manipulation der Darstellung, z. B. durch Strecken oder Stauchen der Achsenskalen, dem Betrachter ein Eindruck über „naheliegende" Zusammenhänge aufgezwungen werden kann.

16.1.4 Normal- oder Gaußverteilung

In naturwissenschaftlichen Untersuchungen werden intervall- und verhältnisskalierte Beobachtungsdaten auf die Struktur ihrer Häufigkeitsverteilung überprüft. Die Hoffnung des Statistikers ist hierbei, dass die Daten weitgehend einer sog. **Normal**- oder **Gaußverteilung** entsprechen (Abb. 16.3). In diesem Fall haben die Daten einen hohen Informationsgehalt und lassen sich mit einer Fülle von bewährten statistischen Methoden bearbeiten.

Die Normalverteilung folgt einer mathematischen Funktion, die eine Reihe von idealen Eigenschaften besitzt: sie ist symmetrisch, der Flächeninhalt unter der Kurve kann „relativ einfach" auf „Eins" normiert werden und der Verlauf der Kurve wird nur vom Maximum und den Wendepunkten bestimmt.

Auf der x-Achse werden die Messwerte angegeben und der zugehörige y-Wert der Kurve gibt die Häufigkeit des Merkmalswerts an (Abb. 16.3). In der Theorie sind alle x-Werte von $-\infty$ bis $+\infty$ zulässig, doch genügt für unsere Untersuchung der Bereich, in dem die große Mehrheit der möglichen Messwerte liegt, und wir nehmen an, dass außerhalb dieses Bereichs das Auftreten von Messwerten sehr unwahrscheinlich ist.

Ein einfacher Versuch belegt, dass normalverteilte Ereignisse durchaus in der Natur beobachtet

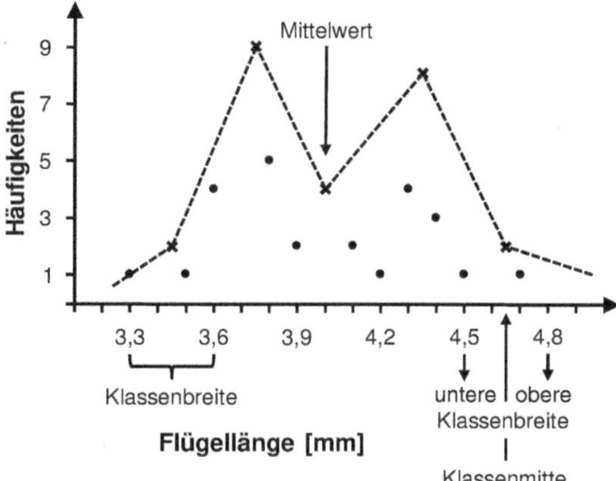

Abb. 16.2 Grafische Darstellung der Häufigkeitsverteilung der Flügellängen in einer Stichprobe von Drosophila-Männchen und -Weibchen. Die Beobachtungswerte (Punkte) und die Häufigkeitswerte der Klassenmitten (Kreuze) sind angegeben (nach Köhler et al. 2012)

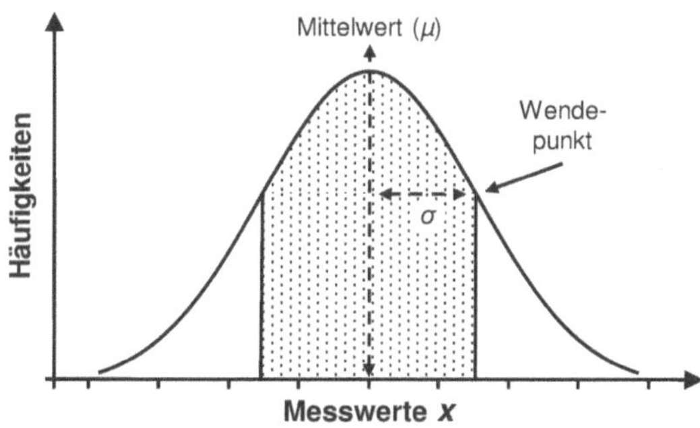

Abb. 16.3 Normalverteilung oder Glockenkurve. Die Position des maximalen (häufigsten) Merkmalwerts μ (Mittelwert) und jene der Wendepunkte ($\mu+\sigma$) und ($\mu-\sigma$) sind angegeben; σ ist die Standardabweichung (s. unten)

werden können. Unter einem Trichter, durch den Kugeln fallen, verteilt das Galton-Brett zufällig die Kugeln auf eine Reihe von Auffangbehältern. In das hängende Brett sind in Form einer Pyramide Stäbchen eingearbeitet, an denen vorbei die Kugeln ihren Weg nach unten suchen. Lassen wir genügend Kugeln durch unseren Trichter fallen, dann wird schließlich eine symmetrische Aufteilung beobachtet – nur wenige Kugeln werden ihren Weg in die die äußeren Auffangbehälter finden, die Mehrzahl findet sich in den mittleren Behältern (Abb. 16.4).

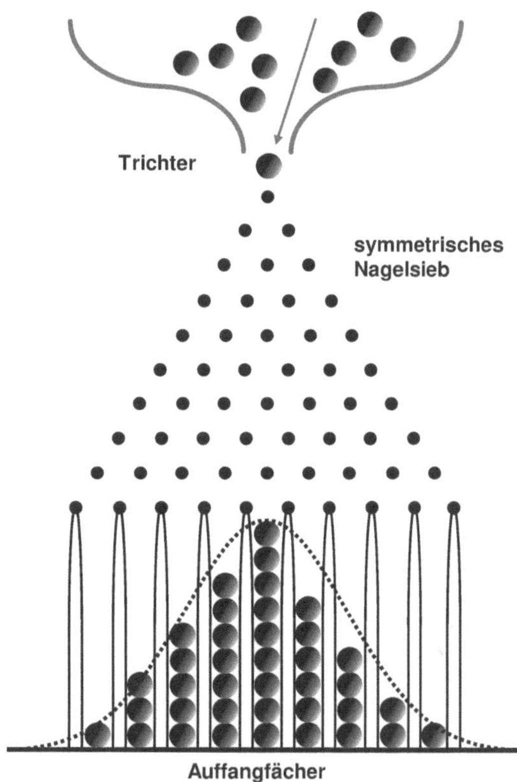

Abb. 16.4 Galton-Brett. Symmetrische Versuchsanordnung, die zu einer Normalverteilung der Kugeln in den Auffangfächern führt. Kugeln werden von einem Trichter über ein symmetrisches Sieb in Auffangbehälter verteilt

16.1.5 Charakteristische Maßzahlen

Neben Tabellen und Grafiken nutzt die Statistik sog. Maßzahlen zur Charakterisierung von Häufigkeitsverteilungen. Mit nur wenigen Maßzahlen wollen wir die typischen Eigenschaften einer Verteilung festhalten. Vergleichen wir beispielsweise die **Lage** der drei symmetrischen Kurven in Abb. 16.5, dann haben A und B denselben maximalen Wert (identische Mittelwerte), doch die **Streuung** ihrer Werte ist verschieden. Die Verteilungen B und C besitzen dagegen die gleiche Streuung, aber unterschiedliche Mittelwerte. Die Verteilung C ist zudem nach rechts verschoben. Eine Beschreibung von Lage und Streuung der drei Verteilungen reicht in diesem Beispiel zur Unterscheidung der Häufigkeitsverteilungen vollkommen aus.

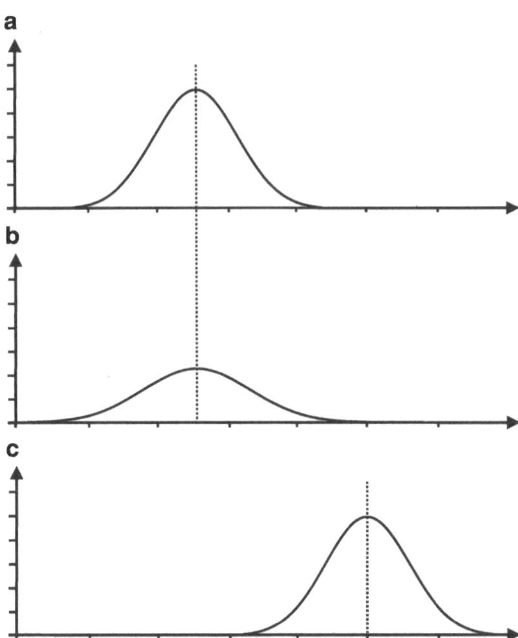

■ **Abb. 16.5a–c** Beispiel dreier unterschiedlicher symmetrischer Häufigkeitsverteilungen. Die **a** obere und **b** mittlere Verteilung haben den gleichen Mittelwert, aber eine unterschiedliche Streuung. Die **c** untere und **a** obere Verteilung haben die gleiche Streuung und unterschiedliche Mittelwerte

Je nach Form der Verteilungskurve muss deren Lage und Streuung mit unterschiedlichen charakteristischen Maßzahlen beschrieben werden. Die wichtigsten Maßzahlen sind nachfolgend aufgelistet und werden danach kurz vorgestellt:

Lageparameter:

Arithmetisches Mittel, Mittelwert $\overline{x}$
Dichtemittel D, Modalwert
Zentralwert Z, Median
Perzentile oder Quantile Q_p

Streuungsmaße:

Variationsbreite V
Varianz s^2
Standardabweichung s
Standardfehler $s_{\overline{x}}$
Interquartilabstand I_{50}

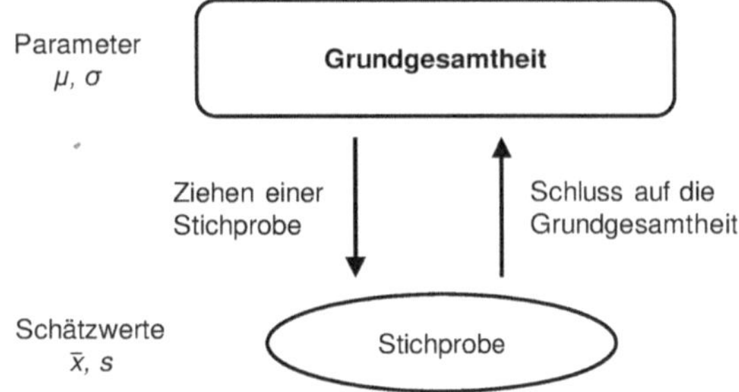

■ **Abb. 16.6** Statistische Maßzahlen (Schätzwerte aus der Stichprobe) und Parameter der Grundgesamtheit (wahre Werte)

Nun müssen wir noch unterscheiden, ob sich unsere Maßzahlen auf die Häufigkeitsverteilung in der Grundgesamtheit oder auf eine Stichprobe beziehen. Die Maßzahlen, die wir aus der Stichprobe berechnen, sind Schätzwerte für die entsprechenden Parameter der Grundgesamtheit, den wahren Werten (■ Abb. 16.6). In der Regel geben wir die meist unbekannten Maßzahlen der Grundgesamtheit mit griechischen Buchstaben an (z. B. Mittelwert μ, Standardabweichung σ und Standardfehler $\sigma_{\overline{x}}$,) die zugehörigen Schätzwerte aus der Stichprobe werden entweder mit einem Dach versehen oder erhalten lateinische Buchstaben, wie z. B. der Mittelwert $\hat{\mu}$ oder $\overline{x}$, die Standardabweichung $\hat{\sigma} = s$ und der Standardfehler $\hat{\sigma}_{\overline{x}} = s_{\overline{x}}$.

■ **Mittelwerte**

Das arithmetische Mittel $\overline{x}$

Wird eine Stichprobe analysiert, dann sind der wahre Mittelwert μ und die Standardabweichung σ unbekannt und müssen durch $\overline{x}$ und s geschätzt werden. Der Mittelwert $\overline{x}$ berechnet sich aus einer Urliste mit n Messwerten x_i, die zumindest intervallskaliert sein müssen, mit:

$$\overline{x} = \frac{1}{n} \cdot \sum_i x_i = \frac{1}{n} \cdot (x_1 + x_2 + \ldots + x_n) \tag{16.2}$$

oder aus einer Häufigkeitstabelle durch

$$\overline{x} = \frac{1}{n} \cdot \sum_i f_i x_i = \frac{1}{n} \cdot (f_1 x_1 + f_2 x_2 + \ldots + f_n x_n) \tag{16.3}$$

mit den Klassenhäufigkeiten f_i, den Klassenmitten x_i und dem Stichprobenumfang $n = \sum_i f_i$.

Der arithmetische Mittelwert beschreibt die Lage einer **Normalverteilung** (◘ Abb. 16.3 und 16.5).

Bei nichtsymmetrischen Verteilungen (◘ Abb. 16.7) wird der Schätzwert für den Mittelwert allerdings verzerrt. Dies ist insbesondere eine Folge von extrem hohen oder niedrigen Werten (▶ Ausreißer). In solchen Fällen sind andere „Mittelwerte" besser zur Charakterisierung der Lage geeignet.

▪▪ Median *Z*

Der Median oder Zentralwert *Z* halbiert die geordnete Liste der Einzelwerte. Die Werte von jeder beliebigen Häufigkeitsverteilung können auf diese Weise mit dem Zentralwert in zwei gleich große Wertegruppen unterteilt werden (◘ Abb. 16.7). Die Größe der Werte unterhalb oder oberhalb vom Median beeinflussen seine Lage nicht. Der Median eignet sich zur Beschreibung von beliebigen Verteilungen, die zumindest auf ordinalskalierten Daten beruhen.

▪▪ Modalwert *D*

Der Modalwert *D* wird auch Dichtemittel, Mode oder Modus genannt und ist der Messwert, der in der Stichprobe am häufigsten auftritt. Haben alle Messwerte einer Stichprobe die gleiche Häufigkeit, dann existiert kein Dichtemittel. In einer Häufigkeitsverteilung entspricht *D* der Klassenmitte der am häufigsten besetzten Klasse. Gibt es mehrere Gipfelpunkte in einer Verteilung (multimodal), so können mehrere Dichtemittel D_i angegeben werden. Die Modalwerte charakterisieren die Gipfel einer Verteilung. Ein Nominalskalenniveau der Daten ist hierbei ausreichend.

In ◘ Abb. 16.7 werden anhand einer rechtsgipfligen bzw. linksschiefen Verteilung die Konsequenzen aus der Schiefe für die drei Mittelwerte Median *Z*, Modus *D* und Mittelwert $\overline{x}$ gezeigt; *Z* bleibt in der Mitte der Daten, *D* unter dem Gipfelpunkt, und $\overline{x}$ wird durch die Extremwerte nach rechts verschoben. Die Lage der Mittelwerte charakterisiert die Schiefe einer Verteilung:

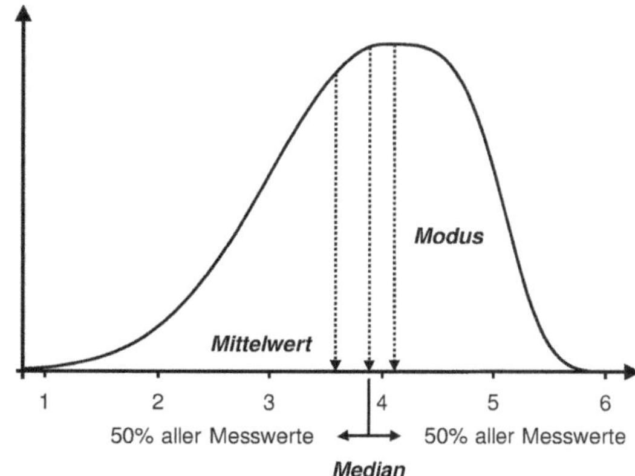

◘ **Abb. 16.7** Lage von Zentralwert *Z* (Median), Dichtemittel *D* (Modus) und Mittelwert $\overline{x}$ (arithmetisches Mittel) einer linksschiefen, rechtsgipfligen Verteilung

$D < Z < \overline{x}$ rechtsschief

beziehungsweise linksgipflig

$\overline{x} < Z < D$ linksschief

beziehungsweise rechtsgipflig.

Fallen alle drei Mittelwerte zusammen ($D \approx Z \approx \overline{x}$), so ist die Verteilung symmetrisch.

▪▪ Quantile $Q_{p\%}$

Eine weitere Gruppe von statistischen Kennzahlen, Quantile genannt, wird sowohl zur Charakterisierung der Lage als auch der Streuung der Messwerte benutzt. Mithilfe der Quantile $Q_{p\%}$ lässt sich eine Häufigkeitsverteilung in zwei Abschnitte teilen, sodass *p*% der Daten unterhalb und $(100-p)$% der Daten oberhalb von $Q_{p\%}$ liegen. Oft bezeichnet man sie auch als Perzentile. Ein Beispiel dafür ist der Median *Z*, er entspricht dem Quantil $Q_{50\%}$. Die häufig angewandten Quantile $Q_{25\%} = Q_1$, $Q_{50\%} = Q_2 = Z$ und $Q_{75\%} = Q_3$ werden auch Quartile Q_i genannt (◘ Abb. 16.8).

▪ Streuungen

Mit der Variationsbreite *V* haben wir bereits ein einfaches Maß zur Charakterisierung einer Stichprobe kennengelernt, das die Streuung von Messwerten für jede Art eines Verteilungstyps beschreibt. Im nächsten Abschnitt stellen wir Kennzahlen vor, die bei symmetrischen und insbesondere bei normalverteilten Messwerten Anwendung finden:

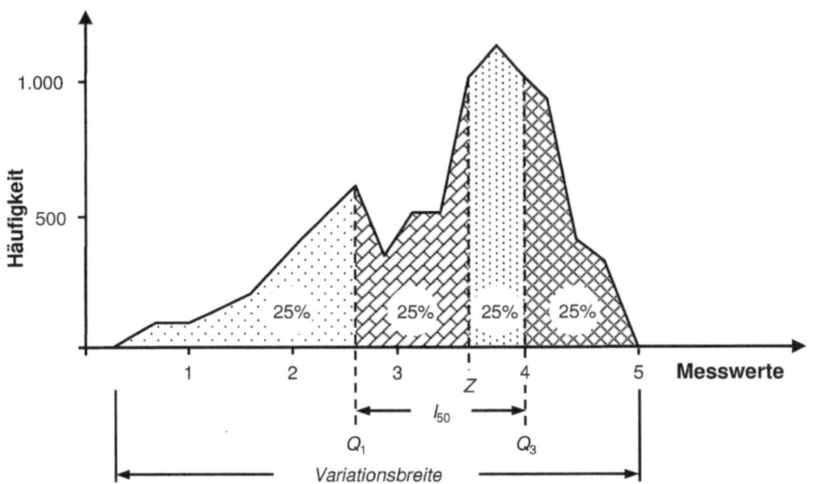

Abb. 16.8 Zweigipflige Häufigkeitsverteilung mit Median *Z*. Die Einteilung erfolgte mithilfe der Quartile. $I_{50} = Q_3 - Q_1$ ist der Interquartilabstand (nach Köhler et al. 2012)

Varianz s^2 und Standardabweichung s

Die Summe der mittleren Abweichungsquadrate aller i Messwerte x_i von ihrem Mittelwert $\overline{x}$ wird Varianz genannt und lässt sich nach folgender Formel berechnen:

$$s^2 = \frac{1}{n-1} \cdot \sum_i f_i (x_i - \overline{x})^2 \qquad (16.4)$$

wobei eine Klasseneinteilung vorliegt (i Anzahl der Messwerte, x_i Klassenmitte, f_i Klassenhäufigkeit, $n = \sum_i f_i$ Stichprobenumfang), bei einer Urliste sind alle $f_i = 1$. Nach einer kleinen Neugestaltung der Formel lässt sich s^2 einfacher berechnen

$$s^2 = \frac{1}{n-1} \cdot \sum_i f_i {x_i}^2 - \frac{1}{n} \cdot \left(\sum_i f_i x_i \right)^2. \qquad (16.5)$$

Die Varianz spielt eine besondere Rolle bei der Beurteilung und der Anpassung von Modellen an empirische Daten. Insbesondere bei Versuchen, bei denen wir die Bedeutung von mehreren Einflussgrößen analysieren, lässt sich die gesamte Varianz in die Varianzanteile der verschiedenen Ursachen zerlegen (*Varianzanalyse*).

In der Beurteilung von Messwerten kann die Standardabweichung s, die Quadratwurzel aus der Varianz $s = \sqrt{s^2}$ anschaulich interpretiert werden. Grafisch ist s der Abstand auf der x-Achse vom Mittelwert bis zum Wendepunkt der Normalverteilung (Abb. 16.3). Aufgrund der Eigenschaften einer Normalverteilung können wir folgende Daumenregel ableiten:

Im Intervall $[\overline{x} - s\,; \overline{x} + s]$
liegen **68** % aller Messwerte(1 s-Bereich),

imIntervall $[\overline{x} - 2s\,; \overline{x} + 2s]$
liegen **95** % der Messwerte(2 s-Bereich),

und in $[\overline{x} - 3s\,; \overline{x} + 3s]$
finden wir **99** % der Messwerte(3 s-Bereich).

Standardfehler $s_{\overline{x}} = \frac{s}{\sqrt{n}}$

Die Verteilung einzelner Messwerte einer normalverteilten Häufigkeitsverteilung beschreiben wir mit der Standardabweichung, dagegen eignet sich die Maßzahl $s_{\overline{x}}$ zur Beschreibung der Verteilung von Mittelwerten $\overline{x}_j$, die in mehreren Versuchen unter gleichen Bedingungen gefunden werden. Der Standardfehler charakterisiert die Genauigkeit unseres Schätzwerts für einen Mittelwert. Der Schätzfehler verkleinert sich mit dem Stichprobenumfang n. Mithilfe von $s_{\overline{x}}$ lassen sich ebenso wie zuvor mit dem Standardfehler bei Messwerten Vertrauensbereiche für den Mittelwert angeben. Im Intervall $[\overline{x} - s_{\overline{x}}\,; \overline{x} + s_{\overline{x}}]$ liegen etwa 68 % der Mittelwerte.

Schließlich wollen wir noch auf eine weitere Maßzahl, den *Variationskoeffizienten cv*, hinweisen. Der Variationskoeffizient relativiert die Standardabweichung s mit dem zugehörigen Mittelwert $\overline{x}$ unserer Messwerte, indem s durch den Betrag vom Mittelwert $\overline{x}$ dividiert wird, $cv = \frac{s}{|\overline{x}|}$. Diese normalisierte Standardabweichung eignet sich zum Vergleich der Streuung von verschiedenen Verteilungen, insbesondere wenn s einhergehend mit dem Mittelwert größer wird.

Das arithmetische Mittel $\overline{x}$, die Varianz s^2, die Standardabweichung s und der mittlere Fehler des Mittelwerts (Standardfehler) $s_{\overline{x}} = \frac{s}{\sqrt{n}}$ sind eng mit der Normalverteilung (Gauß-Verteilung, Glockenkurve) verknüpft. Diese beschreibt die Verteilung eines stetigen Merkmals und ist durch die Angabe von Mittelwert und Standardabweichung vollständig charakterisiert (◘ Abb. 16.3). So wird jede Normalverteilung aufgrund ihres Mittelwerts μ und der Standardabweichung σ als Funktion $N(\mu,\sigma)$ eindeutig beschrieben. Die Funktion $N(0,1)$ mit $\mu = 0$ und $\sigma = 1$ nennen wir Standardnormalverteilung.

Anmerkung Bei der statistischen Beschreibung von Versuchsergebnissen müssen wir stets zwischen der Bedeutung von Standardabweichung und Standardfehler unterscheiden. Der Standardfehler ist erheblich kleiner als die Standardabweichung und sagt uns nichts über die Güte der Messwerte aus!

▪▪ Variationsbreite V und Interquartilabstand $I_{p\%}$

Für nichtsymmetrische Verteilungen besitzt die Standardabweichung s wenig Aussagekraft. In diesen Fällen sollten wir die Variationsbreite $V = x_{max} - x_{min}$ und den Interquartilabstand $I_{p\%}$ wählen, z. B. $I_{50\%} = Q_{75\%} - Q_{25\%} = Q_3 - Q_1$ (◘ Abb. 16.8). Es gilt, dass im Intervall $I_{p\%}$ genau p^{-} Prozent der Messwerte liegen. Interquartilabstände eignen sich, die Streuung von zumindest ordinalskalierten Messwerten mit beliebigen Häufigkeitsverteilungen zu charakterisieren.

▪▪ Diversität

Die „Lage" von nominalskalierten Daten können wir mit dem Dichtemittel D (häufigste Kategorie) kennzeichnen, doch bei der Charakterisierung der Streuung ergeben sich schon größere Schwierigkeiten. Der Diversitätsindex H nach Shannon (Weaver und Shannon 1949) bietet uns hier einen Ausweg. Dieser Index misst die Variation bezüglich der Häufigkeiten f_i von allen k Kategorien einer Verteilung (i nimmt Werte von 1 bis k an).

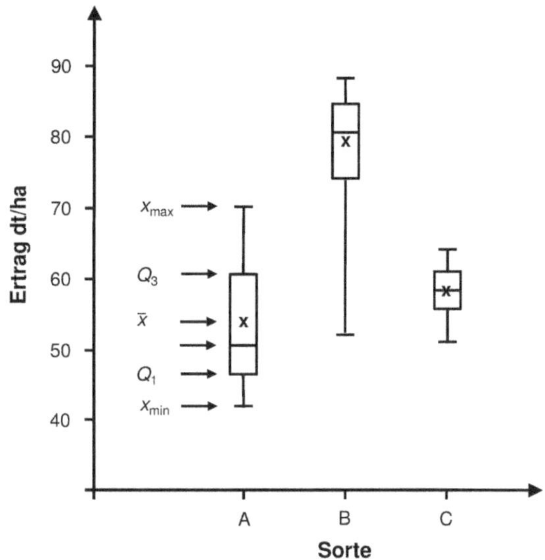

◘ **Abb. 16.9** Vergleich der Erträge von drei Getreidesorten mithilfe Box-Whisker-Plots. Die Erträge sind in Dezitonnen pro Hektar (1 dt/ha = 100 kg pro Hektar) angegeben (nach Köhler et al. 2012)

$$H = -\sum_i \left[\frac{f_i}{n} \cdot \ln\left(\frac{f_i}{n}\right)\right] = -\sum_i [p_i \cdot \ln(p_i)], \qquad (16.6)$$

wobei $p_i = \frac{f_i}{n}$ und f_i die Häufigkeit der i-ten Kategorie und „ln" die Funktion des natürlichen Logarithmus ist. Zum Vergleich der Variation verschiedener Verteilungen benützen wir häufig deren standardisierte relative Diversität („eveness")

$$E = \frac{H}{\ln(k)}, \qquad (16.7)$$

wobei H der zuvor definierte Shannon-Index und k die Anzahl beobachteter Kategorien in der jeweiligen Stichprobe ist.

▪ Box-Whisker-Plot

Zum grafischen Vergleich von Lage und Streuung verschiedener Verteilungen eignet sich der Box-Whisker-Plot. Diese Darstellung gestattet uns, Lage und Streuungsparameter mehrerer Verteilungen auf einen Blick miteinander zu vergleichen (◘ Abb. 16.9). Dabei wird jede Stichprobe durch ein

Tab. 16.4 Maßzahlen der beschreibenden Statistik und ihre Anwendung bei verschiedenen Häufigkeitsverteilungen und Skalierungen von Messwerten.

	Lage	Streuung
Glocken- oder Gaußkurve (Normalverteilung), symmetrische Verteilung der Werte, mindestens Intervallskala	$\overline{x}$	s, $s_{\overline{x}}$
eingipflige und asymmetrische Verteilung, mindestens Ordinalskala	Z, D	V
mehrgipflige Verteilung und mindesten Ordinalskala	$D_1, D_2, \ldots$	V, I_{50}
Nominalskala	D	H, E
Nur bei Verhältnisskala zulässig		Cv
Stichprobenumfang $n \geq 12$	Q_1, Q_3	I_{50}
offene Randklassen	Z	

Rechteck (Box) symbolisiert. Auf der x-Achse werden die verschiedenen Untersuchungen willkürlich nebeneinander angeordnet (keine Skala), während auf der y-Achse unser skalierter Messbereich dargestellt wird. Lage und Länge des Rechtecks sind durch die Quartilen Q_1 und Q_3 festgelegt. Der Median Z wird durch einen Querstrich und das arithmetische Mittel durch ein x im Rechteck beschrieben. An den schmalen Seiten werden Whiskers (Schnurrhaare) angehängt, deren Längen durch den kleinsten und größten Messwert, x_{min} und x_{max}, gegeben sind. Die relative Lage von Mittelwert und Median gibt einen Hinweis auf die Schiefe der Verteilung, die Kastenlänge entspricht dem Interquartilabstand $I_{50\%}$ und die Gesamtlänge der Variationsbreite V.

Zum Abschluss des ersten Teils „Beschreibende Statistik" geben wir eine Übersicht zur Anwendung der verschiedenen Maßzahlen für die Lage und Streuung einer Verteilung in Abhängigkeit von deren Skalierung und Verteilungstyp (Tab. 16.4).

16.2 Schließende Statistik

Über die Charakterisierung von Messwerten mithilfe der beschreibenden Statistik werden wir nun mit Daten bestimmte Fragestellungen beantworten und dazu die Sicherheit unserer Aussage mit statistischen Methoden belegen. Die drei nachfolgenden Beispiele werfen typische Fragen nach der Wirkung von Einflüssen auf den Zustand einer Grundgesamtheit auf:

- Erhöht Zusatzfütterung das mittlere Gewicht von Versuchstieren?
- Wird die genetische Variabilität von Drosophilapopulationen in homogenen Umwelten kleiner?
- Sind Lernerfolg und Klassengröße miteinander korreliert?

Bleiben wir bei dem ersten Beispiel, dann stellt sich die Frage, ob es für eine positive Entscheidung bereits genügt, wenn das mittlere Gewicht von behandelten Tieren größer ist als das einer Kontrollgruppe ohne Zusatzfütterung? Oder ist ein gefundener Unterschied zwischen den Mittelwerten von Stichproben allein durch einen Stichprobenfehler, einen Messfehler oder vielleicht sogar durch die biologische Variabilität der Versuchstiere zu erklären?

Keinen dieser Fehler können wir vermeiden! Zwischen den Versuchstieren bestehen natürlich bedingte Unterschiede (biologische Variabilität). Darüber hinaus machen wir bei der zufälligen Stichprobenauswahl von einer begrenzten Anzahl von Tieren stets einen Fehler, und beim Messen und Beobachten liefern die Messmethode sowie unsere unterschiedlichen Fähigkeiten als Versuchsansteller einen Messfehler. Wenn diese Fehler größer sind als die geschätzten Unterschiede zwischen der Kontrollgruppe und den behandelten Tieren, kann es dann sein, dass sich die tatsächlichen Mittelwerte in den beiden Grundgesamtheiten möglicherweise nicht wesentlich unterscheiden? Die Entscheidung für oder wider einen Einfluss dürfen wir daher nicht unserem „Gefühl", der „Erfahrung" oder dem sog. „klinischen Blick" überlassen, sie muss auf eindeutigen Entscheidungskriterien beruhen. Die Testmethoden der schließenden Statistik sind Handwerkszeuge, um neutrale Entscheidungen zu fällen.

16.2.1 Hypothesenformulierung

Zuerst müssen wir unsere Fragestellung in der Weise formulieren, dass nur zwei Antwortalternativen möglich sind. Die Entscheidung für oder gegen eine dieser Antworten entscheiden wir mit einem Testverfahren, das wir auf die Daten unserer Stichprobe anwenden.

Die naheliegenden Antwortalternativen für unser Beispiel aus der Tiermast lauten:

- die Zusatzfütterung hat keinen Effekt und das mittlere Gewicht bleibt oder
- die Zusatzfütterung hat einen Effekt und das mittlere Gewicht verändert sich.

Den ersten Fall bezeichnet man als **Nullhypothese H_0**. Wir stellen keinen Effekt fest, und wir führen die Unterschiede allein auf ein zufälliges Ereignis zurück. Die Alternative nennen wir **Alternativhypothese H_1**. In diesem Fall finden wir signifikante Unterschiede zwischen den Behandlungen, die wir nicht durch zufällige Abweichungen erklären können.

Da wir eine Entscheidung über die Wirkungen der Zusatzfütterung für alle Tiere der Grundgesamtheit treffen wollen, müssen unsere Hypothesen mithilfe der wahren Werte der Grundgesamtheit in Zusammenhang gebracht werden. Aus der Stichprobe schätzen wir die Mittelwerte der Kontrolle $\overline{x}^K$ und der Zusatzfütterung $\overline{x}^Z$; ihre unbekannten tatsächlichen Werte in der Grundgesamtheit bezeichnen wir mit μ^K und μ^Z. Mit diesen theoretischen Vorstellungen können wir nun die Nullhypothese $H_0\left(\mu^K = \mu^Z\right)$ wie folgt beschreiben:

- die wahren Werte stimmen in der Grundgesamtheit überein,
- die Zusatzfütterung hat keinen Effekt,
- der Unterschied zwischen den Mittelwerten der Stichproben ist zufällig

und für die Alternativhypothese $H_1\left(\mu^K \neq \mu^Z\right)$ gilt:

- die wahren Werte in der Grundgesamtheit sind verschieden,
- die Zusatzfütterung hat einen Effekt,
- der Unterschied zwischen den Mittelwerten der Stichproben ist signifikant.

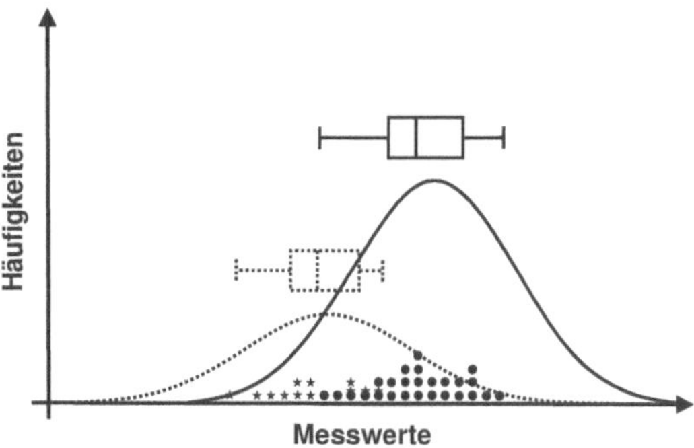

Abb. 16.10 Vergleich der Häufigkeitsverteilungen und Box-Plots von einer Gruppe von Tieren ohne zusätzliche Fütterung (*links*) mit zusätzlich gefütterten Tieren (*rechts*). Aus den Messwerten (*Punkte* und *Sterne*) werden die Mittelwerte und Standardabweichungen ermittelt, die bei der Berechnung der Normalverteilungen Berücksichtigung finden (*solide* und *unterbrochene Kurve*)

In Abb. 16.10 werden die Häufigkeitsverteilungen des Körpergewichts von Tieren ohne zusätzliche Fütterung (Kontrollgruppe, links) und mit Zusatzfütterung (rechts) zusammen mit den zugehörigen Box-Whisker-Plots dargestellt. Die Stichprobenmittelwerte sind verschieden, doch die Verteilungen der Messwerte überlappen sich stark. Somit stellt sich die Frage, ob sich trotz der großen Messwertschwankungen die Unterschiede zwischen den Mittelwerten bestätigen lassen. In der Praxis interessiert uns, ob ein bedeutsamer Gewichtsunterschied vorliegt und wir die Alternativhypothese $H_1\left(\mu^K \neq \mu^Z\right)$ annehmen können oder ob die Zusatzfütterung keinen signifikanten Effekt hatte und wir die Nullhypothese $H_0\left(\mu^K = \mu^Z\right)$ weiter beibehalten werden.

16.2.2 *α*- und *β*-Fehler

Auch die Entscheidung zwischen der Annahme von H_1 oder der Beibehaltung von H_0 ist mit einem Fehler behaftet. Anhand der statistischen Auswertung unserer Messergebnisse entscheiden wir uns für:

H_1 – „die Zusatzfütterung hatte einen Effekt", doch in der Realität ist diese bedeutungslos.

Wir machen den Fehler 1. Art oder α-Fehler (falsch-positiv).

Tab. 16.5 Mögliche Entscheidungen bei einem Test. Im Kopf der Tabelle steht der wahre Sachverhalt, in den beiden Zeilen die jeweilige Testentscheidung

		wahrer Sachverhalt	
		$\delta = 0$	$\delta \neq 0$
Testentscheidung	Annahme von $H_0(\delta = 0)$	richtige Entscheidung: wahrer Sachverhalt entspricht dem Testergebnis Wahrscheinlichkeit: $(1 - \alpha)$	falsche Entscheidung: $H_1(\delta \neq 0)$ wäre richtig, Testergebnis stützt aber $H_0(\delta = 0)$, Fehler 2. Art oder β–Fehler Wahrscheinlichkeit: $(1 - \beta)$
	Annahme von $H_1(\delta \neq 0)$	falsche Entscheidung: $H_0(\delta = 0)$ wäre richtig, Testergebnis stützt aber $H_1(\delta \neq 0)$, Fehler 1. Art oder α–Fehler Wahrscheinlichkeit: α	richtige Entscheidung: wahrer Sachverhalt entspricht dem Testergebnis Wahrscheinlichkeit: $(1 - \beta)$

oder für

H_0 – „die Zusatzfütterung hatte keinen Effekt", doch in Wirklichkeit führt sie zu einer Gewichtserhöhung.

Wir machen den Fehler 2. Art oder β-Fehler (falsch-negativ).

Die Höhe des α-Fehlers, auch α-Risiko genannt, müssen wir bei der Versuchsplanung und vor der Durchführung des Tests festlegen. In Abhängigkeit von der eigenen Risikobereitschaft werden für α in der Regel 5 %, 1 % oder 0,1 % gewählt. Im Gegensatz dazu kann die Größe von β nicht ohne weiteres festgelegt werden. Der β-Fehler oder das β-Risiko lassen sich wohl durch Erhöhung des Stichprobenumfangs verkleinern, vergrößern sich aber bei einer Verkleinerung des α-Fehlers.

Vor der Anwendung von Testverfahren erscheint es notwendig, die Bedeutung der Fehler 1. und 2. Art im Hinblick auf das jeweilige Risiko einer Entscheidung zu hinterfragen. Das folgende Beispiel soll uns dabei helfen, dieses zu verdeutlichen:

Ein Medikament zur Blutdrucksenkung wird auf seine Wirksamkeit überprüft. Der wahre, bisher noch unbekannte Effekt des Medikaments sei δ. Im Versuch mit $n = 30$ Probanden wird sechs Stunden nach Behandlung eine durchschnittliche Verringerung des diastolischen Blutdrucks (▶ G) von $\hat{\delta} = \overline{d} = 10$ mmHg gemessen (Millimeter-Quecksilbersäule oder Torr, Maßeinheit des Drucks). Ist diese geschätzte Differenz d signifikant verschieden von null? Die beiden Hypothesen lauten $H_0(\delta = 0)$ und $H_1(\delta \neq 0)$, und folgende Zusammenhänge zwischen der Realität und unserer Entscheidung aufgrund eines Tests sind möglich (Tab. 16.5):

1. Das Medikament ist in Wahrheit wirkungslos (Tab. 16.5, wahrer Sachverhalt: $\delta = 0$).
   - Annahme von $H_0(\delta = 0)$, richtige Testentscheidung

   oder
   - Annahme von $H_1(\delta \neq 0)$, falsche Testentscheidung (α-Fehler).
2. In Wahrheit wirkt das Medikament (Tab. 16.5, wahrer Sachverhalt: $\delta \neq 0$)
   - Annahme von $H_0(\delta = 0)$, falsche Testentscheidung (β-Fehler)

   oder
   - Annahme von $H_1(\delta \neq 0)$, richtige Testentscheidung.

Risikoabschätzung

Die Folgen der beiden Entscheidungsfehler erläutern wir an einem Beispiel:

Der Hersteller eines neuen Krebsmedikaments ist daran interessiert, die Wirksamkeit mit einer Studie nachzuweisen. Allerdings würde das Risiko, fälschlicherweise eine Wirkung anzunehmen (α-Fehler), zu hohen finanziellen Verlusten aufgrund der Produktion eines wirkungslosen Medikaments führen. Er schlägt daher vor, den α-Fehler nicht größer als 0,1 % zu wählen.

Der Krebspatient befürchtet allerdings, dass eine positive Wirkung des Medikaments nicht erkannt wird (β-Fehler), und möchte daher bei der Entscheidung einen möglichst kleinen β-Fehler haben. Dies kann sehr einfach durch die Wahl eines relativ großen α-Fehlers von z. B. 10 %, erzielt werden.

Der Arzt, der unsere Studie betreut, weist jedoch noch darauf hin, dass das Medikament sehr starke Nebenwirkungen hat und dass bei großem α die Wahrscheinlichkeit für den Patienten sehr hoch ist, ein wirkungsloses Medikament einzunehmen und nur unter den negativen Nebenwirkungen zu leiden. Ein kleines α und ein kleines β erhalten wir allerdings nur durch eine Erhöhung der Probandenzahl in der Studie. Die Folge hiervon wäre, dass die Kosten des Herstellers sich erheblich steigern.

Eine Entscheidung für die Wahl eines passenden α-Fehlers ist somit von der Bedeutung der Testentscheidung und der Risikobereitschaft des Versuchsanstellers abhängig. Eine einfache Kosten-Nutzen-Abwägung mag für die Festlegung der Größenordnung von beiden Fehlern hilfreich sein.

▪ Ein- und zweiseitige Fragestellung

Bisher haben wir die Nullhypothese H_0 (kein Effekt der Behandlung) der alternativen Hypothese H_1 (Wirksamkeit der Behandlung) gegenübergestellt. Wir haben hierbei nicht unterschieden, ob „Wirksamkeit" mit einem „positiven" oder „negativen" Effekt verbunden ist. Der Vergleich eines neuen Medikaments mit einem Standardpräparat kann seine bessere oder schlechtere Wirksamkeit unterstreichen, d. h. der experimentell gemessene Effekt δ kann positiv oder negativ sein. Unterscheiden wir nicht, ob ein Medikament besser oder schlechter wirkt als das alternative Medikament, dann lautet die Hypothese

$$H_0(\delta = 0) \quad \text{gegen} \quad H_1(\delta \neq 0) \quad \text{oder}$$
$$H_0(\delta = 0) \quad \text{gegen} \quad H_1(\delta < 0 \quad \text{oder} \quad \delta > 0).$$

In diesem Fall sprechen wir von einer zweiseitigen Fragestellung. Das α-Risiko muss nun aufgeteilt werden. Die Hälfte des α-Risikos $\alpha/2$ akzeptieren wir für Abweichungen nach unten und die andere Hälfte für Abweichungen nach oben.

Kann aus theoretischen Erwägungen nur eine einseitige Abweichung auftreten oder sind wir allein an einer einseitigen Veränderung interessiert, z. B. der besseren Wirksamkeit eines Medikaments, so testen wir die Hypothesen

$$H_0(\delta \leq 0) \quad \text{gegen} \quad H_1(\delta > 0).$$

Bei einer einseitigen Fragestellung wird das α-Risiko nicht aufgeteilt.

An zwei Beispielen möchten wir den Unterschied beider Fragestellungen nochmals verdeutlichen:

- Die Wirksamkeit der Applikation eines Fungizids auf den Ernteertrag wird untersucht.
  Einerseits ist der Landwirt an einer Ertragserhöhung durch die Bekämpfung des Pilzbefalls interessiert, andererseits können aber eine toxische Wirkung des Fungizids und damit eine Ertragsminderung nicht ausgeschlossen werden. Daher muss er beide potenziellen Effekte in seine Überlegungen mit einbeziehen. Es liegt eine zweiseitige Fragestellung vor.
- Eine Pharmafirma möchte ein neues Schlafmittel auf den Markt bringen.
  Mit einer Studie wird geprüft, ob das Medikament im Vergleich zum Placebo einen besseren Schlaf hervorruft. Die Firma ist nur an einer signifikanten Verlängerung der Dauer des Schlafs interessiert. In diesem Fall haben wir eine einseitige Fragestellung.

Um die Anwendung eines experimentellen Testverfahrens zur Erkennung des Vorliegens einer Krankheit und der Verwendung von statistischen Tests vorzustellen, benutzen wir das Beispiel des Mammographiescreenings zur Brustkrebsfrüherkennung:

Die **Prävalenz** (▶ G) von Brustkrebs bei Frauen zwischen 50 und 69 Jahren liege bei einem Prozent (durchschnittlich haben 10 von 1000 Frauen in dieser Altersgruppe Brustkrebs). Die **Sensitivität** des Mammographietests betrage 90 %. Das heißt, dass bei 9 von 10 Frauen Brustkrebs erkannt und einmal die Erkrankung nicht festgestellt wird (**falsch-negativ**, β-Fehler 10 %). In unserem Beispiel betrage die **Spezifität** des Mammographietests 91 % (von 990 der 1000 Frauen der Altersgruppe ohne diagnostizierten Brustkrebs werden 901 richtig erkannt und 89 (9 %) **falsch-positiv** getestet) (α-Fehler 9 %).

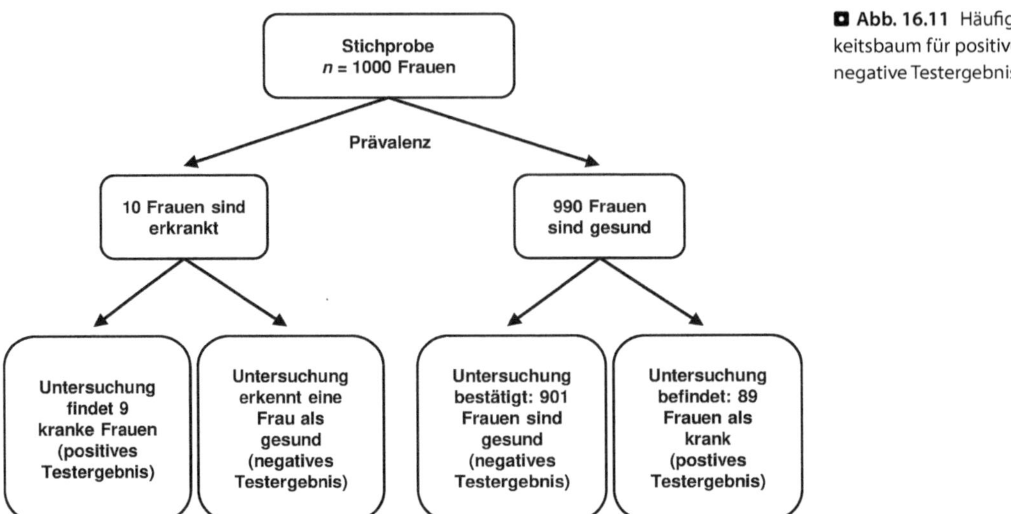

Abb. 16.11 Häufigkeitsbaum für positive und negative Testergebnisse

Das Ergebnis lässt sich in einem Häufigkeitsbaum übersichtlich darstellen:

Nach dem Vorhersageergebnis des Mammographietests wurden somit 98 Frauen positiv getestet (vermutliches Vorliegen der Krankheit), aber nur bei 9 liegt die Krankheit in Wirklichkeit vor. Unter den 901 negativ getesteten (gesund) war aber vermutlich noch eine in Wirklichkeit kranke Frau (Abb. 16.11).

Anmerkung Man beachte, dass „positives Ergebnis" des Mammographietests das Vorliegen der Krankheit bedeutet (Signifikanz, Annahme der Alternativhypothese) und „negatives Ergebnis" des Tests als gesund interpretiert wird (Annahme der Nullhypothese).

Statistische Fehler bei Versuchswiederholungen

Mit der Annahme des α-Risikos akzeptieren wir eine bestimmte Fehlerrate, die wir bei unseren Schlussfolgerungen aus einer Stichprobe auf die Grundgesamtheit machen. Allerdings gibt es auch Untersuchungen, bei denen wir das fest gewählte Signifikanzniveau α anpassen müssen, um das Fehlerrisiko nicht zu erhöhen (▶ Signifikanzniveau). Dies ist der Fall, wenn wir bei Untersuchungen einer Stichprobe nicht nur einmal, sondern mehrere Male dasselbe Testverfahren mit derselben Fragestellung durchführen: Vergleichen wir zum Beispiel die genotypische Verteilung von 100 Loci mit einer Hardy-Weinberg-Verteilung und nehmen ein α-Risiko von 5 % an, dann akzeptieren wir, dass unsere Schlussfolgerung in fünf Fällen falsch sein kann – die Nullhypothese (Hardy-Weinberg-Verteilung) ist in der Realität gegeben, doch wir lehnen sie aufgrund der Teststatistik ab. Um den Fehler 1. Art nicht überzubewerten, wendet man Bonferroni-Korrekturen an. Das einfachste Verfahren ist, das im Versuchsplan festgelegte α-Risiko durch die Anzahl von Testwiederholungen n zu korrigieren:

$$\overline{\alpha} = \alpha / n. \tag{16.8}$$

Bei 100 Testwiederholungen und einem Signifikanzniveau von 5 % ergibt sich ein neues Entscheidungskriterium mit $\overline{\alpha} = 0{,}0005$ oder 0,05 %. Die einfache Korrektur des α-Risikos kann aber dazu führen, dass wir jetzt den Fehler 1. Art nicht mehr überbewerten, doch der Fehler 2. Art an Bedeutung zunimmt. Aus diesem Grund wurden sequenzielle Verfahren für die Bonferroni-Korrektur vorgeschlagen. Zum Beispiel kann man die Werte der Teststatistiken, die sich aus den verschiedenen Tests ergeben haben, aufsteigend sortieren und mit einem fortlaufend angepassten α-Fehler vergleichen. Bei n Testwiederholungen bietet sich das folgende einfache sequenzielle Verfahren an: der kleinste Wert wird mit

$$\overline{\alpha}_n = \alpha / n, \tag{16.9}$$

■ **Tab. 16.6** Bestimmung des Freiheitsgrads *FG* für eine Stichprobe von neun Messwerten, für die der Mittelwert gegeben ist

i	1	2	3	4	5	6	7	8	9
x_i	2	4	3	2	3	3	4	2	?

$n = 9$, Mittelwert $\overline{x} = 3{,}0$. Es folgt, $x_9 = 4$.

der zweitkleinste Wert wird mit

$$\overline{\alpha}_{n-1} = \alpha/(n-1)$$

verglichen usw. bis

$$\overline{\alpha}_1 = \alpha.$$

Bei der Korrektur von statistischen Fehlern sollten wir unbedingt auf die Unabhängigkeit der untersuchten Merkmale achten: Sind zum Beispiel zwei Loci eng gekoppelt, so ist ein gleiches Ergebnis nicht weiter verwunderlich. In solchen Fällen können Bonferroni-Korrekturen dazu führen, dass Zusammenhänge nicht erkannt oder gar falsch interpretiert werden.

In jedem Fall müssen wir die Entscheidung für eine Antwortalternative mit einem geeigneten Testverfahren treffen. Die Wahl dieses Verfahrens muss vor dem Versuch festgelegt werden und darf nicht erst am Ende erfolgen. Wir müssen auf jeden Fall vermeiden, dass wir einen von vielen Tests auswählen, dessen Entscheidung unseren Vorstellungen am ehesten entspricht.

■ **Freiheitsgrade**

Zur Durchführung vieler Testverfahren müssen wir Parameter wie z. B. Mittelwerte und Standardabweichungen aus den Stichproben schätzen. Naheliegenderweise ist damit die Gültigkeit unserer Schlussfolgerungen aus der Stichprobe auf die Grundgesamtheit eng mit der Stichprobe verbunden. Damit wir nicht nur die Stichprobe mit unseren Verfahren beschreiben, sondern auch Schlüsse auf die Grundgesamtheit ziehen können, müssen wir neben der Stichprobengröße die Gesamtzahl der Parameter beachten, die geschätzt werden müssen, um das Testverfahren durchführen zu können.

Anmerkung Je mehr Parameter aus einer Stichprobe für das Testverfahren ermittelt werden, desto eindeutiger muss die Entscheidung für eine Antwortalternative ausfallen.

Neben dem α-Risiko (▶ Signifikanzniveau α) wird in vielen Testverfahren auch der sog. **Frei**heits**g**rad (*FG*, „**d**egree of **f**reedom", *df*) berücksichtigt. Dieser wird aus dem Stichprobenumfang oder der Zahl von Kategorien eines qualitativen Merkmals n und der Anzahl der geschätzten Parameter bestimmt. Zur Erläuterung stellen wir folgendes Beispiel eines messbaren Merkmals (■ Tab. 16.6) vor:

Nachdem wir aus neun Messwerten x_i das arithmetische Mittel $\overline{x}$ bestimmt haben, sind nur noch acht ($=9-1$) Messwerte frei wählbar, da der neunte Messwert mithilfe von $\overline{x}$ bestimmt werden kann.

$$\begin{aligned} x_9 &= 9 \cdot \bar{x} - \sum_{i=1}^{8} x_i \\ &= 9 \cdot 3{,}0 - (2 + 4 + \cdots + 2) = 27 - 23 = 4 \end{aligned}$$

Es gilt $FG = n - 1 = 8$.

Jede aus der Stichprobe entnommene Information durch Berechnung eines Schätzwerts reduziert also den Freiheitsgrad.

16.2.3 Teststatistik und Prüfverteilung

Für jedes Testverfahren lässt sich eine Teststatistik aus den Versuchsdaten berechnen und mit einer zugehörigen theoretischen Verteilung, der **Prüfverteilung**, vergleichen. Unter der Berücksichtigung des von uns gewählten α-Risikos und der Freiheitsgrade erhalten wir aus der Prüfverteilung einen kritischen Wert K für unseren Vergleich mit dem Wert der Teststatistik K_{Versuch}. Im Fall, dass

$$K_{\text{Versuch}} \leq K, \tag{16.10}$$

dann behalten wir die Nullhypothese H_0 bei,

gilt aber

$$K_{\text{Versuch}} > K, \text{ dann akzeptieren wir die Alternativhypothese } H_1. \quad (16.11)$$

Führen wir allerdings einen Test mit einem Statistikprogramm am Computer durch, so erhalten wir häufig keinen Tabellenwert, sondern eine sog. **Überschreitungswahrscheinlichkeit** (▶ G) oder Signifikanz *P*. *P* wird dann mit dem gewählten Signifikanzniveau α verglichen:

$$P < \alpha$$

führt zur Ablehnung der Nullhypothese, (16.12)

und

$$P \geq \alpha \text{ lässt uns die Nullhypothese annehmen.} \quad (16.13)$$

Die Kenntnis von den vorgestellten statistischen Grundlagen ist eine notwendige Voraussetzung, um Testverfahren erfolgreich anzuwenden und deren Ergebnisse interpretieren zu können. Für die Anwendung statistischer Testverfahren steht uns eine Vielzahl von Methoden zur Auswahl. Hierbei müssen wir genau darauf achten, dass das gewählte Testverfahren für die jeweilige Fragestellung und den Datensatz geeignet ist!

Anmerkung In der Literatur hat eine eigenwillige Bewertung von Teststatistiken eine breite Verbreitung gefunden: Ein kleiner oder sehr kleiner Wert der Teststatistik und der Überschreitungswahrscheinlichkeit wird als hoch signifikantes Ergebnis bezeichnet. In der Tat bewerten wir mit dieser Feststellung, wie gut unsere Stichprobe zur Hypothese passt. Unser Interesse sollte sich jedoch mehr auf die Gültigkeit unserer Aussage richten. Diese Frage können wir mit unseren Tests nur mit einem Ja oder Nein beantworten!

Glossar

Ausreißer Ein Messwert, der weit außerhalb des erwarteten Wertebereichs liegt. Die Festlegung von „weit außerhalb" ist willkürlich, wird aber oftmals anhand der Relation der Messwertgrößen zum Quantilabstand $Q_{75} - Q_{25}$ gemacht.

beschreibende Statistik Messwerte eines Versuchs werden mit einfachen Maßzahlen (z. B. Mittelwert, Standardabweichung, Variationsbreite) und tabellarischen sowie grafischen Darstellungen aufbereitet, um sie anschaulich und verständlich vorzustellen.

Grundgesamtheit Die gesamte Menge der Objekte, auf die sich eine statistische Untersuchung bezieht. Der Grundgesamtheit entnehmen wir eine Stichprobe, um aus dieser Teilmenge Erkenntnisse über die Gesamtheit zu gewinnen.

Objektivität Die Bewertung der Ausprägung eines Merkmals ist unabhängig von der untersuchenden Person.

Prävalenz Die Häufigkeit von Individuen in einer Population/Gruppe/Bevölkerung, die sich ab einem bestimmten Alter auffällig verändern und vom Normalzustand unterscheiden (z. B. hat Morbus Parkinson eine Häufigkeit von 0,4 % in der deutschen Bevölkerung, bei über Sechzigjährigen liegt diese bei etwa einem Prozent). Die Inzidenz ist ein Maß für den Zuwachs an veränderten Individuen in einer Altersgruppe pro Zeiteinheit (zum Beispiel können wir die jährlichen Neuerkrankungen an Parkinson für Personen ab dem 60. Lebensjahr feststellen).

quantitative Merkmalsausprägung Ein Merkmal, dessen Variation bei Objekten gemessen werden kann (z. B. mit einem Maßband oder einer Waage).

qualitative Merkmalsausprägung Ein Merkmal, dessen Ausprägung eine eindeutige Gruppierung von Objekten in diskrete Klassen zulässt.

Reliabilität Die Ergebnisse eines Versuchs sind bei Wiederholung reproduzierbar.

Repräsentativität (repräsentative Stichprobe) Die Stichprobe entspricht in ihrer Zusammensetzung und Struktur der Grundgesamtheit (▶ G).

schließende Statistik Teilgebiet der Statistik, das Testverfahren entwickelt und anbietet, mit denen verlässliche Schlussfolgerungen aus Stichproben auf die Grundgesamtheit gemacht werden können.

Signifikanzniveau Jeder statistische Test birgt das Risiko, einen Entscheidungsfehler zu machen. Das Signifikanzniveau, auch Fehler 1. Art oder α-Risiko, wird in der Versuchsplanung festgelegt und beschreibt die Häufigkeit, mit der eine Ablehnung der Nullhypothese akzeptiert wird, obwohl diese in der Realität wahr ist.

Stichprobenfehler Selbst die zufällige und sorgfältige Entnahme einer Stichprobe aus einer Grundgesamtheit kann manchmal dazu führen, dass die Stichprobe nicht ein repräsentatives Abbild der Grundgesamtheit ist. Da wir die Eigenschaften der Grundgesamtheit noch nicht kennen, behalten wir diese nichtrepräsentative Stichprobe bei und können dadurch zu falschen Schlussfolgerungen kommen.

Überschreitungswahrscheinlichkeit Diese Wahrscheinlichkeit, der *P*-Wert, wird aus der Stichprobe berechnet und beschreibt, wie wahrscheinlich es ist, das beobachtete Ergebnis eines Versuchs zu erhalten, wenn die Nullhypothese wahr ist. Der *P*-Wert wird mit dem Signifikanzniveau α (► G) verglichen und entscheidet über die Annahme ($P \geq \alpha$) oder Ablehnung ($P < \alpha$) der Nullhypothese.

Validität Die ausgewählten Merkmale und Ausprägungen erlauben die Fragestellung zu beantworten.

Urliste Zumeist ungeordnete Liste von Messwerten, die sich im Lauf einer Untersuchung ergeben haben.

Literatur

Verwendete Literatur

Köhler W, Schachtel G, Voleske P (2012) Biostatistik – Eine Einführung für Biologen und Agrarwissenschaftler, 5. Aufl. Springer, Heidelberg Berlin New York Tokyo (Ein kompaktes Lehrbuch der Statistik, mit vielen Beispielen. Der interessierte Leser kann sich mit diesem Werk in die statistischen Methoden einarbeiten)

Weaver W, Shannon CE (1949) The mathematical theory of communication. University of Illinois Press, Urbana, USA

Weiterführende Literatur

Heddrich J, Sachs L (2012) Angewandte Statistik – Methodensammlung mit R, 14. Aufl. Springer, Heidelberg Berlin New York Tokyo

Komplexe Merkmale und genetische Statistik

Jürgen Tomiuk, Volker Loeschcke

J. Tomiuk, V. Loeschcke, *Grundlagen der Evolutionsbiologie und Formalen Genetik*,
DOI 10.1007/978-3-662-49685-5_17,

Die genetische Analyse von Merkmalen des äußeren Erscheinungsbilds von Individuen stellt besondere Herausforderungen. Der Bauplan und die Funktion dieser Merkmale sind in vielen, oftmals einer unbekannten Anzahl von Genen festgelegt. Natürlicherweise finden wir an den beteiligten Genorten auch allelische Variation, die zum Teil Ursache für eine unterschiedliche Merkmalsausprägung bei den einzelnen Individuen ist. Zusätzlich zur genetisch bedingten Variabilität erweitern Umweltbedingungen durch ihren modifizierenden Einfluss die Variationsbreite von Merkmalen. So bestimmt die genetische Veranlagung gemeinsam mit der von Individuen erfahrenen Umwelt das gesamte Ausmaß der phänotypischen Variation, die wir in einer Population beobachten. Besteht ein modifizierender Einfluss von Umweltbedingungen auf die phänotypische Ausprägung eines Genotyps, dann sprechen wir von multifaktoriellen oder komplexen Merkmalen. Jedes beteiligte Gen folgt Mendels Spaltungsregel, doch sein Einzelbeitrag zum Phänotyp ist klein und kann von Umwelteinflüssen überlagert werden Aus diesem Grund beobachten wir in Familien eine phänotypische Variation, die nicht einfach mit den Mendelschen Regeln erklärt werden kann.

In vielen Fällen können wir nur mit statistischen Methoden den genetischen Beitrag zur phänotypischen Variabilität eines Merkmals abschätzen. Pflanzen- und Tierzüchter interessieren sich für das genetische Potenzial, das sie nutzen können, um eine Ertragssteigerung zu erreichen. Diese genetische Quelle steht auch im Mittelpunkt des Interesses von Evolutionsbiologen, da sie ebenfalls ein Angriffspunkt natürlicher Selektion ist und zu nachhaltigen genetischen Veränderungen im Lauf der Evolution führen kann.

17.1 Quantitative und qualitative Merkmale

Gene, die an komplexen Merkmalen beteiligt sind, unterscheiden sich in ihrem Beitrag zur phänotypischen Ausprägung – einzelne Gene können eine außerordentliche Bedeutung für den Phänotyp haben (▶ „major gene"), andere zeigen nur eine kleine Wirkung (▶ „minor gene"), oder keines der beteiligten Gene hat eine herausragende Bedeutung. Darüber hinaus müssen wir auch Interaktionen zwischen Genen beachten, die auf die Bedeutung von Genen für die Merkmalsausprägung Einfluss nehmen (▶ Epistasis). Das gesamte Genom mit all seinen Genen und deren Wechselwirkungen bestimmt also die Bedeutung von einzelnen Genen für phänotypische Merkmale und kann eine Erklärung dafür sein, dass in einem Individuum Allele eines Locus in den Vordergrund treten, während für ein anderes Individuum die allelische Variation eines anderen Locus große Bedeutung zukommt (▶ Heterogenie).

▪ Schizophrenie, ein qualitatives, komplexes Merkmal

Am Beispiel der Schizophrenie werden wir Schwierigkeiten bei der Klärung der genetischen Grundlagen von qualitativen Merkmalen vorstellen. Qualitative Merkmale zeichnen sich durch die diskrete Einteilung ihrer Ausprägung aus; naheliegende Beispiele sind die Augen- und Haarfarbe (s. ▶ Kap. 3). Nachfolgend betrachten wir zwei Gruppen, eine Stichprobe mit „unauffälligen" (gesunden) und eine Stichprobe mit „auffälligen" (kranken) Personen.

Vor jeder genetischen Untersuchung phänotypischer Merkmale müssen wir deren Erblichkeit und die Bedeutung von Umwelteinflüssen abklären. Der einfachste, aber auch sehr aufwendige Weg sind Familienanalysen, bei denen wir Personen mit unterschiedlichem Verwandtschaftsgrad aufgrund ihres Phänotyps bewerten. Natürlich hoffen wir auf eine enge Korrelation zwischen der phänotypischen Ausprägung und dem Verwandtschaftsgrad. Bei eineiigen Zwillingen erwarten wir sogar eine fast vollständige Übereinstimmung!

In der Tat finden wir eine Beziehung zwischen dem genetischen Verwandtschaftsgrad und der Häufigkeit, mit der Verwandte an Schizophrenie erkranken (◘ Tab. 17.1). Bei Eltern und Kindern, deren autosomales Kerngenom zu 50 % übereinstimmt, beobachten wir im Fall eines erkrankten Elternteils, dass Kinder mit einer Wahrscheinlichkeit von15 bis 20 % ebenfalls erkranken. Mit abnehmendem Verwandtschaftsgrad nimmt auch die Übereinstimmung bezüglich der Erkrankung ab. Doch für identische Zwillinge erhalten wir ein überraschendes Ergebnis: Erkrankt ein Zwilling, dann besteht für den zweiten Zwilling nur ein 50 %iges Risiko, ebenfalls an Schizophrenie zu erkranken.

Dass die Erkrankungshäufigkeit nicht genau dem Verwandtschaftsgrad entspricht, müssen wir dem Einfluss von Umweltfaktoren, Mechanismen der Genregulation oder epigenetischen Prozessen zusprechen (s. ► Kap. 15). Gerade das verblüffende Ergebnis bei eineiigen Zwillingen stützt die Hypothese, dass eine Aktivierung oder Inaktivierung von Genen stattfindet.

Die Schwierigkeiten bei der Suche nach Genen, die ursächlich Schizophrenie hervorrufen, wurden bereits bei den ersten Anwendungen moderner Techniken der Molekulargenetik offenbar. Brzustowicz et al. (2000) identifizierten mit ihren Familienanalysen eine Region des menschlichen Chromosoms 1, in der mit großer Sicherheit ein Genort mit dem Auffälligkeitsgen vermutet wurde. Doch bald folgten Veröffentlichungen von weiteren Familien- und Fall-Kontroll-Studien (s. ► Kap. 12), die ebenso eindeutig anderen Chromosomenabschnitten eine Bedeutung für Schizophrenie zusprechen. Heute kennen wir mehr als 1000 Veröffentlichungen zur Genetik von Schizophrenie, die eine Vielzahl von Genorten für die unterschiedlichsten Proteine und genetische Strukturen beschreiben (► Kandidaten-Gen). Die naheliegende Folgerung ist daher, dass sich für das phänotypische Erscheinungsbild der Schizophrenie nicht nur eine einzige genetische Erklärung finden lässt. Die Physiologie des menschlichen Gehirns ist komplex und die verschiedenartigsten, genetisch bedingten Störungen im Stoffwechsel können zum selben Phänotyp führen. Hier ist die medizinische Diagnostik gefordert, um wie bei Diabetes eine neue Klassifizierung in verschiedene Krankheitsformen zu entwickeln (s. ► Kap. 14). Vielleicht können wir in einigen Jahren monogene von multifaktoriellen Ursachen trennen und den Umwelteinfluss genauer spezifizieren.

Tab. 17.1 Gleicher Phänotyp (Schizophrenie) bei Personen mit unterschiedlichem Verwandtschaftsverhältnis

Verwandtschaftsverhältnis	Genetische Verwandtschaft	Beobachtete phänotypische Übereinstimmung
Eltern-Kinder	50 %	15–20 %
Geschwister	50 %	10 %
Halbgeschwister	25 %	4 %
Enkel, Nichten, Neffen, Cousinen und Cousins	12,5 %	4 %
Identische Zwillinge	100 %	50 %

17.1.1 Quantitative Genetik

Körpergröße und Körpergewicht sind messbare quantitative Merkmale von Individuen, anhand derer Individuen nicht eindeutig in diskrete Gruppen eingeteilt werden können. Um Personen entsprechend ihres Gewichts oder ihrer Körpergröße zu gruppieren, können wir nur willkürliche Grenzen ziehen (s. ► Kap. 3). In weitaus größerem Maß als qualitative Merkmale werden quantitative Eigenschaften von mehreren Genen kontrolliert.

Mit einem einfachen Modell möchten wir die Bedeutung vieler Loci für die phänotypische Ausprägung eines Merkmals vorstellen. Schon mit relativ wenigen Loci und einer überschaubaren allelischen Variabilität können wir eine stetige Merkmalsverteilung in einer Population erklären. Im folgenden Beispiel nehmen wir diploide Individuen an, die sich zufällig miteinander verpaaren und keiner Selektion unterliegen (► Hardy-Weinberg-Verteilung). Die betrachteten Loci haben jeweils zwei Allele mit identischen Effekten auf den Phänotyp. Um die Wirkung der einzelnen Allele unterscheiden zu können, liefert jedes Allel eines Locus einen zweimal so hohen Beitrag zur Merkmalsausprägung wie seine Alternative; dabei summieren sich die Wirkungen aller Allele von den beteiligten Loci zum Gesamtphänotyp auf. Schließlich hat das abstrakte Merkmal eine maximale „Größe" von zehn und seine minimale Größe beträgt fünf. Nehmen wir zuerst nur einen Locus an, dann können wir einem Allel A_1 die Wirkung von 2,5 zusprechen. Das alternative B_1-Allel trägt fünf zum Phänotyp bei. Die drei möglichen Genotypen prägen ebenfalls drei Phänotypen aus: Der A_1A_1-Genotyp hat die Größe fünf, der Heterozygote A_1B_1 ist 7,5 groß und der homozygote B_1B_1-Genotyp erreicht die maximale Größe von zehn. Im Fall von zwei Loci müssen

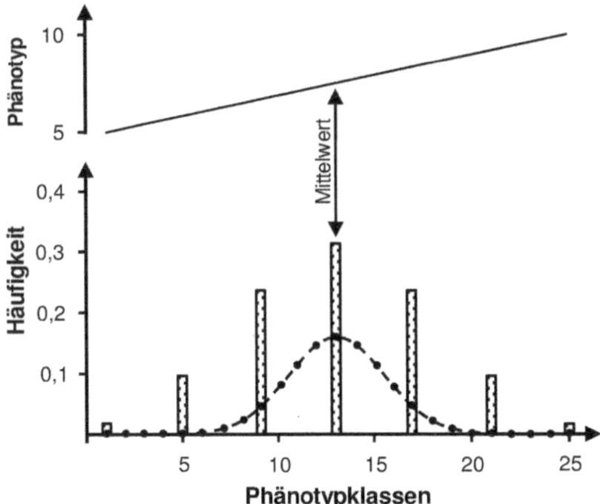

Abb. 17.1 Gene von mehreren Loci bestimmen ein phänotypisches Merkmal. Drei beteiligte Loci mit zwei Allelen führen zu sieben Phänotypklassen (*Balken*); 25 Phänotypklassen sind bei 12 Loci gegeben (•). Eine *gestrichelte Linie* zeigt den Verlauf einer Normalverteilung. Jede Phänotypklasse wird durch einen Phänotyp repräsentiert, der auf der Phänotypkurve (*oben*) abgebildet ist

wir die Wirkung von allen Allelen halbieren – das A_1-Allel des ersten Locus und A_2-Allel des zweiten Locus haben nunmehr eine Wirkung von 1,25 und ihre B_1- sowie B_2-Alternativen von 2,5. Doch jetzt prägen neun mögliche Genotypen nur noch fünf verschiedene Phänotypen aus (Tab. 17.2). Das Modell zeigt, dass mit einer steigenden Anzahl von beteiligten Loci die Anzahl an Genotypen exponentiell, doch die Anzahl von Phänotypen nur proportional ansteigt. Die Genetik wird komplexer, und die Sprünge zwischen den Merkmalsausprägungen werden immer kleiner.

Aufgrund der idealen Annahmen erhalten wir eine symmetrische Verteilung der Phänotypen um den Mittelwert 7,5 (Abb. 17.1). Mit wenigen Loci haben wir weit voneinander getrennte Phänotypklassen. Doch mit einer zunehmenden Anzahl an Loci rücken die Phänotypklassen immer enger zusammen. Die diskrete Verteilung (**Binomialverteilung**) geht bei vielen Loci, deren kleine Effekte sich aufsummieren, in eine Normalverteilung über (s. ▶ Kap. 16). Ziehen wir neben mehreren Loci noch eine Merkmalsvariation als Folge von Umwelteinflüssen in Betracht, dann wird das Bild von einer stetigen Merkmalsausbildung bestätigt. Natürlich führt die unterschiedliche Bedeutung der Loci und ihrer Allele für ein Merkmal zu Abweichungen von einer idealen Normalverteilung. Für die statistische Behandlung der Merkmale ist es allein von Bedeutung, dass wir die beobachteten Verteilungstypen gegebenenfalls mithilfe einer Transformation wieder in eine Normalverteilung überführen können.

Finden wir alle Übergangsformen der Merkmalsausprägung, dann sprechen wir von einer stetigen Verteilung des Phänotyps in einer Population. Ideal für die Analysetechniken in der quantitativen Genetik wäre, wenn die Häufigkeiten der unterschiedlichen Phänotypen einer Gauß- bzw. einer Normalverteilung folgen würden (Abb. 17.1) oder die Häufigkeitsverteilung sich in eine Normalverteilung überführen ließe. Ist eine solche Verteilungsform des Merkmals gegeben, dann lässt sich die phänotypische Varianz in einzelne Komponenten auftrennen, die das gesamte Ausmaß der phänotypischen Variabilität erklären (Abb. 17.2). Die allelische Vielfalt von Loci, die an der Ausbildung eines Merkmals beteiligt ist, führt zu einer großen Anzahl unterschiedlicher Genotypen, die sich in der Variabilität des Merkmals in einer Population widerspiegeln (Var_{Gen}). Neben der Genetik eines Merkmals hat die Umwelt einen modifizierenden Einfluss (Var_{Umwelt}). Zusätzlich können Umweltfaktoren die Wirkung der Gene verändern (Var_{GxU}). Alle drei Varianzkomponenten sind unabhängig und ihre Summe ergibt die gesamte Varianz (Variabilität) des phänotypischen Merkmals in einer Population ($Var_{Phän}$):

$$Var_{Phän} = Var_{Gen} + Var_{Umwelt} + Var_{GxU}. \tag{17.1}$$

Pflanzen- und Tierzüchter sind insbesondere am genetischen Potenzial einer Population interessiert, das ihnen erlaubt, erfolgreich und nachhaltig auf ein bestimmtes Merkmal, wie die Milchleistung oder den Ernteertrag zu selektionieren. Die genetische Statistik hat für derartige Analysen schon in der ersten Hälfte des 20. Jahrhunderts ein theoretisches Instrumentarium zur Verfügung gestellt. So gilt es, dass wir nicht nur zwischen genetisch bedingten und den umweltbedingten Ursachen für die Variabilität eines Merkmals unterscheiden. Wir müssen noch genauer auf verschiedene Komponenten der genetischen Varianz achten (Abb. 17.3). Zunächst haben wir, wie im Beispiel, einen genetischen Vari-

Tab. 17.2 Anzahl der Loci mit zwei Allelen, die die Ausprägung eines Merkmals bestimmen. Jeder Locus hat die gleiche Bedeutung für die Merkmalsausprägung. Ein Allel eines jeden Locus hat die zweifache Wirkung zu seinem alternativen Allel und führt damit zu einer maximalen Anzahl unterschiedlicher Phänotypen

Anzahl beteiligter Loci	Geneffekt		Maximale Anzahl von Kombinationsmöglichkeiten	
	A_i	B_i	Genotypen	Phänotypen
1	5/2 = 2,5	5	3	3
2	5/4 = 1,25	2,5	9	5
3	5/6 ≈ 0,83	1⅔	27	7
4	5/8 = 0,625	1,25	81	9
12	5/24 ≈ 0,208	0,417	3^{12} = 531.441	25

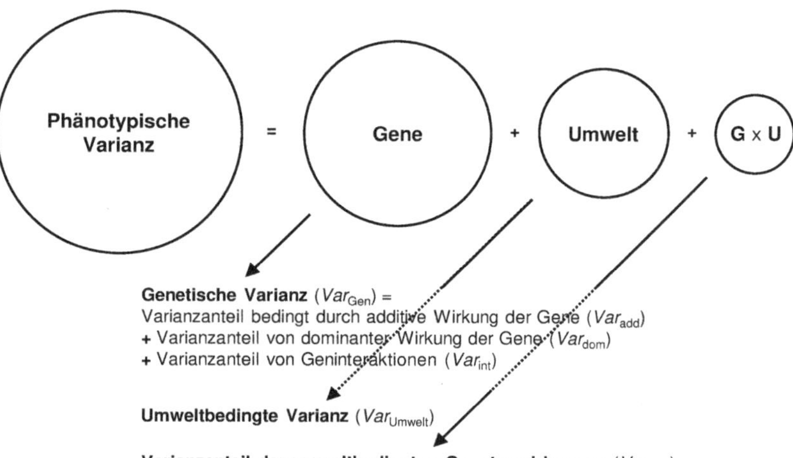

Abb. 17.2 Genetische Variabilität und Umweltbedingungen bestimmen die Varianz von phänotypischen Merkmalen ($Var_{Phän}$) in Populationen. Die gesamte phänotypische Varianz teilt sich in verschiedene Varianzkomponenten auf

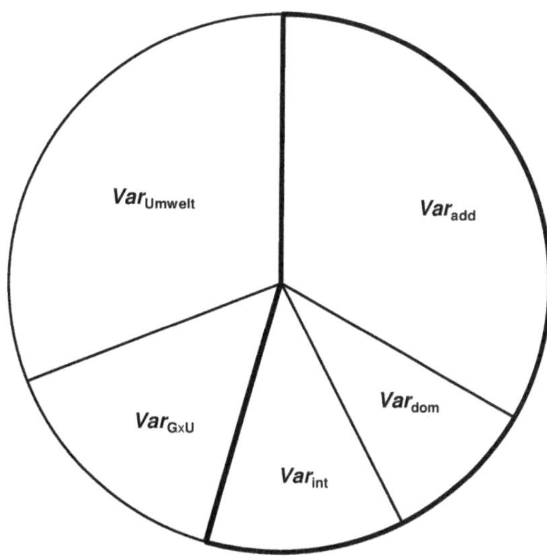

Abb. 17.3 Genetische und umweltbedingte Varianzanteile, die die gesamte phänotypische Variabilität eines Merkmals erklären. Die genetisch bedingte Variabilität eines Merkmals in einer Population (Var_{Gen}, fett umrahmt) hat ihre Ursache in drei Varianzanteilen, Var_{add}, Var_{dom} und Var_{int}. Die Varianzanteile, Var_{GxU} und Var_{Umwelt}, werden durch Umwelteinflüsse bestimmt

anzanteil, der auf der additiven Wirkung von Genen verschiedener Loci beruht (Var_{add}). Darüber hinaus können sich die elterlichen Allele eines Locus in ihrer Wirkung unterscheiden und eine unterschiedliche Dominanz in der Nachkommenschaft zeigen (Var_{dom}), aber auch die Wechselwirkung (Interaktion) zwischen Genen muss Berücksichtigung finden (Var_{int}). Diese drei Varianzanteile werden als die genetische Quelle für die Varianz eines Merkmals gesehen (Var_{Gen}):

$$Var_{Gen} = Var_{add} + Var_{dom} + Var_{int}. \quad (17.2)$$

Der additive Varianzanteil ist in der Tat für Selektionsprozesse die bedeutendste genetische Ursache. Er hängt allerdings von den Häufigkeiten der Allele ab, die an der Merkmalsausprägung beteiligt sind. Naheliegenderweise können wir bei einer großen genetischen Vielfalt erfolgreich selektionieren, doch werden die Auswahlmöglichkeiten mit abnehmender genetischer Variabilität in einer Population auch immer geringer. So führt die ständige Auswahl von Individuen für die Züchtung schließlich auf ein Plateau, das keine größeren Fortschritte des Züchtungsprozesses mehr zulässt. Dies ist das Ergebnis eines fortwährenden Inzuchtprozesses, der von Generation zu Generation zu einer größeren genetischen und damit auch zu einer größeren phänotypischen Ähnlichkeit zwischen Individuen führt. Die künstliche Selektion innerhalb einer Zuchtgruppe ist durchaus mit der gerichteten Selektion auf ein Merkmal in natürlichen Populationen vergleichbar (s. ► Kap. 5).

Wie können wir nun die verschiedenen genetischen Varianzanteile abschätzen, die das Verteilungsmuster eines Merkmals in einer Population bestimmen? Theoretische Ansätze belegen, dass wir den Verwandtschaftsgrad von Individuen mit den genetischen Beiträgen in Verbindung bringen können. In Experimenten ermitteln wir die Übereinstimmung von phänotypischen Merkmalen von verwandten Individuen und bringen diese mittels Regressionsanalysen mit den Verwandtschaftsgraden in Verbindung. Bei Tier- oder Pflanzenpopulationen haben wir die Möglichkeit, indem wir die Merkmalsvariation in verschiedenen Umwelten untersuchen, den umweltbedingten Varianzanteil zu schätzen. Da Genwechselwirkungen und deren Ausmaß auf die phänotypische Variabilität heute noch schwer erfassbar sind, spielen diese in den nachfolgenden Betrachtungen keine Rolle.

- Individuen von klonalen Linien, aber auch eineiige Zwillinge, sind genetisch identisch. In diesen Fällen erwarten wir, dass die genetische Varianz (Var_{Gen}) mit ihren einzelnen Varianzanteilen gleich ist. Den Vergleich von Individuen, die in unterschiedlichen Umwelten leben, nutzen wir, um genetische und umweltbedingte Varianzanteile (Var_{Gen} und Var_{Umwelt}) zu unterscheiden. Eine Unterscheidung der einzelnen Varianzanteile ist allerdings nicht möglich.
- Mit dem Vergleich von Geschwistern erfassen wir zwei Varianzanteile: 50 % der phänotypischen Variabilität haben ihre Ursache in der additiven Genwirkung und 25 % gehen auf die dominante Wirkung der Gene zurück.
- Der Vergleich elterlicher und kindlicher Phänotypen gibt eine gute Schätzung des additiven Varianzanteils. Wir können zum einen die durchschnittlichen elterlichen Phänotypen mit dem eines Nachkommen oder einen elterlichen Phänotyp mit dem des Nachkommen vergleichen. Aus dieser Analyse erhalten wir eine Schätzung für den 50 %igen Varianzanteil der additiven Wirkung der Gene. In ähnlicher Weise messen wir bei Halbgeschwistern sowie dem Vergleich von Tante und Nichte 25 % des additiven Varianzanteils. Schließlich erklären sich 12,5 % der Variabilität bei Cousins ersten Grades durch die additive Wirkung gemeinsamer Gene.

▪ Heritabilität

Für genetische Studien von Merkmalen ist es naheliegend, zuerst die Erblichkeit eines Merkmals festzustellen (s. ► Kap. 12). Zur Problemlösung haben wieder Züchter beigetragen und zwei Maßgrößen, die Erblichkeit (Heritabilität) im weiten Sinn und die Erblichkeit im engen Sinn definiert. Der relative Anteil der genetischen Varianz an der gesamten phänotypischen Varianz gibt die **Heritabilität im weiten Sinn**:

$$h^2 = \frac{Var_{Gen}}{Var_{Phän}}. \quad (17.3)$$

Die **Heritabilität im engen Sinn** schätzen wir als den relativen Anteil der additiven Varianz von der phänotypischen Varianz:

$$h^2 = \frac{Var_{\text{add}}}{Var_{\text{Phän}}}. \quad (17.4)$$

Die Erblichkeit kann also experimentell erfasst werden und wir erhalten als ein relatives Maß eine Zahl zwischen 0 und 1. Beide Maße für die Erblichkeit sind stark von den Allelhäufigkeiten der beteiligten Loci in einer Population abhängig. Je geringer die allelische Variabilität in einer Population ist, desto geringer wird die Erblichkeit des untersuchten Merkmals und damit der Selektionserfolg.

- **Anzahl beteiligter Genorte am Phänotyp**

Ist eine geringe Anzahl von Genorten beteiligt, dann gibt uns die quantitative Genetik eine Schätzmethode in die Hand, um die Anzahl der am Merkmal beteiligten Genorte zu ermitteln. Der phänotypische Unterschied zwischen verwandten Altersgruppen und die Varianz innerhalb dieser Kohorten lassen die minimale Anzahl von Loci schätzen.

- **Gensuche**

Neben der statistischen Bewertung der Erblichkeit von Merkmalen stehen die Identifikation von Genorten und deren allelische Variation im Mittelpunkt des Interesses. Besteht ein starker Verdacht, dass ein Genort wesentlich an der Ausbildung eines komplexen Merkmals, wie einer Erkrankung, beteiligt ist, dann bieten sich naheliegenderweise die klassischen und bewährten Verfahren wie Familienanalysen und Fall-Kontroll-Studien an, um diese Gene zu finden. Haben jedoch viele Gene einen ähnlichen Einfluss und einige eine modifizierende Bedeutung für die Merkmalsausprägung, dann ergeben sich Probleme bei der Suche nach den einzelnen beteiligten Genen (s. ▶ Kap. 12).

Moderne molekulargenetische Methoden gestatten heute einen indirekten Ansatz, um genomische Strukturen aufzudecken, die für das untersuchte Merkmal von Bedeutung sein können. Die Variabilität von SNP wird genutzt, um aus einer Vielzahl von Loci ein Muster zu erkennen, das eng mit der Merkmalsvariation verbunden ist. Mit der Suche nach den sog. quantitativen Merkmalsloci werden Individuen mit einer unterschiedlichen Merkmalsausprägung untersucht und verglichen, um eine überschaubare Anzahl von Loci zu identifizieren, die messbare Effekte auf das Merkmal haben (▶ „QTL-Mapping"). Eine ähnliche, aber noch indirektere Methode sind **g**enom**w**eite **A**ssoziation**s**studien (GWAS). Hier wird ebenfalls eine riesige Anzahl von SNP untersucht, die das gesamte Genom abdecken. Mit einer statistischen Analyse können Genotypmuster mit spezifischen Merkmalsausprägungen korreliert werden. Dänischen Züchtungsforschern liegen Blutproben von Kühen über mehrere Generationen vor, die heute umfassend genetisch charakterisiert werden können. Darüber hinaus sind die Zuchtergebnisse aus den klassischen Züchtungen vergangener Kreuzungen belegt und können heute genutzt werden. Mithilfe moderner genetischer Verfahren kann der genetische Fingerabdruck mit einem individuellen Zuchtwert verbunden werden.

Resümee Die quantitative Genetik bietet einfache statistische Modelle, um komplexe, multifaktorielle Merkmale mithilfe von Stammbäumen oder einem geeigneten Versuchsdesign zu analysieren. Doch sollten wir stets bedenken, dass ideale Annahmen, wie z. B. die Hardy-Weinberg-Verteilung, für die Gegebenheiten in natürlichen Populationen oftmals nicht vollständig zutreffen und die Ergebnisse der Analysen gewissenhaft kontrolliert werden müssen. So faszinierend die Möglichkeiten der modernen genetischen Techniken für die Untersuchung von komplexen Merkmalen bei Pflanzen und Tieren sind, können sie auch Sprengstoff für menschliche Gemeinschaften sein. Eine genomweite Mustererkennung könnte auch beim Menschen genutzt werden, um Eigenschaften einer Person wie die körperliche Eignung für bestimmte berufliche Tätigkeiten oder die Veranlagung für Krankheiten zu bewerten.

Glossar

allelische Vielfalt An Genorten/DNA-Abschnitten homologer Chromosomen tragen viele Individuen unterschiedliche elterliche genetische Informationen, die ihren Ursprung in Mutationsereignissen haben.

Epigenetik Ein Teilgebiet der Genetik, das sich mit den Aktivitäten von Genen beschäftigt. Es untersucht Veränderungen der Genfunktionen in Zellen mit identischer DNA-Sequenz, die auch an Tochterzellen weitergeben werden. So können sich z. B. unterschiedliche Phänotypen ausbilden, obwohl Individuen eine identische DNA-Sequenz besitzen. Ein Prozess, der allerdings nicht mit der klassischen Genregulation und Genexpression verwechselt werden darf.

Epistasis Die Wirkung von Allelen eines Locus auf ein phänotypisches Merkmal wird durch Allele eines anderen Locus mitbestimmt – Genwechselwirkungen oder auch Geninteraktionen.

Dominanz vollständige: Eine elterliche Erbanlage führt ausschließlich zur Merkmalsausprägung, während die andere elterliche Erbanlage nicht zum Tragen kommt; diese ist rezessiv.
unvollständige: Beide elterliche Erbanlagen tragen zur Merkmalsausprägung bei. Die Wirkung beider elterlicher Erbanlagen muss dabei nicht gleich sein. So können alle möglichen intermediären Mischformen auftreten. Im Fall, dass die beiden elterlichen Erbanlagen in gleicher Stärke zur Merkmalsbildung beitragen, sprechen wir von Kodominanz.

Gaußsche Glockenkurve Eine mathematische Funktion, die sich durch ihre typische Glockenform auszeichnet und nach dem Mathematiker Gauß bezeichnet wurde (► Normalverteilung).

genetische Statistik Ein Teilgebiet der Statistik, das sich mit Lösungen von genetischen Problemstellungen beschäftigt.

„genome-wide association studies" (GWAS) Mithilfe der strukturellen Charakterisierung von gesamten Genomen durch die Analyse der genetischen Variabilität an einer umfangreichen Anzahl von Loci (► SNP) erhalten wir ein typisches genetisches Muster von Individuen, mit dem wir eventuell eine statistische Beziehung zur phänotypischen Variabilität aufdecken können.

GWAS ► „genome-wide association studies".

Hardy-Weinberg-Verteilung Ideale mathematische Verteilung von Genotypen in einer sich sexuell reproduzierenden, unendlich großen Population. Individuen paaren zufällig und unterliegen keiner Selektion. Es gibt keine Mutation und Migration.

Heritabilität Ein Maß, um den genetischen Anteil an phänotypischer Variabilität schätzen.

Heterogenie Gene verschiedener Loci können zum gleichen Erscheinungsbild führen (► Phänotyp, phänotypisches Merkmal).

Kandidaten-Gen Gene, von denen wir annehmen, dass sie für Untersuchungen eine Bedeutung haben können, und bei denen es sich lohnt, diese weiter und genauer zu untersuchen.

Klon Genetisch identische Nachkommenschaft, die nur von einem Individuum abstammt. Mit dem Bilden von Ablegern einer Pflanze wird die Stammpflanze kloniert. Aber auch bei der Nachkommenschaft von parthenogenetischen Individuen (► G) sprechen wir von klonalen Linien, weil diese oftmals identisch mit der ursprünglichen Mutter sind.

komplexes Merkmal Die Allele vieler, oftmals unbekannter Genorte sowie Umwelteinflüsse führen zur Ausprägung von komplexen oder multifaktoriellen Merkmalen.

„major gene" Gen, das hauptsächlich die Ausprägung von komplexen Merkmalen (► G) bestimmt.

„minor gene" Gene, die neben dem „major gene" (► G) eine geringere Bedeutung für ein phänotypisches Merkmal haben.

multifaktorielles Merkmal ► komplexes Merkmal.

Normalverteilung Mathematische Funktion, die die Häufigkeitsverteilung eines messbaren Merkmals beschreibt. Die Funktion ist eindeutig durch ihren Mittelwert und Standardabweichung definiert, sie ist symmetrisch und der Flächeninhalt unter der Kurve ist gleich 1 (► Gaußsche-Glockenkurve).

qualitatives Merkmal Ein Merkmal, dessen Ausprägung eine eindeutige Gruppierung von Objekten in diskreten Klassen zulässt.

quantitatives Merkmal Merkmal, dessen Variation bei Objekten gemessen werden kann (z. B. mit einem Maßband oder einer Waage).

SNP Abkürzung von „**s**ingle **n**ucleotide **p**olymorphism". Einzelbasenaustausche, bei denen die alternativen Zustände mit mehr als einem Prozent Häufigkeit in der Population gefunden werden. Finden wir zum Beispiel in einem Genom eine Basenposition, die entweder mit der Base A oder C besetzt ist, dann muss eine Position mindestens mit einem Prozent in der betreffenden Population vorhanden sein.

„single nucleotide polymorphism" ► SNP.

Verwandtschaftsgrad Ein Maß für die genetische Ähnlichkeit verwandter Individuen. Die Definition schließt Geschlechtschromosomen und Plastiden von Zellen aus; z. B. geben diploide Eltern in einer sich sexuell reproduzierenden Population 50 % ihrer autosomalen Gene an einen Nachkommen weiter – der Verwandtschaftsgrad ist gleich 0,5. Eineiige Zwillinge haben einen Verwandtschaftsgrad von 100 %.

Zuchtwert Werden zwei Individuen mit einer bestimmten Merkmalsausprägung verpaart, dann beschreibt der Zuchtwert die Wirkung von ihren Genen auf das Merkmal ihres Nachkommen unter vorgegebenen Umweltbedingungen. Zuchtwerte werden aus phänotypischen Vergleichen mit Verwandten geschätzt. Ein Zuchtwert von 1 ist durchschnittlich; entsprechend werden Zuchtwerte, die größer oder kleiner als 1 sind, positiv oder negativ für die Zucht gesehen.

Aufgaben

Aufgabe 1. Welche Möglichkeiten bieten Klone und identische Zwillinge, die verschiedenen Anteile der genetischen Variabilität eines Merkmals zu schätzen?

Aufgabe 2. Warum ist die Normalverteilung für die genetische Analyse eines quantitativen Merkmals so wichtig?

Aufgabe 3. Welche Bedeutung hat der additive Varianzanteil eines Merkmals?

Aufgabe 4. Welche Bedeutung hat der Verwandtschaftsgrad bei der Ermittlung von Varianzanteilen verwandter Individuen?

Aufgabe 5. Welches genetische Maß entspricht dem additiven Varianzanteil bei Verwandten?

Literatur

Verwendete Literatur

Brzustowicz LM, Hodgkinson KA, Chow EWC, Honer WG, Bassett AS (2000) Location of a major susceptibility locus for familial schizophrenia on chromosome 1q21-q22. Science 288:678–682

Weiterführende Literatur[1]

Falconer DS, Mackay TFC (1996) Quantitative genetics, 4. Aufl. Pearson, Essex, England

Hartl DL, Clark AG (2007) Principles of population genetics, 4. Aufl. Sinauer, Sunderland, Massachusetts (Umfangreiches, amerikanisches Lehrbuch zur Populationsgenetik mit einem ausführlichen Kapitel zur quantitativen Genetik)

1 Sehr theoretisch und statistisch!

Korrelation, Regression und Assoziation

Jürgen Tomiuk, Volker Loeschcke

J. Tomiuk, V. Loeschcke, *Grundlagen der Evolutionsbiologie und Formalen Genetik*,
DOI 10.1007/978-3-662-49685-5_18,

Der Erklärung für ein Phänomen gehen oftmals umfangreiche Beobachtungen voraus. Im Fall der Erbkrankheit Chorea-Huntington erkannte man zunächst, dass in vielen Familien die Erkrankung in nachfolgenden Generationen früher und heftiger in Erscheinung trat als in den Elterngenerationen (▶ Antizipation). Später nachfolgende molekulare Untersuchungen lieferten schließlich die Lösung. Ein CAG-Wiederholungsmuster in der Gensequenz des Huntingtin-Proteins zeichnete sich für das Phänomen der Antizipation verantwortlich. Dieser DNA-Abschnitt wird in eine Glutaminkette im Protein übersetzt (CAG und CAA codieren für die Aminosäure Glutamin). Wird die Glutaminkette länger als 38 Motive, dann kommt es zur pathologischen Anreicherung des Proteins in Nervenzellen (▶ Polyglutaminerkrankung). Die Verschlimmerung der Erkrankung von Generation zu Generation erklärt sich mit der ansteigenden Mutationsanfälligkeit von Mikrosatelliten bei einer größer werdenden Zahl an Wiederholungsmotiven. Theoretisch ist eine Veränderung der Motivzahl ungerichtet, doch hat sich gezeigt, dass Mutationen eher zu einer Verlängerung von Mikrosatelliten neigen. Daher ist auch bei Polyglutaminerkrankungen die Wahrscheinlichkeit hoch, dass Eltern mit langen Mikrosatelliten eine noch größere Anzahl von CAG-Motiven an ihre Nachkommen vererben. Mit der Verlängerung ist aber auch ein schwererer Krankheitsverlauf verbunden – die Erkrankung tritt früher auf und schreitet schneller voran (s. ▶ Kap. 14). Mit einer grafischen Darstellung erkennen wir einen nichtlinearen Zusammenhang (◻ Abb. 18.1). Von 38 bis 60 Wiederholungsmotiven beobachten wir eine Erniedrigung des Erkrankungsalters von etwa 80 auf bis zu 20 Jahren, danach findet ein weiterer verzögerter Abfall auf das Kindesalter von etwa 10 Jahre statt. Doch, obwohl ein offensichtlicher Zusammenhang besteht, müssen wir davor warnen, die Anzahl von Wiederholungsmotiven für eine zeitliche Prognose heranzuziehen. Wir stellen wohl einen Einfluss der Anzahl der Wiederholungsmotive auf das Erkrankungsalter fest und erkennen sogar, dass ein nichtlinearer Zusammenhang gegeben ist. Dennoch lässt die große Streuung der Messwerte keine sichere Aussage über das Erkrankungsalter zu und legt sogar nahe, dass neben der Anzahl von Wiederholungsmotiven noch andere Faktoren am Zeitpunkt des Erkrankungsalters beteiligt sein müssen.

18.1 Korrelation und Regression

Im ▶ Kap. 16 haben wir Messwerte eines einzelnen Merkmals statistisch bearbeitet. Die Ergebnisse wurden in Tabellen und Grafiken dargestellt und charakteristische **Maßzahlen** (▶ G) dieser **monovariablen Verteilungen** (▶ G) berechnet, um nachfolgend diese Messwerte mit Methoden der schließenden Statistik (▶ G) zu bearbeiten. Oft werden jedoch mehrere Merkmale (**multivariabel/multivariat**; ▶ G) an ein und demselben Untersuchungsobjekt ermittelt. Die gemeinsame Darstellung multivariabler Daten in Häufigkeitstabellen und Häufigkeitsverteilungen ist sicherlich komplizierter als nur die beschreibende Statistik (▶ G) von Monovariablen und mit mehr als zwei Variablen oftmals nur schwer möglich. Die rechnerische Bearbeitung multivariater Daten gestattet dennoch, Zusammenhänge zwischen den Merkmalen durch statistische Maßzahlen zu beschreiben und diese auf ihre Bedeutung zu überprüfen. Hierbei unterscheiden wir zwischen Untersuchungen zur Stärke des Zusammenhangs (Korrelation, Assoziation, wechselseitige Beziehung) und zur funktionellen Art des Zusammenhangs (Regression).

Dieses Kapitel beschränkt sich auf die Analyse des Zusammenhangs von nur zwei Merkmalen, die mit X_1 und X_2 bezeichnet werden. Einem solchen Zusammenhang können unterschiedliche Wirkungsmechanismen zugrunde liegen:

- Bei einer wechselseitigen Abhängigkeit (echte Korrelation) haben beide Variablen jeweils Einfluss auf die Ausprägung der anderen Variablen und wir können den Zusammenhang formal wie folgt darstellen:

$$X_1 \leftrightarrow X_2. \tag{18.1}$$

- Stehen beide Variablen in keinem direkten Zusammenhang, sind aber über eine dritte Größe Z verknüpft, dann sprechen wir von einer **Gemeinsamkeitskorrelation**. Es gilt:

$$X_1 \leftarrow Z \rightarrow X_2. \tag{18.2}$$

In diesem Fall müssen wir bei der Argumentation darauf achten, dass wir die Veränderungen von X_1 und X_2 nicht ohne Weiteres in direkten Zusammenhang bringen können. Beide Größen korrelieren nur scheinbar miteinander. Oftmals ist es schwierig oder sogar fast unmöglich, zwischen den beiden ersten Korrelationsformen zu unterscheiden, da die Wechselwirkung über eine unbekannte dritte Größe (18.2) ein ähnliches Muster der Abhängigkeit vermitteln kann wie die echte Korrelation (18.1).

- Die letzte Möglichkeit besteht in der einseitigen Abhängigkeit der Variablen X_2 von der Variablen X_1. Wir schreiben:

$$X_1 \rightarrow X_2. \tag{18.3}$$

Diese letzte Beziehung von zwei Variablen nennen wir Regression.

Zur Charakterisierung der Stärke des Zusammenhangs werden statistische Maßzahlen benutzt, sog. Korrelations- bzw. Assoziationskoeffizienten. Der dritte Typ des Zusammenhangs, die Regression, wird durch seine direkte und gerichtete funktionale Beziehung gekennzeichnet, z. B. verändert sich X_2 in Abhängigkeit von X_1 und nicht umgekehrt. In diesem Fall versuchen wir, die Art des Zusammenhangs durch eine Funktion f zu beschreiben. Wir nennen die unabhängige Variable X (▶ G) und die von ihr abhängige Variable Y und schreiben formal $Y=f(X)$. Für die statistische Bearbeitung einer Regression müssen die Merkmale mindestens intervallskaliert sein (▶ Intervallskala). Den funktionellen Zusammenhang f ermitteln wir mithilfe der Regressionsrechnung, die wir nun im Folgenden behandeln wollen.

Die Korrelations- und Regressionsrechnung sind zwar wesentliche methodische Instrumente zur Analyse von Beziehungen, denen ein Ursache-Wirkung-Prinzip zugrunde liegt. Wir müssen aber immer bedenken, dass statistische Maßzahlen, die zahlenmäßig eine enge Abhängigkeit versprechen, nur einen Hinweis und keinen Beweis für einen tatsächlichen biologischen Zusammenhang liefern. Ein häufig zitiertes Beispiel für die mögliche Fehlinterpretation von statistischen Rechenergebnissen ist

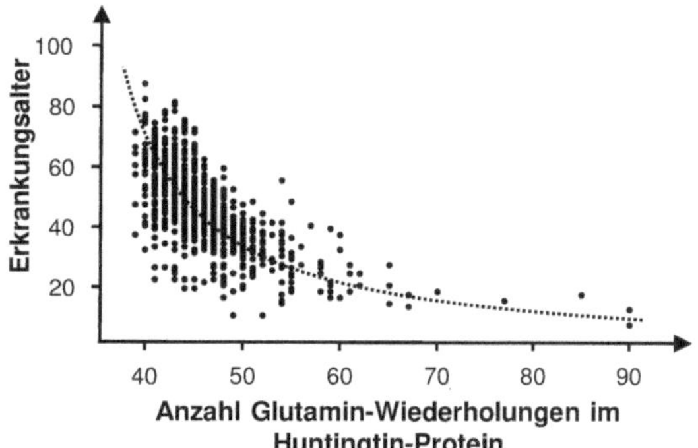

▪ Abb. 18.1 Erkrankungsalter von Chorea-Huntington-Patienten in Abhängigkeit von der Anzahl Glutamin-Wiederholungen im Huntingtin-Protein (Daten von Silke Metzger 2000)

die sehr enge Korrelation zwischen der Geburtenrate X_1 der deutschen Bevölkerung und der Anzahl an Storchennestern X_2 während der Zeit der Industrialisierung Z. Verlassen wir uns ausschließlich auf die Ergebnisse der rechnerischen Analyse, dann legt der gemeinsame und stark abnehmende Trend der beiden unabhängigen Variablen fälschlicherweise nahe, dass eine äußerst enge Beziehung besteht. Natürlich brachte nicht der Storch die Kinder, sondern die steigende Industrialisierung in dieser Zeit (Kovariable Z) reduzierte sowohl die Geburtenrate als auch die Anzahl von Storchennestern.

▪ Tabellen und Graphiken

Werden zwei Merkmale X_1 und X_2 an Untersuchungsobjekten einer Stichprobe gemessen, z. B. die Haar- und Augenfarbe bei Personen oder die Behandlungsdosis und der Heilungserfolg, dann führt die grafische Analyse beider Merkmale zu einer **bivariablen Häufigkeitsverteilung** (▪ Abb. 18.2). Für deren Darstellung benötigen wir eine weitere Achse des Koordinatensystems. Die Verteilung wird zum dreidimensionalen „Gebirge" (▪ Abb. 18.2), wobei wir jetzt zusätzlich die Häufigkeit der Paare von Kategorien oder Messwerten (x_{1i}, x_{2i}) betrachten. Da beide Variablen X_1 und X_2 an demselben Objekt erfasst wurden, sind sie miteinander verbunden (▶ G). Wenn die Messwerte von mehreren Merkmalen erhoben werden, dann sprechen wir von Messwert-Tupeln (▶ G).

Auch die Struktur der Tabellen verändert sich (▪ Tab. 18.1). Aus der Urliste (▶ G) wird eine Tabelle, die nur nach einem Merkmal geordnet werden

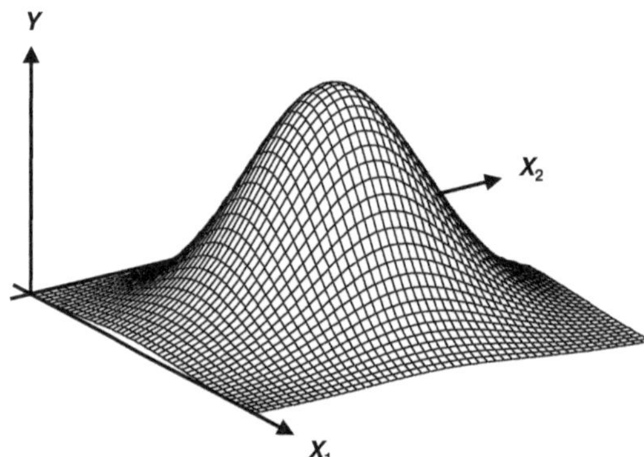

■ **Abb. 18.2** Bivariable Normalverteilung der Variablen X_1 und X_2. Entlang der Y-Achse sind die Häufigkeiten der beiden Meßwerte aufgetragen

kann. Für die zugehörige Häufigkeitstabelle werden die Kategorien der beiden Merkmale in der Kopfzeile (X_1) und in der Kopfspalte (X_2) aufgeführt, und intervallskalierte Daten müssen vorher in Klassen (► G) eingeteilt werden. Die Zellen enthalten dann die Häufigkeiten der Messwerte (x_1, x_2), die in die zugehörigen Kategorien/Klassen der beiden Merkmale fallen.

Länge (X_1)/Breite (X_2)	**$2 \leq x_1 < 3$**	**$3 \leq x_1 < 4$**	**$4 \leq x_1 < 5$**
$2 \leq x_2 < 3$	3	6	3
$3 \leq x_2 < 4$	–	–	4

Die grafische Darstellung bivariabler Verteilungen ist heutzutage mithilfe entsprechender Computerprogramme problemlos. Für eine erste visuelle Beurteilung von Messwerten ist ein einfaches Streudiagramm (Punktediagramm, Scatterplot) außerordentlich hilfreich. Dabei werden die einzelnen Wertepaare (x_1, x_2) in ein Koordinatensystem übertragen und ihre Lage und Streuung mit dem Auge beurteilt. Aus der Form der Punktwolke kann auf mögliche Zusammenhänge der beiden Variablen geschlossen werden.

Im linken Punktdiagramm von ■ Abb. 18.3 können wir keinen Trend erkennen. Die Veränderungen in den Merkmalsausprägungen sind zufällig. Es lässt sich weder ein gleich- noch gegenläufiger Zusammenhang vermuten. So nehmen wir an, dass die beiden Merkmale voraussichtlich nicht korreliert sind. Die Punktwolke der Messwerte im mittleren Bild lässt dagegen eine gegenläufige Veränderung der beiden Merkmalsausprägungen vermuten: Mit steigendem x_1 nehmen die zugehörigen x_2-Werte ab. Wir sprechen von einer negativen Korrelation. Zum Beispiel belegen sozialökonomische Studien, dass in wohlhabenden Ländern die Kindersterblichkeit geringer ist als in den armen Regionen der Welt. In der rechten Grafik zeigen die Punkte einen gleichläufigen Trend, und wir sprechen von einer positiven Korrelation. Einen positiven Zusammenhang beobachten wir z. B. bei der Körpergröße und dem Gewicht von Menschen.

18.1.1 Korrelationskoeffizient

Die Stärke eines vermuteten Zusammenhanges von zwei (mindestens intervallskalierten) Merkmalen können wir mit dem Korrelationskoeffizienten r beschreiben:

$$r = \frac{\sum_i (x_i - \overline{x}) \cdot (y_i - \overline{y})}{\sqrt{\sum_i (x_i - \overline{x})^2 \sum_i (y_i - \overline{y})^2}}, \qquad (18.4)$$

wobei zur Vereinfachung der Formel x_i die Messwerte des Merkmals X_1 und y_i die des Merkmals X_2 sind (i = 1,2,3, …,k und der Stichprobenumfang ist k). $\overline{x}$ und $\overline{y}$ sind die Mittelwerte der Messwerte x_i sowie y_i. Schließlich gilt, dass der Korrelationskoeffizient eine Zahl zwischen −1 und 1 ist:

$$-1 \leq r \leq 1. \qquad (18.5)$$

Ein Zusammenhang drängt sich umso mehr auf, je näher der Korrelationskoeffizient an +1 oder −1 liegt. Eine negative Korrelation liegt für $r < 0$ vor (■ Abb. 18.3 Mitte). Ist $r > 0$, besteht ein positiver Zusammenhang (■ Abb. 18.3, rechts); und wenn keine Korrelation wie im linken Diagramm von ■ Abb. 18.3 vorliegt, dann haben wir einen Korrelationskoeffizienten von $r \approx 0$. Der Rückschluss, dass bei $r = 0$ kein Zusammenhang vorliegt, ist allerdings nicht zwingend. So könnte durchaus eine nichtlineare Beziehung zwischen beiden Größen bestehen. Für eine korrekte Interpretation von Daten erscheint eine grafische Darstellung äußerst sinnvoll. Eindrucksvoll stellt Anscombe (1973) an vier Datensätzen vor, dass allein die Interpretation von

Tab. 18.1 Länge X_1 und Breite X_2 von Pflanzensamen. In der oberen Tabelle sind 16 Messwertpaare ihrer Länge nach geordnet. Die untere Tabelle beschreibt die Häufigkeiten der jeweiligen Wertepaare, die entsprechend ihrer Länge und Breite in Klassen gruppiert sind (nach Köhler et al. 2012)

i	1	2	3	4	5	6	7	8	9	10	11	12	13	14	15	16
X_1	2,5	2,7	2,8	3,0	3,2	3,2	3,6	3,9	3,9	4,1	4,2	4,5	4,5	4,8	4,8	4,9
X_2	2,0	2,3	2,6	2,1	2,4	2,7	2,2	2,6	2,8	3,1	2,3	2,7	3,0	2,5	3,0	3,2

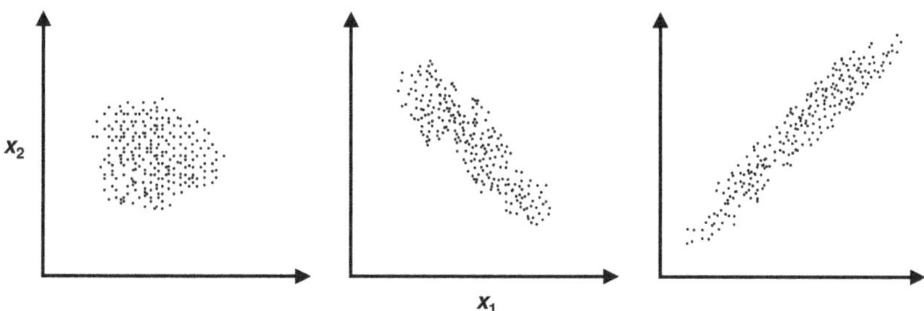

Abb. 18.3 Beispiele für Streudiagramme von Messwerten (x_1, x_2)

Zahlen unzureichend ist. Selbst bei gleichen Mittelwerten, Varianzen und Korrelationskoeffizienten können verschiedene Zusammenhänge bestehen, die wir nur mit weitergehenden Untersuchungen richtig bewerten können.

Für die sinnvolle Interpretation von r ist stets ein großer Stichprobenumfang notwendig, dessen Einzelwerte über den gesamten Messbereich gleichmäßig verteilt sind. Für zwei Punkte, die nicht auf einer Waagrechten oder Senkrechten liegen, gilt immer $r = +1$ oder $r = -1$! Darüber hinaus dürfen wir den Korrelationskoeffizienten nicht als Prozentzahl für die Enge eines Zusammenhangs interpretieren. Dagegen beschreibt in der Tat sein Quadrat einen relativen Zusammenhang und wird als *Bestimmtheitsmaß* $B = r^2$ bezeichnet. Erhalten wir z. B. aus einer Studie über den Zusammenhang von Körpergröße und Gewicht eine Korrelationskoeffizienten von $r = 0{,}7$, dann ist $B = 0{,}7^2 = 0{,}49$. Ein solches Ergebnis gestattet dann die Aussage, dass sich 49 % der Variabilität des Körpergewichts durch die Körpergröße erklären lässt. Der Umkehrschluss ist möglich, doch biologisch nicht besonders sinnvoll!

18.1.2 Regression

Bei der Regressionsrechnung wird eine einseitige Abhängigkeit vorausgesetzt und die Merkmale (Variablen) werden mit X und Y bezeichnet. Im Versuch werden die x_i-Werte vorgegeben und die zugehörigen y_i-Werte experimentell bestimmt. Wird an demselben Punkt x_i mehrmals gemessen, gibt es zu einem x_i-Wert mehrere y_{ik}-Werte.

Die Suche gilt nun einer Funktion $y = f(x)$, die die Form der Punktwolke möglichst gut beschreibt. Die Abweichungen der Messwerte $\hat{y}_i$ von den tatsächlichen zugehörigen Funktionswerten $y_i = f(x_i)$ werden als Messfehler angesehen. Im Folgenden beschränken wir uns auf die lineare Regression.

Zunächst zeichnen wir die experimentellen Messwerte in ein Koordinatensystem und entscheiden visuell, ob eine lineare Abhängigkeit angenommen werden kann. Danach zeichnen wir nach „Augenmaß" eine Gerade durch die Punktwolke, sodass die Abweichungen der Beobachtungswerte möglichst ausgeglichen ober- und unterhalb der Geraden liegen. Dabei sollen sich die positiven und negativen Abweichungen aufheben (■ Abb. 18.4). Die Gerade, die diese Bedingung erfüllt, wird als Ausgleichs- oder **Regressionsgerade** (► G) bezeichnet. Die Regressionsgerade ist die gesuchte lineare Funktion, die die Abhängig-

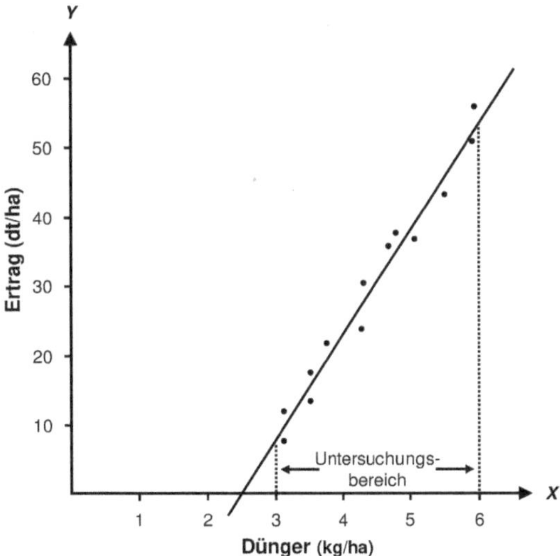

Abb. 18.4 Ausgleichsgrade für die Ergebnisse eines Düngungsversuchs. Die Abweichungen der Messpunkte von der Linie (gemessene Abstände parallel zur *y*-Achse) heben sich auf (nach Köhler et al. 2012)

keit zwischen *Y* und *X* im Untersuchungsbereich beschreibt

$$y = f(x) = mx + b. \tag{18.6}$$

Die Parameter *m* (Steigung) und *b* (Schnittpunkt mit der y-Achse der Regressionsgeraden) können wir grafisch und rechnerisch ermitteln.

Die zeichnerisch ermittelte Ausgleichsgerade verlängern wir so weit, dass die Linie die *y*-Achse schneidet (Abb. 18.5). Um beim Ablesen des Achsenabschnitts (Schnittpunkt der Geraden mit der *y*-Achse) große Schätzfehler zu vermeiden, dürfen die Achsen nicht zu sehr gestaucht werden. Anschließend können wir mithilfe eines freigewählten Steigungsdreiecks und des Schnittpunkts der Geraden mit der *y*-Achse die Parameter *m* und *b* bestimmen. Weil wir y_1, y_2 und die Parameter *m* sowie *b* zunächst nur grafisch ermitteln, versehen wir diese geschätzten Werte mit einem Dach. In Abb. 18.5 schneidet die Regressionsgerade die *y*-Achse etwa bei $\hat{b} = 20$. Die Steigung der Geraden werden wir an einer möglichst einfachen Stelle bestimmen: Wir wählen die beiden *x*-Koordinaten $x_1 = 2$ und $x_2 = 5$. Für die zugehörigen Werte auf der Geraden lesen wir $\hat{y}_1 = 30$ und $\hat{y}_2 = 45$ ab. Mithilfe des Quotienten aus den *x*- und *y*-Differenzen schätzen wir die Steigung $\hat{m}$

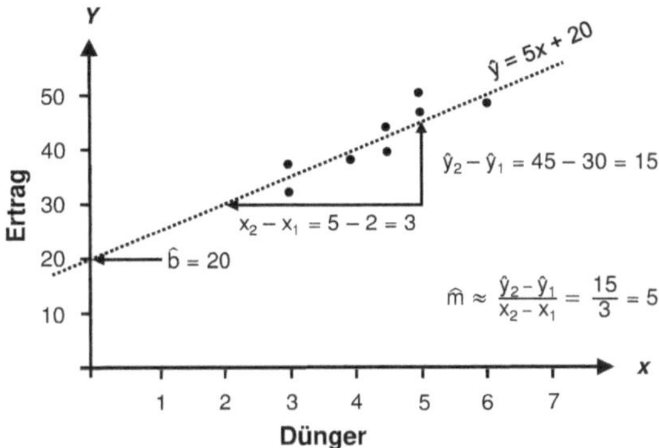

Abb. 18.5 Bestimmung der Parameter *m* und *b* für die grafisch ermittelte Ausgleichsgrade =f(*x*) (nach Köhler et al. 2012)

$$\hat{m} = \frac{\hat{y}_2 - \hat{y}_1}{x_2 - x_1} = \frac{45-30}{5-2} = \frac{15}{3} = 5. \tag{18.7}$$

Die Gleichung für die grafisch ermittelte Regressionsgerade lautet $\hat{y} = 5x + 20$. Sie liefert ein „Modell" der linearen Abhängigkeit zwischen den Merkmalen *X* und *Y*. Die grafische Bestimmung der Parameter $\hat{m}$ und $\hat{b}$ ist wegen des subjektiven Einzeichnens der Geraden ungenau und bietet daher nur eine erste Näherung für die Gleichung.

Die Abstände zwischen den Messwertpunkten y_i und den Werten $\hat{y}_i$ auf der Ausgleichsgeraden sind experimentelle Fehler, $e_i = \hat{y}_i - y_i$ (▶ Residuen). Die Minimierung der Summe der Fehlerquadrate $\sum_i {e_i}^2$ (*Methode der kleinsten Quadrate*) liefert eine Schätzung für die Steigung *m* und den Achsenabstand b der Regressionsgeraden:

$$m = \frac{\sum_i x_i y_i - \frac{1}{n}\left(\sum_i x_i \sum_i y_i\right)}{\sum_i x_i^2 - \frac{1}{n}\left(\sum_i x_i\right)^2} \tag{18.8}$$

und

$$b = \frac{1}{n} \sum_i y_i - \mathrm{m} \sum_i \mathrm{x}_i. \tag{18.9}$$

Für die Parameter der Regressionsgerade erhalten wir den *y*-Achsenabschnitt $b = 18{,}71$ und die Steigung $m = 5{,}41$ und damit die Funktion $y = f(x) = 5{,}41x + 18{,}71$. Die grafische Schätzung

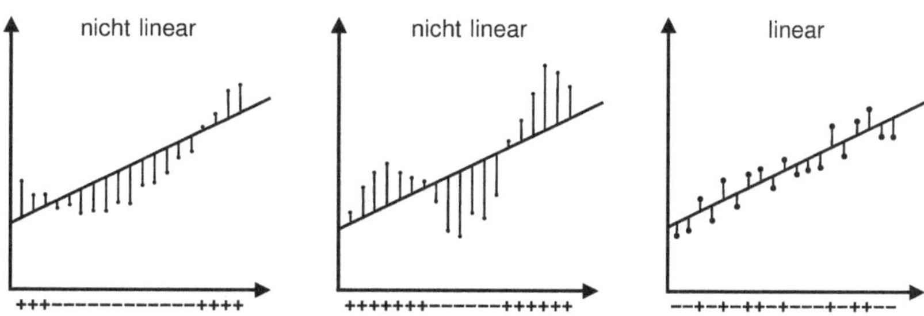

Abb. 18.6 Beispiele für die Verteilung der Residuen um die Ausgleichsgrade, unter der *x*-Achse sind die positiven und negativen Abweichungen mit Vorzeichen notiert

Tab. 18.2 Kontingenztafel beobachteter Merkmalskombinationen von Haar- und Augenfarbe in einer Stichprobe von $n = 128$ Personen

	j	1	2	3	Σ	Anteil
I	Augen Haare	blau	Braun	grün	Z_i	Dezimal
1	blond	42	1	6	49	49/128=0,382
2	braun	12	5	22	39	0,305
3	schwarz	0	26	2	28	0,219
4	Rot	8	4	0	12	0,094
Σ	S_i	62	36	30	128	
Anteil	dezimal	62/128=0,485	0,281	0,234		

der Steigungsparameter lieferte eine gute Näherung für die Werte, die wir nun mit der objektiven mathematischen Methode genauer ermittelt haben.

Die Güte der Anpassung der Regressionsgeraden an die Messwerte y_i bewerten wir ebenfalls mit dem Bestimmtheitsmaß B (liegen alle Messwerte genau auf der Geraden, dann ist $B = 1$. Dies entspricht 100 %).

Schließlich können wir die Verteilung der Messfehler e_i entlang der x-Achse ebenfalls nutzen, um den Zusammenhang zwischen den Variablen zu überprüfen. Unser Interesse gilt dabei der Frage, ob Residuen sich zufällig entlang einer Geraden verteilen (Abb. 18.6, rechts) oder ob systematische Abweichungen eines linearen Trends beobachtet werden (Abb. 18.6, links und Mitte). Bei einer guten Anpassung der Geraden an die Messwerte streuen die Residuen zufällig um die Gerade (Abb. 18.6, rechts). Die linke und mittlere Grafik weisen dagegen eher auf einen nichtlinearen Zusammenhang hin. Die Verteilung der Residuen im linken Bild legt eher einen quadratischen Verlauf nahe und die mittlere Grafik lässt eine periodische Funktion vermuten.

18.2 Assoziation

Liegen diskrete Merkmale vor (▶ Nominalskala), dann sind eine Anordnung der Merkmalsausprägung und eine grafische Beurteilung eines Zusammenhangs anhand eines Streudiagramms kaum möglich. Wir können die Messdaten wohl gruppieren, aber nicht entlang einer Zahlengerade anordnen.

In folgendem Beispiel haben wir von $n = 128$ Personen die Haar- und Augenfarbe festgestellt und das Ergebnis der Zählung in Tab. 18.2 aufgelistet. Wir unterscheiden vier Haarfarben und drei Augenfarben. Aus der Tabelle wird ersichtlich, dass bestimmte Kombinationen besonders häufig (blond-blau) oder auch gar nicht auftreten (schwarz-blau). Ein derartiges Verteilungsmuster spricht für irgendeine Art der Verbindung der beiden Merkmale. Wir sprechen von einer Assoziation oder auch **Kontingenz** (▶ G) der

Merkmale und halten die Ergebnisse in einer Kontingenztabelle fest. In der letzten Spalte bzw. Zeile der Kontingenztabelle stehen die Häufigkeiten der Haarfarben bzw. der Augenfarben ohne Berücksichtigung des jeweils anderen Merkmals (▶ Randsummen). Diese Häufigkeiten erlauben, die Häufigkeiten der Merkmalsausprägungen in der Bevölkerung zu schätzen: Etwa 30 % der Personen haben braune Haare und 48 % sind blauäugig.

Zur statistischen Beurteilung der Assoziation zweier Merkmale aus Kontingenztabellen mit r Reihen und c Spalten (r-mal-c-**Kontingenztafel**) benötigen wir die statistische Größe χ^2 (Chi-2, gesprochen Chi-Quadrat). Da die Maßzahl χ^2 in der Statistik sehr häufig benötigt wird, beschreiben wir im Folgenden diese etwas näher.

18.2.1 χ^2-Test

Die Untersuchung zur Häufigkeit von Haar- und Augenfarbe in einer Bevölkerung wirft naheliegenderweise die Frage auf, ob ein Zusammenhang zwischen beiden Merkmalen besteht und dieser statistisch untermauert werden kann.

Die Idee des Tests beruht auf dem Vergleich der beobachteten Häufigkeiten von Merkmalskombinationen mit den Häufigkeiten, die sich aus einer zufälligen Kombination von Augen- und Haarfarbe ergeben (▶ Nullhypothese, ▶ Erwartungswerte). Die Stichprobe gibt die notwendigen Informationen, um die Erwartungswerte zu berechnen. In jedem Feld der r-mal-c-Tafel steht ein Beobachtungswert B_{ij} (i-te Zeile und j-te Spalte), zu dem sich ein Erwartungswert E_{ij} berechnen lässt. Aus den relativen Anteilen der Randsummen können wir die zufälligen Häufigkeiten der Merkmalskombinationen berechnen. Zum Beispiel gilt für die Kombination blond und blauäugig, dass blonde Personen mit einer Häufigkeit von 0,382 und Personen mit blauen Augen mit einer Häufigkeit von 0,485 in der Stichprobe gefunden wurden. Dass wir zufällig eine blonde und blauäugige Person in der Bevölkerung finden ist also mit einer Wahrscheinlichkeit von $0{,}382 \cdot 0{,}484 = 0{,}185$ zu erwarten. Unter dieser Annahme sollten wir in der Stichprobe $0{,}185 \cdot 128 = 23{,}715$ blonde und blauäugige Personen vorfinden. Für die weitere Statistik benötigen wir immer die erwartete Anzahl von Personen, da wir ja auch eine bestimmte Anzahl in der Stichprobe beobachtet haben (Das Rechnen mit relativen Zahlen in der Testformel führt zu falschen Schlussfolgerungen!). Obwohl es keinen biologischen Sinn macht, ist die Angabe von Kommastellen bei den Erwartungswerten durchaus korrekt, da es sich hier um statistische Rechengrößen handelt. Schließlich müssen wir noch darauf achten, dass die Anzahl erwarteter Ereignisse in jeder Merkmalsklasse auf jeden Fall eins überschreitet, da ansonsten das Ergebnis eines χ^2-Tests zu falschen Schlussfolgerungen führen kann.

Der χ^2-Wert misst den gewichteten Unterschied zwischen Beobachtungswerten B_{ij} und zugehörigen Erwartungen E_{ij}:

$$\chi^2 = \sum_{ij} \frac{(B_{ij} - E_{ij})^2}{E_{ij}} = \left(\sum_{ij} \frac{B_{ij}^2}{E_{ij}} \right) - n, \tag{18.10}$$

wobei n der Stichprobenumfang und E_{ij} der Erwartungswert in der i-ten Zeile und j-ten Spalte ist. Je größer dieser Wert ausfällt, desto stärker wird die bei der Berechnung der E_{ij} vorausgesetzte Unabhängigkeit der Merkmale verletzt und kann zur Annahme einer Assoziation der untersuchten Merkmale führen.

Um eine vergleichbare und leicht zu interpretierende Maßzahl für die Assoziation zu erhalten, die wie der Korrelationskoeffizient zwischen null und eins variiert und zudem die unterschiedlichen Anzahlen von Zeilen und Spalten der r-mal-c-Kontingenztafeln berücksichtigt, muss der χ^2-Wert normiert werden. Beispiele hierfür sind der korrigierte Pearsons Kontingenzkoeffizient C_{korr} und **Cramérs Index** CI:

$$C_{\text{korr}} = \sqrt{\frac{\chi^2}{(\chi^2 + n)\,(m-1)}} \tag{18.11}$$

und

$$CI = \sqrt{\frac{\chi^2}{n\,(m-1)}}, \tag{18.12}$$

wobei n der Stichprobenumfang und m der kleinste Wert von r (Reihen) und c (Spalten) ist. Beide Koeffizienten nehmen Werte zwischen 0 und 1 an. Je näher sie an 1 liegen, umso stärker ist der Zusammenhang zwischen den Merkmalen. Die Analyse des Zusammenhangs zwischen Haar- und Augenfarbe ergibt $C_{\text{korr}} = 0{,}84$. Doch wie zuvor beim Korrelationskoeffizienten dürfen wir auch diese Koeffizienten nicht als Prozentzahlen für oder wider einen Zusammenhang zwischen den Merkmalen interpretieren! Mit den Testgrößen erhalten wir allein einen Hinweis und erst durch die Kenntnis des (biologischen) Mechanismus wird ein tatsächlicher Zusammenhang bewiesen.

18.3 Gene und Genotypen

Die genetische Statistik wendet Verfahren der beschreibenden und schließenden Statistik auf genetische Fragestellungen an. Bei der Anwendung statistischer Verfahren muss berücksichtigt werden, dass Loci, Allele und Genotypen diskrete Merkmalsausprägungen sind.

Nachfolgend gehen wir nur auf die elementaren Verfahren zur Analyse genotypischer Daten ein und hoffen, dass wir damit ein wenig die Tür zum Verständnis dieses statistischen Teilgebiets öffnen. Mit einfachen Datensätzen werden die Analyse von genotypischen Daten und die Darstellung von Ergebnissen besprochen.

In unserem Beispiel sind die Loci zufällig ausgewählt und haben zunächst noch keine Bedeutung für die Fitness eines Organismus (s. ▶ Kap. 5). Die statistischen Analysen sollen Aufschluss über die genetische Struktur und Dynamik von Populationen bringen. Zum einen werden wir überprüfen, ob die beobachtete Genotypverteilung in einer Population der Hardy-Weinberg-Verteilung folgt; zum anderen untersuchen wir, ob sich die Genotyp- und Allelhäufigkeiten in verschiedenen Populationen unterscheiden. Eine signifikante Abweichung von Hardy-Weinberg-Verhältnissen lässt auf Effekte schließen, die Einfluss auf die genetische Populationsstruktur nehmen. Finden wir genetische Unterschiede zwischen Populationen, dann liegt eine eigenständige evolutionäre Entwicklung der Populationen nahe.

Tab. 18.3 Schätzung der Allelhäufigkeiten aus den Genotyphäufigkeiten einer Stichprobe

Genotypen		Allele	
	Anzahl	A	B
AA	120	240	–
AB	50	50	50
BB	10	–	20
Häufigkeiten			
Anzahl Allele	360	290	70
Relativer Anteil		$p_A = 0{,}806$	$p_B = 0{,}194$

Die nun vorgestellten Verfahren lassen sich mit kodominanten Markern und am Beispiel diploider, sich sexuell vermehrender Organismen am besten erklären. Kodominante Marker gestatten, eindeutig den Genotyp von diploiden Individuen zu bestimmen.

18.3.1 Test auf Hardy-Weinberg-Verteilung

Genotyphäufigkeiten, die wir mithilfe einer Stichprobe ermittelt haben, werden darauf getestet, ob sie einer Hardy-Weinberg-Verteilung folgen.

Zu Beginn des Tests legen wir stets fest, mit welcher Wahrscheinlichkeit ein Fehler 1. Art (Irrtumswahrscheinlichkeit, α-Fehler) aufgrund der Versuchsanlage akzeptiert wird (für biologische Fragestellung wird im Allgemeinen $\alpha = 0{,}05$ festgelegt).

Im einfachsten Fall betrachten wir die genetische Variation an einem Locus mit zwei Allelen A und B. Es kommen maximal drei Genotypklassen AA, AB und BB in der Population vor. Im Beispiel untersuchen wir eine Stichprobe von 180 Individuen. Die Genotypisierung der Individuen ergab folgende Genotyphäufigkeiten:

Genotyp	AA	AB	BB
Gefundene Anzahl	120	50	10

Da sich eine Hardy-Weinberg-Verteilung aus den Allelhäufigkeiten berechnet, ermitteln wir zuerst die Anzahl beider Allele. Wir zählen die Allele und berechnen daraus ihre relativen Allelhäufigkeiten (Tab. 18.3).

Tab. 18.4 Hardy-Weinberg-Verteilung der Genotyphäufigkeiten eines Locus, dessen Allelfrequenzen zuvor in Tab. 18.3 geschätzt wurden. Die relativen Werte und die erwarteten Genotyphäufigkeiten sind angegeben

Genotyp	AA	AB	BB
Relativer Anteil	p_A^2	$2p_Ap_B$	p_B^2
	0,649	0,313	0,038
Erwartete Anzahl	116,820	56,340	6,840

Die Probe unserer kleinen Rechnung soll gewährleisten, dass wir zu einer richtigen Schlussfolgerung kommen. Bei autosomalen Markern muss die Anzahl der Allele natürlich immer das Zweifache der Stichprobengröße betragen und die Summe der Allelhäufigkeiten ist $p_A + p_B = 1$. Mithilfe der geschätzten Allelfrequenzen kann die Hardy-Weinberg-Verteilung der Genotypen in der Population geschätzt werden (Tab. 18.4; s. ▶ Kap. 5).

Nachfolgend berechnen wir die statistische Maßzahl χ^2 nach Gl. (18.10):

$$\chi^2 = \left(\sum_{ij} \frac{B_{ij}^2}{E_{ij}} \right) - n$$
$$= \frac{120^2}{116{,}82} + \frac{50^2}{56{,}34} + \frac{10^2}{6{,}84} - 180$$
$$= 2{,}260.$$

Jetzt benötigen wir nur noch die Freiheitsgrade zur Bewertung des Testergebnisses. Die Freiheitsgrade („degree of freedom" mit der Abkürzung *df*) berechnen sich:

> *df* = Anzahl der erwarteten Klassen *minus* Anzahl der zur Berechnung der Erwartungswerte notwendigen Parameter *minus* eins.

Im gegebenen Beispiel haben wir drei Klassen (Genotypen) und einen Parameter. Nur eine Allelfrequenz musste geschätzt werden, da $p_A + p_B = 1$ gilt. Bei Kenntnis einer Allelfrequenz kann die Häufigkeit des anderen Allels sofort berechnet werden! Somit haben wir einen Freiheitsgrad ($df = 1$).

Fassen wir nun kurz zusammen. Das α-Risiko ist mit 5 % festgelegt ($\alpha = 0{,}05$), weiterhin haben wir einen Freiheitsgrad ($df = 1$) und die Testgröße χ^2 mit 2,260. Tabellen liefern die theoretischen χ^2-Werte für verschiedene Freiheitsgrade und Irrtumswahrscheinlichkeiten. Der Vergleich des berechneten mit dem theoretischen Wert führt zur Entscheidung:

> $\chi^2_{\text{tabelliert}} \leq \chi^2_{\text{berechnet}}$
> führt zur Annahme der Nullhypothese und
> $\chi^2_{\text{tabelliert}} > \chi^2_{\text{berechnet}}$
> lässt die Nullhypothese ablehnen.

Aus dem Vergleich der Genotypverteilung der Stichprobe mit der Hardy-Weinberg-Verteilung erhalten wir $\chi^2_{\text{tabelliert}} = 3{,}84$ mit $df = 1$ und $\alpha = 0{,}05$. Wir nehmen die Nullhypothese „Die Genotyphäufigkeiten folgen einer Hardy-Weinberg-Verteilung" an. In einem wissenschaftlichen Aufsatz müssen wir natürlich die Schlussfolgerung nachvollziehbar begründen. Dieses geschieht einfach durch das Anhängen der Testergebnisse an die Aussage: „Die beobachteten Genotyphäufigkeiten weichen nicht signifikant von einer Hardy-Weinberg-Verteilung ab ($\chi^2 = 2{,}260$, $df = 1$, $\alpha = 0{,}05$)".

Anmerkung Rechner gestatten heute, zu jedem χ^2-Wert eine zugehörige Wahrscheinlichkeit p zu berechnen. Für $\chi^2 = 2{,}260$ des Beispiels erhalten wir $p = 0{,}133$. Eine Entscheidung mit der Überschreitungswahrscheinlichkeit p ist einfach:

Wir nehmen die Nullhypothese an, wenn $p \geq \alpha$, ansonsten wird diese abgelehnt.

Tab. 18.5 Genotypverteilung in zwei Stichproben (100 und 200 Individuen). In beiden Populationen wurden drei Genotypen gefunden, die sich mit zwei Allelen A und B erklären lassen

Population	Genotypen			Gesamt (Randsumme)
	AA	AB	BB	
1	10	30	60	100
2	60	100	40	200
Gesamt (Randsumme)	70	130	100	300

Tab. 18.6 Zusammengefasste Stichproben aus Tab. 18.5. Die relativen Anteile der Genotypen in der Gesamtstichprobe sind aufgelistet

	Genotypen			Gesamt
	AA	AB	BB	
Summe	70	130	100	300
Relative Anteile	0,233	0,433	0,433	0,999

Tab. 18.7 Erwartete Genotyphäufigkeiten in Stichproben bei Annahme derselben Genotyphäufigkeitsverteilung. Die Werte zur Berechnung sind aus Tab. 18.5 und 18.6 entnommen

Population		Genotypen			Gesamt
		AA	AB	BB	
1	Beobachtet	10	30	60	100
	Erwartet	$0{,}233 \cdot 100 = 23{,}333$	$0{,}433 \cdot 100 = 43{,}333$	$0{,}433 \cdot 100 = 43{,}333$	99,999
2	Beobachtet	30	50	20	200
	Erwartet	$0{,}233 \cdot 200 = 46{,}666$	$0{,}433 \cdot 200 = 86{,}666$	$0{,}433 \cdot 200 = 86{,}666$	199,998

18.3.2 Genotyphäufigkeiten in verschiedenen Populationen

Das Grundprinzip des Tests entspricht jenem, das wir beim Testen von Kontingenztafeln kennengelernt haben. Wir nehmen an, dass die Genotypen in gleichen Häufigkeiten in verschiedenen Populationen vorkommen (**Homogenitätstest**). Um das Beispiel möglichst einfach zu halten, nehmen wir zwei Stichproben aus Populationen an, deren Individuen wieder an einem Locus mit zwei Allelen A und B genotypisiert worden sind (Tab. 18.5).

Die Nullhypothese des Homogenitätstests nimmt die strukturelle Gleichheit der Populationen an. Unter dieser Annahme lassen sich die beiden Stichproben zusammenfassen (Tab. 18.6).

Naheliegenderweise folgt aus der Nullhypothese auch, dass die relativen Anteile der Genotypen in der Gesamtpopulation auch in den Teilpopulationen vorliegen müssen(Tab. 18.7).

Ebenso wie beim Testen von Häufigkeitsverteilungen haben wir nun Erwartungswerte und Beobachtungswerte, die wir für einen χ^2-Test nutzen können:

■ **Abb. 18.7** Siebenschläfer *Glis glis* (Foto von Michael Stauss)

$$\chi^2 = \sum_{ij} \frac{(B_{ij}\text{-}E_{ij})^2}{E_{ij}}$$
$$= \frac{(23{,}333\text{-}10)^2}{23{,}333} + \frac{(46{,}666\text{-}30)^2}{46{,}666} + \frac{(46{,}666\text{-}60)^2}{46{,}666}$$
$$+ \frac{(46{,}666\text{-}30)^2}{46{,}666} + \frac{(86{,}666\text{-}50)^2}{86{,}666} + \frac{(86{,}666\text{-}20)^2}{86{,}666}$$
$$= 7{,}619 + 5{,}952 + 5{,}952 + 5{,}952$$
$$+ 15{,}512 + 15{,}512 = 56{,}499.$$

Die Freiheitsgrade müssen wir dieses Mal allerdings auf eine andere Art berechnen. Eine Schätzung von Parametern ist nicht notwendig, doch bestehen Abhängigkeiten der Werte in den Zeilen und Spalten der Tabelle. Es gilt:

$$df = (\text{Anzahl der Zeilen} - 1) \cdot (\text{Anzahl der Spalten} - 1). \quad (18.13)$$

Für das Beispiel gilt, dass $df = (2-1)(3-1) = 2$ ist. Aus der Tabelle erhalten wir für $df = 2$ und $\alpha = 0{,}05$ einen χ^2-Tabellenwert von 5,99. Der Vergleich von Tabellenwert und dem zuvor berechneten χ^2-Wert von 56,5 führt wie beim Test auf Hardy-Weinberg-Verteilung zur Ablehnung der Hypothese (5,99 < 56,5), dass in beiden Populationen eine gleiche Genotypverteilung vorliegt.

Anmerkung Unterschiede in der Genotypverteilung müssen nicht zwingend auf unterschiedliche Selektion in den Populationen hinweisen. Um einen solchen Schluss ziehen zu können, muss man zusätzlich die Genotyphäufigkeiten in den einzelnen Populationen mit einer Hardy-Weinberg-Verteilung vergleichen.

18.3.3 Beispiel zur Analyse genotypischer Populationsstrukturen

In ▶ Kapitel 19 des Anhangs haben wir einen kleinen Datensatz hinterlegt, den wir nun im Folgenden bearbeiten werden. Dieses File haben wir entsprechend der Vorgaben der Software Genepop (Version 4) formatiert.

Im Jahr 2001 wurden Populationen von Siebenschläfern (*Glis glis*) in zwei nahe nebeneinanderliegenden Waldfragmenten (He und Hl) bei Tübingen ökologisch und genetisch untersucht (■ Abb. 18.7). Für die genetischen Untersuchungen wurden Gewebeproben von der Ohrmuschel entnommen und bis zur Untersuchung in Alkohol aufbewahrt. Die einzelnen Individuen wurden an vier Mikrosatellitenloci (M174, M365, M376, M487) genotypisch charakterisiert.

Populationsgenetische Analyseprogramme liefern elementare Angaben zur Variabilität von Loci (■ Tab. 18.3). So wird zum Beispiel die Anzahl der Allele und deren Allelhäufigkeiten berechnet. Dies informiert als erstes darüber, ob ein Locus monomorph oder polymorph ist. Schließlich erhalten wir noch den erwarteten und beobachteten Heterozygotiegrad eines Locus. Diese aus den Stichproben berechneten genetischen Maßzahlen dienen als Schätzwerte für jene der natürlichen Populationen (■ Tab. 18.8).

In beiden Populationen haben alle Loci etwa die gleiche Anzahl von Allelen (durchschnittlich zwischen 3 und 4). Die beobachtete Allelzahl und die mit der Stichprobengröße korrigierte Allelzahl

■ **Tab. 18.8** Genetische Diversität zweier Siebenschläferpopulationen (*He* und *Hl*) in einem Waldgebiet nahe von Tübingen (Süddeutschland) aus dem Jahr 2001. Die Anzahl Allele, die allelische Vielfalt A_R (durch die Stichprobengröße bereinigte Allelzahl), der erwartete und beobachtete Heterozygotiegrad (H_{erw} und H_{beob}) von vier Mikrosatellitenloci sind aufgelistet

a) Population *He*

Locus	Anzahl Allele	A_R	H_{beob}	H_{erw}
M174	3	2,775	0,299	0,331
M365	5	4,355	0,545	0,564
M376	4	3,254	0,403	0,466
M487	3	2,629	0,273	0,295
Mittelwert ± s. d.	3,75 ± 0,957	3,253 ± 0,782	0,390 ± 0,124	0,414 ± 0,124

b) Population *Hl*

Locus	Anzahl Allele	A_R	H_{beob}	H_{erw}
M174	3	2,811	0,300	0,267
M365	4	4,198	0,533	0,553
M376	3	3,091	0,333	0,288
M487	2	2,483	0,200	0,183
Mittelwert ± s.d.	3,00 ± 0,816	3,146 ± 0,744	0,342 ± 0,140	0,323 ± 0,160

A_R liegen zwischen 2 und 5. Der beobachtete und der erwartete Heterozygotiegrad stimmen für alle Loci gut überein. Beide Heterozygotiegrade liegen zwischen 0,2 und 0,6.

Als Nächstes werden wir abklären, ob die Genotypen zweier Loci zufällig miteinander kombiniert sind oder die beiden Loci gekoppelt sind. Die erhobenen Daten informieren allerdings nicht über die individuellen Haplotypen, sondern beschreiben nur die Genotypen der einzelnen Loci von Individuen. Aus diesem Grund sprechen wir bei der Unabhängigkeitsprüfung von einem genotypischen Kopplungsungleichgewicht, da bei dieser die Zufälligkeit der Kombinationen von Genotypen zweier Loci analysiert wird (■ Tab. 18.9).

Bis auf zwei Paarkombinationen (M376/M487 in Population *He* und M174/M365 in Population *Hl*) können keine signifikanten Abweichungen von einer zufälligen Kombination der Genotypen beobachtet werden. Natürlich muss im gegebenen Fall eine signifikante Auffälligkeit auch mit biologischen Argumenten begründet werden. Eine Nachbarschaft der Loci lehnen wir ab, müsste doch eine Kopplung in beiden nahe nebeneinanderliegenden Populationen gefunden werden. Die nahe Nachbarschaft der Waldgebiete schließt aber auch Erklärungen wie Isolation und unterschiedliche Umwelteinflüsse aus. So bleibt allein die Schlussfolgerung, dass alle Loci nicht auffällig eng gekoppelt sind.

Nachdem wir elementare Eigenschaften der Loci untersucht haben, wollen wir wissen, ob die Genotyphäufigkeiten einer Hardy-Weinberg-Verteilung folgen. Wir führen den Test für die Loci in den einzelnen Populationen durch (■ Tab. 18.10). Für keinen Locus konnte eine signifikanten Abweichung der Genotyphäufigkeiten von einer Hardy-Weinberg-Verteilung aufgedeckt werden ($p > 0{,}5$).

Als letzter gängiger Test steht nun noch ein Vergleich der genetischen Struktur von Populationen aus. Wir können sowohl die genotypischen wie auch die allelischen Häufigkeiten von Populationen vergleichen. Zu Beginn werden die Strukturen von allen Populationen miteinander verglichen. Wird in diesem Test festgestellt, dass die Unterschiede zwischen den Populationen nicht durch Zufälligkeit erklärt werden können, dann untersuchen wir, welche Populationen die Abweichungen erklären. Wir testen nun die Homogenität der genetischen Strukturen aller möglichen

Tab. 18.9 Genotypisches Kopplungsungleichgewicht zwischen Paaren der Loci M174, M365, M376, M487 in zwei Tübinger Populationen von Siebenschläfern (*He* und *Hl*). Die Überschreitungswahrscheinlichkeiten *p* sind angegeben

a) Population *He*			
Locus	**M365**	**M376**	**M487**
M174	0,153	0,610	0,540
M365		0,709	0,135
M376			**<0,001**
b) Population *Hl*			
Locus	**M365**	**M376**	**M487**
M174	**0,014**	0,482	1,000
M365		0,143	0,420
M376			0,471

Tab. 18.10 Ergebnisse der Tests auf Hardy-Weinberg-Verteilung der Genotypen von vier Loci (M174, M365, M376, M487) in zwei süddeutschen Siebenschläferpopulationen. Die Überschreitungswahrscheinlichkeiten *p* sind angegeben

Locus	Population *He*	Population *Hl*
M174	0,409	1,000
M365	0,349	0,335
M376	0,248	1,000
M487	0,588	1,000

Paarkombinationen der Populationen. Im Beispiel haben wir nur zwei Populationen, daher ist die Analysekette mit nur einem Vergleich kurz (Tab. 18.11).

In beiden Siebenschläferpopulationen konnte für keinen Locus eine signifikante Abweichung zwischen Allel- und Genotyphäufigkeiten festgestellt werden ($p > 0{,}087$).

Natürlich kann man die Analysen noch weiter fortführen, so steht z. B. noch ein Vergleich der genetischen Strukturen von Männchen und Weibchen aus. Schließlich können wir noch hinterfragen, ob die beobachteten Genotypstrukturen tatsächlich auf eine gemeinsame Population schließen lassen oder ob eine Population vorliegt, deren Individuen aus verschiedenen Unterpopulationen stammen. Das Programm *Structure* kann eine solche Analyse bewerkstelligen und wurde auf den Datensatz angewandt. In der Tat lassen die geringen Unterschiede auf eine gemeinsame Population schließen und darauf, dass 700 m Distanz keine effektive Isolationsbarriere bilden.

- **Kurze Beschreibung des Datensatzes in ► Kapitel 19 des Anhangs**

In der ersten Zeile des Textfiles steht eine kurze Beschreibung der Stichprobe. Anschließend werden vier untersuchte Mikrosatellitenloci aufgelistet (M174, M365, M376, M487). Die genetischen Informationen aus verschiedenen Populationen werden durch „pop" getrennt. In den Zeilen mit den genetischen Informationen wird zuerst das Individuum beschrieben (Herkunft Jahr Geschlecht Nummer), dann folgt ein Komma, und danach erscheinen die nummerisch codierten Genotypen (die Allele sind nach ihrer jeweiligen Basenzahl benannt). Betrachten wir das erste Individuum:

200200: Homozygot am Locus M174 (das Allel besteht aus 200 Basen).
Freizeichen:
198206: Heterozygot am Locus M365 mit den Allelen 198 und 206.
Freizeichen:
174174: Homozygot am Locus M376 mit Allel 174.
Freizeichen:
174174: Homozygot am Locus M487 mit Allel 174.

Tab. 18.11 Vergleich der Allel- und Genotyphäufigkeiten an vier Loci in zwei Siebenschläferpopulationen in Waldfragmenten bei Tübingen (Süddeutschland). Die Überschreitungswahrscheinlichkeiten *p* sind angegeben

Locus	M174	M365	M376	M487
Allele	0,504	0,336	0,086	0,281
Genotypen	0,512	0,353	0,087	0,293

Glossar

abhängige Variable Im mathematischen Sinn handelt es sich um eine Variable *Y*, die von einer anderen Variablen *X* bestimmt wird. Messwerte y sind z. B. von *x*-Werten abhängig, die beliebig aus dem Bereich zulässiger Werte (Wertebereich) gewählt werden können (▶ abhängige Variable). Die Abhängigkeit wird mithilfe einer Funktion $Y = f(x)$ beschrieben.

Antizipation In der medizinischen Genetik wird dieser Begriff mit phänotypischen Eigenschaften verknüpft, die von Generation zu Generation auffälliger werden. Die erbliche Erkrankung Chorea-Huntington ist das klassische Beispiel.

Assoziation Ein möglicher enger Zusammenhang zwischen zwei Merkmalen, der statistisch belegt werden kann, aber eines experimentellen Beweises bedarf.

Ausgleichsgerade Gerade, die einen linearen Zusammenhang zwischen unabhängigen und abhängigen Werten (▶ G) einer Untersuchung beschreibt und dabei die Abweichung der Geraden von den Beobachtungswerten minimiert.

beschreibende Statistik Messwerte eines Versuchs werden mit einfachen Maßzahlen (z. B. Mittelwert, Standardabweichung, Variationsbreite) und tabellarischen sowie grafischen Darstellungen aufbereitet, um sie anschaulich und verständlich darzustellen.

Erwartungswert ▶ Nullhypothese.

Heterozygotiegrad Bezogen auf einen Locus entspricht der Heterozygotiegrad dem relativen Anteil von heterozygoten Individuen in einer Population. Aus dem Mittelwert von mehreren Loci erhält man einen durchschnittlichen Heterozygotiegrad.

Intervallskala Messen wir die Körpertemperatur in Grad Celsius, so lassen sich die Messwerte der Größe nach anordnen und Differenzen zwischen Messwerten sind vergleichbar. Da der Nullpunkt der Celsius-Skala willkürlich auf den Gefrierpunkt des Wassers festgelegt ist, machen jedoch Verhältnisse (Quotienten) von Messwerten keinen Sinn! Haben wir einen absoluten Nullpunkt (Kelvin-Skala), dann macht die Angabe eines Verhältnisses zweier Messwerte durchaus Sinn (Verhältnisskala).

Klasse Merkmale können aufgrund ihrer Ausprägung eindeutig einer Gruppe zugeordnet werden (diskrete Klassen oder Kategorien). Es gibt keine Überschneidungen.

Kontingenz ▶ Assoziation.

Kopplungsungleichgewicht Man betrachtet die genotypische Konstellation von mehreren Loci und analysiert die Häufigkeiten der Gesamtgenotypen. Weichen die beobachteten Genotyphäufigkeitsverteilung von der erwarteten Hardy-Weinberg-Verteilung ab, dann liegt ein Kopplungsungleichgewicht vor. Die enge Nachbarschaft der Loci lässt eine zufällige Kombination ihrer Allele (▶ Haplotypen) nicht zu. Aber auch Selektion kann bestimmte Allelkombinationen begünstigen.

Korrelation Ungerichtete Beziehung zwischen Merkmalen. Merkmale werden nicht als abhängig oder unabhängig erkannt.

Statistische Maßzahl Ein Wert, der aus einer Stichprobe berechnet wird und Rückschlüsse auf Zusammenhänge und Strukturen in der Gesamtheit zulässt, z. B. Mittelwerte oder Testgrößen.

monovariable Verteilung Nur eine Variable bestimmt die Häufigkeitsverteilung.

multivariable Verteilung Die Häufigkeitsverteilung wird von mehreren Variablen bestimmt.

multivariate Verteilung ▶ multivariable Verteilung.

Nominalskala Ein Merkmal hat eine überschaubare Anzahl von qualitativen Ausprägungen. Wir können somit die Objekte entsprechend ihrer Ausprägung gruppieren. Bei der Einteilung in Kategorien (Ausprägungsformen) sind keine Zwischenstufen zugelassen – die gebildeten Kategorien sind diskret. Beispiel: Personen, die nach dem Genotyp eines variablen Locus klassifiziert werden.

Nullhypothese Jedes statistische Testverfahren legt eine Nullhypothese zugrunde, die anhand einer Stichprobe überprüft wird. Die Nullhypothese erklärt normalerweise die Struktur einer Datenmenge durch Zufall oder Unabhängigkeit von Ereignissen. Aus der Nullhypothese folgen z. B. Erwartungswerte, die im Testverfahren mit den Beobachtungswerten verglichen werden. Der Nullhypothese steht die Alternativhypothese gegenüber.

Polyglutaminerkrankung Erkrankungen, die durch eine ungewöhnliche Verlängerung eines CAG-Mikrosatelliten (► G) verursacht werden. CAG codiert für Glutamin.

Randsumme Die Summe der Werte, die in jeweils einer Zeile oder Spalte der *r*-mal-*c*-Kontingenztafel (► G) stehen.

Regression Statistisches Verfahren, mit dem der Einfluss von unabhängigen Variablen auf abhängige Variable (► G) bewertet wird. Der Fall von zwei Variablen und einem linearen Zusammenhang führt zur Regressionsgeraden.

Regressionsgerade ► Ausgleichsgerade.

Residuen Statistischer Fehler, Differenz zwischen Beobachtungs- und Erwartungswert (► G).

schließende Statistik Teilgebiet der Statistik, das Testverfahren entwickelt und anbietet, mit denen verlässliche Schlussfolgerungen aus Stichproben auf die Grundgesamtheit gemacht werden können.

Signifikanzniveau Jeder statistische Test birgt das Risiko, Entscheidungsfehler zu machen. Das Signifikanzniveau, auch Fehler 1. Art oder α-Risiko, wird in der Versuchsplanung festgelegt und beschreibt die Wahrscheinlichkeit, mit der eine Ablehnung der Nullhypothese akzeptiert wird, obwohl diese in der Realität wahr ist. Der *p*-Wert (► Überschreitungswahrscheinlichkeit) wird mit dem Signifikanzniveau α (► G) verglichen und entscheidet über die Annahme ($p \geq \alpha$) oder Ablehnung ($p < \alpha$) der Nullhypothese. Die Wahrscheinlichkeit, die Nullhypothese beizubehalten, obwohl sie in Realität nicht gilt, wird als β-Fehler oder Fehler 2. Art bezeichnet. Die Größe des β-Fehlers ist zumeist unbekannt, kann aber z. B. über die Stichprobengröße und die Wahl des α-Fehlers beeinflusst werden.

Überschreitungswahrscheinlichkeit Diese Wahrscheinlichkeit (*p*-Wert) wird aus der Stichprobe berechnet und beschreibt, wie wahrscheinlich es ist, das beobachtete Ergebnis eines Versuches zu erhalten, wenn die Nullhypothese (► G) wahr ist.

unabhängige Variable ► abhängige Variable.

Urliste Originaldaten, die während eines Experiments erhoben werden. In den meisten Fällen können diese Daten nicht geordnet erfasst werden.

verbundene Messwerte Messwerte von verschiedenen Merkmalen desselben Objekts.

Aufgaben

Aufgabe 1. Begründe, warum man den eingezeichneten linearen Korrelationen in den beiden Abbildungen nicht trauen darf, obwohl die Korrelationskoeffizienten ($r > 0{,}85$) einen signifikanten Einfluss der unabhängigen Variablen x auf die abhängige Größe y versprechen.

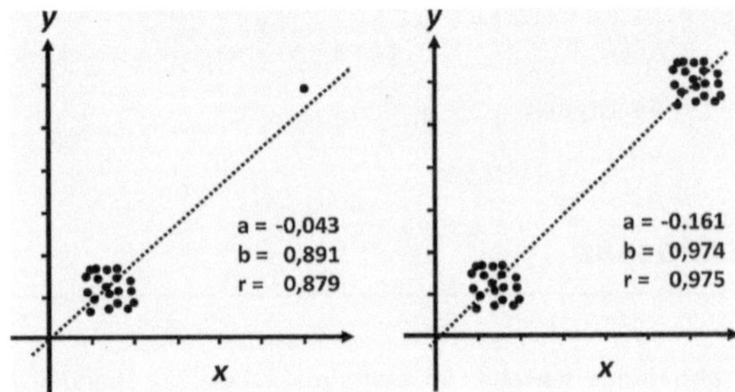

Aufgabe 2. Mithilfe einer Stichprobe werden die Allelfrequenzen einer Population ermittelt. Warum spricht man vom Schätzen der Allelfrequenz und nicht vom Berechnen?

Aufgabe 3. Begründe, warum es nicht zulässig ist, den χ^2-Test mit relativen Zahlen durchzuführen.

Computerprogramme der genetischen Statistik

Frei erhältlich gibt es im Internet eine Vielzahl von Programmen, und immer wieder werden neue und auch verbesserte Programme entwickelt. Nachfolgend können wir daher nur einige altbewährte Programme vorstellen, die immer wieder bei populationsgenetischen Fragestellungen Anwendung finden.

GENEPOP (Version 4) (Rousset, 2008): ► http://kimura.univ-montp2.fr/~rousset/Genepop.htm

Ein Vorteil des Programms ist, dass es nur eine relativ einfache Datenformatierung fordert, die mit jedem Texteditor erstellt werden kann. Es kann interaktiv mit vielen anderen Programmen eingesetzt werden.

FSTAT (Version 2.9.3.2): ► http://www2.unil.ch/popgen/softwares/fstat.htm

Das Programm bietet zusätzliche statistische Optionen zu Genepop an und die Datensätze können zwischen beiden Programmen ausgetauscht werden.

GENETIX (Version 4.05): ► http://www.genetix.univ-montp2.fr/genetix/genetix.htm

Ein französisches Programmpaket für populationsgenetische Fragestellungen.

ARLEQUIN (Version 3.5.1.2) (Excoffier et al. 2005): ▶ http://cmpg.unibe.ch/software/arlequin35/

Dieses Programm kann alles, was Genepop macht und sogar noch ein wenig mehr. Allerdings hat das geforderte Datenformat eine etwas kompliziertere Struktur, doch transformiert Arlequin problemlos andere Formate in sein eigenes Format.

STRUCTURE (Version 2.3.3): ▶ http://pritch.bsd.uchicago.edu/structure.html.

Dieses Programm ermöglicht eine Analyse, ob Abweichungen vom Hardy-Weinberg-Gleichgewicht durch die Vermischung von verschiedenen Populationen erklärt werden kann.

Hubisz MJ, Falush D, Stephens M, Pritchard JK (2009) Inferring weak population structure with the assistance of sample group information. Mol Ecol Resources 9:1322–1332

GENALEX (Version 6) (Peakall R et al. 2006): http:// ▶ www.anu.edu.au/BoZo/GenAlEx/genalex_download.php.

Das Excel Programm bietet eine Vielzahl nützlicher Statistiken und Schätzmethoden für die populationsgenetische Analyse. Es versteht viele Datenformate und kann diese auch in andere Formate transformieren.

GENECLASS 2 (Piry S et al. 2004): ▶ http://www1.montpellier.inra.fr/URLB/.

Ein Programm das Individuen aufgrund ihres Multilocus-Genotyps Populationen zuordnen oder auch von diesen ausschließen kann.

Literatur

Verwendete Literatur

Excoffier L, Laval G, Schneider W (2005) Arlequin ver. 3.0: An integrated software package for population genetics data analysis. Evol Bioinf Online 1:47–50

Köhler W, Schachtel G, Voleske P (2012) Biostatistik, 5. Aufl. Springer, Heidelberg Berlin New York (Das Buch bietet eine Einführung in die wichtigsten statistischen Verfahren, die in den Biowissenschaften Anwendung finden. Es führt den Leser in die Denkweisen der Statistik ein und stellt diese an Beispielen vor)

Peakall R, Smouse PE (2006) GENALEX 6: genetic analysis in Excel. Population genetic software for teaching and research. Mol Ecol Notes 6:288–295

Piry S, Alapetite A, Cornuet JM, Paetkau D, Baudouin I, Estoup A (2004) GeneClass 2: A Software for Genetic Assignment and First Generation Migrant Detection. J Heredity 95:536–539

Rousset F (2008) Genepop´007: a complete reimplementation of the genepop software for Windos and Linux. Mol Ecol Resources 8:103–106

Weiterführende Literatur

Weir BS (1996) Genetic data analysis II: Methods for discrete population genetic data. Sinauer, Sunderland, USA (Es werden die grundlegenden Schätz- und Testverfahren für die wichtigsten genetischen Parameter vorgestellt und an vielen Beispielen verdeutlicht)

Anhang

Mikrosatellitendaten von süddeutschen Siebenschläfern

Jürgen Tomiuk, Volker Loeschcke

J. Tomiuk, V. Loeschcke, *Grundlagen der Evolutionsbiologie und Formalen Genetik*,
DOI 10.1007/978-3-662-49685-5_19,

Mikrosatelliten von Siebenschläfern

M174 h

M365 f

M376 f

M483 f

M487 f

pop

He 01 f 045 , 200200 198206 174174 172176 174174

He 01 f 052 , 200204 198198 178178 172172 182182

He 01 f 056 , 200200 198206 174174 176176 174174

He 01 f 062 , 200200 198198 178178 172176 174182

He 01 f 068 , 200200 198206 174174 172176 174174

He 01 f 073 , 200200 198198 174174 176176 174174

He 01 f 078 , 200200 198198 174174 176176 174174

He 01 f 086 , 200200 198202 178178 168172 182182

He 01 f 091 , 200200 198198 174174 172176 174174

He 01 f 099 , 200204 198198 174174 172176 174174

He 01 f 105 , 200204 202206 174174 176176 174174

He 01 f 114 , 200200 198206 170174 172176 174174

He 01 f 119 , 200200 198206 174174 176168 174174

He 01 f 126 , 200200 198206 178178 172176 174182

He 01 f 136 , 200200 198198 174174 172172 174174

He 01 f 142 , 200200 198198 174178 168168 174174

He 01 f 151 , 200200 198206 174178 168176 174174

He 01 f 156 , 200200 198206 174178 176176 174174

He 01 f 165 , 204204 198206 174178 172172 174182

He 01 f 166 , 196200 198210 174174 172172 174174

He 01 f 166 , 200200 198206 174178 168168 174182

He 01 f 168 , 200204 202210 174178 176176 174174

He 01 f 170 , 200200 198206 174178 172172 174174

He 01 f 170 , 200200 206210 174178 172172 174182

He 01 f 172 , 200204 198198 166174 172176 174174

He 01 f 175 , 200200 198198 174178 168172 174174

He 01 f 176 , 200200 198210 174174 172176 174174

He 01 f 178 , 204204 202202 174174 172172 174174

He 01 f 182 , 200204 198206 178178 168172 174182

He 01 f 185 , 200204 198206 174178 172172 174182

He 01 f 186 , 200200 198206 174178 172172 174182

He 01 f 188 , 200200 198198 174174 172172 174174

He 01 f 189 , 204204 198198 174174 000000 174174

He 01 f 193 , 200204 198206 178178 172172 182182

He 01 f 195 , 200204 206206 174178 172176 174182

He 01 f 197 , 200200 206206 178178 172176 174174

He 01 f 206 , 200200 206206 174174 172172 174182

He 01 f 212 , 200200 198206 174178 176176 174182

He 01 f 221 , 196000 198206 174174 176176 174174

He 01 m 164 , 200204 198198 174178 168168 174174

He 01 m 170 , 204204 198198 174174 172172 174174

He 01 m 174 , 200200 198206 174178 168168 174174

He 01 m 174 , 200200 198198 174178 168168 174174

He 01 m 177 , 200200 198210 174178 176176 174182

He 01 m 179 , 200204 198206 174174 172172 174182

He 01 m 180 , 200200 198206 174174 176176 174174

He 01 m 181 , 200200 198206 174178 176176 174182

He 01 m 183 , 200200 198214 174174 172172 174174

He 01 m 184 , 200200 198198 174178 176176 174174

He 01 m 187 , 200200 198206 174174 172172 174174

He 01 m 190 , 200204 198202 174178 172172 174174

He 01 m 191 , 200200 198206 174174 176176 174174

He 01 m 192 , 200200 206210 174174 172172 174174

He 01 m 194 , 200200 198198 174178 176176 174174

He 01 m 196 , 200200 198202 170174 176176 174178

He 01 m 198 , 200200 206210 178178 176176 174174

He 01 m 198 , 200204 198198 174174 176176 174174

He 01 m 200 , 200200 198206 174174 172172 174174

He 01 m 202 , 200204 206210 174174 172172 174174

He 01 m 202 , 200200 198206 174174 172172 174174

He 01 m 202 , 200204 206206 170174 172172 174174

He 01 m 204 , 200204 206206 174174 172172 174174

He 01 m 206 , 200200 198198 174178 168168 174182

He 01 m 206 , 200200 198198 174174 172172 174174

He 01 m 208 , 200200 198198 174178 172172 174174

Mikrosatelliten von Siebenschläfern *(Fortsetzung)*

He 01 m 210 , 200200 198198 178178 172172 174174

He 01 m 210 , 200200 198206 178178 176176 174174

He 01 m 210 , 196200 198198 174174 176176 174174

He 01 m 214 , 200200 198202 170174 176176 174178

He 01 m 214 , 200204 198198 174174 000000 174174

He 01 m 214 , 200200 198206 174174 176176 174174

He 01 m 216 , 200200 198206 174174 176176 174174

He 01 m 217 , 200204 198198 174174 176176 174182

He 01 m 218 , 200000 198198 174174 176176 174174

He 01 m 219 , 200200 198198 174178 172172 174182

He 01 m 220 , 200204 206206 174178 172172 174182

He 01 m 221 , 200204 206206 174178 176176 174182

pop

Hl 01 f 00 , 200200 206206 174174 172176 174174

Hl 01 f 01 , 200200 198198 174174 172176 174174

Hl 01 f 02 , 200200 198198 174174 172176 174174

Hl 01 f 03 , 200200 198206 174174 172172 174174

Hl 01 f 04 , 200200 206206 174174 176176 174174

Hl 01 f 05 , 200200 198198 174178 168172 174174

Hl 01 f 06 , 200200 198198 174174 168172 174174

Hl 01 f 07 , 200204 198206 174174 168172 174174

Hl 01 f 08 , 200200 198206 174174 172172 174174

Hl 01 f 09 , 200204 198206 174174 168172 174174

Hl 01 f 10 , 196200 202206 174174 168172 174174

Hl 01 f 11 , 200200 198206 174178 168176 174174

Hl 01 f 12 , 200204 198198 174174 168168 174174

Hl 01 f 13 , 196200 202206 174174 172176 174174

Hl 01 f 14 , 200200 198206 174174 168168 174174

Hl 01 m 35 , 200204 198198 174178 168168 174174

Hl 01 m 36 , 200200 198206 174178 172172 174174

Hl 01 m 37 , 200200 198198 174178 172172 174174

Hl 01 m 38 , 200200 198206 174178 172172 174174

Hl 01 m 39 , 200204 206210 174174 168168 174174

Hl 01 m 40 , 200200 198206 174178 172172 174174

Hl 01 m 41 , 200204 206206 174174 172172 174174

Hl 01 m 42 , 200200 198206 174174 172172 174174

Hl 01 m 43 , 200200 198206 174174 172172 174174

Hl 01 m 44 , 200200 198198 174178 172172 174182

Hl 01 m 45 , 200200 198198 174178 176176 174174

Hl 01 m 46 , 200200 206206 174174 176176 174174

Hl 01 m 47 , 200204 198206 174174 168168 174174

Hl 01 m 48 , 200200 198206 174174 176176 174174

Hl 01 m 49 , 200200 206206 170174 176176 174174

Lösungen zu den Aufgaben

Jürgen Tomiuk, Volker Loeschcke

J. Tomiuk, V. Loeschcke, *Grundlagen der Evolutionsbiologie und Formalen Genetik*,
DOI 10.1007/978-3-662-49685-5_20, © Springer-Verlag Berlin Heidelberg 2017

20.1 Kapitel 1

Aufgabe 1. Mendel untersuchte reine Linien. Die Nachkommenschaft aus einer Kreuzung zweier Pflanzen der gleichen reinen Linie zeigten die Eigenschaften ihrer Elterngeneration. Diese Konstanz der Merkmalsausprägung über Generationen gilt auch für sehr komplexe Merkmale (s. Aufgabe 3).

Aufgabe 2. Die Züchter haben erkannt, dass wiederholte Kreuzungen zwischen verwandten Individuen zur Stabilisierung von Merkmalsausprägungen führen und dass nach einigen Generationen Linien entstehen, deren Erbeigenschaften denen von reinen Linien ähneln (▶ Inzucht).

Aufgabe 3. Reine Linien sind vollständig homozygot (rote dominante Blütenfarbe RR, weiße rezessive Blütenfarbe ww). Die Kreuzung von Individuen verschiedener Linien führt zu einem heterozygoten Zustand (Rw). Kreuzt man die Nachkommen (Rw), gibt es drei Genotypen (RR, Rw und ww) mit roten (RR und Rw) und weißen (ww) Blüten. Da R dominant über w ist, sind auch die Heterozygoten rot.

Im Fall der Wunderblume sind die Heterozygoten rosa!

Betrachtet man zwei Merkmale, dann gilt die Spaltungsregel nur dann, wenn die Gene für diese Merkmale nicht in enger Nachbarschaft auf dem Chromosom liegen.

Aufgabe 4. Lamarck postulierte, dass auch positive Eigenschaften, die ein Individuum während seiner Lebenszeit erworben hat, vererbt werden können. Darwin erkannte, dass Individuen einer Population sich in ihren Erbanlagen unterscheiden und die Natur die Individuen mit dem besten Reproduktionspotenzial selektioniert.

Aufgabe 5.

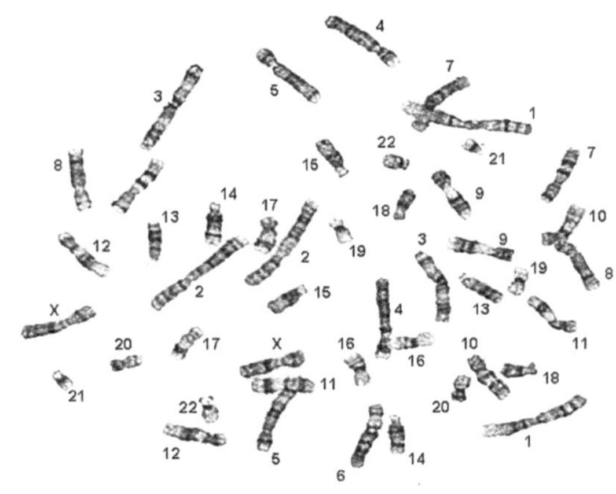

20.2 Kapitel 2

Aufgabe 1. Der mitotische Zellteilungsmechanismus erlaubt die möglichst präzise Weitergabe der Erbinformation von einer Mutterzelle auf ihre beiden Tochterzellen.

Die meiotische Teilung führt zu Gameten/Keimzellen, die die Hälfte des elterlichen Kerngenoms tragen. Bei der Verschmelzung zweier Keimzellen wird die Informationsfülle der Eltern wiederhergestellt. Achtung, es sind nicht die elterlichen Genotypen, die wieder erzeugt werden!

Aufgabe 2. Ein Strukturgen wird vom Matrizenstrang der DNA-Doppelhelix abgelesen und in ein mRNA-Molekül umgeschrieben. Nachfolgend werden DNA-Abschnitte, die keine Bedeutung für das Protein haben, ausgeschnitten. Die „reife" mRNA wird zu einem Ribosom geführt und dort wird der genetische Code der mRNA in eine Aminosäuren-/Polypeptidkette übersetzt. Anschließend können sich mehrere, auch verschiedene Ketten zusammenlagern und das funktionelle Protein bilden. Außerdem können die Strukturen noch weiter modifiziert werden, indem Zucker oder Fettreste angelagert werden.

Aufgabe 3. Die meisten Organismen mit geschlechtlicher Vermehrung haben einen geradzahligen (diploiden, tetraploiden) Chromosomensatz. Dadurch ist die Aufteilung des elterlichen Chromosomensatzes in haploide Gameten problemlos. Die anschließende Befruchtung einer Eizelle durch eine Samenzelle stellt wieder ein geradzahliges Kerngenom her.

Aufgabe 4. Eine eukaryotische Urzelle wurde von einem Prokaryoten infiziert. Es entwickelte sich eine symbiotische Beziehung, in der jeder Teilnehmer bestimmte Aufgaben im Zellstoffwechsel übernahm. Gestützt wird die Theorie durch die vielen Ähnlichkeiten von heutigen Prokaryoten mit den eukaryotischen Zellorganellen (Mitochondrium, Chloroplast).

Aufgabe 5. *Einzelbasenaustausch*: Eine Base wird durch eine andere ersetzt.
Insertion: Eine DNA-Sequenz wird in eine bestehende Sequenz eingefügt.
Deletion: Ein Teil einer DNA-Sequenz wird ausgeschnitten.
Inversion: Ein DNA-Abschnitt wird in seiner entgegengesetzten Leserichtung eingefügt.
Duplikation: Ein DNA-Abschnitt wird verdoppelt.
Translokation: Die Position eines DNA-Abschnitts verändert sich im Genom.

Aufgabe 6. Polymerasen sind Enzyme, die das Kopieren von DNA- und RNA-Sequenzen ermöglichen. So gibt es Polymerasen, die DNA in DNA, DNA in RNA, RNA in DNA und RNA in RNA kopieren.

Aufgabe 7. Oberflächenstrukturen von Chromosomen werden in einem charakteristischen Muster von dunklen und hellen Banden mikroskopisch sichtbar. Die hellen Banden sind euchromatische Bereiche mit einem hohen Anteil von Cytosin bzw. Guanin und damit auch reich an Genen. Die dunklen Banden sind heterochromatische Bereiche mit einem hohen Anteil von Adenosin bzw. Thymin und weniger genetisch aktiv.

Aufgabe 8. Die RNA ist ein Molekül aus der Verbindung von vier Basen (Adenosin, Cytosin, Guanin und Uracil), dem Zucker Ribose und Phosphaten. In der DNA finden wir Thymin anstatt der Base Uracil sowie Desoxyribose anstatt von Ribose. DNA liegt normalerweise als Doppelhelix vor, dagegen liegt RNA meist einsträngig vor.

Aufgabe 9. Eukaryoten haben einen Zellkern mit Chromosomen (Kerngenom), der von einer Zellmembran umschlossen ist.

20.3 Kapitel 3

Aufgabe 1. Plasma enthält noch Gerinnungsfaktoren und die Blutgerinnung überdeckt die Aktivität von Antikörpern.

Aufgabe 2. Mikrosatelliten haben viele Allele und schon mit einer kleinen Anzahl können Verwandtschaftsverhältnisse geklärt werden. Die relativ kleine Anzahl von untersuchten Loci schränkt Aussagen zur genomischen Heterogenität von Individuen, aber auch zur Variabilität von Populationen ein. Die große Anzahl von simultan untersuchten SNP gleicht den geringen Informationsgehalt einzelner Loci aus und erlaubt die engmaschige Charakterisierung eines Genoms zum Auffinden von Genen.

Aufgabe 3. Der DNA-Abschnitt im Genom und die Funktion von Markerloci sind bekannt. Markerloci sind polymorph, um Individuen, aber auch DNA-Abschnitte und deren Umgebung zu charakterisieren.

Aufgabe 4. Aufgrund der Degeneration des genetischen Codes gibt es für einige Aminosäuren mehrere Tripletts. Es kann somit kein eindeutiger Rückschluss von der Aminosäuresequenz eines Polypeptids auf die DNA-Sequenz gezogen werden. Darüber hinaus lässt eine mögliche Prozessierung der mRNA keinen Rückschluss auf das vollständige Gen zu.

Aufgabe 5. Dieser Begriff wurde bei der Beschreibung genetischer Variabilität mithilfe von Proteinen geprägt. Die Degeneration des genetischen Codes und posttranslationale Veränderungen überdecken die tatsächliche Variabilität des Genorts auf Proteinebene. Die Variabilität, die wir anhand von Proteinvarianten beschreiben, spiegelt nur eingeschränkt die Variation auf DNA-Ebene wider.

Aufgabe 6. Qualitative und quantitative Merkmale.

Aufgabe 7. Auf viele SNP und Mikrosatelliten außerhalb von Genregionen wirkt keine Selektion. Hämoglobinvarianten haben eine selektive Bedeutung in malariaendemischen Regionen der Erde. Viele Enzymmangelvarianten führen zu Stoffwechselstörungen.

Aufgabe 8. Im Fall eines monomeren Proteins wird überwiegend nur eine Aminosäurekette synthetisiert und im Extremfall sehen wir im Nachweisverfahren nur ein Signal. Es wird ein homozygoter Genotyp vorgetäuscht!

Im Fall polymerer Proteine, bei denen die elterlichen Genprodukte (Aminosäureketten) zufällig kombinieren, finden wir keine symmetrische Verteilung der Proteinvarianten. Das Kombinationsprodukt des aktiven Gens wird überbetont.

20.4 Kapitel 4

Aufgabe 1. Überträger tragen die genetische Veranlagung für eine bestimmte Merkmalsausprägung, obwohl diese bei ihnen nicht ausgebildet wird (dominant-rezessiv). An ihre Nachkommenschaft *können* sie diese Gene nur mit einer Wahrscheinlichkeit von 50 % weitergeben.

Aufgabe 2. Die Blutgruppen A und B sind dominant über die Blutgruppe 0, bzw. 0 verhält sich rezessiv zu A und B. Die Blutgruppenbestimmung bei heterozygoten Personen, A0 und B0, deckt nur die beiden dominanten Eigenschaften A und B auf. A und B sind kodominant, wir können mit unserer Nachweismethode beim heterozygoten AB beide Genprodukte erfassen. Verfeinern wir unsere Nachweistechnik, dann können wir die Blutgruppen A_1 und A_2 unterscheiden. A_1 ist dominant über A_2 und 0. A_2 ist rezessiv zu A_1, aber dominant über 0 und kodominant zu B.

Aufgabe 3. Siehe Glossar von Kapitel 4.

20.5 Kapitel 5

Aufgabe 1. Zunächst ermitteln wir die Allelhäufigkeiten anhand der weiblichen und männlichen Genotyphäufigkeiten; Männchen haben nur ein Allel. Die Genotyphäufigkeiten des weiblichen Geschlechts folgen der Hardy-Weinberg-Verteilung, die aus den Allelhäufigkeiten berechnet werden kann. Für die hemizygoten (▶ G) Männchen gilt, dass die Häufigkeiten der A-Y- und B-Y-Individuen den Allelhäufigkeiten der Population entsprechen.

Aufgabe 2. Mit ▶ Gl. 5.10 haben wir einen Zusammenhang zwischen Heterozygotiegrad, Populationsgröße und Mutationsrate. Verwenden wir diese Formel, dann müssen wir sicher sein, dass die untersuchten Loci keiner Selektion unterliegen.

$$\text{Es gilt} \quad 0{,}08 = \frac{4N \cdot 10^{-6}}{1 + 4N \cdot 10^{-6}}.$$

$$\text{Wir lösen nach N auf} \quad N = \frac{0{,}8 \cdot 10^{6}}{4 \cdot (1 - 0{,}8)} = 10^{6}$$

Wir schließen aus dem beobachteten Heterozygotiegrad, dass die Population eine Million reproduzierende Individuen umfasst.

Aufgabe 3. Folgen wir ▶ Gl. 5.6:

$$H_t = H_0 \cdot e^{-t/200},$$

dann haben wir $0{,}05 = 0{,}2 \cdot e^{-t/200}$.

Wir logarithmieren beide Seiten $\ln(0{,}05) = \ln(0{,}2 \cdot e^{-t/200})$

Es gilt $\ln(0{,}05) = \ln(0{,}2 + \ln(e^{-t/200}))$

und $-2{,}996 = -1{,}609 - (t/200) \cdot \ln(e)$.

Da ln(e) = 1 ist, gilt $2{,}996 = 1{,}609 + t/200$

und $t = 277{,}4$

Nach etwa 277 Generationen ist der Heterozygotiegrad von 20 % auf 5 % gesunken.

Aufgabe 4. An Loci, die genetische Variabilität zeigen und keiner Selektion unterliegen, beobachten wir mehr Homozygote als unter Hardy-Weinberg-Bedingungen erwartet werden.

Aufgabe 5. Die Meiose ist <u>der</u> Mechanismus bei sexueller Reproduktion, der garantiert, dass die

Nachkommen, bis auf Mutationen, denselben genetischen Informationsumfang wie ihre Eltern besitzen. Hieraus folgt, dass jeder Elternteil nur die Hälfte seiner genetischen Information weitergeben darf. Diese Erklärung trifft nur für das Kerngenom zu! Den Zustand des Kerngenoms der elterlichen Körperzellen bezeichnen wir als *diploid*, jeweils die Hälfte der genetischen Information kommt wiederum von einem Großelter. Die elterlichen Gameten sind haploid und enthalten nur die Hälfte der Information von Körperzellen. Die Vereinigung der Gameten zweier Eltern (Eizelle und Samenzellen) führt zur Zygote, die dann die gleiche Informationsfülle wie die elterlichen Zellen trägt.

Aufgabe 6. Es gibt keine Veränderungen durch Mutation, Selektion oder Zufall. Ohne Veränderungen durch Katastrophen ist die genetische Struktur einer Population für alle Generationen eingefroren.

20.6 Kapitel 6

Aufgabe 1. Das typologische Artkonzept, da in den meisten Fällen eine genetische Untersuchung nicht möglich ist und nur morphologische Merkmale zur Verfügung stehen.

Aufgabe 2. Das „Infinite-Allel-Modell" nimmt an, dass jede neue Mutation von den vorausgegangenen Mutationen an einem Genort unterscheidbar ist. Das „schrittweise Mutationsmodell" beschreibt Veränderungen eines Allels durch Vor- und Rückwärtsmutationen. Vorwärtsmutationen erzeugen einen neuen allelischen Zustand, während Rückwärtsmutationen zu einem vorherigen Zustand des Allels führen (z. B. Mikrosatellitenvariation, Einzelbasenaustausche).

Aufgabe 3. Die Folgen der Basenveränderung. So können Veränderungen in einem codierenden DNA-Abschnitt zu einem Genprodukt mit veränderten Eigenschaften und in manchen Fällen auch zum Verlust der Genfunktion führen. Veränderungen in DNA-Abschnitten, die regulative Aufgaben haben, können die Genfunktion/-aktivität verändern. Für jeden DNA-Abschnitt gilt, dass wir zwischen Transitionen und Transversionen unterscheiden müssen.

Aufgabe 4. Geografische Isolation führt über lange Evolutionszeiträume zu neuen Arten (allopatrische Artbildung). Lokale Anpassung von Populationen und ein verminderter Genfluss (Migration) führten zu eigenständigen Arten, die auch nach dem Verschwinden der Migrationsbarriere weitgehend getrennt bleiben (parapatrische Artbildung). Innerhalb des Verbreitungsgebiets einer Art entsteht aus einer Teilpopulation eine neue Art (sympatrische Artbildung).

Aufgabe 5. Arten mit asexueller Reproduktion haben das beste Potenzial, ein neues Habitat zu besiedeln. Ein Individuum genügt, um eine neue Population zu gründen.

Aufgabe 6. Es müssen Merkmale betrachtet werden, deren Ähnlichkeit einen gemeinsamen evolutionären Ursprung haben. Merkmale, die keine gemeinsame genetische Basis und sich nur aufgrund eines ähnlichen Selektionsdrucks in verschiedene Arten entwickelt haben, müssen ausgeschlossen werden (konvergente Evolution).

20.7 Kapitel 7

Aufgabe 1. Befinden sich mehrere Feigenwespenweibchen in einer Feige, dann sind die eingeschleppten Nematoden weitestgehend unverwandt und ihre Nachkommenschaft parasitiert den Nachwuchs der Feigenwespen mehr oder weniger zufällig. Es liegt ein horizontaler Infektionsweg vor. Legt nur ein von Nematoden parasitiertes Feigenwespenweibchen seine Eier in einer Feige ab, dann wird seine Nachkommenschaft von den „gleichen" (verwandten) Nematoden befallen. Es liegt ein vertikaler Infektionsweg vor.

Aufgabe 2. Der *r*-Stratege wird zunächst, bis zu seiner maximalen Dichte, den Wettlauf um die Ressourcen gewinnen, danach wird der *K*-Stratege aufholen und den Konkurrenten verdrängen.

Aufgabe 3. Koevolution ist das Wechselspiel zwischen Arten. Genetische Veränderungen in der einen Art ziehen Veränderungen in der anderen Art nach sich. Sequenzielle Evolution beschreibt den

Anpassungsprozess einer Art als Folge von Veränderungen in einer anderen Art, ohne dass dabei ein Rückkopplungseffekt ausgelöst wird.

Aufgabe 4. Insbesondere lassen sich Wirt-Parasit-Verhältnisse mit der *Red-Queen-Hypothese* erklären. Ein Wirtsorganismus muss stets neue Abwehrmechanismen gegen seine Parasiten entwickeln, um bestehen zu können. Parasiten müssen dagegen diese Resistenzbarriere immer wieder aufs Neue überwinden.

20.8 Kapitel 8

Aufgabe 1. Die kurze Antwort ist „Nein". Phänotypische oder morphologische Merkmale lassen wohl eine Bewertung der Ähnlichkeit von Arten zu, doch geben sie keine Informationen zum Evolutionszeitraum, den die unterschiedlichen Merkmale zu ihrer Entwicklung benötigt haben.

Aufgabe 2. Aminosäuresequenzen haben eine Funktion und ihre Gene können Selektion unterliegen. Dies kann die Schätzung von Evolutionszeiträumen erschweren.

Aufgabe 3. Vor unseren Untersuchungen müssen wir abklären, ob die Variabilität der Loci selektiv neutral ist.

Aufgabe 4. Die Information, wann eine weit verwandte Art (Outgroup-Spezies) die gemeinsame Stammlinie verlassen hat, können wir nutzen, um die molekulare Uhr zu kalibrieren.

Aufgabe 5. Geologische Daten können uns darüber informieren, wann heute verwandte Arten isoliert worden sind. Aber auch Datierungen von paläontologischen Funden können in die Kalibrierung der molekularen Uhr eingehen.

Aufgabe 6. Um die Verwandtschaft von eng verwandten Arten aufzuklären, müssen wir oftmals wesentlich mehr genetische Information sammeln als bei Untersuchungen von weit verwandten Arten. Sind Arten allerdings nur sehr weitläufig miteinander verwandt, wird die genetische Ähnlichkeit sehr klein und die Merkmalssysteme bieten möglicherweise wegen einer fehlenden Übereinstimmung keine Vergleichsmöglichkeit mehr.

20.9 Kapitel 9

Aufgabe 1. Mitochondrien finden sich in einer Vielzahl der Körperzellen. Ihre Anzahl kann in den einzelnen Geweben stark variieren, doch besitzen Knochenmarkszellen eine große Anzahl. Alle Mitochondrien eines Individuums sind bis auf Mutationen identisch. Gelingt daher die Anreicherung der Mitochondrien aus altem Gewebe, dann können „viele" identische DNA-Abschnitte isoliert werden und mithilfe der PCR vervielfältigt werden. Eine Sequenzanalyse der DNA konnte früher erst bei einer ausreichenden DNA-Konzentration durchgeführt werden.

Anders als bei Mitochondrien haben wir in jeder Zelle nur ein Kerngenom!

Aufgabe 2. Mutationsraten von DNA-Abschnitten des Mitochondriums und des Y-Chromosoms unterscheiden sich. Insbesondere für kleine Evolutionszeiträume reagiert die molekulare Uhr sehr sensibel. Dies mögen die enormen 95 %-Vertrauensintervalle belegen.

Aufgabe 3. Verunreinigung der Proben mit DNA von heute lebenden verwandten Arten.

20.10 Kapitel 10

Aufgabe 1. Bei der Haplodiploidie führt die Halbierung des vollständigen Chromosomensatzes zum männlichen Geschlecht. Im anderen Fall bestimmt allein die Kombination oder Anzahl von Geschlechtschromosomen das Geschlecht.

Aufgabe 2. Heterozygotie beschreibt den Genotyp eines Locus von polyploiden Arten. Finden wir verschiedene Allele an einem Locus auf verschiedenen homologen Chromosomen, dann sprechen wir von Heterozygotie. Den alternativen Zustand bezeichnen wir als homozygot.

Genomische Heterogenität betrachtet die allelische Variation an allen Loci eines Genoms.

Aufgabe 3. Sind die Gruppenmitglieder miteinander verwandt, dann tragen Individuen Gene, die aufgrund ihrer gemeinsamen Herkunft und entsprechend ihrem Verwandtschaftsgrad gleich sind. Folgen wir nun einem etwas weiteren Fitnesskonzept, dann ist auch ein nichtreproduzierendes Individuum evolutionär erfolgreich, wenn seine Verwandten nur genügend gemeinsame Gene in die nächste Generation weitergeben. Der Verwandtschaftsgrad bestimmt Nutzen und Kosten für die Schutzaktionen eines Individuums.

20.11 Kapitel 11

Aufgabe 1. Fliegen, die unter fluktuierenden Temperaturen aufgewachsen sind, haben höhere Temperaturen erfahren und damit auch einen gewissen Grad an Akklimatisierung; dies lässt erwarten, dass sie als Adulte besser hohe Temperaturen ertragen können.

Aufgabe 2. Man kann annehmen, dass die regelmäßigen Temperaturschwankungen für Organismen weniger stressvoll als die nicht vorhersagbaren fluktuierenden Temperaturen sind, da es wahrscheinlich Energie kostet, die jeweilige Umwelt zu kategorisieren und sich darauf einzustellen.

Aufgabe 3. Lokale Variation im Mikroklima ist schwer mit meteorologischen Daten zu erfassen, und es ist damit nicht zu erwarten, dass die Merkmalsvariation präzise mit dem Breitengrad korreliert.

Aufgabe 4. Man versucht experimentell das Lebensstadium zu identifizieren, in dem die Mortalität am höchsten ist.

Aufgabe 5. Phänotypische Plastizität ist ein direkter Respons eines Organismus auf eine gegebene Umwelt, der nicht vererbbar ist. Evolutionäre Anpassungen hingegen erfordern normalerweise mehrere Generationen und reflektieren Änderungen in Allelhäufigkeiten.

Aufgabe 6. In den ersten zwei Stunden führt der kumulative Stress von Akklimatisierung und der nachfolgenden Stressbehandlung bei einer höheren Temperatur möglicherweise anfänglich zu einer reduzierten Überlebensfähigkeit. Auch die Bildung von Hitzeschockproteinen dauert einige Minuten.

20.12 Kapitel 12

Aufgabe 1. Die Rekombinationsrate gibt die Austauschhäufigkeit und Neuverknüpfung von Chromosomenabschnitten zwischen zwei Loci von homologen elterlichen Chromosomen an. Wir nehmen zwei Loci A und B mit jeweils zwei Allelen A_1, A_2 sowie B_1, B_2 an. Auf einem Chromosom finden wir die Allele A_1 und B_1 und auf dem anderen Chromosom seien die Allel A_2 und B_2. Werden die Allele beider Loci unabhängig voneinander vererbt, dann können wir vier Allelkombinationen beobachten (A_1 mit B_1, A_1 mit B_2, A_2 mit B_1 und A_2 mit B_2). Die fettgedruckten Kombinationen entsprechen unseren Allelkombinationen auf den beiden homologen elterlichen Chromosomen (Nichtrekombinante), die beiden anderen Kombinationen können bei Kopplung nur durch Rekombination auftreten (Rekombinante). Somit ist die maximale Rekombinationsrate gleich 0,5.

Aufgabe 2. In Familien mit drei Generationen kann die Kopplungsphase aus der Großeltern- und Elterngeneration ermittelt werden und danach der Anteil von Rekombinanten und Nichtrekombinanten in der Enkelgeneration verglichen und getestet werden.

Aufgabe 3. Es kann ebenfalls nach Genen von multifaktoriellen Merkmalen gesucht werden. Mit etwas Glück kann man Markerloci in nächster Nähe von Genorten der Auffälligkeit entdecken – und dies mit einem wesentlich geringeren Untersuchungsaufwand wie im Fall von Familienuntersuchungen.

Aufgabe 4. a) Sind viele Generationen seit dem Foundererereignis vergangen, dann haben Mutation und Rekombination die spezifische allelische Struktur in der Nachbarschaft des Genorts der Auffälligkeit aufgelöst. **b)** Mehrere Foundererereignisse, die unabhängig voneinander das Auffälligkeitsgen in die Population getragen haben, lassen eine Fall-

Kontroll-Studie in den meisten Fällen scheitern, weil die Auffälligkeitsgene verschiedener Personen eine unterschiedliche allelische Nachbarschaft haben können. **c)** Denselben Effekt, eine verschiedenartige Umgebung des Auffälligkeitsgens, erwarten wir, wenn wiederkehrende Mutationsereignisse zur selben Auffälligkeit führen. **d)** Wenn Mutationen an verschiedenen Genorten zur gleichen phänotypischen Auffälligkeit führen, d. h. hat der gleiche Phänotyp unterschiedliche genetische Ursachen, dann führt unsere Suche mit Markerloci nicht zum Ziel.

Aufgabe 5. Mit einer Fall-Kontroll-Studie können wir auch polygene Merkmale studieren. Bei mehreren beteiligten Loci müssen wir den Beitrag diese Genorte bei der Merkmalsausprägung beachten („major" und „minor genes").

Aufgabe 6. Dominanter Erbgang, mindestens zwei Generationen mit beiden Elternteilen und zwei Nachkommen. In jeder Generation sollten auffällige und nichtauffällige Individuen vorkommen.

Aufgabe 7. Für eine Kopplungsanalyse müssen Markerloci polymorph und ihre Position im Genom bekannt sein. Es sind mindestens zwei Loci notwendig, die einen plausiblen Chromosomenabschnitt begrenzen. Beide Loci sollten bei betroffenen Personen im Kopplungsungleichgewicht sein.

20.13 Kapitel 13

Aufgabe 1. Im Fall von eineiigen Zwillingen wird es uns schwerfallen, genügend Mutationsereignisse aufzudecken, um die beiden Personen unterscheiden zu können.

Aufgabe 2. Nein! Hat die Person ein wasserdichtes Alibi, dann nützt jede genetische Beweisführung nichts.

Aufgabe 3. Stammt das seltene Allel des Kindes eindeutig vom Vater, dann können viele Kandidaten von der Vaterschaft ausgeschlossen werden. Im Fall der Vaterschaft vergrößert sich der Vaterschaftsindex beträchtlich.

Aufgabe 4. Etwa zehn Mikrosatelliten werden in der Routine getestet. In den meisten Fällen wird bei potenziellen Vätern eine Wahrscheinlichkeit der Vaterschaft von über 99 % erreicht.

Aufgabe 5. Wir wählen mitochondriale Gene, da diese ausschließlich von der Mutter vererbt werden. Entsprechend wie bei Y-Chromosomen können weibliche Abstammungslinien in die Vergangenheit zurückverfolgt werden, wenn die weibliche Generationenfolge gewahrt blieb.

Aufgabe 6. Wir dürfen unsere Schlussfolgerungen nicht aus der Untersuchung eines Locus ziehen. Unsere Aussagen müssen immer mit mehreren Loci belegt werden und nur ein Ausschluss eines einzelnen von vielen Loci wird akzeptiert. So weist auch ein Mutterschaftsausschluss nicht zwingend auf eine Vertauschung des Kindes hin. Nullvarianten, die sowohl bei Proteinen wie bei Mikrosatelliten und SNP, wenn auch selten, beobachtet werden können (Abb. unten), erklären die vermeintlichen Ausschlüsse. Natürlich gelten die obigen Ausführungen auch für einzelne Ausschlüsse von Männern.

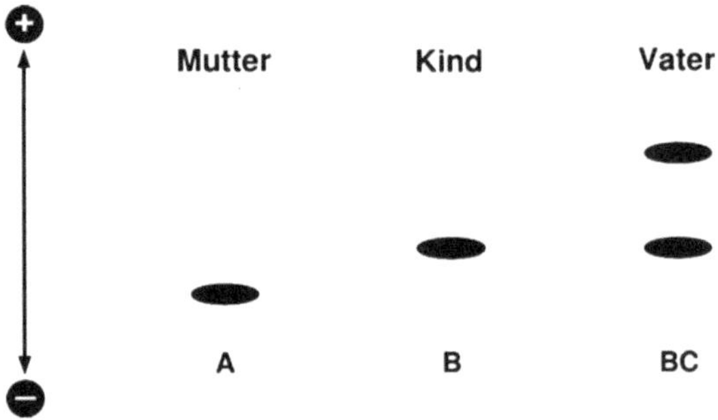

Schematische Darstellung eines durch die Nachweistechnik vorgetäuschten Mutterschaftsausschlusses. Die Mutter ist phänotypisch A; der Vater ist heterozygot BC, und das Kind zeigt den Phänotyp B (väterliches Merkmal). Die Mutter trägt eine Nullvariante 0, die nicht durch unser Nachweisverfahren aufgedeckt wird. Mit den folgenden Genotypen löst sich der Widerspruch auf: Die Mutter hat den Genotyp A0, der Vater BC und das Kind trägt die mütterliche Nullvariante 0 sowie das väterliche Allel B.

20.14 Kapitel 14

Aufgabe 1. Die Wahrscheinlichkeit, dass Individuen für seltene Allele homozygot sind, ist sehr klein. So sind heterozygote Individuen normalerweise Träger der seltenen Allele. Rezessive Allele werden bei heterozygoten Trägern nicht phänotypisch ausgeprägt und in einem Stammbaum sehen wir daher keine auffälligen Personen. Nur wenn ein Individuum homozygot für das rezessive Allel ist, können wir den seltenen vom häufigen Phänotyp unterscheiden. In einer Familie hat also ein Vorfahre das seltene rezessive Gen getragen und zufällig an seine Nachkommenschaft weitergegeben. Treffen sich nun zwei heterozygote Familienangehörige, dann können sich bei ihren Nachkommen die rezessiven elterlichen Allele treffen (25 % Risiko).

Aufgabe 2. In den meisten Fällen sind Enzyme Proteine. Sie bestimmen den Stoffwechsel, dadurch dass sie Stoffe (Substrate) zu einem neuen Produkt verändern. Durch das Absenken der für die Reaktion notwendigen Energie ermöglichen oder begünstigen sie Stoffwechselreaktionen, ohne dass sie selbst Änderungen erfahren.

Aufgabe 3. Zeigt ein Enzymlocus eine allelische Variation, die zu verschiedenen Formen des Enzyms mit gleicher Funktion führt, dann sprechen wir von Allozymen. Besitzen Enzyme, die von verschiedenen Loci codiert werden, die gleiche Stoffwechselfunktion, dann nennen wir diese Isozyme.

Aufgabe 4. Nehmen wir eine Hardy-Weinberg-Verteilung der Genotypen für den Locus an. Der Phänotyp des rezessiv homozygoten Genotyps wird mit der Häufigkeit 1/3824 beobachtet. Somit kommt das Kongenitale-Hypothyreose-Gen mit einer Häufigkeit von $\sqrt{1/3824} = 0{,}016$ in der Bevölkerung vor. Immerhin 3,2 % der Bevölkerung sind heterozygot und damit Überträger des Gens.

Aufgabe 5. Ebenso wie bei der Sichelzellanämie verleiht die Mangelvariante des Enzyms Glucose-6-Phosphat-Dehydrogenase einem heterozygoten Träger (Mangelvariante und normale Variante) einen gewissen Schutz gegen Malaria, während die Homozygoten entweder vermehrt unter der Malaria oder unter den Folgen der enzymatischen Fehlfunktion leiden. Es handelt sich um das Selektionsmodell mit einem Heterozygotenvorteil. In Europa besteht der Selektionsdruck von Seiten der Malaria nicht und der Heterozygotenvorteil kann nicht zum Tragen kommen – der Nachteil der Homozygoten mit Mangelvarianten erklärt die Situation in Europa.

20.15 Kapitel 15

Aufgabe 1. Bei vielen Erkrankungen des Menschen ist es schwer, persönliches Fehlverhalten von genetisch bedingten Störungen zu unterscheiden. Zum Beispiel ist es bei Adipositas und Diabetes Typ 2 schwer, die verschiedenen Krankheitsauslöser zu erkennen. Wie bei rheumatischen Erkrankungen liegt hier auch die Vermutung nahe, dass einige Formen der Erkrankungen durch das An- oder Abschalten von Genen hervorgerufen werden. Dagegen lassen sich Zelldifferenzierung während der Embryonalentwicklung und verschiedene Blattlausmorphe am besten durch epigenetische Prozesse erklären.

Aufgabe 2. Siehe zuvor die Beispiele für Erkrankungen des Menschen. Adipositas könnte auch Folge einer genetisch veranlagten Stoffwechselstörung sein. In diesem Fall müssen Gene nicht zwingend an- oder abgeschaltet werden. Verschiedene Allele eines Genorts können zu einer unterschiedlichen Effizienz von Stoffwechselfunktionen (Genregulation und Genexpression) führen.

20.16 Kapitel 17

Aufgabe 1. Theoretisch sind Individuen von Klonen und eineiigen Zwillingen genetisch vollkommen identisch. Es gibt keine Unterschiede in der Genstruktur und den Funktionen sowie Interaktionen von Genen. Aus diesem Grund können wir die verschiedenen genetischen Varianzanteile nicht bestimmen und nur zwischen der genetischen und umweltbedingten Komponente unterscheiden. Leben genetisch identische Individuen in verschiedenen Umwelten, dann können sich diese

Unterschiede phänotypisch bemerkbar machen und umweltbedingten Einflüssen zugeordnet werden.

Aufgabe 2. Zur statistischen Analyse von quantitativen Merkmalen wird in vielen Fällen eine Normalverteilung vorausgesetzt, um die Varianzanteile zu schätzen.

Aufgabe 3. Die additive Varianz in Relation zur gesamten phänotypischen Varianz gibt den relativen Anteil der Erblichkeit eines Merkmals, der dem Züchter erlaubt, seinen möglichen Zuchterfolg auf ein Merkmal abzuschätzen.

Die additive Varianz erklärt sich durch die summierende Wirkung der am Merkmal beteiligten Gene und bildet die einfachste Basis für einen Selektionsprozess.

Der Verwandtschaftsgrad bestimmt die Möglichkeiten, bestimmte genetische Varianzanteile zu erfassen. So können wir beim Vergleich eines Elternteils mit Nachkommen den additiven Varianzanteil schätzen – er beträgt 50 % der phänotypischen Varianz. Der Vergleich von identischen Zwillingen lässt diese Schätzung nicht zu.

Aufgabe 4. Der Verwandtschaftsgrad spiegelt sich auch im additiven Varianzanteil wider. Vergleiche ◘ Tab. 16.1.

20.17 Kapitel 18

Aufgabe 1. Aufgrund einer Stichprobe schließen wir auf die Allelfrequenzen in einer Population. Mit dieser Schätzung ist auch immer ein gewisser Fehler verbunden. Nur die Allelfrequenzen, die wir in der Stichprobe vorliegen haben, gelten exakt für die Stichprobe!

Aufgabe 2. Die Messwerte, Tupel, sind nicht über den gesamten Messbereich verteilt, sondern bilden zwei entfernte Cluster. Sie entsprechen damit einer Zwei-Punkte-Schätzung, aus der sich trivialerweise ein Korrelationskoeffizient nahe eins oder im Extremfall ein Koeffizient von eins ergibt. Die berechneten Zahlen haben keine Bedeutung. Die Beziehungen zwischen den abhängigen und unabhängigen Variablen in den beiden getrennten Punktwolken können eigenen Abhängigkeiten folgen.

Aufgabe 3. Wir nehmen an, dass die Gesamtstichprobe n Beobachtungen umfasst. Teilen wir unsere Beobachtungs- und Erwartungswerte mit n, dann erhalten wir mit den relativen Anteilen:

$$\chi^2 = \sum_{ij} \frac{(B_{ij}/n)^2}{E_{ij}/n} - n/n$$
$$= \frac{1}{n}\left(\sum_{ij} \frac{B_{ij}{}^2}{E_{ij}} - n\right).$$

Der eigentliche χ^2-Wert wird mit dem Teiler Stichprobenumfang extrem verkleinert.

Serviceteil

J. Tomiuk, V. Loeschcke, *Grundlagen der Evolutionsbiologie und Formalen Genetik*,
DOI 10.1007/978-3-662-49685-5, © Springer-Verlag Berlin Heidelberg 2017

Personenverzeichnis

A

B

C

D

E

F

G

H

J

K

L

M

N

O

P

R

S

T

U

V

W

Z

Stichwortverzeichnis

D

E

F

G

H

I

J

K

L

M

Q

R

S